高等院校设计类专业教材

基础系列

Cinema 4D视觉效果设计与制作

Cinema 4D VISUAL EFFECTS DESIGN AND PRODUCTION

编委专家　叶佑天　陈墨白　翁子扬　郑刚强

主　　编　徐明明　金　波

副主编　王　赟　王　刚　陶　诚　宋　雪

参　　编　袁文晖　杨明洁　姜　丹　陈　巍

湖南大学出版社 · 长沙

HUNAN UNIVERSITY PRESS

内容简介

本书是指导初学者快速掌握Cinema 4D技术的工具书。全书以Cinema 4D的制作流程作为主线，从建模、材质、渲染、动画和特效的各个重要板块的用法入手，介绍相关案例的实战技巧和制作思路，以便学习者能够快速入门、深入理解。本书另一特色是在每一章开头加入了学习目标，在结尾处加入了本章小结和课后习题。学习者可以在课堂学习完毕后结合教学视频继续学习。

随书附赠所有案例的源文件、多媒体视频教学文件。学习者扫描对应的二维码即可获得相关资源。

本书适合作为大专本科院校艺术专业及艺术类相关专业学生的课堂教材，也可作为数字艺术教育机构及相关从业人员的自学教材。

图书在版编目（CIP）数据

Cinema 4D视觉效果设计与制作/徐明明，金波主编．—长沙：湖南大学出版社，2022.5

ISBN 978-7-5667-2459-5

Ⅰ.①C… Ⅱ.①徐… ②金… Ⅲ.①三维动画软件 Ⅳ.①TP391.414

中国版本图书馆CIP数据核字（2022）第019711号

Cinema 4D视觉效果设计与制作

Cinema 4D SHIJUE XIAOGUO SHEJI YU ZHIZUO

主　　编：徐明明　金　波
责任编辑：张　毅
印　　装：长沙市宏发印刷有限公司
开　　本：787 mm×1092 mm　1/16　**印　张：**17.5　**字　数：**382千字
版　　次：2022年5月第1版　**印　次：**2022年5月第1次印刷
书　　号：ISBN 978-7-5667-2459-5
定　　价：68.00元

出 版 人：李文邦
出版发行：湖南大学出版社
社　　址：湖南·长沙·岳麓山　**邮　编：**410082
电　　话：0731-88822559（营销部），88649149（编辑室），88821006（出版部）
传　　真：0731-88822264（总编室）
网　　址：http：//www.hnupress.com
电子邮箱：743220952@qq.com

《Cinema 4D 视觉效果设计与制作》编委会

编委专家	叶佑天，男，湖北美术学院教授，硕士生导师，清华大学、北京大学、北京电影学院访问学者。中国美术家协会会员，深圳平面设计协会会员，中央美术学院美术教育研究中心学术秘书，北京电影学院中国动画艺术研究院研究员，马来西亚新纪元大学博士生导师（动画及设计学理论方向），中国“诗意动画”概念构建者，青年“视觉诗人”，艺术理论学者，壹叶堂跨媒介艺术创作研究中心创始人。 陈墨白，男，山东大学博士后，硕士生导师，泰国西那瓦大学、马来西亚新纪元大学联合博士生导师。青岛科技大学影视动画系主任。教育部中外合作办学项目评审专家，国际动画协会、世界动画研究学会会员。作品曾获第17届中国动漫金龙奖三等奖、金鸡奖最佳美术片提名。参编专著5部、省部级课题4项。主持国家博士后基金1项。 翁子扬，男，武汉大学信息管理学院副教授，硕士生导师，武汉大学大数据研究院图像空间计算研究负责人。数字艺术策展人、ACG艺术家，湖北国学研究会副秘书长，中国文化艺术政府奖评委，全国插画艺术展国际评委。 郑刚强，男，武汉理工大学艺术与设计学院教授，博士生导师。泰国格乐大学博导，国家级设计产业与船舶艺术设计项目主持人，全国艺术科学规划项目评审专家、国家公派QUT访问学者，全国邮轮设计联盟创始副理事长。
主　编	徐明明，男，土家族，在读博士。武汉晴川学院讲师、数字媒体艺术系主任、学术带头人。出版《新媒体概论》《三维动画设计——角色建模》《After Effects + MAYA影视视觉效果风暴》等教材多部。指导学生获得大学生广告艺术大赛、全国高校数字艺术大赛、全国少数民族题材影视大赛等国家级比赛多个奖项。 金波，男，设计学博士。荆楚理工学院讲师，荆楚理工学院艺术学院视觉设计艺术系主任。湖北省动漫协会常任理事，南京重明鸟文化科技有限公司动画艺术总监。主持或参与各类动画商业项目30余项，共计200多分钟；动画作品曾获得中国数字艺术大赛二维动画类铜奖一枚、三维动画类铜奖一枚，釜山国际环境艺术节动画类作品银奖三枚。
副主编	王赟，女，硕士，副教授。武昌工学院艺术设计学院副院长，校级一流专业负责人。 王刚，男，副教授，荆楚理工学院环境设计专业教师。 陶诚，男，毕业于湖北美术学院，硕士研究生学历。湖北商贸学院艺术与传媒学院专职教师。 宋雪，女，硕士，讲师，武汉东湖学院传媒与艺术设计学院教师。
参　编	袁文晖，女，硕士研究生学历。武汉晴川学院数字媒体艺术专业教师。 杨明洁，女，硕士，助教。武昌工学院视觉传达设计系专任教师。 姜丹，女，副教授，武汉东湖学院教师。 陈巍 ，女，助教，武汉晴川学院数字媒体艺术专业教师。

卷首语

Cinema 4D 是当前强势来袭的 3D 视觉动画制作软件，由德国 MAXON 公司开发，以极快的运算速度和强大的渲染效果著称。Cinema 4D 应用广泛，在广告、电影、工业等视觉设计行业均有出色表现，具有建模、材质、灯光、动画和特效等强大功能。许多科幻影片也会使用 Cinema 4D 渲染场景和角色，Cinema 4D 是许多一流数字视觉艺术家的首选工具。目前 Cinema 4D 制作范围涵盖了影视广告、动态图形设计、产品设计和影视动画等领域。

我们精心编写了本书，并对本书所叙的课堂案例进行了优化，力求通过功能介绍和重要参数的设置使学习者快速掌握该软件的操作技巧，并通过案例的讲解使学习者具备一定的动手能力，通过布置的课后习题提高学习者的实践能力，达到巩固和提高的目的。此外，我们还针对每一节录制了相应的有声教学视频，更加直观地展现 Cinema 4D 的制作效果。本书在编排上力求通俗易懂，细致全面；在文字叙述上做到言简意赅，重点突出；在案例的选取上，强调了案例的针对性和实用性。

本书特色

▶ 课堂案例

包含大量的经典案例讲解和实战操作步骤，帮助学习者轻松地学习 Cinema 4D 的理论知识，掌握软件操作技巧。

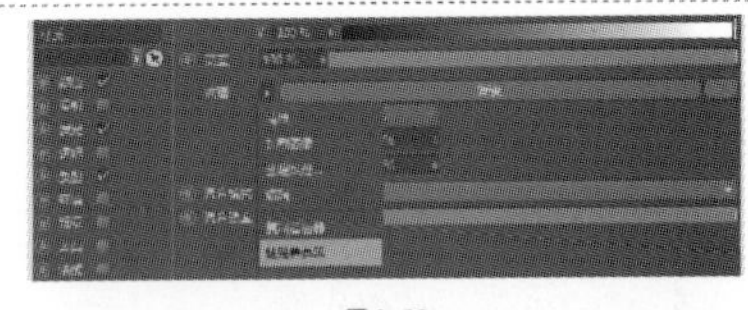

图 2-85

这时，窗口的模型材质效果如图 2-86 所示。再次创建一个新的空白材质球，鼠标左键选中材质球拖给地面模型。

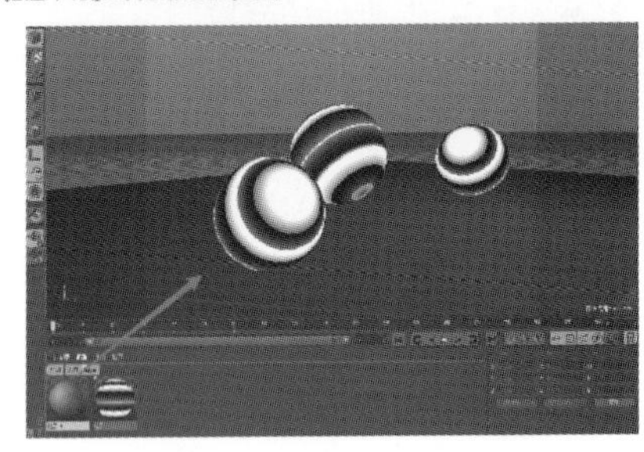

图 2-86

Step 07 鼠标单击并勾选“凹凸”选项，选择“颜色”>“纹理”>“加载图像”命令，在本地电脑中导入与颜色贴图相一致的黑白贴图。如图 2-88。

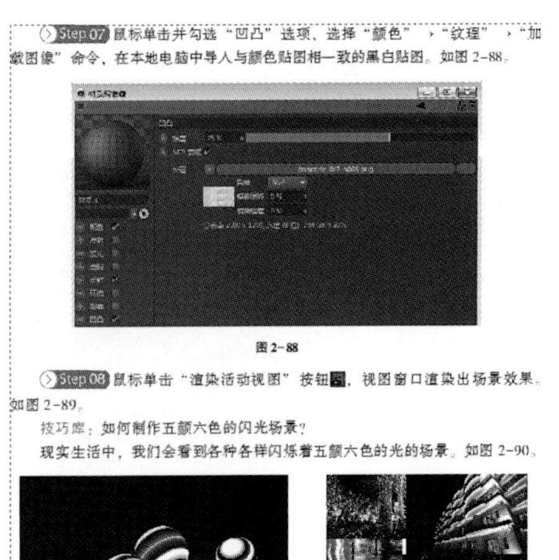

图 2-88

Step 08 鼠标单击“渲染活动视图”按钮，视图窗口渲染出场景效果。如图 2-89。

技巧库：如何制作五颜六色的闪光场景？

现实生活中，我们会看到各种各样闪烁着五颜六色的光的场景。如图 2-90。

图 2-89

图 2-90

▶ 课后习题

课堂案例讲解后的消化拓展部分，有助于学习者巩固学习过的知识，拓展专业技能的范围，提高项目实操水平。

课后习题：

作业名称：酒瓶与酒杯制作。

用到工具：材质球、材质编辑器、渲染器工具、Unfold 3D。

学习目标：熟悉各个面板中的功能。

步骤分析：

（1）区分酒杯、酒瓶不同的材质属性。

（2）分别对物体进行材质编辑，注意高光与折射的调节。

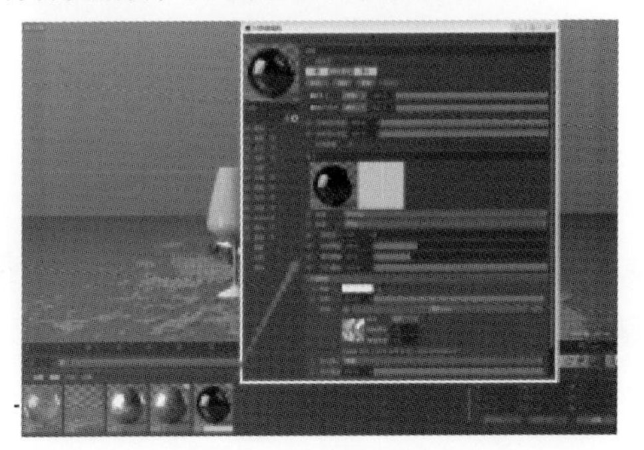

（3）添加反射效果。

最终要求效果：

▶ 章后小结

总结每一章的学习重点和梳理分析技术难点，帮助学习者梳理出学习重点和核心技术。

本章小结：

本章主要讲解 Cinema 4D 中常用的一些建模方法，学习者熟练掌握这些工具的使用方法，能更加轻松和快捷地制作出想要的模型。尤其是在样条建模的介绍中，详细讲解了转换可编辑样条的方法和常用的编辑样条的工具。在多边形建模中，详细讲解了转换可编辑多边形的方法。这两种建模方法既是本章的难点，又是本章的重点，希望学习者勤加练习，早日掌握。

本章需重点掌握的内容：

（1）生成器工具中扫描、旋转和放样的建模方式。

（2）变形器工具中扭曲、FFD 和螺旋的建模方式。

（3）造型器工具中布尔和克隆的建模方式。

（4）多边形建模方式。

▶ 教学视频

录制了大量精彩的教学视频，可以让学习者在课后重温技术要点和实操步骤。

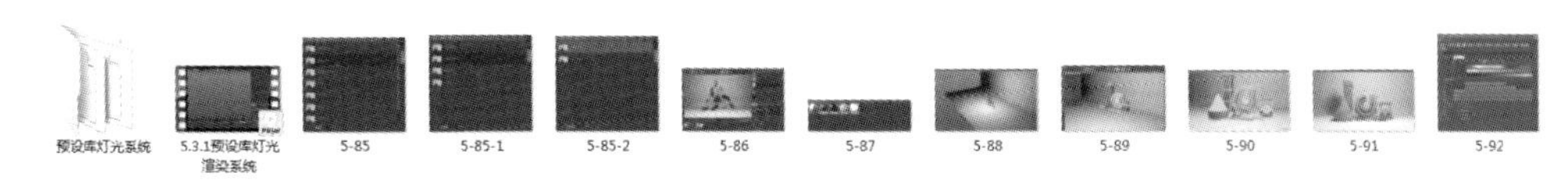

主要内容

本书的课时按照讲授和实训划分，讲授和实训的大致内容如下表所示（本表仅供参考，教师授课时可灵活处置）。

章节	课程内容	课时分配	
		讲授内容	实训内容
第 1 章	Cinema 4D 视觉设计基础	应用范围与工作流程	软件安装
第 2 章	Cinema 4D 基础知识	界面介绍与各面板的应用	运用各面板进行简单场景制作
第 3 章	Cinema 4D 建模	生成器建模、造型器建模和变形器建模	综合建模案例：运动鞋
第 4 章	Cinema 4D 材质与纹理	反射材质纹理与折射材质纹理的应用	综合纹理案例：酒瓶与酒杯
第 5 章	Cinema 4D 灯光与渲染	灯光属性与照明基础、摄像机属性与预设库渲染系统	综合灯光渲染案例：兰蔻小黑瓶
第 6 章	Cinema 4D 动画	时间轴、关键帧与曲线编辑	综合动画案例：竹筒翻开
第 7 章	Cinema 4D 特效动力学	刚体、柔体、布料、流体和毛发	综合特效案例：海中水母
第 8 章	Cinema 4D 综合案例	清晨早餐、奥利奥广告	举一反三，同步练习：可乐动画

目 次

第 1 章　Cinema 4D 视觉设计基础

【本章内容】

主要介绍 Cinema 4D 软件的基本情况，包括内容、安装、范围和流程。作为 3D 设计与制作的从业者，首先要对相关软件有一个全面而系统的了解，为以后掌握该软件提供必要的基础，进而才能够更好地完成制作任务。

【课堂学习目标】

了解 Cinema 4D 软件的应用范围和基本概述；
了解 Cinema 4D 的工作流程和常见任务。

1.1　视觉设计的概念

所谓视觉设计，是将所要表达的信息语言通过视觉形象借助媒介来表现，并传递给行为个人的视觉感设计。视觉设计最早源于平面设计，随着印刷技术的发展，欧美等国在 19 世纪中叶出现了为平面印刷服务的平面设计师群体，这就是现代平面视觉设计领域的先导设计群体。爱德华・鲍斯等人在 1960 年提出了“视觉传达设计”的概念。随着社会科技的发展，视觉传达设计拓展到许多的领域（互联网、IT 行业、会展、环境空间、影视广告、三维动画、商业广告等），形成了相关产业链（图 1-1）。尤其是近十年，视觉传达设计的拓展得到飞速发展，由此衍生出了以静态视觉设计和动态视觉设计组成的视觉设计新型行业。

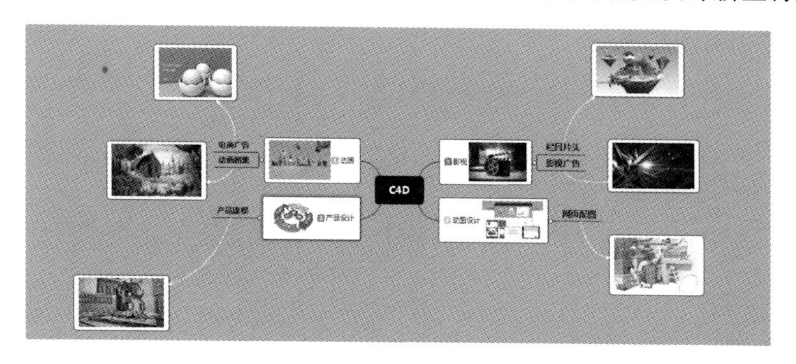

图 1-1

静态视觉设计的分类以标志设计、包装设计、字体设计、书籍设计、界面设计等为主，其标志性使用软件为 Illustrator 与 Photoshop。而动态视觉设计的分类以图像设计、动画设计、影视广告设计等为主，标志性使用软件为 Flash、MAYA、Cinema 4D、After Effects 等。

1.2　Cinema 4D 的简介及安装

Cinema 4D 的界面简洁易操作，桌面图标和命令设计的形象易区分，即便是初学者，也能很快记住命令，快速掌握操作方法。相较于复杂的三维软件如 3DS MAX 或 MAYA，它的学习周期更短，而对于有基础的从业者来说，学习周期将会大大缩短。近年来，越来越多的视觉设计师进入 Cinema 4D 的世界，运用它创作出绚烂夺目的作品。

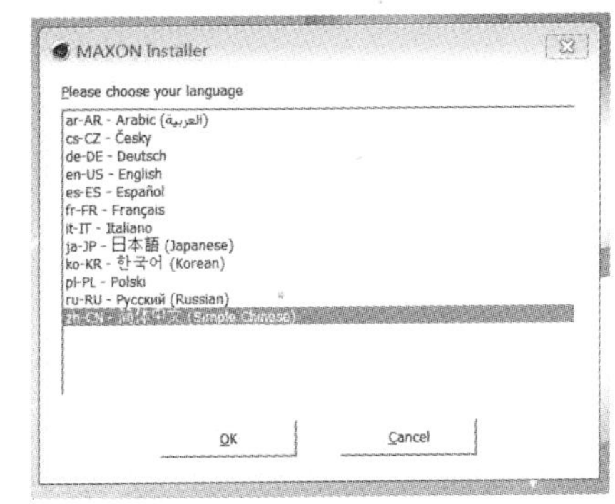

图 1-2

首先，我们以 Cinema 4D R20 版本为工具，来介绍它的安装方法。该版本可运行在 Windows 7/Windows 10/macOS 等系统平台。安装步骤如下：

（1）点击 MAXON-Start. exe 开始安装，可以根据需要选择中文或者英文。如图 1-2。

（2）红框区域的信息可以随意填写，下面填写序列号后继续安装。如图 1-3。

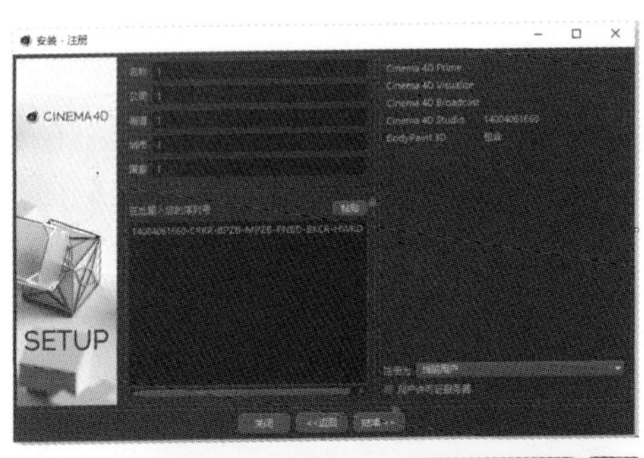

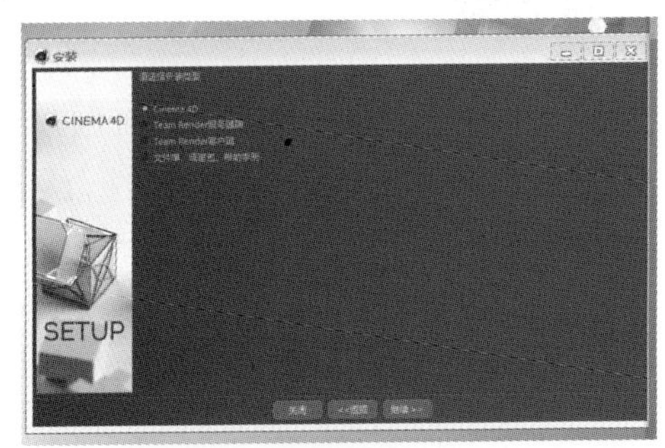

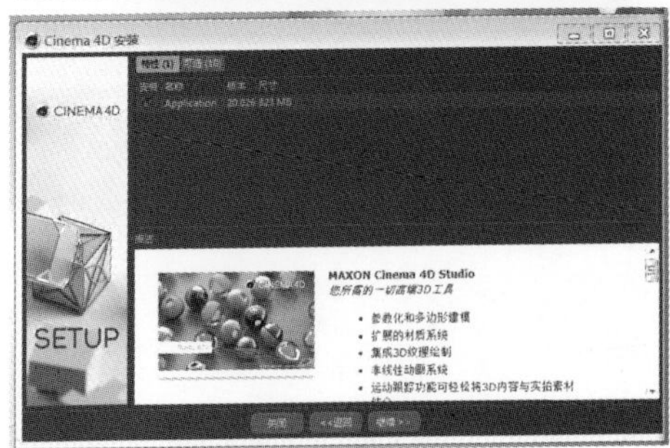

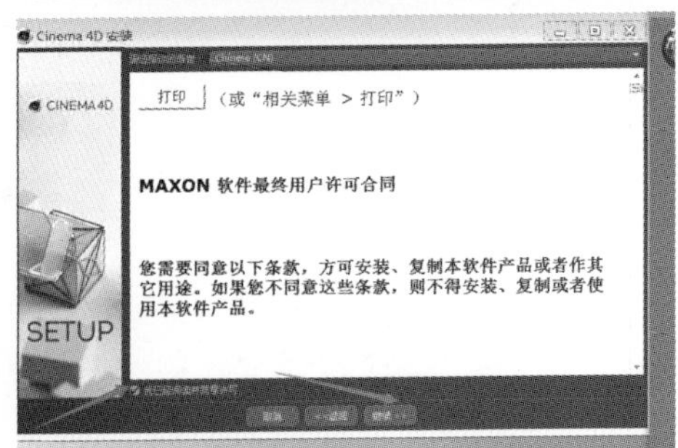

图 1-3

（3）安装路径建议选择默认路径，修改的话也不要有中文路径，继续等待完成安装即可。可以勾选在桌面创建图标，点继续。等待安装完成。下面还有最后一步，如图 1-4。

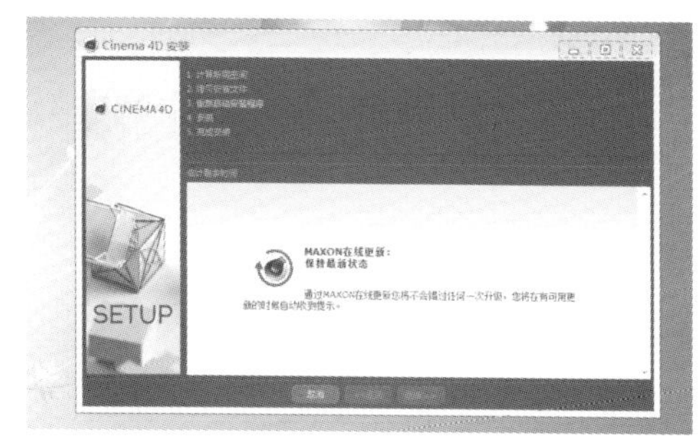

图 1-4

（4）完成安装后，桌面出现 4 个快捷方式，保留 Cinema 4D R20，其他 3 个快捷方式删除，双击图标就可以启动了。如图 1-5。

图 1-5

提示　Cinema 4D R20 若要安装在 Windows XP 的操作系统上，需要首先安装虚拟光驱，再从中进入安装。

1.3　Cinema 4D 的应用范围

Cinema 4D 应用的领域和范围，大致可以归纳为六大类：栏目片头、影视广告、网页设计、产品设计、电商海报和动画剧集。

1.3.1　栏目片头

原意是指电影、电视栏目或电视剧片头用于营造气氛、烘托气势，呈现作品名称、开发单位、作品信息的一段影音素材。随着电脑尤其是多媒体技术的发展，片头的概念已经延伸到社会生活的各个领域。比如多媒体展示系统、网站、游戏、各类教学课件和 DV 等。片头能给观众留下对当前产品的第一印象，所以它要从总体上展现作品的风格和气势，展现作品的制作水平和质量，对整个系统具有非常重要的影响。如图 1-6。

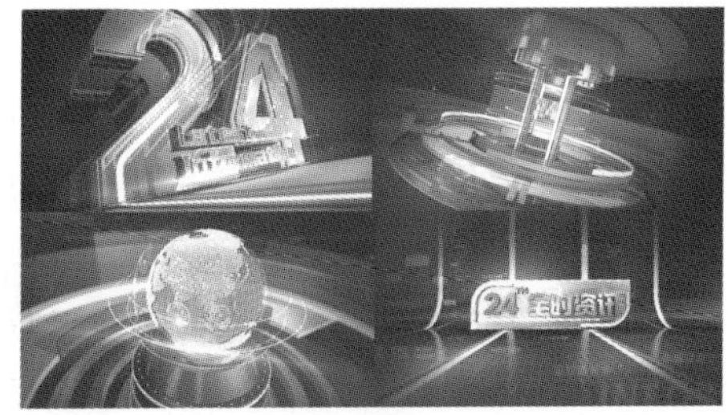

图 1-6

1.3.2 影视广告

影视广告即电影、电视广告影片，英文缩写为“CF”，是商业影片的简称。影视广告既有电影广告又有电视广告，它们之间可以通过胶转磁或磁转胶等技术手段进行播放介质的转换，所以它们既可以在电影银幕上播放，也可以在电视机上播放。影视广告广泛用于企业形象宣传、产品推广，具有广泛的社会接受度，为企业的理念正确地传递给观众树立良好的形象。如图 1-7。

图 1-7

1.3.3 网页设计

简称“WD”，是根据企业希望向浏览者传递的信息（包括产品、服务、理念、文化），进行网站功能策划，然后进行的页面设计美化工作。在进行网站建设之前，首先要进行网站页面的整体设计。一个网站是由若干网页构成的，网页是用户访问网站的界面。因此，通常意义的网站设计，就是网站中各个页面的设计。作为企业对外宣传物料中的一种，精美的网页设计，对于提升企业的互联网品牌形象至关重要。如图 1-8。

图 1-8

1.3.4 产品设计

指从新产品设计任务书起到设计出产品样品为止的一系列技术工作。其工作内容是制订产品设计任务书及实施任务书中的项目要求（包括产品的性能、结构、规格、形式、外观、材质等）。而其中的外观设计是指“对产品的形状、图案、色彩或者其结合所做出的富有美感并适用于工业上应用的新设计”。如图 1-9。

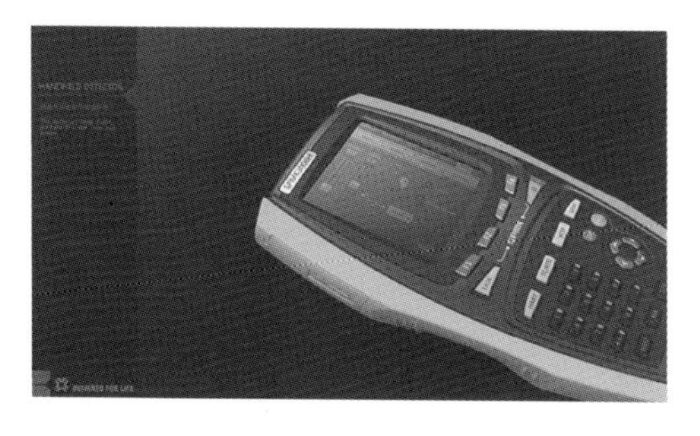

图 1-9

1.3.5 电商海报

“海报”一词演变到现在，它的范围已不仅仅是职业性戏剧演出的专用张贴物了，而变为向广大群众报道或介绍有关戏剧、电影、体育赛事、文艺演出、报告会等消息的招贴。它同广告一样，具有向群众介绍某一物体、事件的特性，所以，海报又是广告的一种。“电商海报”即在互联网上张贴的广告或招贴。与传统的海报相比，它的时效性和传播性不仅大大增强，而且由静止的图形设计向动态的图形设计转变。电商海报目前正日益演变为招贴海报的主要表现形式。如图 1-10。

图 1-10

1.3.6 动画剧集

也叫动画连续剧，是指以动画形式制作的剧。动画剧集与现代真人剧集相似，包含单元剧、单本剧、连续剧等。动画剧集与真人剧集不同的是，它是以动画制作的形式表现出来的。动画剧集深受少年儿童的喜爱，它是为少年儿童传播知识和文化的主要途径之一。近年来动画剧集的受众群体正在逐步扩大，很多优秀国产的动画剧集受到各个年龄阶段人员的喜爱。如图 1-11。

图 1-11

1.4 Cinema 4D 的工作流程

Cinema 4D 的使用过程是一个连续而整体的工作流程。它首先对制作对象外在形状进行三维真实模拟，进而在外在对象的色彩、动作和特殊效果等方面加以设计制作，以达到反映真实影像的目的。下面来看看流程的各个模块。

1.4.1 建模

也称“3D 建模”，通俗来讲就是利用三维软件通过虚拟三维空间构建出具有三维数据的模型。它大概可以分为两类：曲面建模和多边形建模。Cinema 4D 中的模型为 Maxon Cinema 4D 软件独立创建模型体系，常用格式为. c4d，可导出的格式有 fbx/obj/c4d/3ds/dae/dxf 等三维格式。Cinema 4D 所创建的模型具有体积小、占用空间少、渲染速度快等特点，且集合了 ZBrush 等建模软件的优势功能于一体，对后续的制作流程提供了很好的条件。如图 1-12。

图 1-12

1.4.2 材质

即将制作好的模型贴上相对应的纹理和贴图。在 Cinema 4D 中除了创建各式各样复杂的模型外，将创建好的模型赋予材质也是很重要的，这样才能为作品带来最佳的视觉效果，同时也为后续的渲染和动画制作带来真实感。如图 1-13。

图 1-13

1.4.3 渲染

也称着色。在 3D 类软件中有两个词和渲染最为接近，一个称为 Shade，一个叫作 Render。Shade 是一种显示方案，即在三维软件窗口中显示出灯光照射下的模型真实影像。而 Render 更接近渲染的含义，它是基于一套完整的程序计算出来的，计算机硬件对它的影响是一个速度问题，不会影响渲染的结果。Cinema 4D 的渲染一般是在灯光和材质的共同作用下，基于程序计算的原理之上，利用光线追踪或光能传递得出的效果。如图 1-14。

图 1-14

1.4.4 动画

就是将静态的模型转换为动态效果的过程。其结果是建立在前期模型的创建、骨骼的确立和材质的赋予等基础之上的。当这一切完成后可以让计算机自动运算，生成最后的动态画面。Cinema 4D 动画可以用于广告和电影电视的动态制作、特效的合成、广告产品展示等方面。如图 1-15。

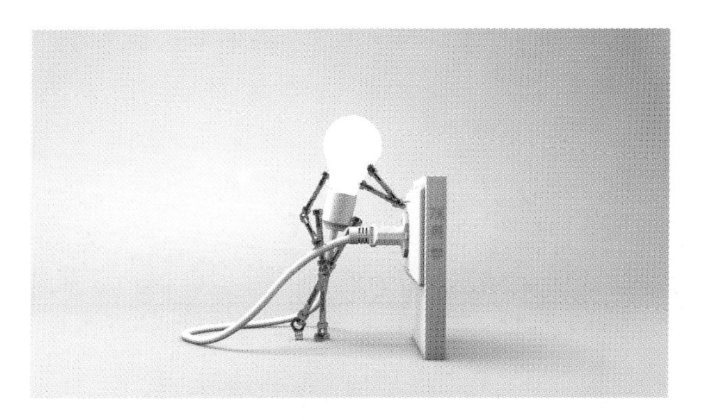

图 1-15

1.4.5 特效

通过相关软件和计算机系统结合打造的立体、虚拟的特殊视觉效果，通常包含风、雨、火、电、光等情景。Cinema 4D 中的特效往往是模型的配饰和动画的延续，是增强整体画面效果的必要部分。如图 1-16。

图 1-16

1.5 与 Cinema 4D 配合使用的软件

Cinema 4D 是一款完整的三维设计软件，但它在某些方面是有短板的。在工作中，如果你只使用 Cinema 4D 一款软件，是达不到制作效果和商业需求的。下面就来介绍一下常与 Cinema 4D 配合使用的应用软件工具，这些软件的加入，不仅可以使制作产生锦上添花的效果，同时也能最大限度地提高工作效率，出色地完成各种商业项目。

1.5.1 Adobe Illustrator

Illustrator（缩写为 AI）是 Adobe 公司推出的专业矢量绘图工具，是出版、多媒体和在线图像的工业标准矢量插画软件。它的功能主要包括图形的绘制和编辑、路径的绘制和编辑、图像对象的组织等，一般用它处理字体、logo 这样的工作与 Cinema 4D 是紧密结合的。虽然 Cinema 4D 自身也可以绘制样条制作文字、logo 等，但有了 AI 文件，直接可以导入 Cinema 4D 中使用，从而快速、有效地做出效果。如图 1-17。

图 1-17

1.5.2 Adobe Photoshop

Photoshop（缩写为 PS）是 Adobe 公司出品的最强大的图像处理软件之一，是集编辑修饰、制作处理、创意编辑和图像输入输出于一体的图形图像处理软件。它的功能主要包括绘制和编辑选区，绘制和修饰图像，调整图像的色彩和色调，等等。在 Cinema 4D 中输出的贴图纹理，可以导入 PS 中进行绘制和编辑。另外，Cinema 4D 制作的海报、动图和物料设计等，也均可以应用 PS 后期合成。如图 1-18。

图 1-18

1.5.3 Adobe After Effects

After Effects（缩写为 AE）是一款用于图形、视频后期处理的非线性软件，属于层类型后期软件。领域主要涵盖电视、电影的后期合成、动画的效果制作。功能包括蓝屏融合、特效创造和 Cinpak 压缩等。在 Cinema 4D 中制作的文字、光线、光效和粒子等元素，后期都可以通过 AE 合成到背景上去，其真实度往往令人叹为观止。如图 1-19。

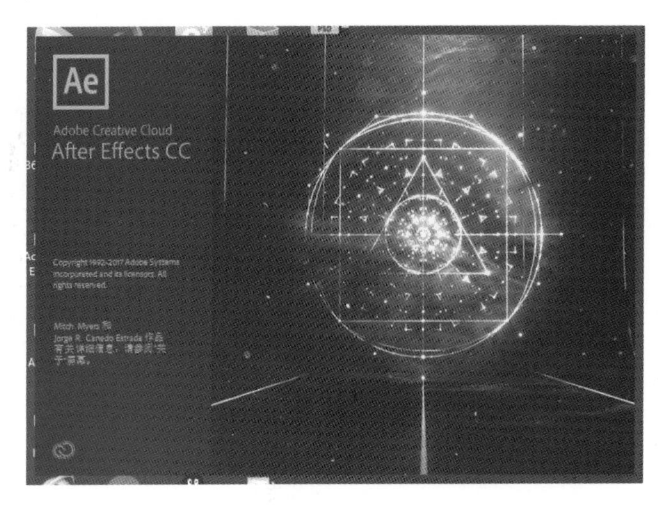

图 1-19

1.5.4 Autodesk MAYA/Autodesk 3DS MAX

MAYA 和 3DS MAX 同为 3D 动画制作类软件，均有强大的制作功能，MAYA 在影视特效、动画电影制作等领域中极具优势，3DS MAX 则在建筑表现、游戏开发等行业独占鳌头。而 Cinema 4D 制作的模型完全可以在 MAYA 和 3DS MAX 软件中互导，从而达到最终优化模型的目的。三方模型互导的通用格式为 OBJ 格式。如图 1-20。

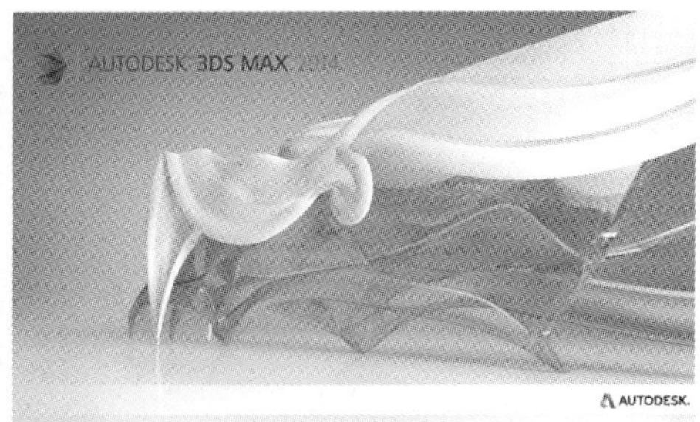

图 1-20

本章小结

本章主要讲解了 Cinema 4D 软件的安装方法、运用范围以及工作流程和原理。其中重点需要了解的是 Cinema 4D 的工作流程，包括它在行业当中的功能强项和在整个项目制作过程之中所起的作用。本章虽未讲解具体的实施步骤，但起到引导全书的作用，希望学习者能仔细学习。

第 2 章　Cinema 4D 基础知识

【本章内容】

本章首先对 Cinema 4D R20 软件的整体界面进行概述，然后分模块介绍 Cinema 4D R20 各个板块的功能与特色，最后提出重点应用面板加以详细讲解和说明。通过本章的学习，可以对 Cinema 4D 的用法有一个大体的了解，有助于后续深入的学习，并可应用相关知识点制作简单的案例。

【课堂学习目标】

了解 Cinema 4D 的界面和布局；
熟悉 Cinema 4D 各个面板中的功能作用；
掌握 Cinema 4D 各面板中管理器的使用方法。

2.1　界面布局

启动 Cinema 4D R20 软件，主界面如图 2-1 所示。它可分为 10 个部分："菜单栏""工具菜单""层级选择""对象面板""属性面板""时间线""材质面板""坐标面板""视图窗口" 和 "界面"。下面我们来介绍一下它们的功能和作用。

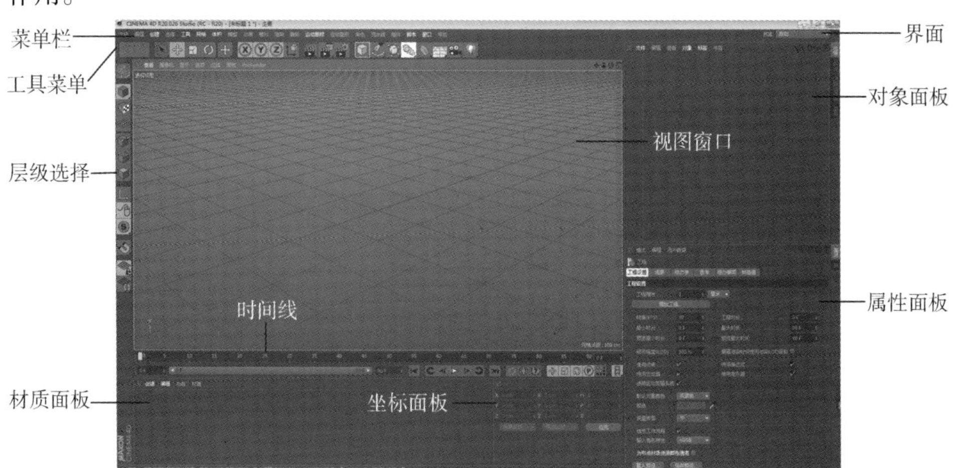

图 2-1

2.1.1 菜单栏

Cinema 4D 的菜单栏包含了绝大多数工具和命令，它可以完成界面操作内的很多工作。菜单栏有“文件”“编辑”“创建”“选择”等工具，可分别对对象物体进行操作和设置。如图 2–2。

图 2–2

文件：通过该菜单可对场景文件进行新建、保存、合并和退出等操作。里面包含了新建、打开、合并、恢复、保存、另存为、增量保存和导出等命令。

重要命令：

新建：新建一个空白场景。

打开：打开已有的场景。

合并：将已有的场景合并到现在的场景中。

恢复：返回场景文件的原始版本。

保存：保存现有场景。

另存为：将现有场景保存为另一个文件。

增量保存：将场景保存为多个版本。

导出：将场景文件保存为其他文件格式。

编辑：通过该菜单可对场景或对象进行一些基本操作。里面包含撤销、复制、粘贴、删除、全部选择、选择子级和工程设置等命令。

重要命令：

撤销：返回上一步操作。

复制与粘贴：复制场景中的对象和粘贴场景中的对象。

删除：删除选中的对象。

全部选择：选中场景中的所有对象。

选择子级：选中对象的子级对象。

创建：通过该菜单可以创建大部分对象。里面包含对象、样条、生成器、造型器、变形器、场景、物理天空、摄像机、灯光、材质、标签、XRef 和声音命令。

重要命令：

对象：创建系统自带的参数化几何体。

样条：创建系统自带的样条图案和样条编辑工具。

生成器：创建系统自带的生成器工具。

造型器：创建系统自带的造型器工具。

变形器：创建系统自带的变形器工具。

场景：提供背景、天空和地面等工具。

物理天空：创建模拟真实天空效果和天空模型。

摄像机：创建系统自带的摄像机。

灯光：创建系统自带的灯光对象。

材质：创建新材质和系统自带材质。

标签：创建对象的标签属性。

XRef：创建工作流程文件，方便管理和修正工程文件。

声音：创建声音文件，通常用于影视类制作。

工具：通过该菜单提供一些用于场景制作的辅助工具。里面包含引导线、坐标、模式、移动、缩放和旋转等命令。

重要命令：

引导线：用于设置建模时对齐的辅助线。

坐标：设置对象的显示坐标和约束坐标。

模式：设置对象的显示模式。

移动：使对象产生位移。

缩放：使对象大小发生变化。

旋转：使对象产生旋转变化。

网格：通过该菜单提供用于对象转换、样条修改和轴心修改的命令。

重要命令：

转换：设置当前对象的状态，可以转换为可编辑对象。

命令：设置选择对象的坍塌、细分和优化等。

样条修改：编辑样条的点、边和线等命令。

重置轴心：设置对象的轴心位置。

体积：通过该菜单提供更改对象的表面形状及状态的工具。

捕捉：提供各种捕捉工具。

重要命令：

启用捕捉：开启捕捉工具。

3D 捕捉：在三维视图内进行捕捉。

2D 捕捉：在二维平面视图内进行捕捉。

启用量化：设置对象以固定的角度进行旋转。

动画：提供制作动画的各项命令及参数。

重要命令：

记录：提供记录关键帧的各种方式。

自动关键帧：系统将自动记录对象的各种动作。

播放模式：提供动画的播放模式。

帧频：提供多种动画播放的帧频，用于控制动画的播放速度。

模拟：提供布料、动力学、粒子和毛发等特效制作的各种命令及工具。

渲染：提供渲染所需要的各种命令及工具。

重要命令：

渲染活动视图：会在当前视图中显示渲染效果。

区域渲染：框选出需要渲染的位置单独渲染。

渲染到图片查看器：会在弹出的查看器中显示渲染效果。

创建动画预览：对当前制作的动画进行预览播放。

添加到渲染序列：将当前镜头添加到渲染队列等待渲染。

交互式区域渲染：多台计算机联机渲染。

编辑渲染设置：在弹出的“渲染设置”面板中编辑渲染的各项参数。

雕刻：提供雕刻模型的各项工具。

重要命令：

细分：增加模型的布线，方便雕刻。

减少：减少细分数量。

增加：增加细分数量。

笔刷：提各种雕刻笔刷。

蒙版：提供蒙版编辑。

运动跟踪：用于制作特效。

运动图形：优化和配合建模方式、提高建模效率的工具。重要的命令有线性克隆工具、放射克隆工具和网格克隆工具。

角色：提供制作角色动画的模型、关节、蒙皮和权重等工具。

流水线：列出与其他应用软件相关的功能。

插件：提供程序功能范围外的辅助插件。

脚本：提供用户自定义脚本的相关功能。

窗口：不仅是软件各种窗口的集合，也能让多个场景自由切换。

帮助：提供软件的帮助信息、更新方式和注册信息。

2.1.2 工具菜单

工具菜单位于菜单栏的下方。它对菜单栏中重要的工具进行分类集合，并将它统一放置在栏目之内。工具菜单可归纳为选择工具面板、坐标工具面板、渲染工具面板和创建与编辑对象面板。如图 2-3。

选择工具面板　坐标工具面板　渲染工具面板　创建与编辑对象面板

图 2-3

（1）选择工具面板：其中包含了“移动”“旋转”“缩放”“撤销”“重做”“实时选择”和“最近使用”命令。重点使用工具为“移动”“旋转”和“缩放”命令。它们是在 X、Y、Z 轴操作编辑对象的基本工具。“移动”工具使对象产生位移的变化。“旋转”工具使对象产生旋转的变化。“缩放”工具使对象产生大小的变化。如图 2-4。

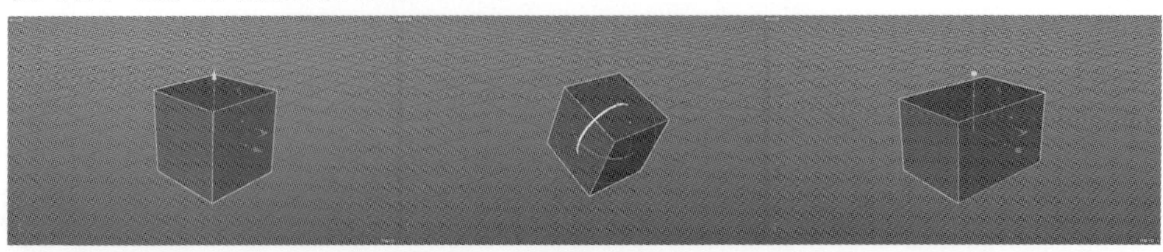

图 2-4

提示　移动、旋转和缩放对应的快捷键依次是“E”“R”和“T”。

“撤销”工具用于撤销前一步的操作。“重做”工具用于重新制作。

“撤销”和“重做”对应的快捷键分别是“Ctrl+Z”和“Ctrl+Q”。

“实时选择”工具是选择工具的延伸命令，可自定义选择对象的范围。它包括“实时选择”“框选”“套索选择”和“多边形选择”四种命令。如图 2-5。

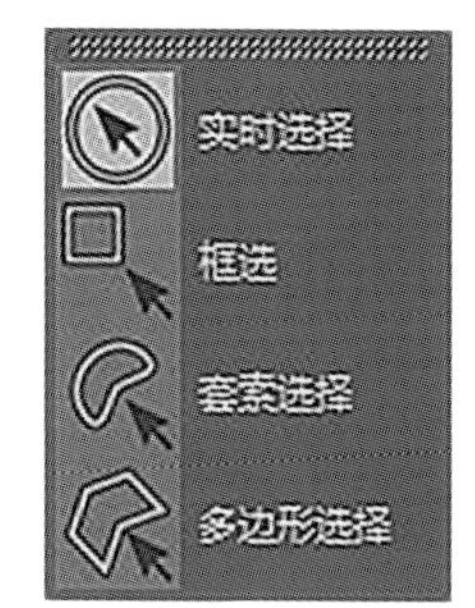

图 2-5

“最近使用”工具显示最近四次切换和使用过的工具命令。

（2）坐标工具面板：里面包含“锁定/解锁 X、Y、Z 轴”命令，“坐标系统”命令。“锁定/解锁 X 轴”命令用于对 X 轴的锁定和解锁，其他轴向用法亦如此。“坐标系统”命令提供两种坐标，一种为“对象”坐标系统，另一种为“世界”坐标系统。如图 2-6 所示为两种坐标系统的坐标轴指向。

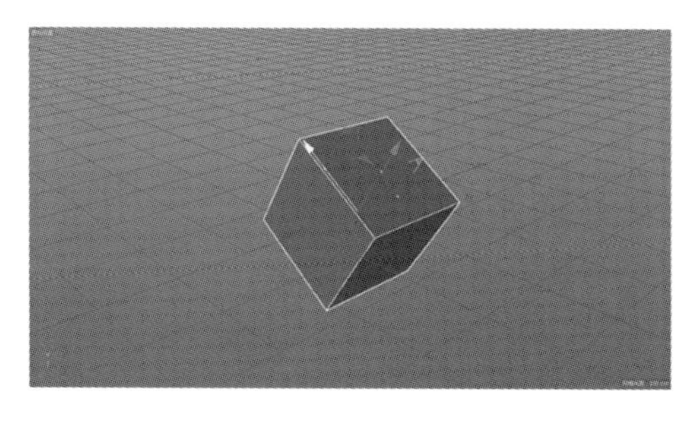
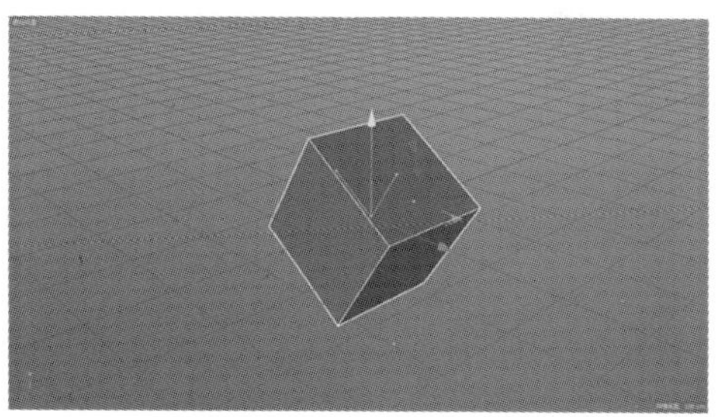

图 2-6

提示　“对象”坐标系统”和“世界”坐标系统之间切换的快捷键是“Ctrl+W”。

重要知识点：怎样调整对象的状态？

如果需要旋转对象，可以选择“旋转”工具旋转对象。操作步骤有误时，选择“撤销”工具退回到上一步。当旋转后的对象要按照自身轴向转动时，可以将对象的“世界”坐标系统切换为“对象”坐标系统，从而进行对象自身轴向的转动。

技巧库：如果需要使对象沿 X 轴精准旋转 90°，该如何操作呢？

首先选择对象沿着 X 轴旋转，在“坐标面板”中的“旋转. H”中输入“90°”，对象即会按照设定的方向准确旋转。Cinema 4D 也提供了快捷方式，按住“Shift”键的同时移动、旋转和缩放对象，也能达到类似的效果。

（3）渲染工具面板：里面包含“渲染活动视图”工具、“渲染到图片查看器”工具和“渲染设置”工具。“渲染设置”工具用于编辑和设置渲染的参数。如图 2-7。

提示 “渲染活动视图”和“渲染到图片查看器”对应的快捷键分别是“Ctrl+R”和“Shift+R”。

重要知识点：怎样创建渲染的视图？

创建渲染视图有两种工具可以使用，分别是“渲染活动视图”和“渲染到图片查看器”。鼠标单击“渲染活动视图”，会在操作区域显示渲染效果。鼠标单击“渲染到图片查看器”，会在单独的窗口中显示。

技巧库：如果要完成一个对象场景的渲染过程，该如何做呢？

首先单击“渲染设置”面板，在弹出的面板中设置需要的图像尺寸、分辨率和胶片宽高比等。如图 2-8。

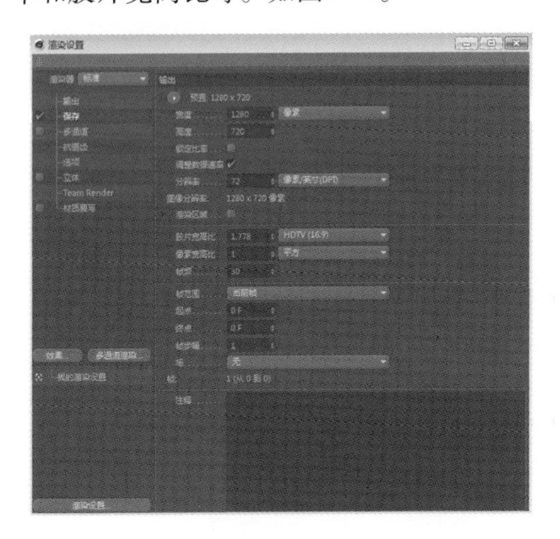

图 2-7

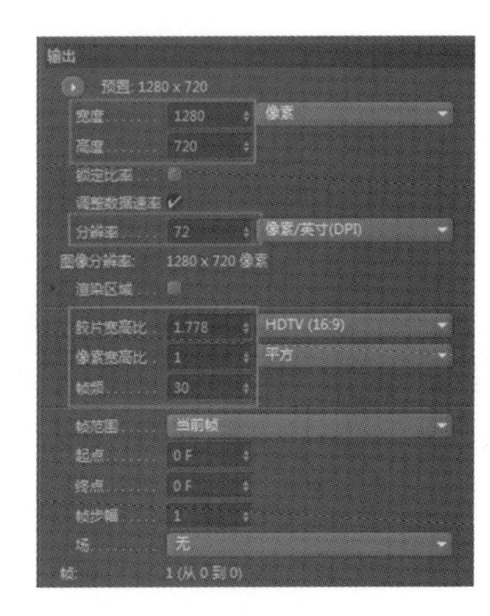

图 2-8

单击“渲染活动视图”工具，即可渲染出效果。如果要查看渲染的具体过程与时间，甚至要处理序列帧的渲染效果，就要执行“渲染到图片查看器”工具。如图 2-9。

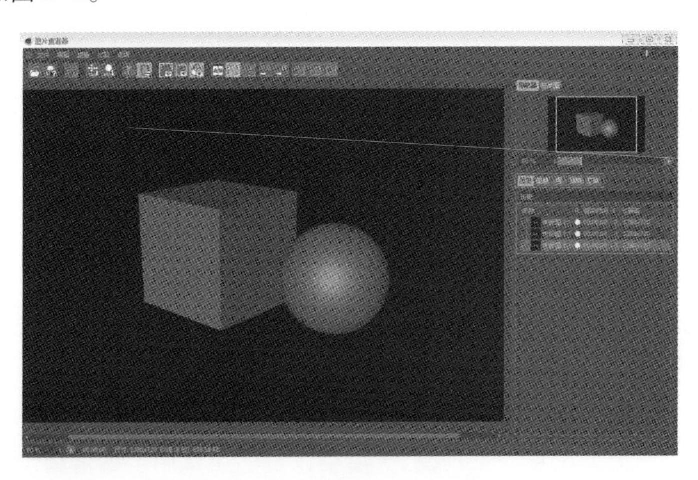

图 2-9

（4）创建与编辑对象面板：里面包含“基础对象”面板、“曲线”面板、

“生成器”面板、“变形器”面板、“场景”面板、“摄像机”面板和“灯光”面板。长按各面板右下方小按钮会弹出系统自带的各种工具。

①长按“立方体”按钮，弹出“基础对象”面板，里面罗列了各种基础几何体。如图 2-10。

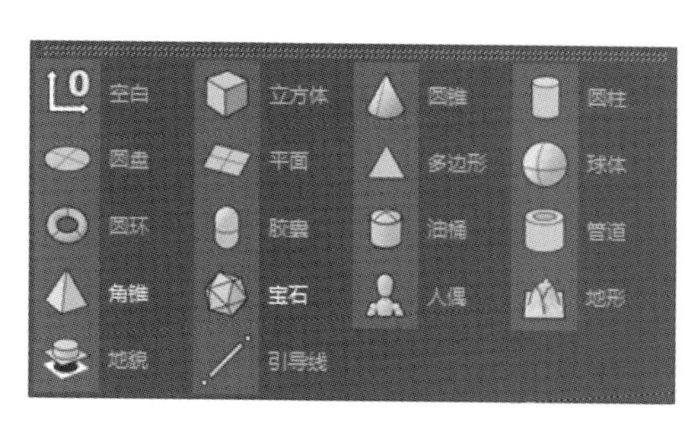

图 2-10

②长按“画笔”按钮，弹出“曲线”面板，里面罗列了各种画笔及曲线工具。如图 2-11。

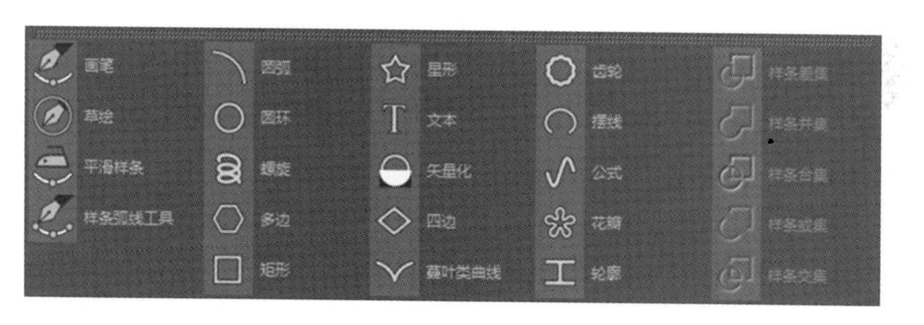

图 2-11

其中画笔类工具可绘制任意状态下的曲线，曲线类工具提供各种不同形态的样条。

③长按“细分曲面”按钮，弹出“生成器”面板，里面罗列了各种生成器工具。如图 2-12。

其中的重点工具有：

“细分曲面”：给对象创建光滑曲面，并使样条不产生作用的工具。

“挤压”：给样条创建厚度的工具。

“旋转”：绘制一个剖面样条，以全局坐标轴为中心点旋转创建对象的工具。

“放样”：连接多个样条作为剖面创建对象，按对象图层的上下顺序从上到下连接的工具。

图 2-12

“扫描”：让剖面沿着样条的形状创建对象的工具。

④长按“实例”按钮，弹出“造型器”面板，里面罗列了各种造型器工具。如图 2-13。

其中的重点工具有：

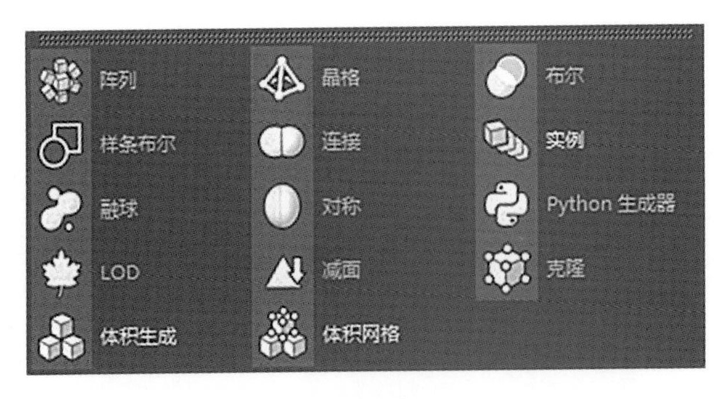

图 2-13

“阵列”：将模型按照设定进行圆形排列的工具。

“晶格”：将模型根据布线结构形成网格模型的工具。

“布尔”：可以将两个三维模型进行相加、相减、交集和补集造型的工具。

“连接”：将两个模型相连，从而合为一体的工具。

“实例”：将模型进行镜像复制并达到可以控制复制物体的工具。

“对称”：将模型以平面轴为对称线复制出另一个物体的工具。

“克隆”：将某个模型进行群体复制并可以附着在其他模型上的工具。

⑤长按“扭曲”按钮，弹出“变形器”面板，里面罗列了各种变形器工具。如图 2-14。

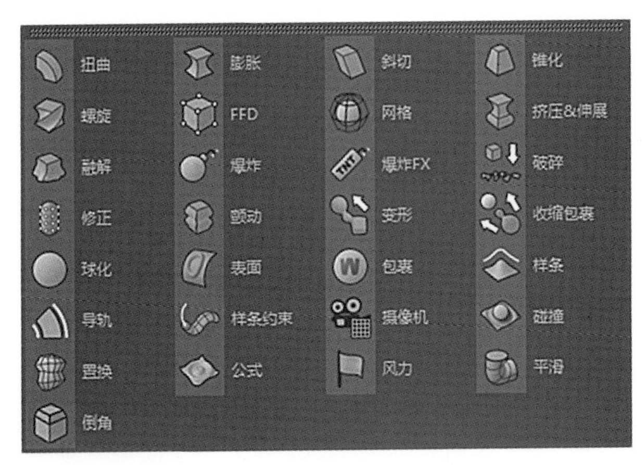

图 2-14

其中的重点工具有：

“扭曲”：可以实现将一个模型掰弯的效果。

“螺旋”：可以实现将模型螺旋变形的效果。

“FFD”：可以使用一些正方体网格的点，去影响网格点周围的模型的表面变化。

“膨胀”：可以实现模型中部收缩或外扩的效果。

“挤压 & 伸展”：与膨胀类似，区别是除了膨胀外，顶面和底面也会相应地发生位移。

“爆炸”和“爆炸 FX”：爆炸 FX 可以做出爆炸的效果，爆炸是爆炸 FX 的简化版。

“破碎”：可以实现模型上所有的面片分裂然后下落消失的效果。

“置换”：可以实现模型表面产生凹凸不平的效果，并实现在视图窗口中的效果。

⑥长按“地面”按钮，弹出“场景”面板，里面罗列了天空、环境、前景及背景等工具。如图2-15。

图 2-15

其中的重点工具有：

“地面”：用来作一个无限延长的平面，调整一下视图即可看到天空。

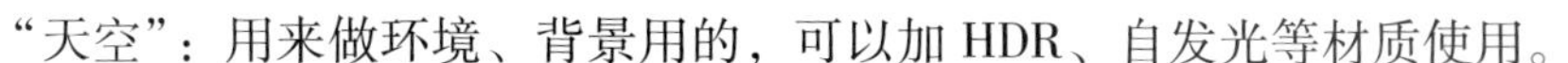

“天空”：用来做环境、背景用的，可以加 HDR、自发光等材质使用。

“物理天空”：用来模拟真实天空，有许多可预置的模拟文件。

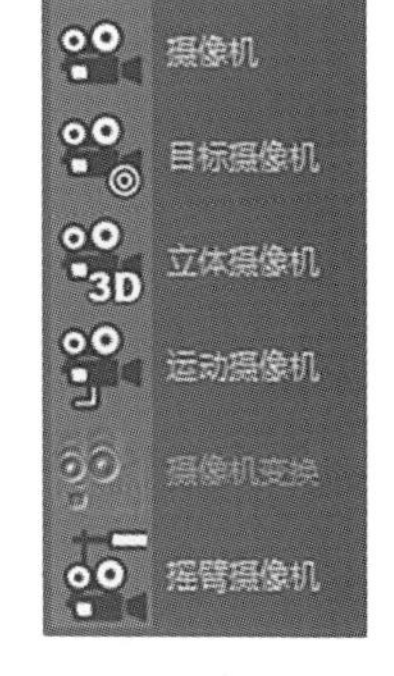

图 2-16

“背景”：就类似一张图片固定在画面中，无论调整什么视角，都没什么变化。

⑦长按“摄像机”按钮，弹出“摄像机”面板，里面罗列了各种摄像机。如图 2-16。

其中的重点工具有：

“摄像机”：就是一般的摄像机，用来模拟真实摄像机的所有物理属性。

“目标摄像机”：就是在添加摄像机的同时添加一个空物体来作为摄像机的兴趣点。

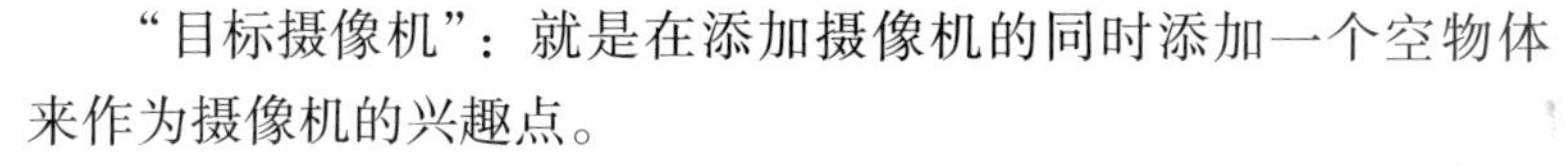

“立体摄像机”：用来作立体效果的摄像机。比如3D 效果等。

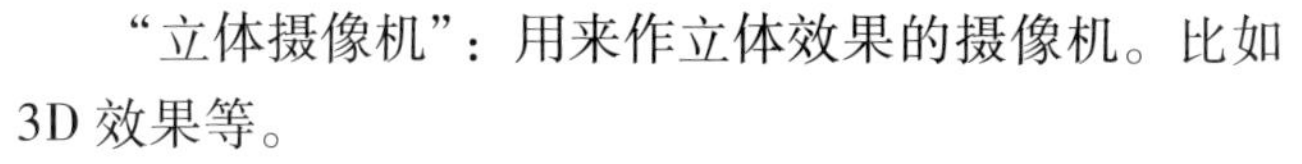

“运动摄像机”：用来专拍运动中的物体或摄像机运动时拍照用的。

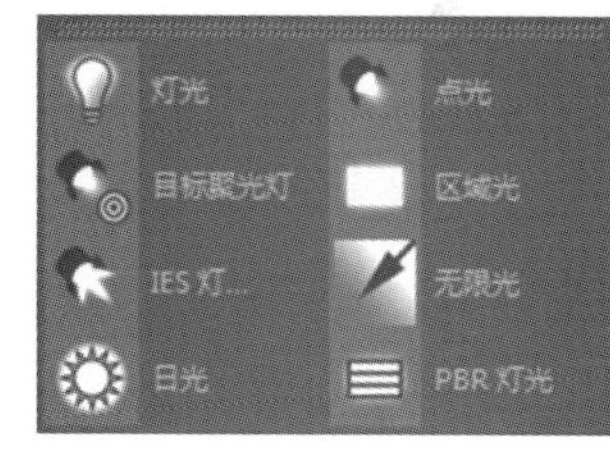

图 2-17

⑧长按“灯光”按钮，弹出“灯光”面板，里面罗列了各种灯光。如图 2-17。

“灯光”：属于泛光灯的一种，可以用来模拟自然光源和物理光源。

“点光”：属于泛光灯的一种，可以用来模拟局部光源和反射光源。

“目标聚光灯”：属于聚光灯，可以用来模拟特殊物理光源。

“区域光”：可以用来模拟局部光源和室内物理光源。

其他灯光均属远光灯，可以用来模拟日光或直照光源。

2.1.3 层级选择

层级选择位于主界面的左边。它主要包含了对象转换面板、层级切换面板和视窗显示面板。如图2-18。

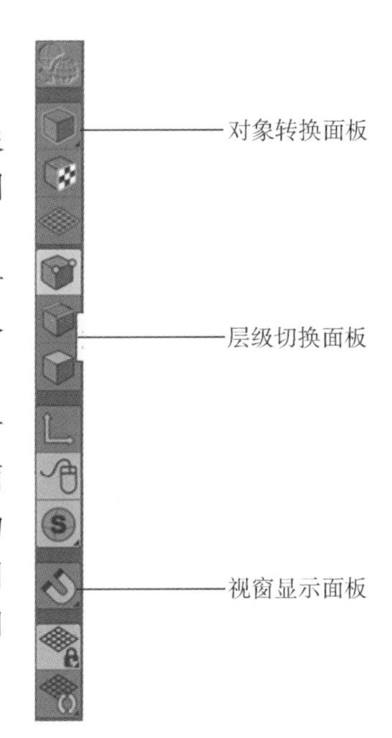

图 2-18

(1) 对象转换面板：里面包含“转换为可编辑对象”“物体级别转换”“贴图转换”“网格转换”四个工具。

“转换为可编辑对象”是将对象转换为可编辑对象的工具。转换后，即可对编辑对象的点、线、面进行切换编辑。“物体级别转换”是将对象转换到物体模式的工具。“贴图转换”是将对象转换到贴图纹理显示的工具。“网格转换”是将对象所在的网格显示出来的工具。

(2) 层级切换面板：里面包含点、线、面工具。

层级切换是比较重要的板块，它通过对点、线、面、模型四个维度的相互转换，达到编辑对象的目的。如图2-19。

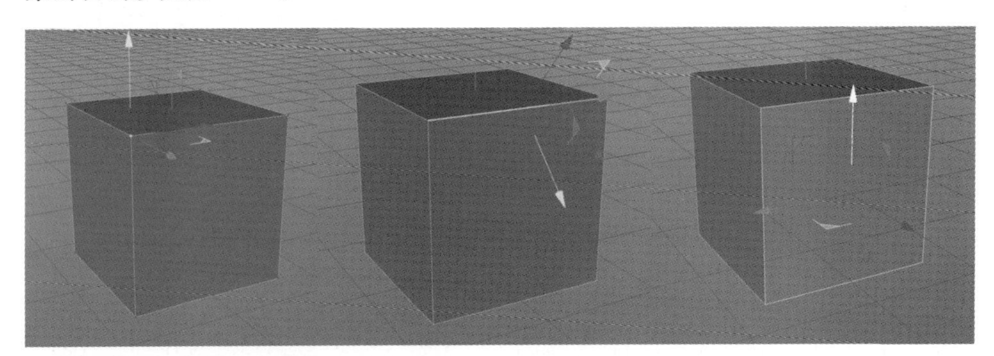

图 2-19

(3) 视窗显示面板：里面包含“启用轴心”“微调”“独显视窗”“启用捕捉”“锁定网格”和“平直网格”工具。如图2-20。

①“启用轴心”：可以将对象的轴心位置进行任意修改。如图2-21。

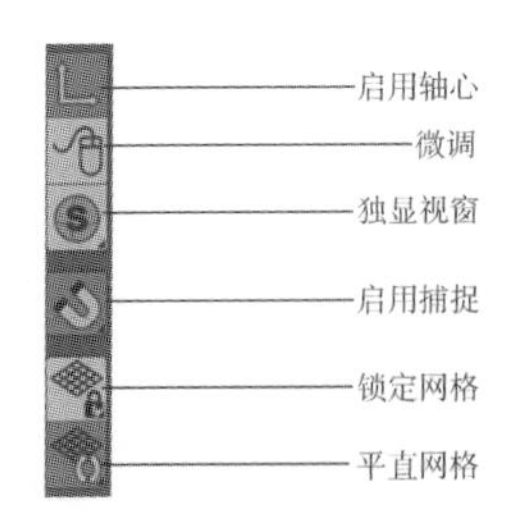

图 2-20

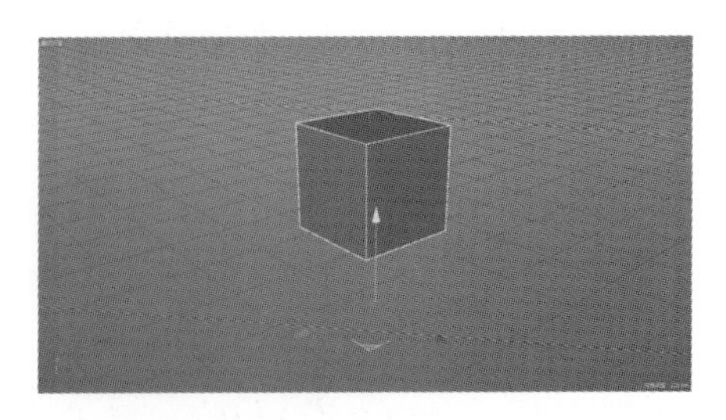

图 2-21

②“微调”：可以将对象的轴心位置进行微调。

③“独显视窗”：会对选择的对象进行单独的显示。它分为关闭视窗独显、视窗单体独显、视窗层级独显和视窗独显选择四种命令。如图 2-22。

④“启用捕捉”：可以开启捕捉模式，长按该按钮可选择下拉菜单中的各种捕捉模式。如图 2-23。

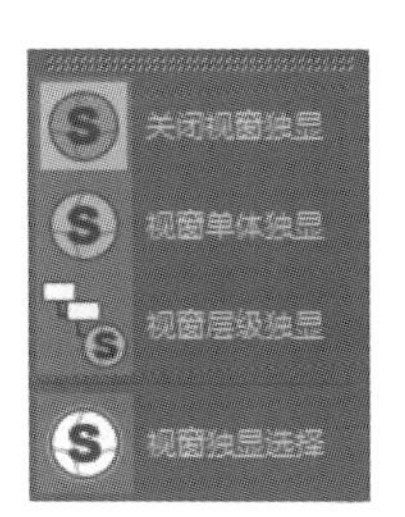

图 2-22

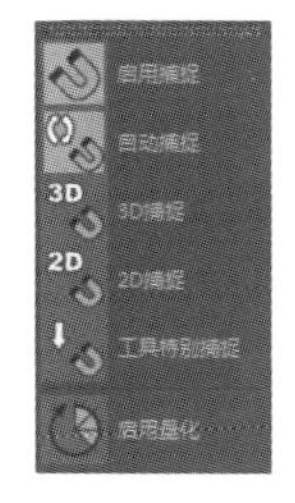

图 2-23

⑤“锁定网格”和“平直网格”：是控制视图窗口中网格显示方位和朝向的命令。

2.1.4 其他面板

(1) 对象面板：对象面板位于界面的右上方，用于显示所有的对象。它也会显示所有对象之间的层级关系。对象面板里包含“对象管理器”“场次”“内容浏览器”和“构造管理器”(在第 2.2 节会详细介绍用法)。如图 2-24。

(2) 属性面板：属性面板用于对选中的对象进行参数的调整和命令的输入。它包含“属性管理器”和“层系统管理器”(在第 2.3 节会详细介绍用法)。如图 2-25。

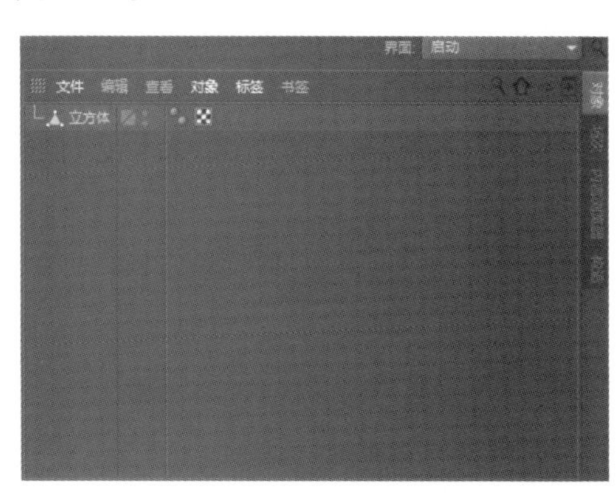

图 2-24

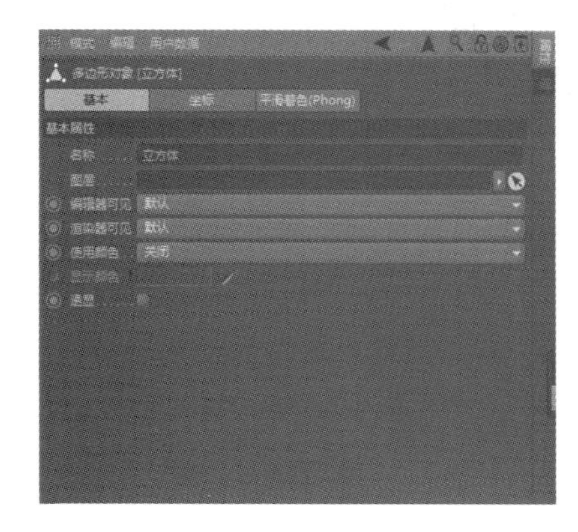

图 2-25

(3) 时间线面板：时间线通过设置时间，编辑关键帧以达到调节动画的功能。如图 2-26。

图 2-26

(4) 材质面板：材质面板用于管理和编辑对象的材质与贴图，双击空白处即可创建材质球（在第 2.4 节会详细介绍用法）。如图 2-27。

(5) 坐标面板：坐标面板用于即时显示对象在三维空间中的位置、尺寸和旋转信息。如图 2-28。

图 2-27

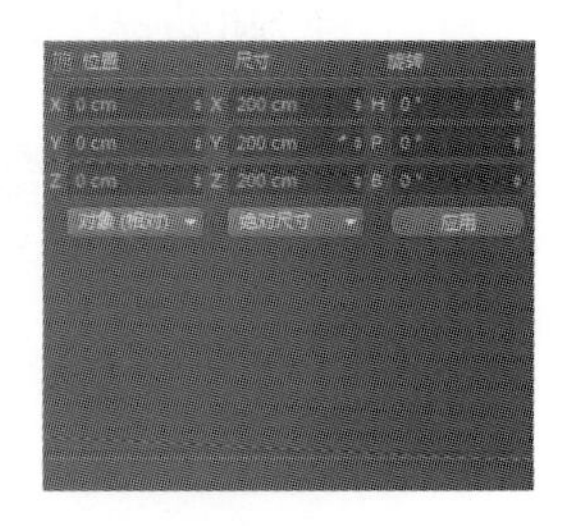

图 2-28

(6) 视图窗口：视窗是编辑和观察对象的区域，类似监视窗口。它可以单独观察一个窗口，也可以单击键盘空格键切换到多个窗口。如图 2-29。

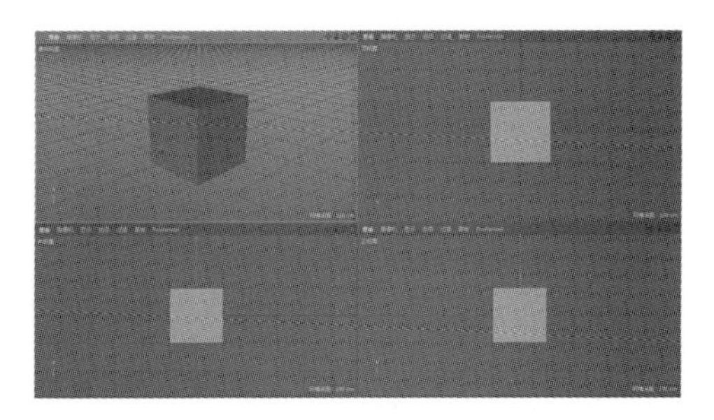

图 2-29

提示　单击“空格键”即可进行四个视图窗口的切换。

重要知识点：怎样控制视图窗口？

Cinema 4D 的视图操作都是基于“Alt”键。“Alt”+鼠标左键是旋转视图。“Alt”+鼠标中键是移动视图。“Alt”+鼠标右键是缩放视图。单击鼠标中键可以四个视图互相切换。如图 2-29。

技巧库：怎样快速切换视图显示？

如果用以上方式鼠标单击菜单来切换视图效果，比较麻烦并且影响工作效率。在视窗的“显示”菜单中，可以看到每种效果切换的快捷键。例如“光影着色 N~A”，当需要切换时，先按“N”键，然后窗口中就会出现一个菜单，接着根据菜单的提示，再按下“A”键，这样就可以快速地显示“光影着色”效果。如图 2-30。

(7) 界面：它可以自定义切换不同的界面，也可用于恢复到默认界面。如图 2-31。

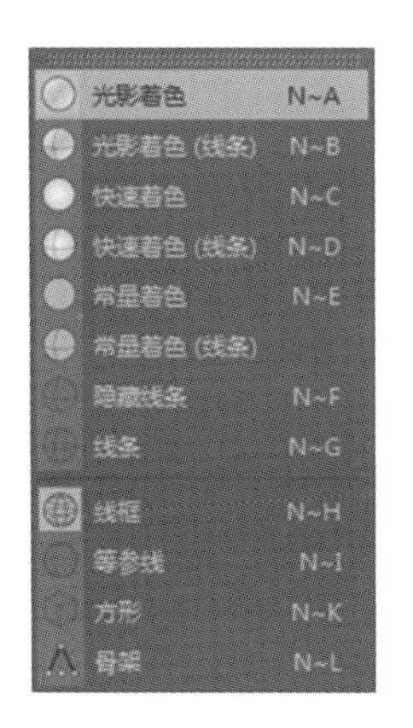

图 2-30

图 2-31

2.2 对象面板使用基础

对象面板中主要包含对象管理器、资源管理器和构造管理器。下面分别来介绍它们的用法。

2.2.1 对象管理器 

对象管理器分为编辑、显示/隐藏、标签三个板块。

（1）编辑板块使用方法：

Step 01 长按工具菜单中的“立方体”按钮，弹出“基础对象”面板，选择创建立方体模型，其他对象的创建类似操作。如图 2-32。

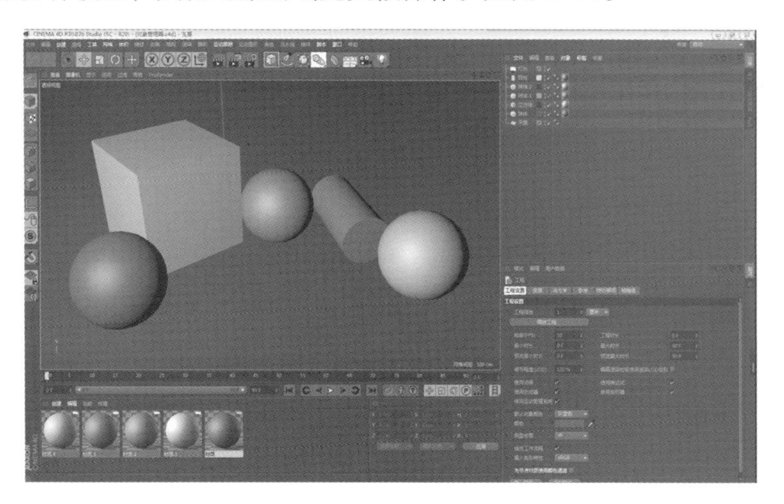

图 2-32

Step 02 在对象管理器的编辑板块上按住“Ctrl”键的同时左键单击依次选择所有对象，这样就可以对模型进行选择编辑了，如图 2-33 红色方框为编辑面板区域。

Step 03 可在对象编辑区域选择对象，右键单击，弹出浮动面板（图 2-34），根据菜单中的各项命令可对选择的对象进行单独编辑。

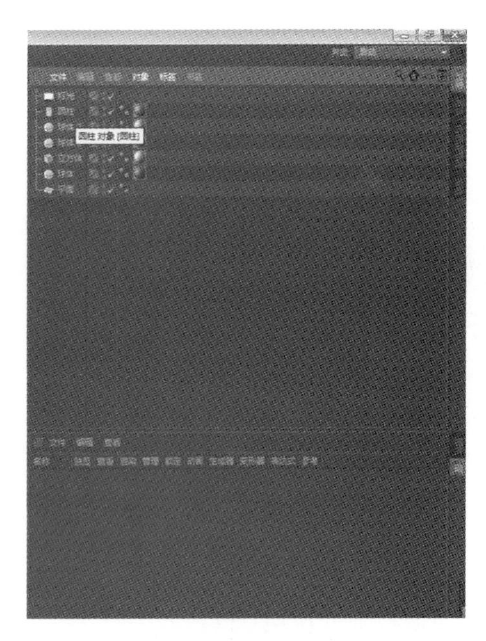

图 2-33

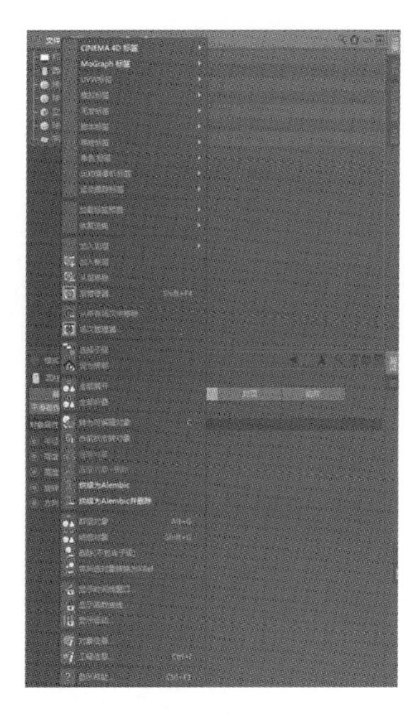

图 2-34

（2）显示/隐藏板块使用方法：

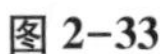在如图 2-35 所示的红色方框处“显示/隐藏”区域左键单击，在弹出的浮动面板中选择“加入新层”命令，这样即可将该对象添加到新层之中。

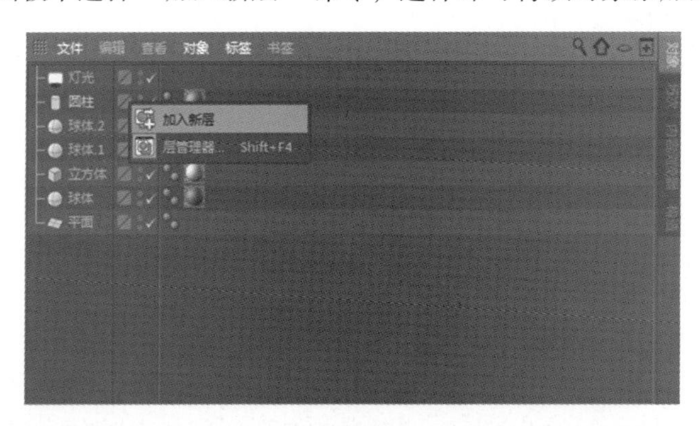

图 2-35

Step 02 选择圆柱模型，左键单击显示/隐藏板块中上排的小圆点，其呈红色状态时，圆柱模型在视窗显示中隐藏；再次单击，回到绿色状态时模型出现。如图 2-36。

鼠标单击显示/隐藏板块中下排的小圆点，其为红色状态时，单击“渲染到图片查看器”按钮，渲染查看效果，圆柱模型在渲染状态下隐藏。如图 2-37。再次单击小圆点，回到绿色状态时渲染出现。

Step 03 鼠标单击显示/隐藏板块中的绿色时，转换为红色。这时视图窗口中的对象和渲染状态的对象均隐藏。如图 2-38。

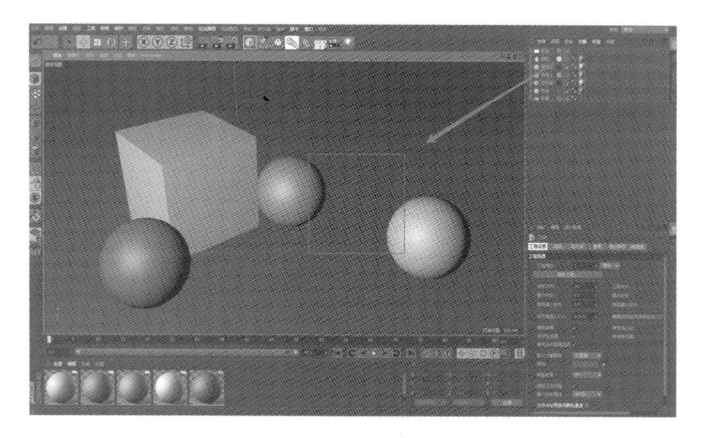

图 2-36

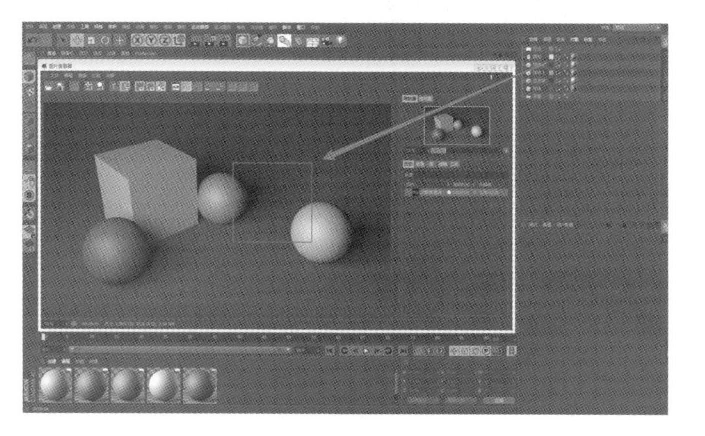

图 2-37

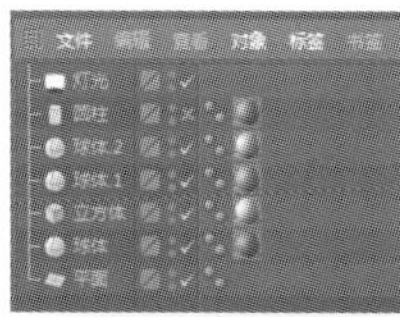

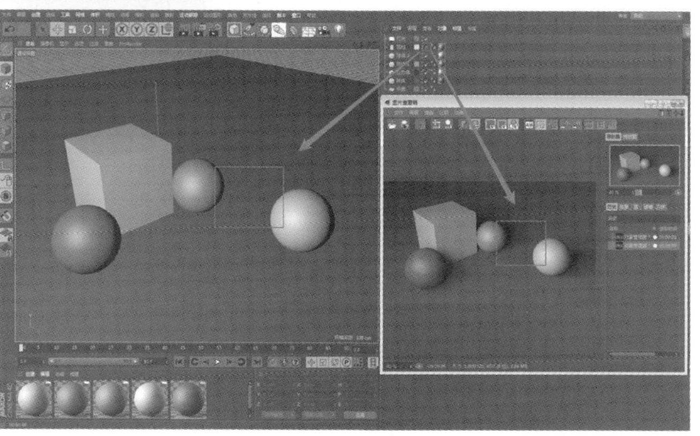

图 2-38

单击回到绿色☑时，对象在视图窗口和渲染状态下均显示。

（3）标签板块使用方法：

标签板块，它分为“平滑着色标签”和“纹理标签”两部分。

“平滑着色标签”是对模型表面平滑度进行显示的工具，“纹理标签”是对纹理材质进行显示和编辑的工具。如图 2–39。

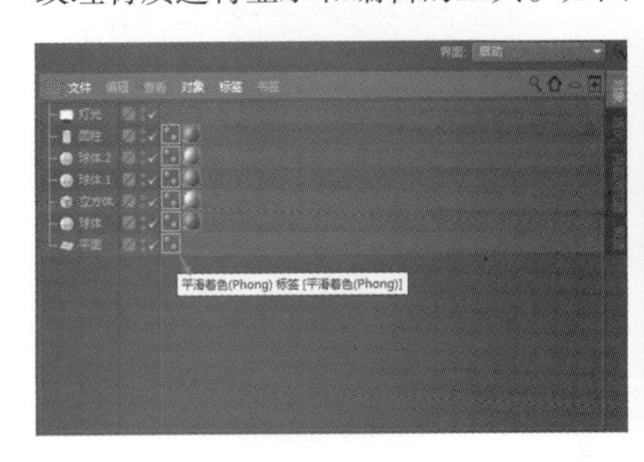

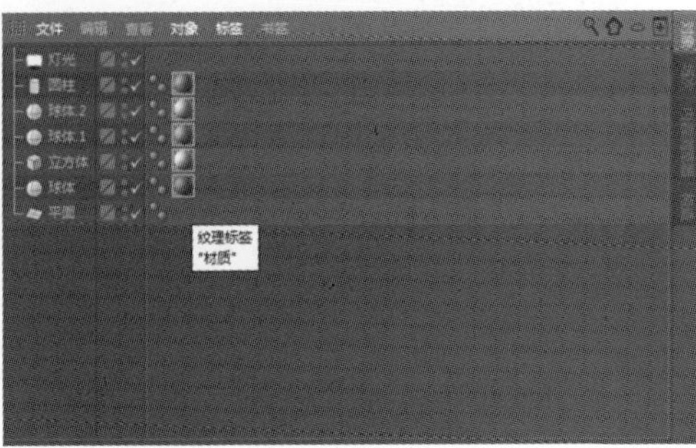

图 2–39

除了面板中的编辑区域，另外还有窗口菜单栏，它集合了对执行的对象进行文件管理和编辑的所有命令。其使用方法为：

Step 01 鼠标单击菜单栏中的“文件/导出”命令，可将选中的模型导出为所需要的文件格式。如图 2–40。

Step 02 选择“编辑”→“撤销”命令，可对模型执行撤除选择操作。

Step 03 选择“编辑”→“粘贴”命令，可对模型执行复制粘贴操作。

Step 04 选择“编辑”→“删除”命令，可对模型进行删除操作。如图 2–41。

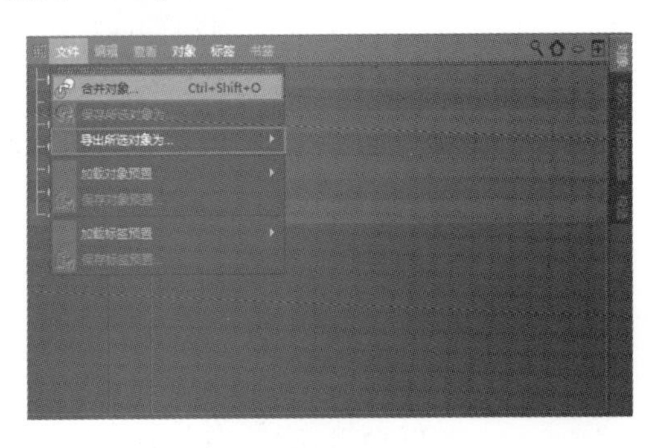

图 2–40

图 2–41

Step 05 选择“对象”→“选集”命令，可对所选模型进行依次恢复操作。如图 2–42。

鼠标单击“标签”命令，在弹出的浮动面板中显示的工具如图 2–43 所示。

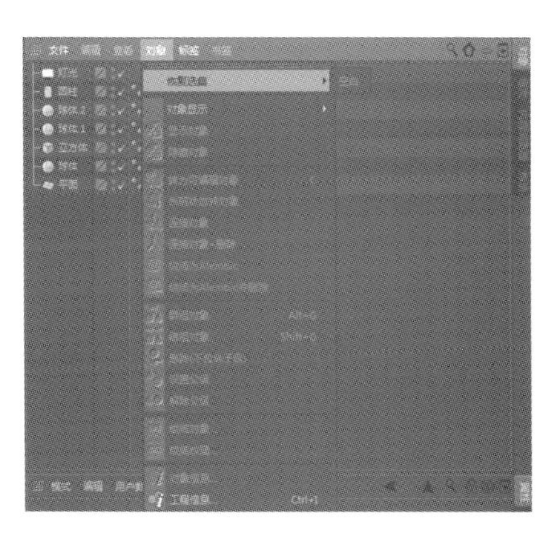

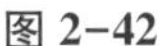
图 2-42

图 2-43

提示　案例图示中画红色方框的部位代表重点强调的工具或命令所在位置。红色箭头代表命令操作指引的下一步结果。

重要提示　文件菜单中，“新建”命令的快捷键为“Ctrl+N”，“打开”命令的快捷键为“Ctrl+O”，“合并”命令的快捷键为“Ctrl+Shift+O”，“另存为”命令的快捷键为“Ctrl+Shift+S”。此类命令经常使用，请熟记快捷键。

重要知识点：怎样实现 Cinema 4D 场景文件的导入？

选择场景文件，执行“Ctrl+Shift+S”命令，另存为“XXX”文件。执行“Ctrl+N”，新建一个空场景。执行“Ctrl+O”命令，打开另外的“RRR”文件，在此文件中执行“Ctrl+Shift+O”命令，合并“XXX”文件，即可实现文件的互相导入。

技巧库：怎样实现 Cinema 4D 格式与其他软件格式的互导？

选择场景文件，鼠标单击“文件”→“导出”命令，即可选择需要导出的其他软件的文件格式。如图 2-44。

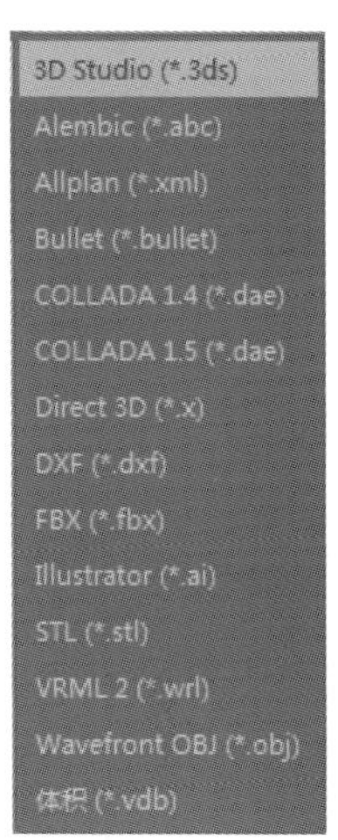

图 2-44

2.2.2　资源管理器

资源管理器也称内容浏览器，位于界面的右上方，它是储存模型数据和资源的工具。下面用添加预置库模型的过程来讲解使用方法：

Step 01 鼠标单击如图 2-45 所示面板中的资源管理器（内容浏览器）处，切换到如图 2-46 所示的资源管理界面。

Step 02 选择“文件”→“创建新的类别”命令，在弹出的对话框中创建名称为“个人预置”的文件夹，单击“浏览”命令将该文件夹保存到本地计算机当中，单击“确定”按

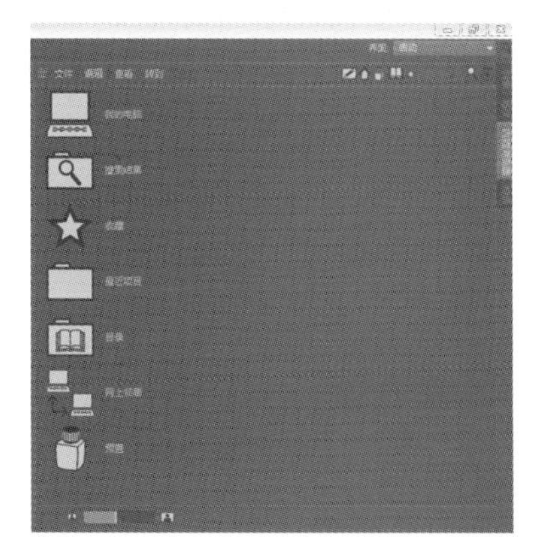

图 2-45

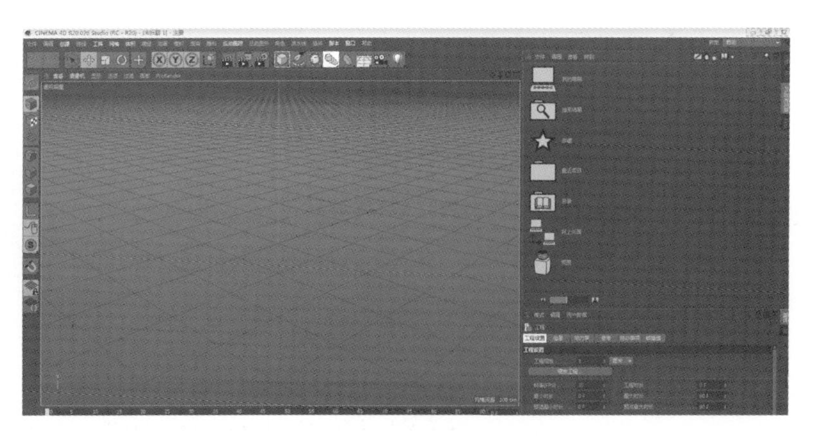

图 2-46

钮。如图 2-47。

图 2-47

Step 03 鼠标双击资源管理器中的“目录”菜单，进入设置好的“个人的预置”面板，就可以观察到预置文件保存在其中了。如图 2-48。

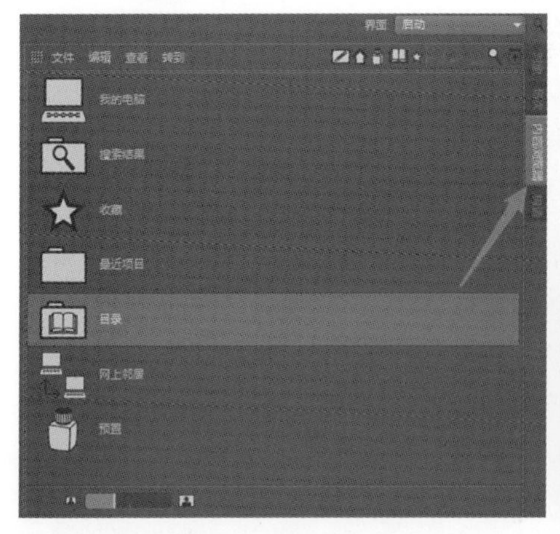

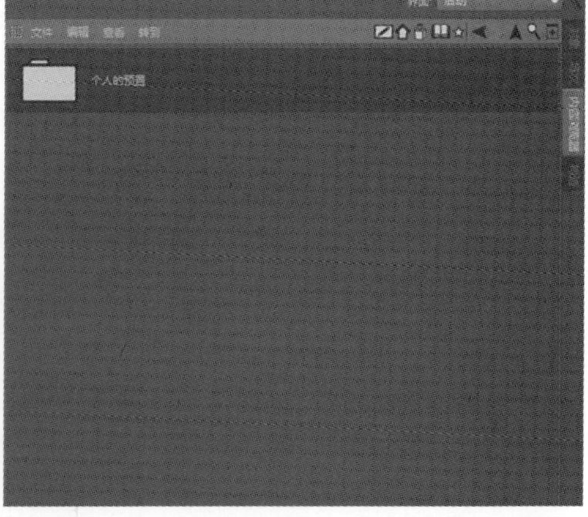

图 2-48

另外可在资源管理器中选择“文件”→“创建新的预置库”命令，在弹出的对话框中输入“个人的预置库”名称，单击“确定”按钮创建个人的预置库。如图 2-49。

图 2-49

Step 04 可在界面鼠标双击“预置”命令，进入“个人的预置库”面板。这里可存放系统里面调入或下载的模型文件。如图 2-50。

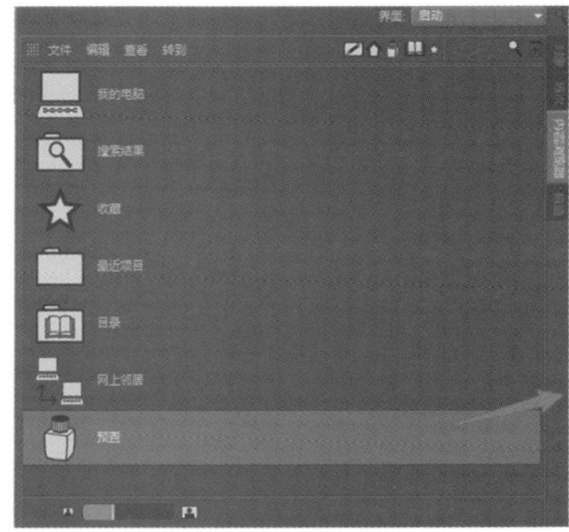

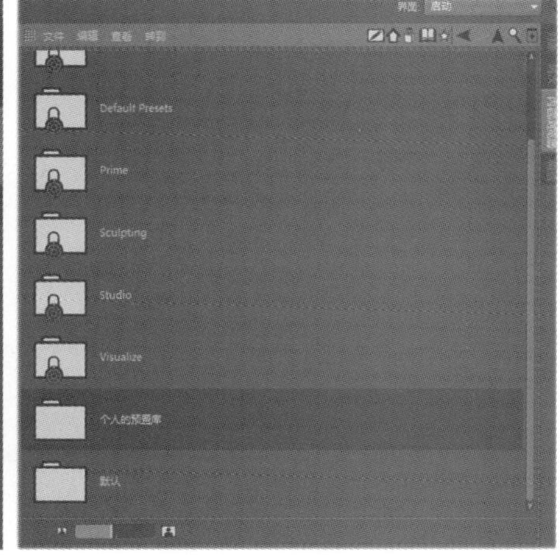

图 2-50

在资源管理器的右上方依次为“桌面”、“我的文档”、“预置”、“目录”和“收藏”等菜单。如图 2-51。

图 2-51

通过“目录”菜单可进入“个人的预置”中。如图 2-52。

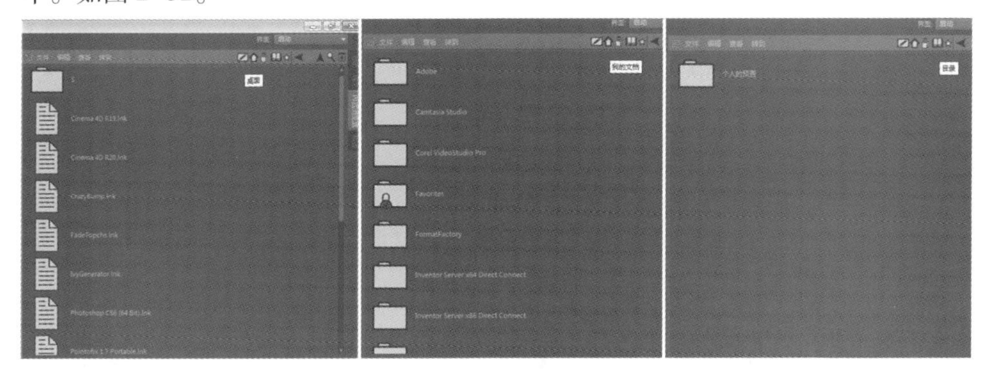

图 2-52

Step 05 鼠标单击如图 2-53 所示的“收藏”菜单，进入“个人的预置”里面，可以查看收藏的模型文件。

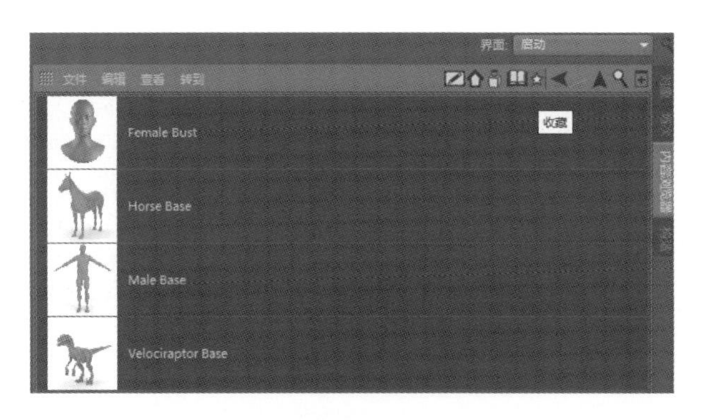

图 2-53

若要在“收藏”文件夹中添加模型文件，则进入“预置文件”面板中选中该模型，右键单击模型图样，在弹出的浮动面板中选择“添加到收藏”命令即可。如图 2-54。

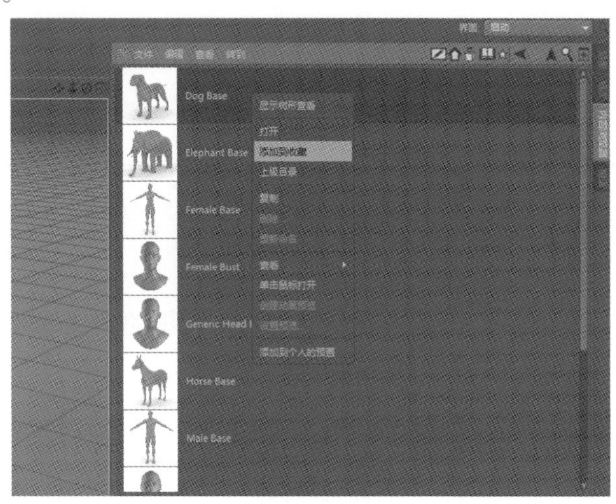

图 2-54

技巧库：怎样实现直接提取预置文件?

“桌面”和“我的文档”菜单连接本地电脑的桌面和文档，“目录”菜单可连接到“个人的预置”中。因此要重新提取保存好的预置模型文件，直接单击“目录”菜单即可进入“个人的预置文件”当中。

2.2.3 构造管理器

构造管理器位于资源管理器的下方，它是针对模型所有点线面的子集坐标进行编辑和管理的工具。如图 2-55。

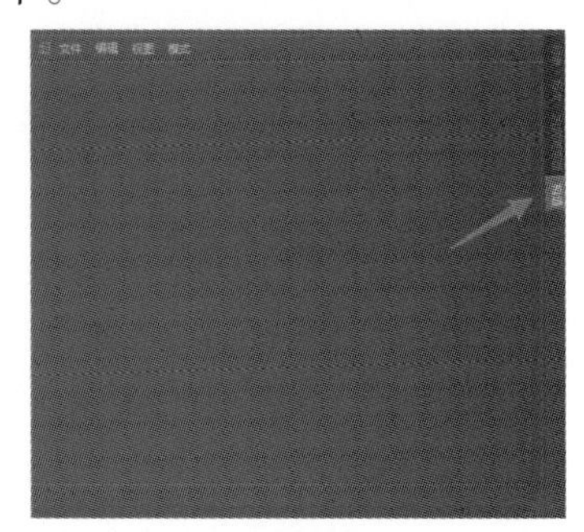

图 2-55

下面通过兔子模型的点和面的编辑来介绍构造管理器的使用操作：

Step 01 选择“文件”→“打开”命令，在本地计算机中选择模型导入，构造管理器面板即出现模型各点的数据。如图 2-56。

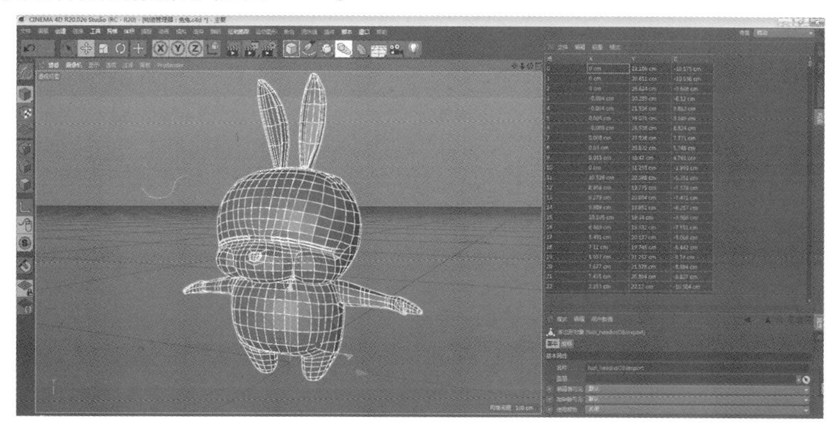

图 2-56

在构造管理器的菜单区域选择“模式”→“点”命令，进入模型的点模式之下。如图 2-57。

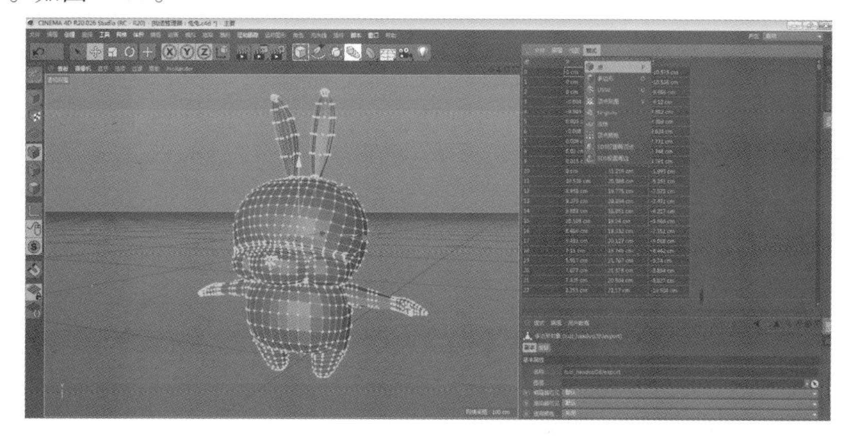

图 2-57

Step 02 选择工具菜单中的“套索选择”工具，如图 2-58 所示，自由选择对象手臂上的点。

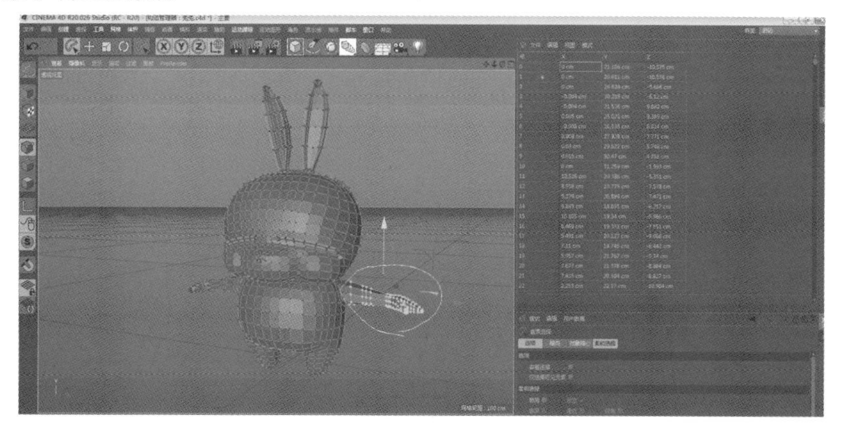

图 2-58

Step 03 选择“编辑”→“全部选择”命令，即选中对象全部的点。再选择“反选”命令，便可快速选中手臂上的点以外部位。如图 2-59。

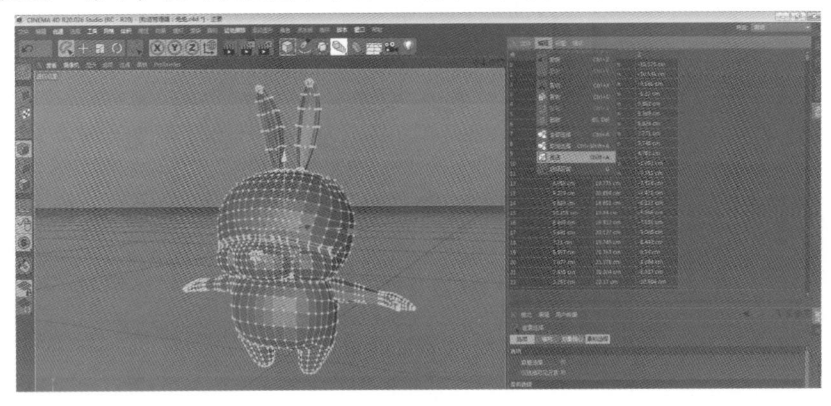

图 2-59

这样的操作，也可用于对象面模式的选择当中。例如：

Step 01 选择“模式”→“多边形”命令，进入对象的面模式下。如图 2-60。

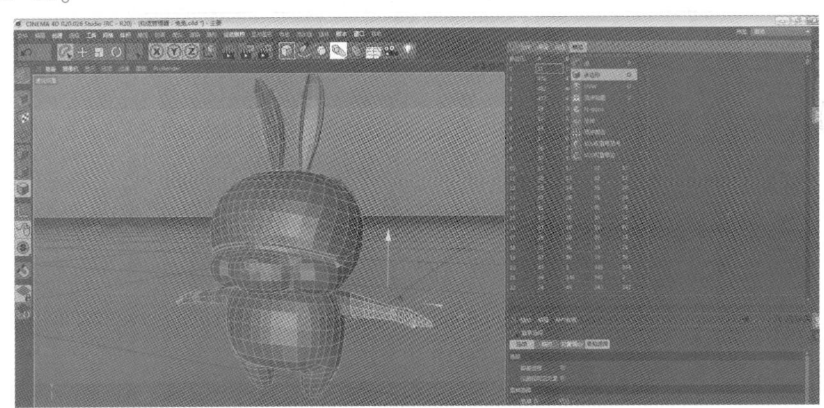

图 2-60

Step 02 执行同样操作，即可快速实现反选操作。如图 2-61。

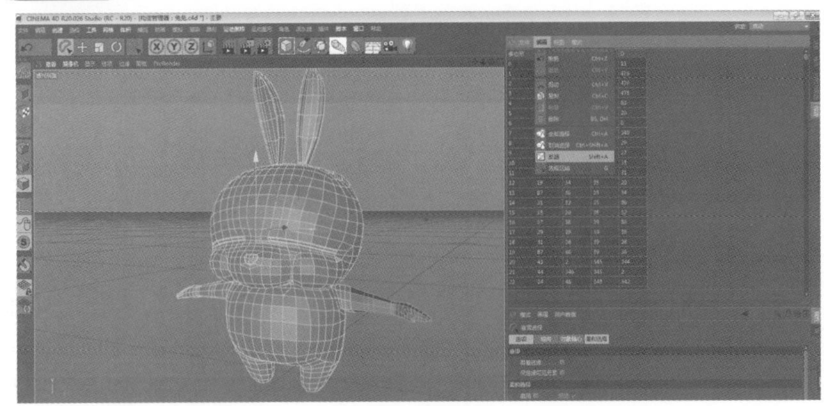

图 2-61

2.3 属性面板使用基础

属性面板中主要包含属性管理器和层系统管理器。它们都是对模型对象的属性进行调节和管理的面板。

2.3.1 属性管理器

属性管理器的作用是对选中的对象进行参数的调整和命令的输入。下面利用一个简单的场景来介绍属性管理器的使用方法：

鼠标单击菜单栏中的“文件”→“打开”命令，导入如图 2-62 所示的模型场景。这时，对象的属性管理面板就出现在对象面板中了。它包含“基本”“坐标”和“平滑着色（Phong）”三个选项。

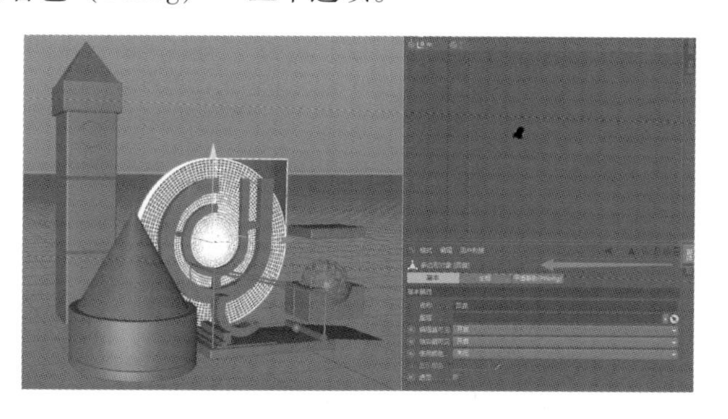

图 2-62

“基本”选项：选中如图 2-63 所示的圆盘模型，可将“基本”选项下的“编辑器可见”“渲染器可见”和“使用颜色”均设置为“开启”模式。显示颜色设置为“白色”。

“坐标”选项：在“多边形对象”下选择“坐标”选项。“P. X”“P. Y”“P. Z”参数分别设置为“61 cm”“0 cm”“0 cm”，“S. X”“S. Y”“S. Z”参数分别设置为“2”“1”“1”，“R. H”“R. P”“R. B”参数分别设置为“90°”“0°”“0°”。如图 2-64。

图 2-63

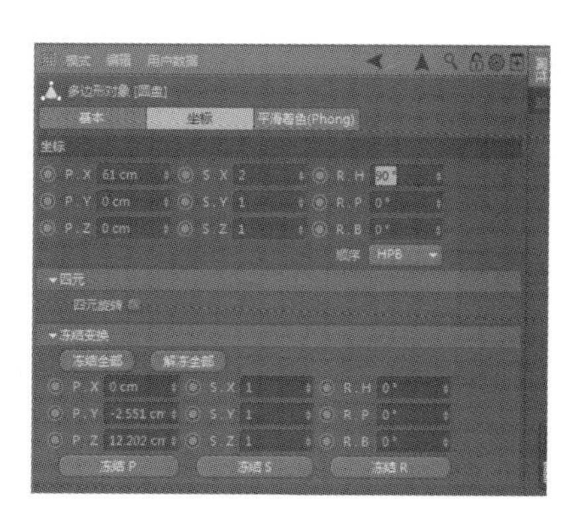

图 2-64

按住“Ctrl”键的同时鼠标左键单击“冻结变换”面板下的◎处，当显示为红色状态时，可以进行关键帧动画的制作。如图 2-65。

“平滑着色（Phong）”选项：在属性管理器中选择“多边形对象［圆盘］”→“平滑着色（Phong）”选项，勾选“角度限制”，便可对“平滑着色（Phong）角度”值进行编辑。如图 2-66。

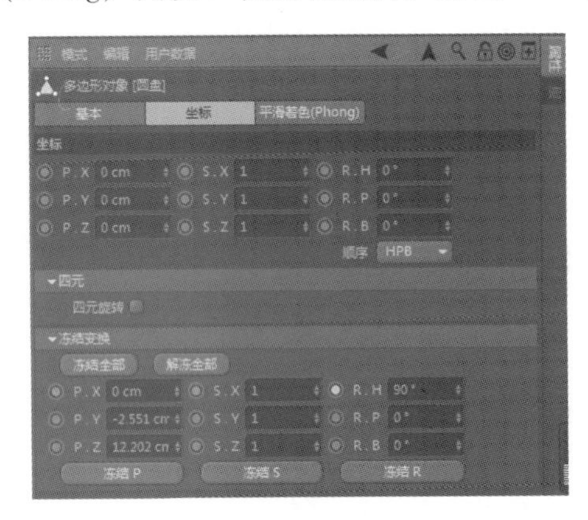

图 2-65

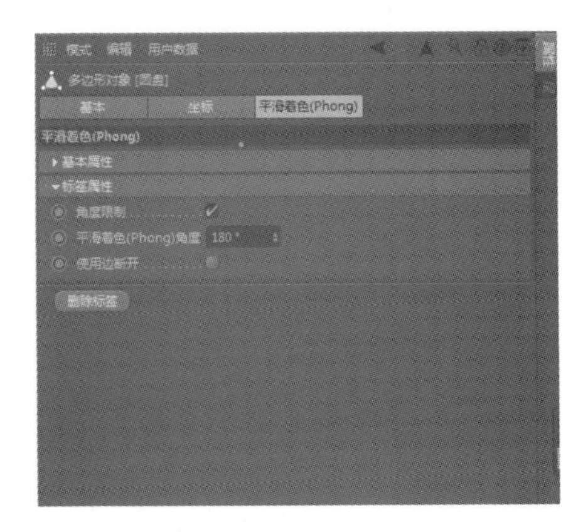

图 2-66

重要知识点：属性管理器与关键帧设置。

在属性管理器中，参数面板有圆圈◎的部位都可以设置关键帧动画。设置关键帧动画，需要与“时间线”工具中的时间滑块配合使用，属性管理器中的“位移”（P. X，P. Y，P. Z）、“旋转”（S. X，S. Y，S. Z）和“缩放”（R. H，R. P，R. B）工具中的参数是随着时间的变化而变化的。因此，我们需要让该对象产生物理属性变化的时候就可以通过关键帧动画来实现。

拓展知识点：

下面通过一个小场景来介绍立方体和球体的属性管理器参数调整：

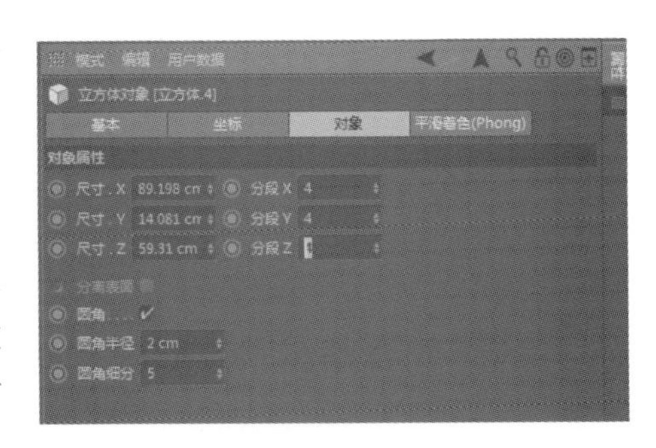

图 2-67

Step 01 选择场景中的立方体模型，“基本”“坐标”和“平滑着色（Phong）”选项参数与多边形属性选项没有太大区别。但要注意的是，这里比多边形属性里多出来一个“对象”选项，选择“对象”选项，出现如图 2-67 所示参数。

Step 02 取消勾选“圆角”选项，在“分段 X”“分段 Y”“分段 Z”参数中都设置数值“4”，则模型段数如图 2-68所示。

勾选“圆角”选项，模型的边角呈圆滑状态，呈现如图 2-69 所示的效果。

Step 03 “球体”的参数，选择球体对象→“对象”选项，该选项下参数主要有“半径”“分段”和“类型”。其中重要的类型参数中，选择不同类型，球体所呈现的布线效果也不相同。如图 2-70。

图 2-68

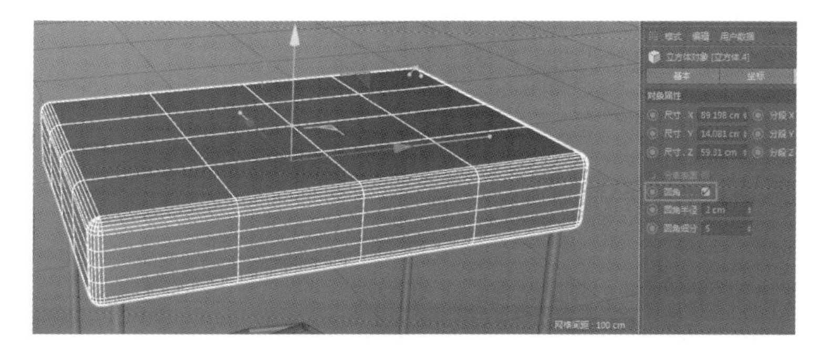

图 2-69

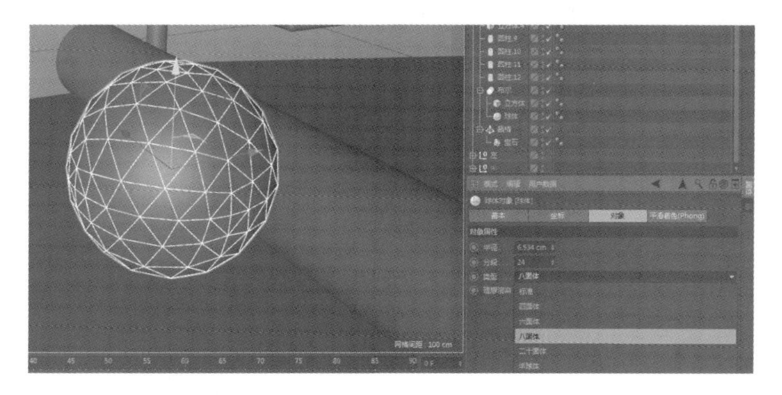

图 2-70

调整立方体属性“对象参数”和球体属性“对象参数”之前与之后的对比如图 2-71 所示。

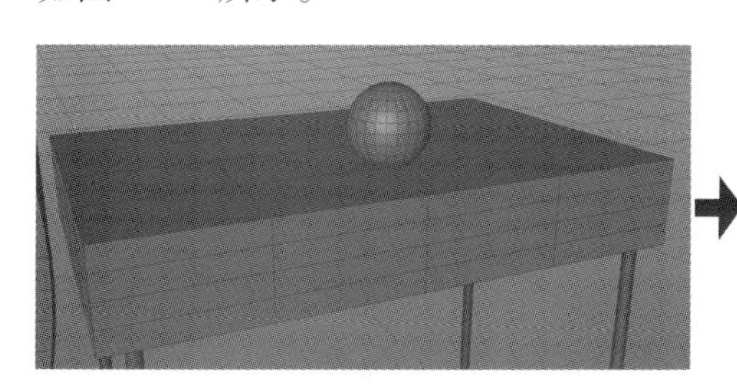

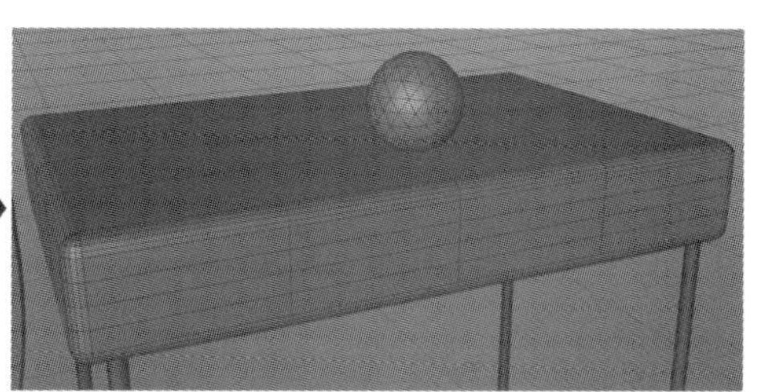

图 2-71

2.3.2 层系统管理器

图 2-72

层系统管理器位于属性管理器下方。它是针对个体模型进行物理属性编辑管理的工具。下面导入一个基础物场景来说明：

Step 01 选中模型，左键单击对象编辑面板的“显示/隐藏”区域，选择“加入新层”命令。如图 2-72。

这样选中的对象就建立了自己的层管理，鼠标单击“屏蔽查看”按钮，模型便隐藏。如图 2-73。

图 2-73

Step 02 鼠标单击“屏蔽渲染”按钮，则模型在渲染器中隐藏。如图 2-74。

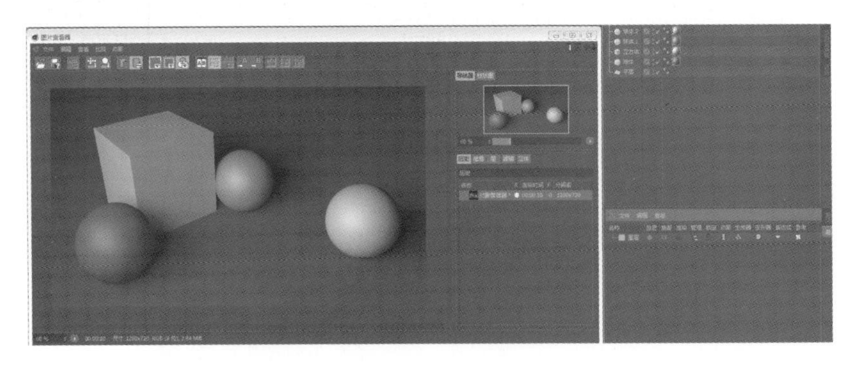

图 2-74

Step 03 选择圆柱体模型，鼠标单击“激活锁定”按钮，模型被屏蔽锁定住。如图 2-75。

提示 继续往后面依次是“动画”按钮、“生成器”按钮、“变形器”按钮、“表达式”按钮和“参考”管理按钮，这些工具都可针对模型的不同模块进行编辑管理。如图 2-76。

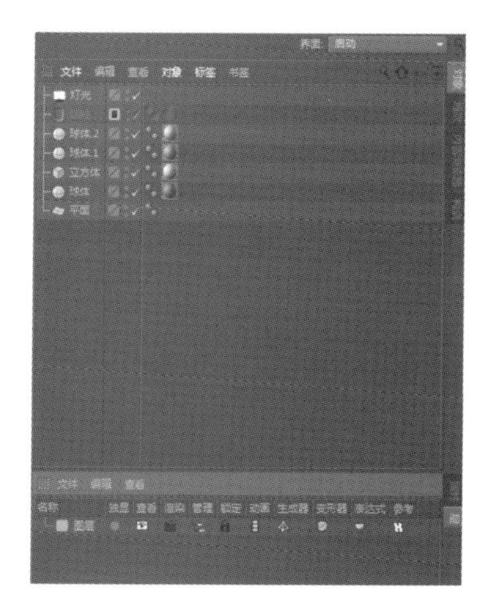

图 2-75

图 2-76

Step 04 针对每一个模型对象创建的层管理，可对每一个对象进行物理属性编辑。如图 2-77。

Step 05 若要区分不同模型，可将图层前方“颜色拾取器”中的“HSV”值更改一下，利用不同颜色区分不同模型。如图 2-78。

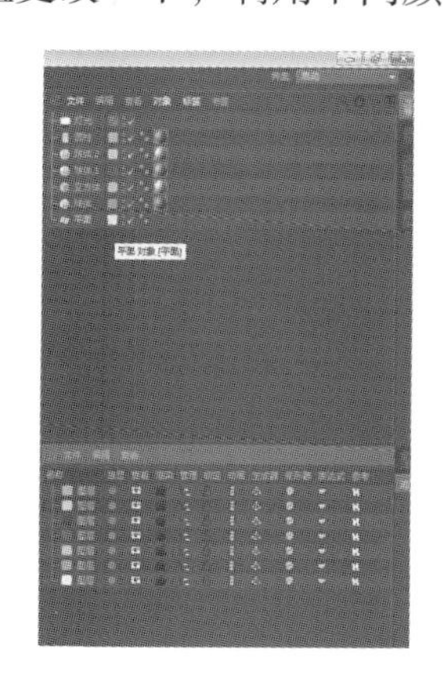

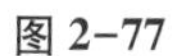

图 2-77

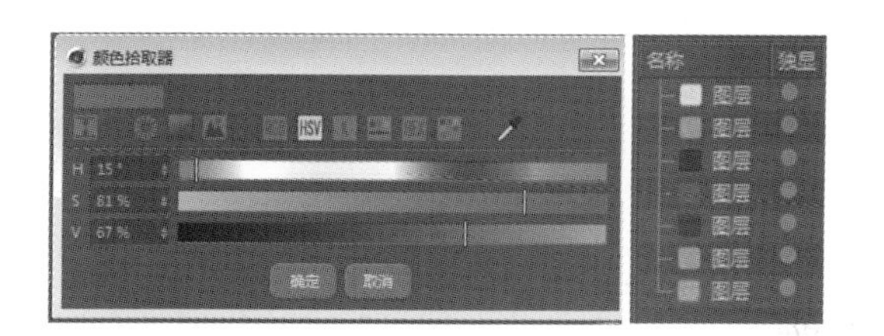

图 2-78

2.4 材质面板和坐标面板使用基础

2.4.1 材质管理器

课堂案例：小圆球材质

材质面板中主要为材质管理器。材质管理器位于界面的正下方，它是对模型进行材质贴图管理和编辑的工具。如图 2-79 所示的小圆球场景就是被赋予了材质后的显示效果。

下面通过制作一个小圆球亮光场景介绍材质管理面板：

图 2-79

Step 01 在界面下方的材质管理器区域右键单击，选择“新材质”命令（或双击材质管理器的空白区域），创建一个空白材质球。如图 2-80。

鼠标左键选中材质球拖给场景中指定的模型。如图 2-81。

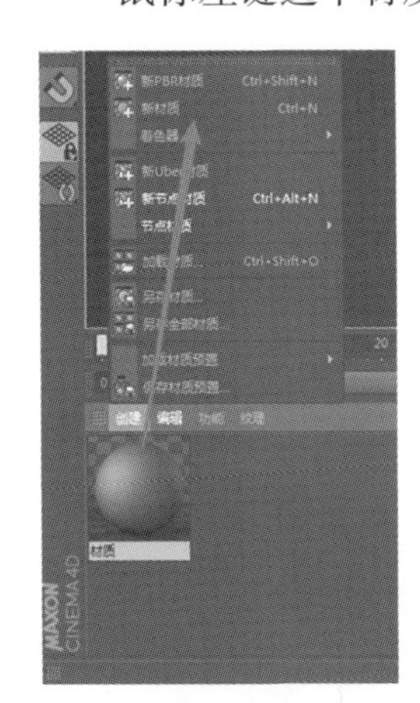

图 2-80

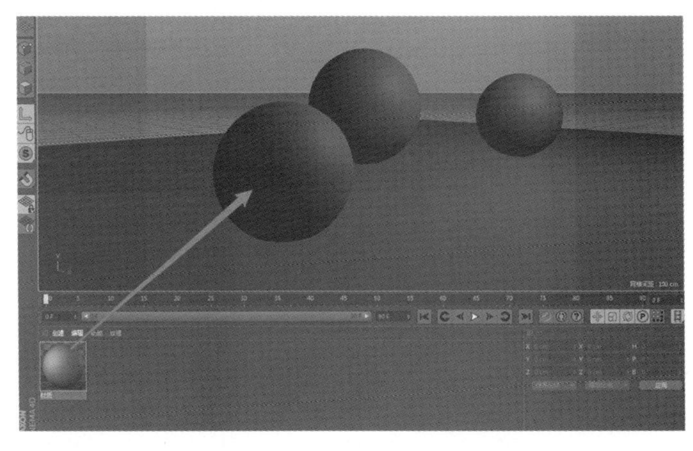

图 2-81

Step 02 鼠标双击材质球表面，弹出“材质编辑器”对话框。单击并勾选“颜色”选项，左键单击“颜色”→“纹理”下的小三角按钮，选择“渐变”命令，进入“渐变”复选菜单，鼠标双击纹理下的“渐变色彩框”，将“渐变”颜色形式更改为“黑白相间”，类型更改为“二维-V”，再次回到最初颜色面板，混合模式改为“正片叠底”。如图 2-82。

Step 03 鼠标单击并勾选“漫射”选项。“漫射”是指模型周边光源由于反弹，从而增强或减弱模型亮度的材质属性。如图 2-83。

Step 04 鼠标单击并勾选“颜色”选项，选择“纹理”→“复制着色器”命令。如图 2-84。

Step 05 鼠标单击并勾选“发光”选项，选择“纹理”→“粘贴着色器”命令。如图 2-85。

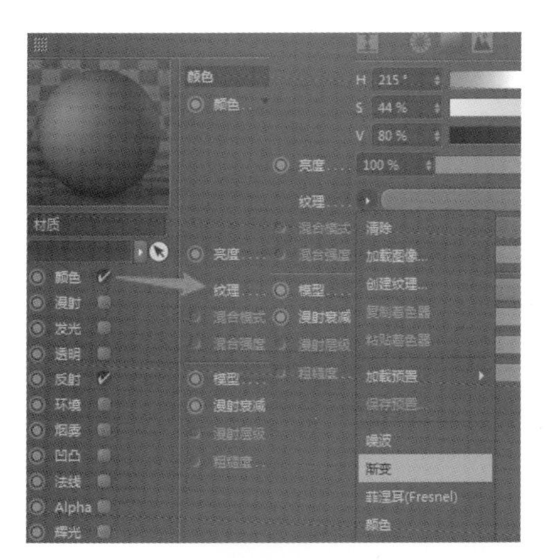

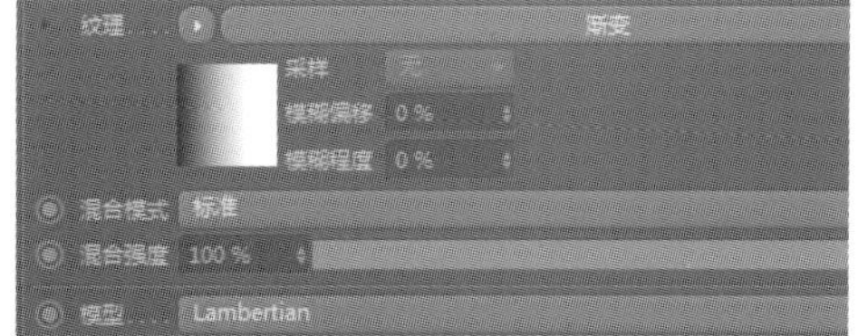

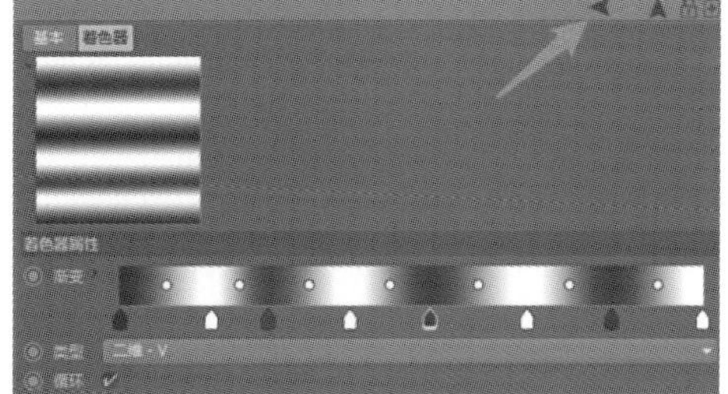

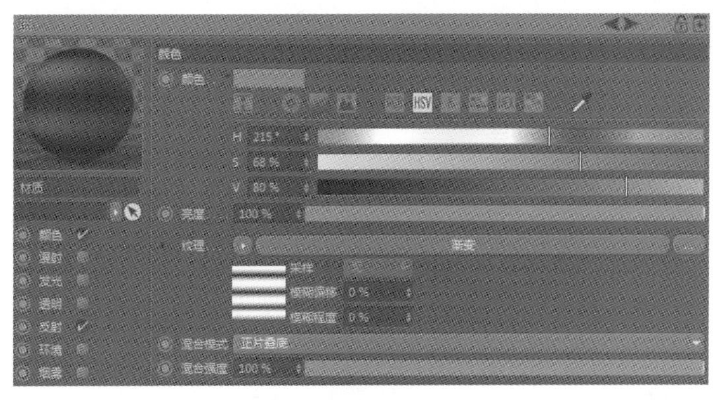

图 2-82

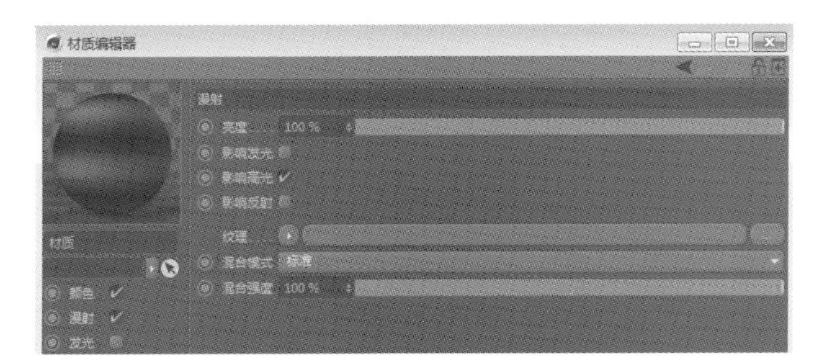

图 2-83

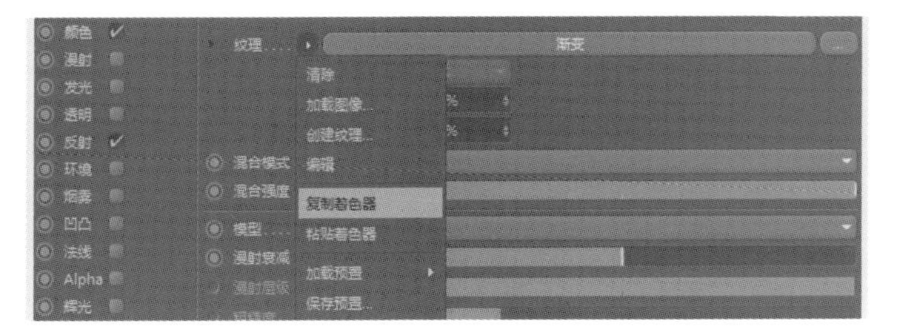

图 2-84

图 2-85

这时，窗口的模型材质效果如图 2-86 所示。再次创建一个新的空白材质球，鼠标左键选中材质球拖给地面模型。

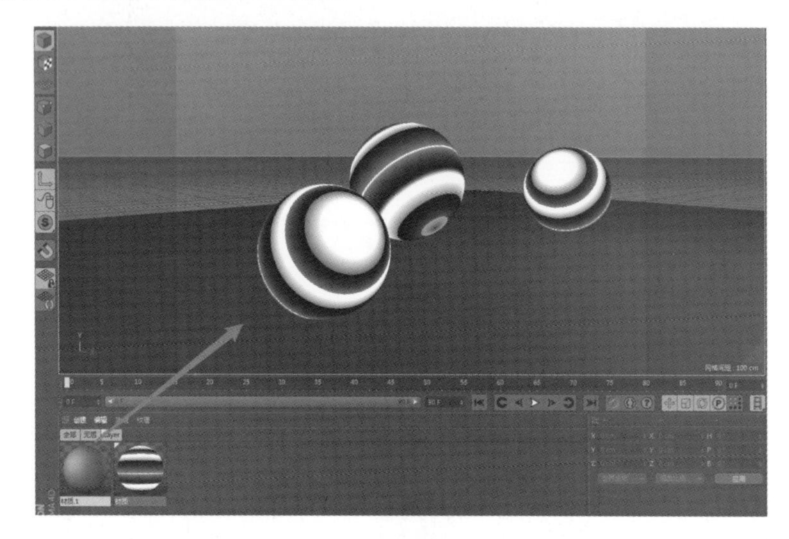

图 2-86

Step 06 鼠标双击地面材质球，弹出材质编辑器，鼠标单击并勾选“颜色”选项，选择“颜色”→“纹理”→“加载图像”命令，在本地计算机中导入做好的贴图。如图 2-87。

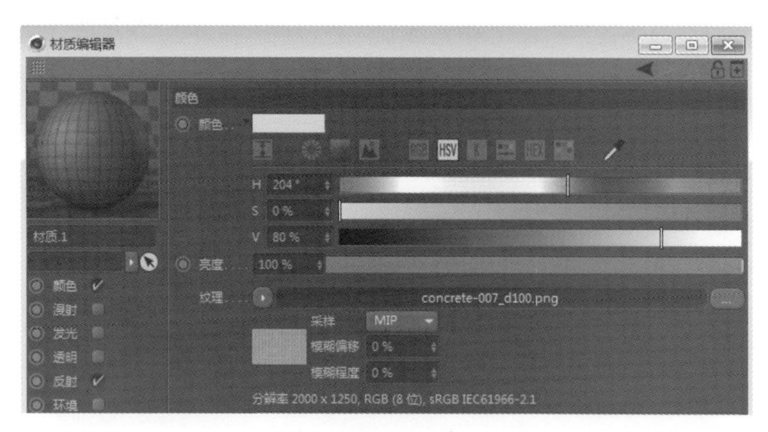

图 2-87

Step 07 鼠标单击并勾选“凹凸”选项，选择“颜色”→“纹理”→“加载图像”命令，在本地电脑中导入与颜色贴图相一致的黑白贴图。如图 2-88。

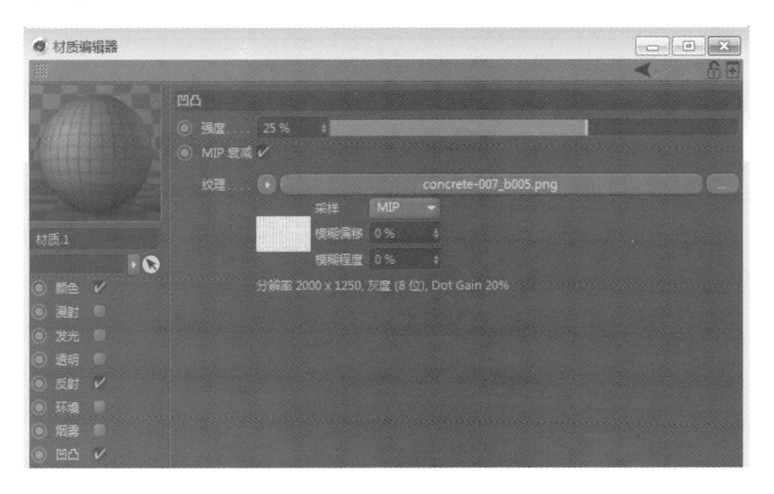

图 2-88

Step 08 鼠标单击“渲染活动视图”按钮，视图窗口渲染出场景效果。如图 2-89。

技巧库：如何制作五颜六色的闪光场景？

现实生活中，我们会看到各种各样闪烁着五颜六色的光的场景。如图 2-90。

图 2-89

图 2-90

借鉴此类效果延伸一下这个案例。深入制作小圆球的斑斓效果。

Step 01 将球体模型给予简单的反射效果。鼠标单击并勾选“反射”选项，选择“添加”→“GGX”命令。

Step 02 设置各项参数如图 2-91 所示：“层 1”模式更改为“叠加”，“粗糙度”参数值更改为“20%”，“反射强度”参数值更改为“52%”，“高光强度”参数值更改为“11%”。

Step 03 按住键盘上的“Ctrl”键，在材质管理器中，鼠标左键单击选中材质球。

Step 04 拖出两个材质球，更改着色器属性下“渐变”的颜色。

Step 05 更改“混合模式”为“正片叠底”，完成以上操作。再次鼠标单

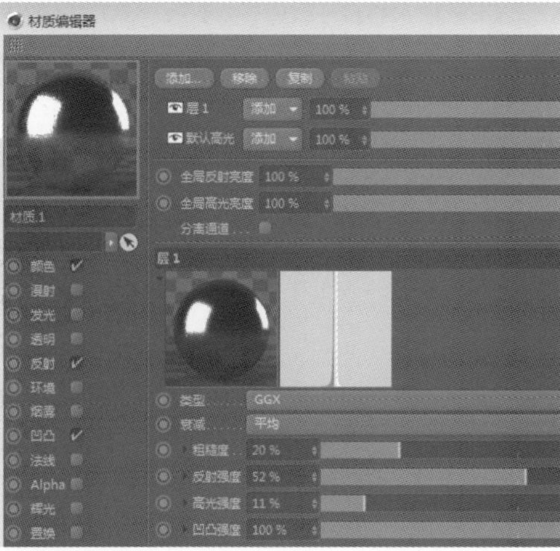

图 2-91

击“渲染活动视图”按钮，查看场景添加反射后的最终效果。如图 2-92。

图 2-92

2.4.2　坐标管理器

坐标面板中主要为坐标管理器。它用于即时反映对象在三维空间的信息，主要由位置、尺寸、旋转三部分组成。

位置：长按“立方体”按钮，弹出“基础对象”面板，创建一个立方体模型，在坐标管理器的位置 X 后输入框中输入“-100 cm”，鼠标单击“应用”按钮，立方体即沿 X 轴负方向移动。位置 Y、Z 的使用方法相同。如图 2-93。

尺寸：在尺寸 X 的后面输入 400 cm，鼠标单击“应用”按钮，X、Y、Z 均变为“400 cm”，立方体模型尺寸增大。见图 2-94。

旋转：在旋转 H 的后面输入“200°”，鼠标单击“应用”按钮，立方体沿着 X 轴顺时针旋转 200°；若输入-200°，则按逆时针方向旋转。如图 2-95。

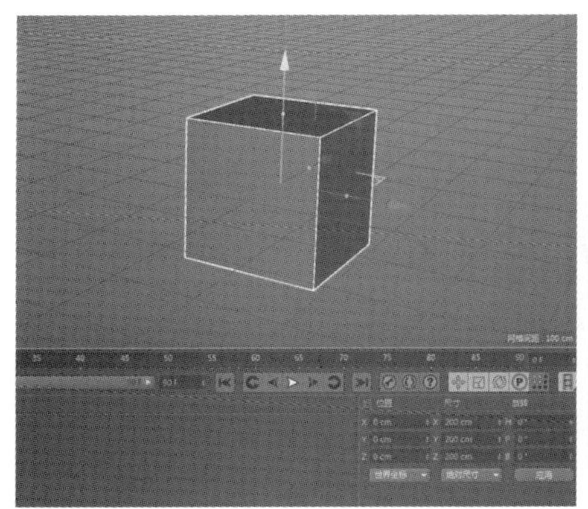
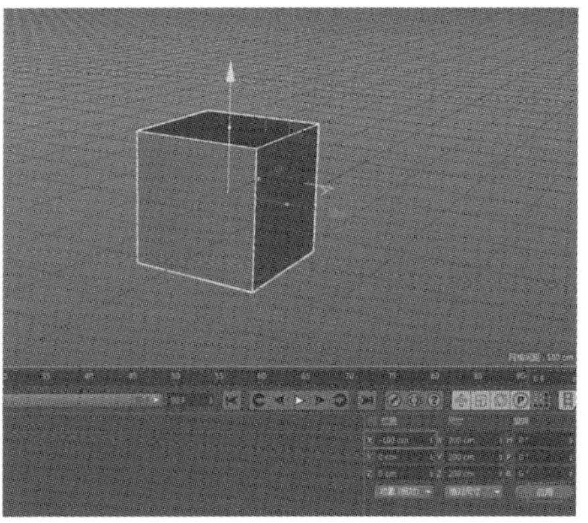

图 2-93

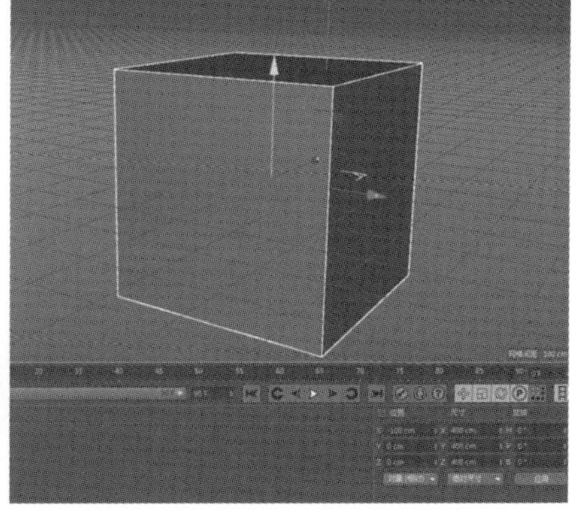

图 2-94

重要知识点：坐标面板中的“对象”命令和“尺寸”命令。

单击“对象（相对）”命令后面的三角形符号▼，可切换“对象（相对）”“对象（绝对）”“世界坐标”三种命令，分别对应的是物体沿对象坐标的变化和对象沿世界坐标的变化。如图 2-96。

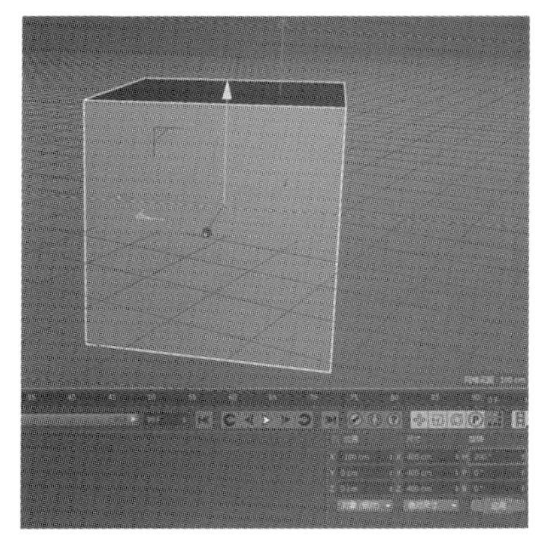

图 2-95

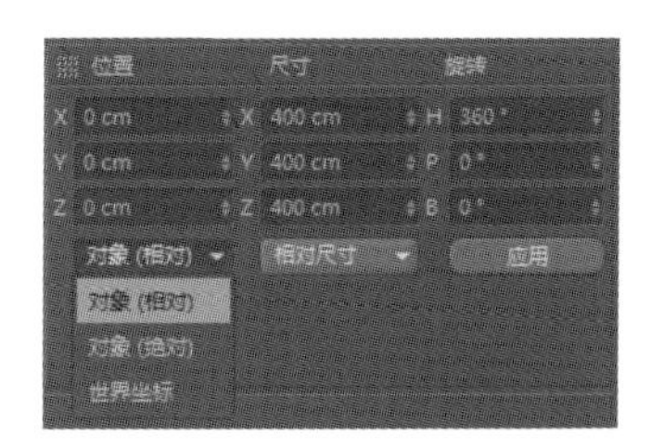

图 2-96

鼠标单击“相对尺寸”命令后面的三角形符号，可切换“缩放比例”“绝对尺寸”“相对尺寸”三种命令，分别对应的是物体缩放的相对比例大小和绝对比例大小。如图 2-97。

单击“应用”按钮是实现物体最后状态的操作。例如放大物体 X、Y、Z 轴至 2，选择“缩放比例”命令，鼠标单击“应用”按钮，物体的缩放回到 X、Y、Z 轴为 1 的状态。如图 2-98。

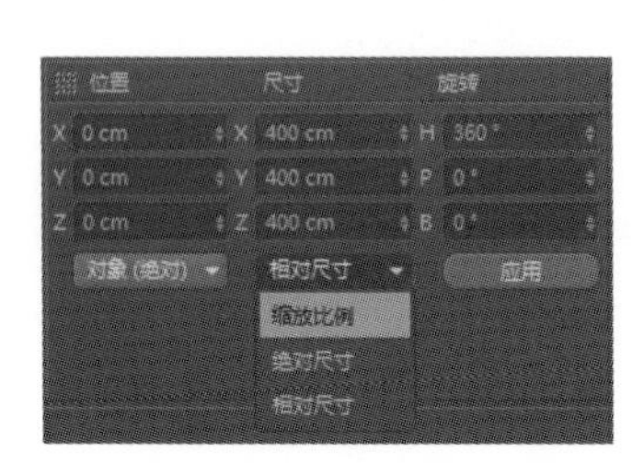

图 2-97

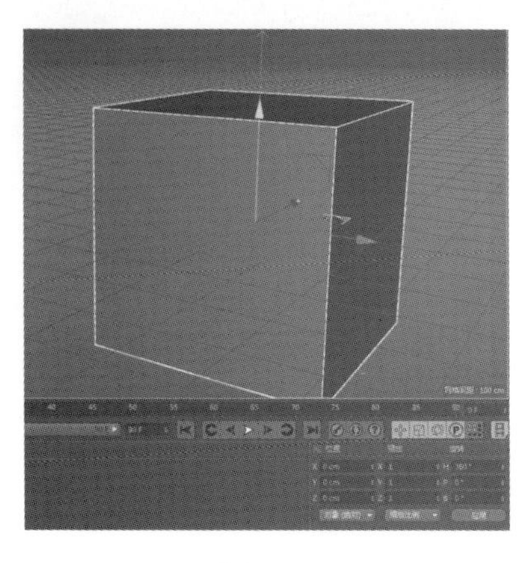

图 2-98

提示　本章所介绍的所有命令和菜单应用由于比较分散，因此讲解的过程是在案例的分析上进行的。只要掌握好案例的制作方法也就掌握了工具和命令。

本章小结

本章主要讲解 Cinema 4D 的界面布局和一些常用的命令，通过对本章的学习，读者基本可以掌握 Cinema 4D 的菜单命令，并对软件的界面操作有一个初步的了解，为进行深入的学习打下基础。

本章需重点掌握的内容：

（1）对象管理器的编辑板块、显示/隐藏板块、标签板块。

（2）属性面板中的属性管理器。

（3）材质管理器和材质编辑窗口。

课后习题

作业名称：简单场景制作。

用到工具：基础对象面板工具、灯光面板工具、材质球属性、对象属性编辑器。

学习目标：熟悉各个面板中的功能。

步骤分析：

（1）打开场景文件，利用基础对象物体制作口红的三个部分。

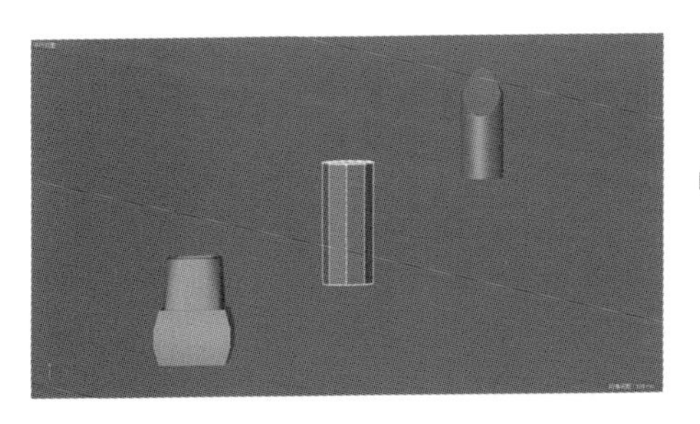

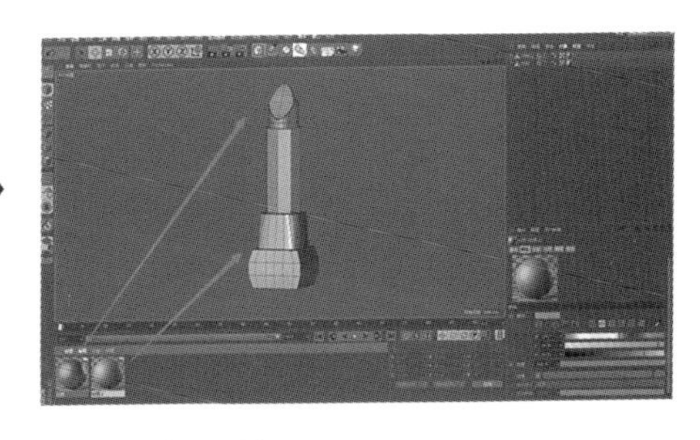

（2）给予模型各个部分材质球，添加基本的颜色属性。

最终要求效果：

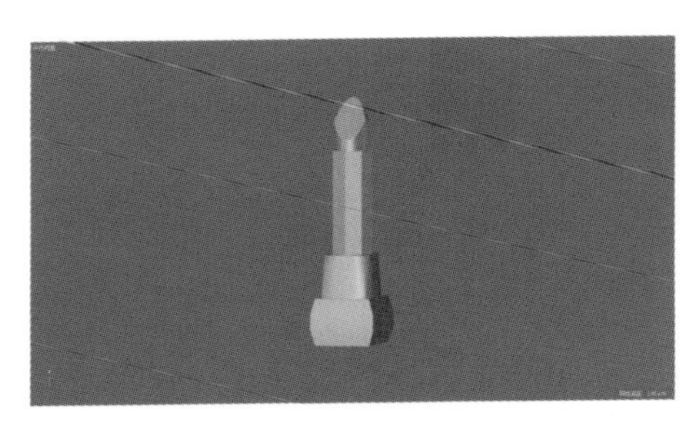

第3章　Cinema 4D建模

【本章内容】

本章对Cinema 4D R20软件的建模功能进行详细的讲解和介绍，对生成器建模、造型器建模和变形器建模以及多边形综合建模进行分类讲解，既有助于在模型制作过程中快速准确地找寻到合适的方法，也能高效圆满地完成制作任务。

【课堂学习目标】

了解Cinema 4D的各种建模方法；

熟悉Cinema 4D中样条建模、生成器建模、造型器建模和多边形建模的技术；

掌握Cinema 4D各种建模中常用的工具和命令。

3.1　生成器建模

本节讲解利用各种生成器工具进行各种场景建模的思路和方法。

3.1.1　扫描生成器的使用

样条生成器是利用一个图形路径按照另一个图形路径生成三维模型的工具。它通常是用来快速制作长条形或流线形的物体，如线绳、字体、管道、锁链等。如图3-1。

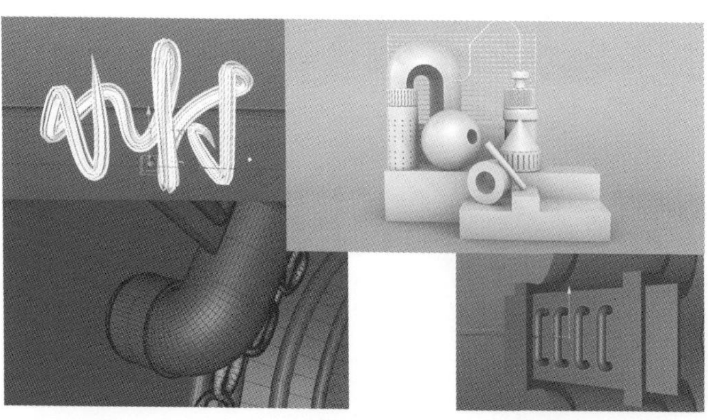

图3-1

课堂案例：门把手制作

Step 01 长按“画笔”按钮，弹出“曲线”面板，选择“画笔”工具，运用鼠标在“视图窗口”的右视图中进行布点式样条绘制。要注意的是，在平滑拐弯处应按住鼠标左键拉动拖曳手柄拖出。如图 3-2。

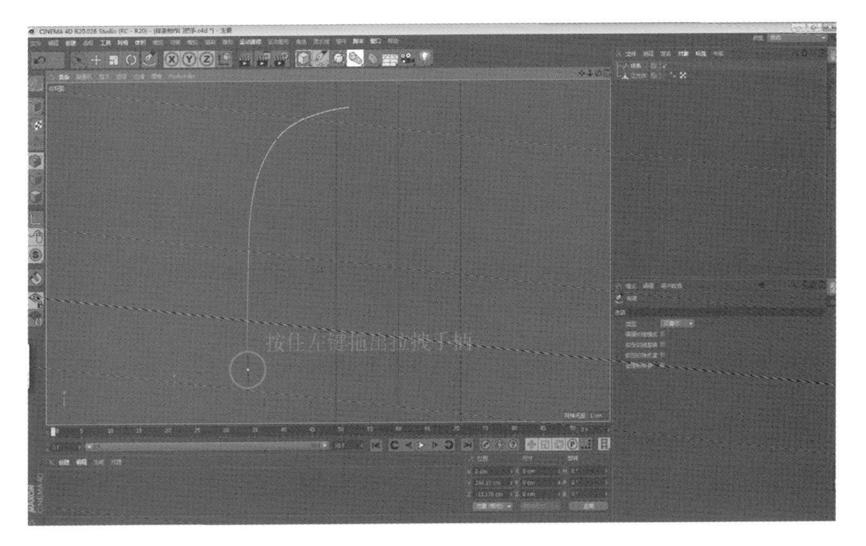

图 3-2

绘制出如图 3-3 所示的样条曲线，选择“移动”工具移动样条至与门平面垂直的地方。

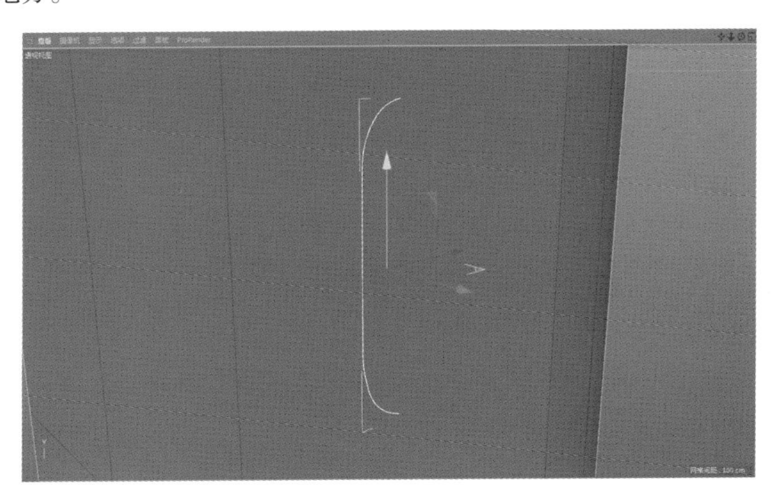

图 3-3

Step 02 再次选择“画笔”→“圆环”工具，创建一个圆环样条，在“层级切换”面板中切换对象到点模式。在“视图窗口”空白处右键单击，在弹出的浮动面板中选择“插入点”命令，插入如图 3-4 所示的点。

在“顶视图”窗口调整点的位置。如图 3-5。

Step 03 长按“细分曲面”按钮，选择“扫描”工具，这样“扫描”工具即载入对象管理器中。如图 3-6。

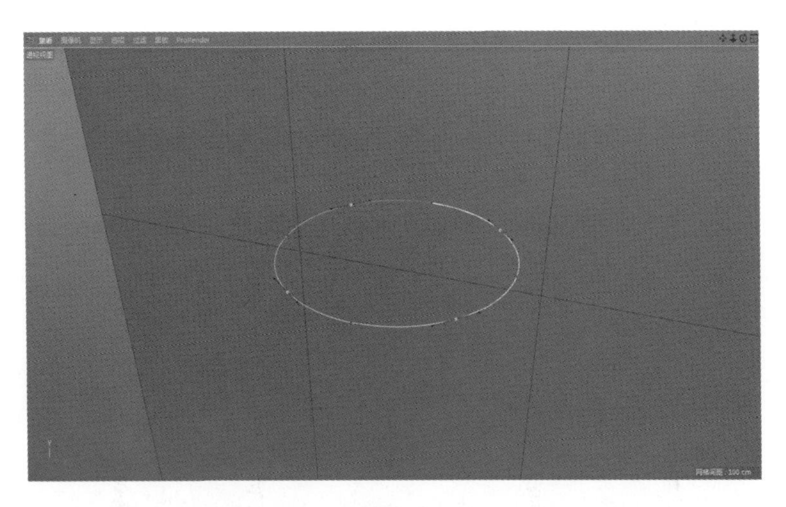

图 3-4

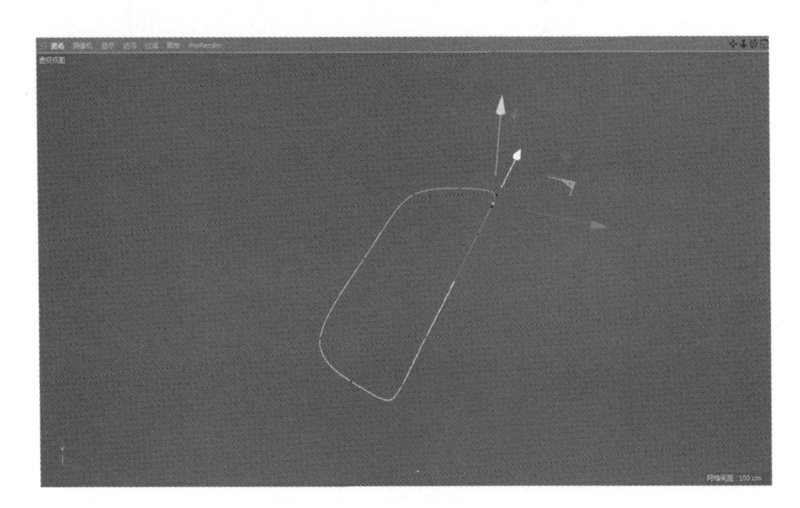

图 3-5

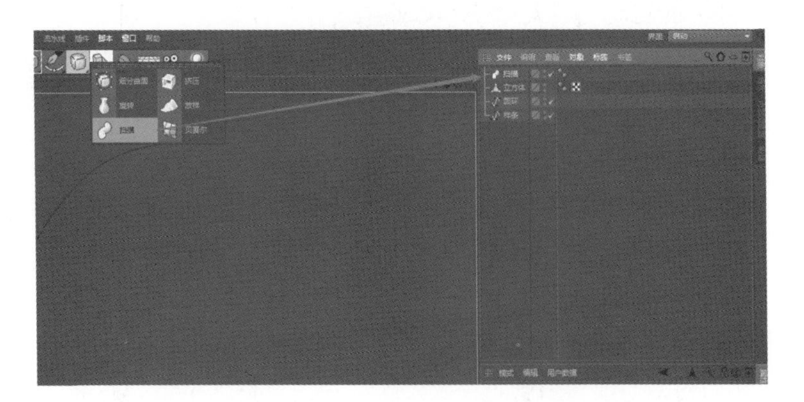

图 3-6

在对象编辑面板中左键单击，依次拖动“圆环”和“样条”工具至“扫描”工具的子集下。如图 3-7。

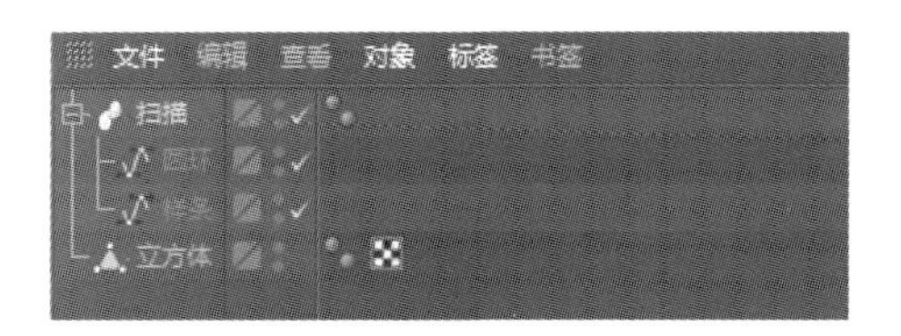

图 3-7

Step 04 选择“扫描”工具，在属性管理器中选择“扫描对象”→“封顶”选项，样条生成门把手式样。如图 3-8。

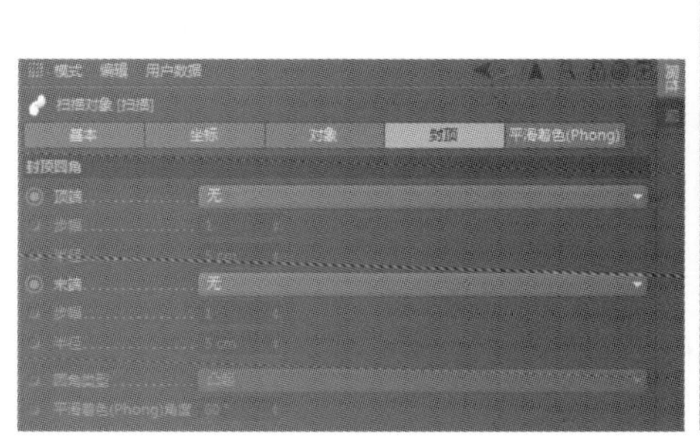

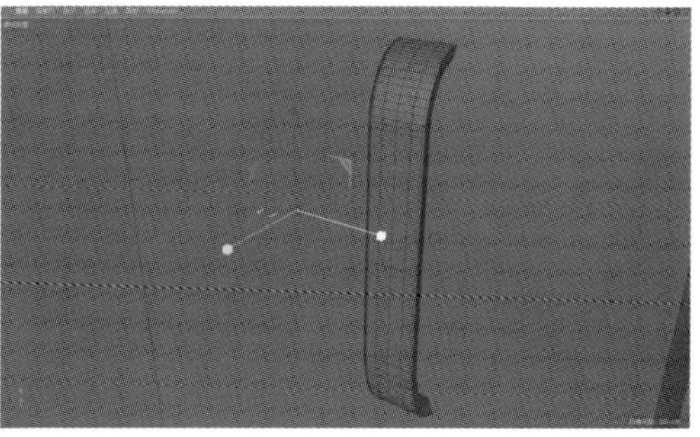

图 3-8

Step 05 选择“样条［圆环］”→“对象”选项，在面板中更改“类型”为“线性”模式，拉近模型查看转折部位的布线情况。如图 3-9。

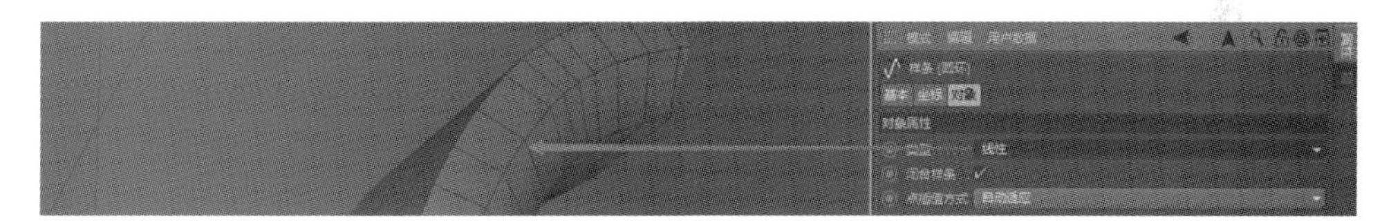

图 3-9

提示 更改其他类型模式，依次查看模型局部的细节。如图 3-10。

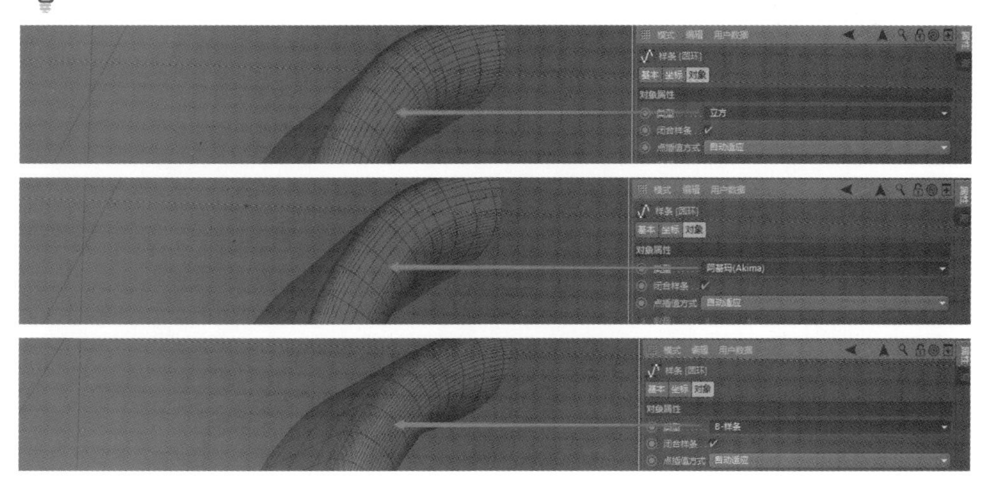

图 3-10

可以查看到“B-样条”模式最为贴切。这样门把手就制作完毕了。如图 3-11。

图 3-11

本节重要工具命令（表 3-1）：

表 3-1

命令名称	体现步骤	命令作用	重要程度
样条曲线	1	制作扫描的路径的命令	高
对象封顶	4	模型顶端是否封闭	高
对象类型	5	模型转角布线是否合理	中

技巧库：“扫描”生成器中图形添加的先后顺序。

在“Step03”中，添加“圆环”和“样条”的先后顺序不一样，所得到的模型外形也会不一样。一般来说，在“扫描”生成器下方的第一个图形是扫描的图案，第二个图形是扫描的路径。因此，扫描过程是按照“样条”的路径生成的“圆环”图案。

3.1.2 旋转生成器的使用 

旋转生成器是利用绘制的样条照轴向旋转任意角度而得到三维模型的工具。它通常用来快速制作均匀对称的物体，如灯具、酒杯、车轮、花瓶等。如图 3-12。

图 3-12

课堂案例：花瓶制作

Step 01 运用“画笔”工具在视窗右视图中绘制如图 3-13 所示的样条曲线，在最终结尾处右键单击选择“闭合”命令。

中键放大视图窗口，右键单击切换样条对象到点模式，在样条曲线的拐弯处移动点处理圆滑程度。如图 3-14。

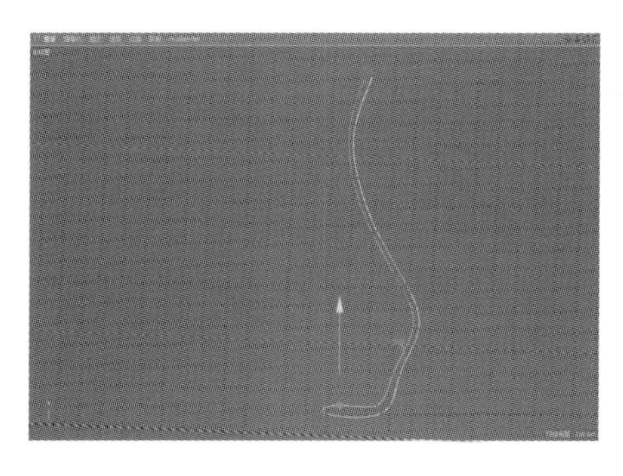

图 3-13

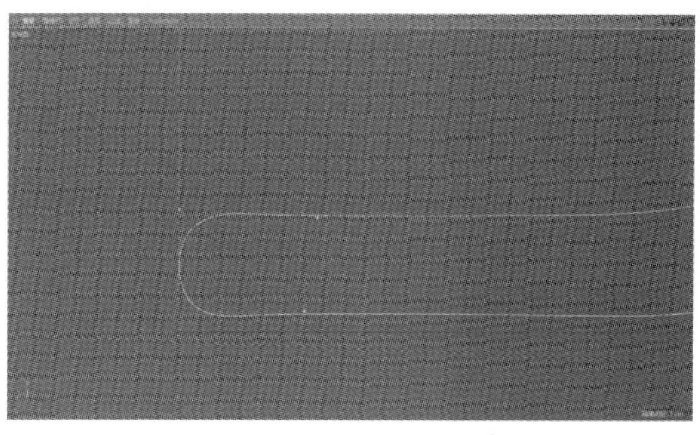

图 3-14

Step 02 长按“细分曲面”按钮，选择“细分曲面”→“旋转”命令，载入对象管理器编辑面板之中。在面板中左键单击拖动“样条”工具至“旋转”工具的子集下。如图 3-15。

Step 03 由于当前的对象处于不可编辑的模式，因此要对模型进行转换。在对象管理器中右键单击选择“旋转”工具，在弹出的浮动面板中选择“当前状态转对象”命令。如图 3-16。

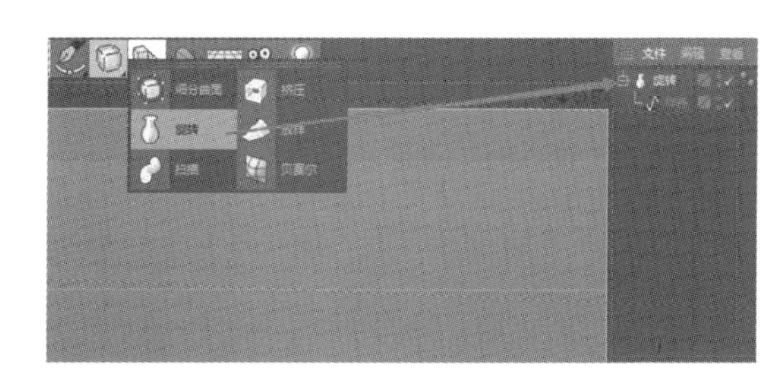

图 3-15

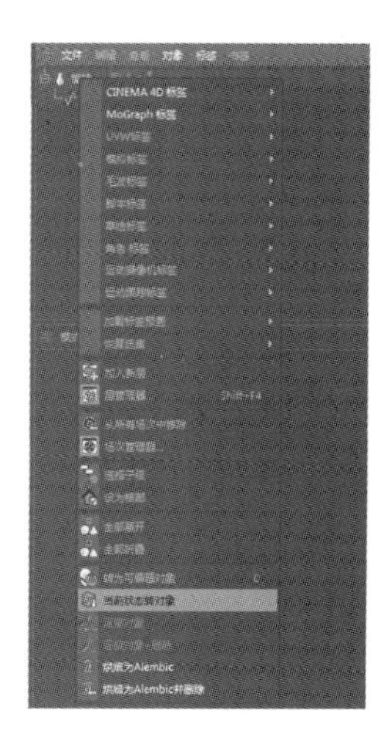

图 3-16

这样在对象编辑面板当中多出一个“旋转”命令。长按“扭曲”按钮，弹出“变形器”面板。

Step 04 选择“螺旋”工具，左键单击拖动“螺旋”工具至“旋转”工具的子集下。选择“螺旋对象［螺旋］”→“对象”选项，“角度”更改为“60°”。如果变形器未引起明显变化，可以手动地在视图窗口移动“螺旋”工具至花瓶的正中心位置。如图 3-17。

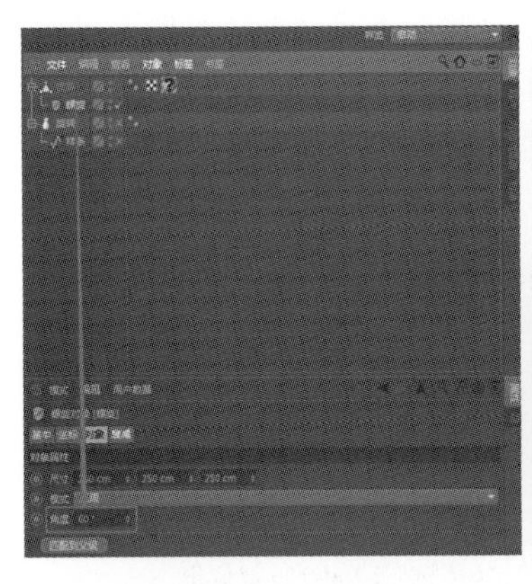

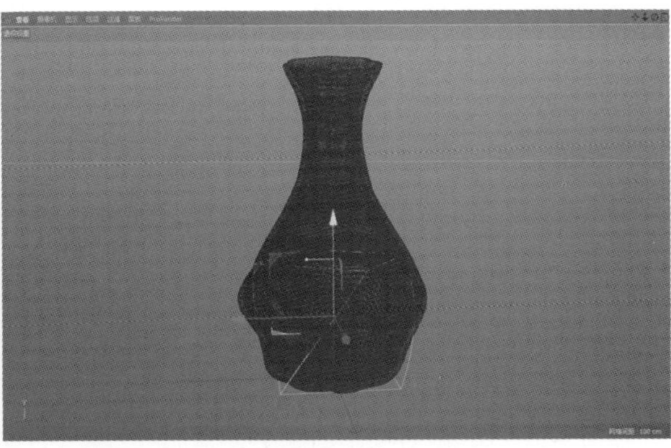

图 3-17

Step 05 再添加一个“细分曲面”工具，左键单击拖动“旋转”工具至“细分曲面”工具的子集之下。花瓶模型效果如图 3-18 所示。

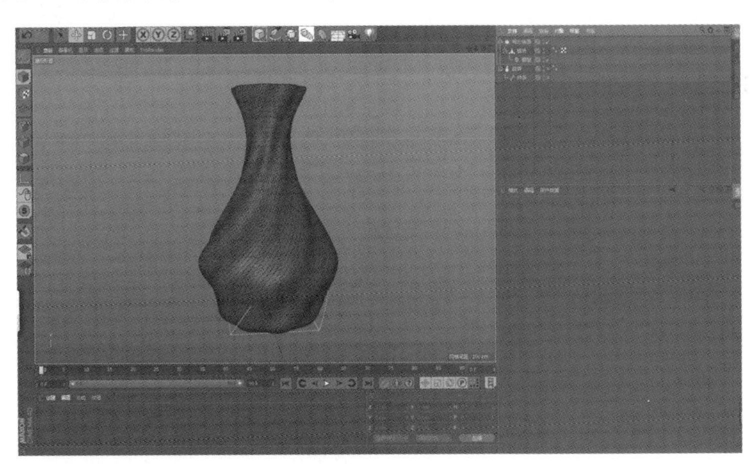

图 3-18

提示 在旋转生成器的属性面板中，“封顶圆角”选项的参数不需要调整，这里不赘述。

本节重要工具命令（表 3-2）：

表 3-2

命令名称	体现步骤	命令作用	重要程度
当前状态转对象	3	将添加生成器的多重模型转化为可操作的单一模型	高
螺旋角度	4	螺旋生成器变形的角度	中
细分曲面	5	使模型表面成倍平滑	高

拓展知识点：“扫描”生成花瓶后的材质制作。

为了加强效果，模型制作完毕后可以给花瓶添加一个简单的材质贴图。

Step 01 在材质管理器中创建空白材质球，鼠标左键选中材质球拖给花瓶模型，鼠标单击并勾选“颜色”选项，单击“纹理”后的小三角按钮▶，在弹出的浮动面板中选择“渐变”命令。如图 3-19。

Step 02 鼠标单击“纹理”下的渐变颜色框，添加“渐变”的色块，更改“类型”为“二维-U”模式。

Step 03 在“渐变”色块上单击色块，添加多种颜色。如图 3-20。

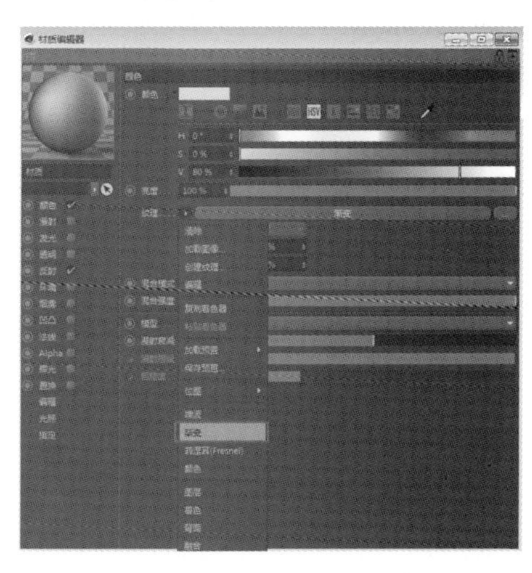

图 3-19

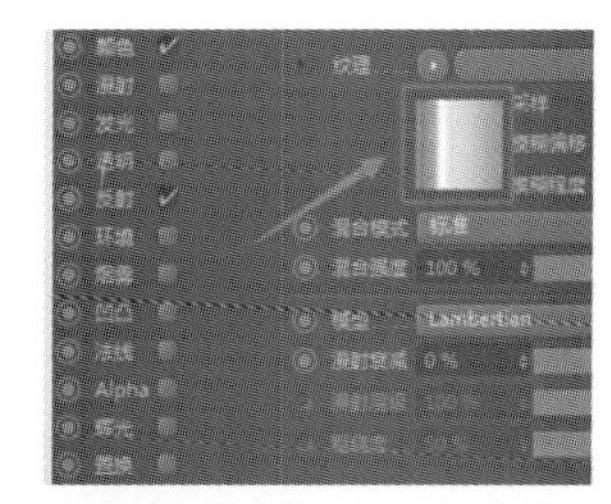

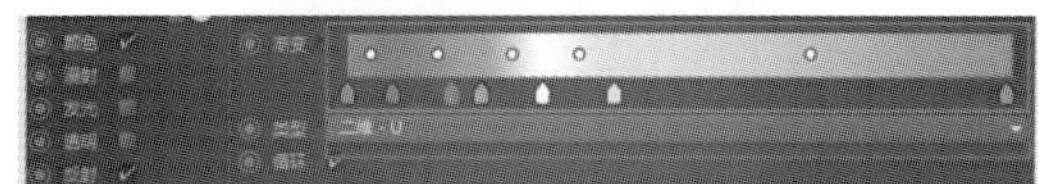

图 3-20

最终花瓶模型的效果如图 3-21 所示。

提示 材质编辑器的功能将在下一章详细介绍。

3.1.3 放样生成器的使用

放样生成器可以将一个或多个样条进行连接，从而形成三维模型。它通常用来制作均匀不等、大小不一的长形物体，如螺丝、水瓶、灯泡、衣帽等。如图 3-22。

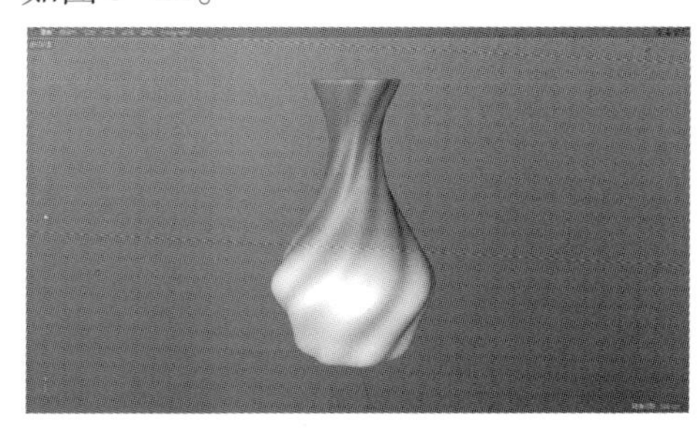

图 3-21

图 3-22

课堂案例：牙膏制作

Step 01 长按“画笔”按钮，弹出“曲线”面板，选择“圆环”工具，在前视图中创建一个圆环。如图 3-23。

按住“Ctrl”键，鼠标左键单击拉住“圆环”沿着 Z 轴依次复制七个出来。

要注意的是，一定要沿着 Z 轴单轴水平线复制出来，并整体缩放调整。如图 3-24。

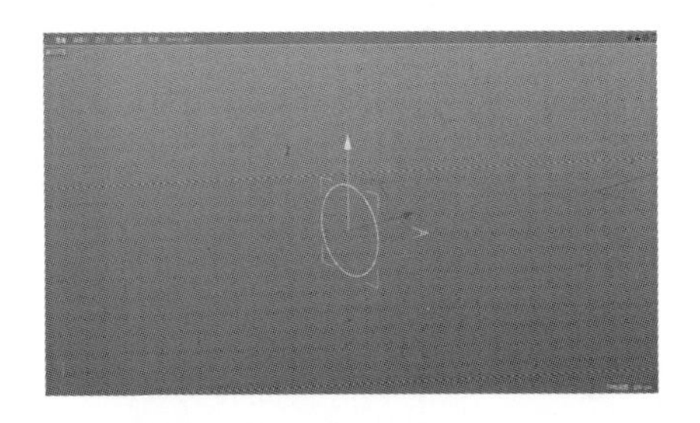

图 3-23

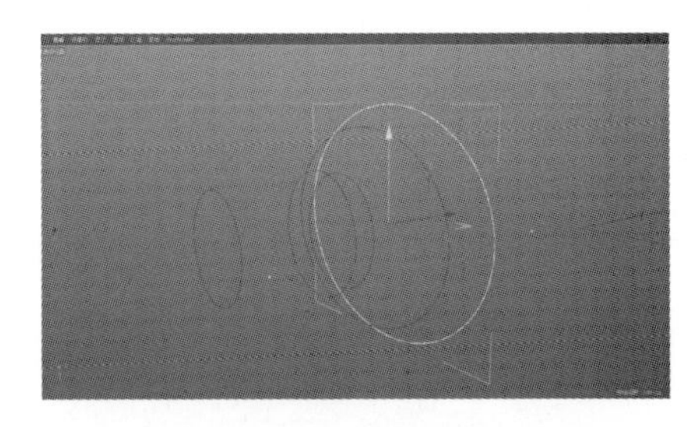

图 3-24

Step 02 按下空格键，将视窗切换到正视图，切换缩放工具沿 Y 轴挤压一下，将中间段的两个圆环挤压成椭圆状态。如图 3-25。

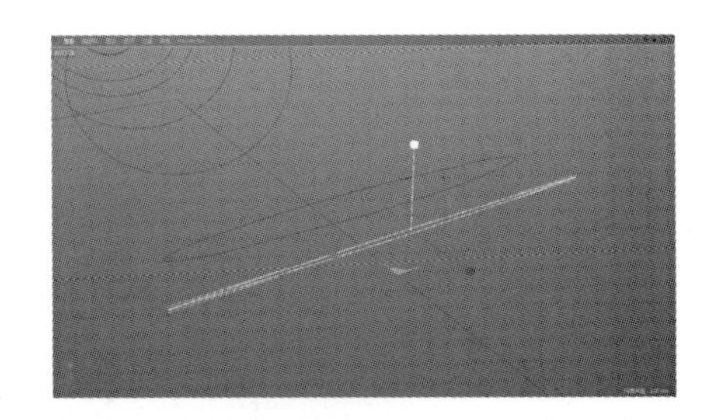

图 3-25

将最后一个圆环挤压至如图 3-26 所示的状态。

图 3-26

Step 03 在对象管理器面板中按住“Ctrl”键，鼠标左键单击依次从下往上选择圆环，注意选择顺序一定是依次选择。如图 3-27。

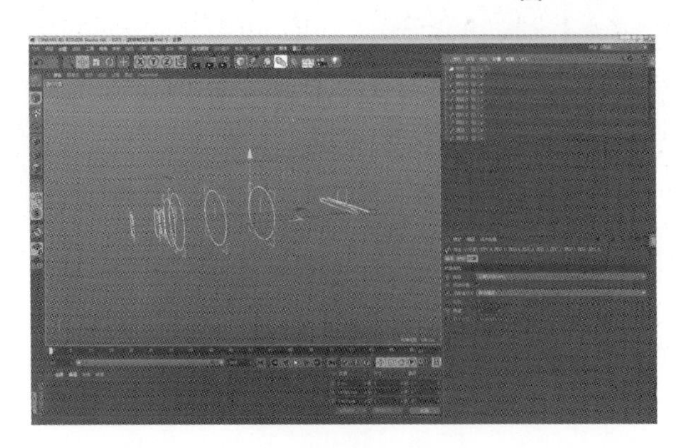

图 3-27

长按“细分曲面”按钮，弹出“生成器”面板，选择“放样”工具，拖动所有圆环至“放样”工具的子集之下。如图 3-28。

牙膏模型的某些部位如果需要调整，可在对象编辑器面板中单击选择圆环，进行模型缩放的调整。如图 3-29。

图 3-28

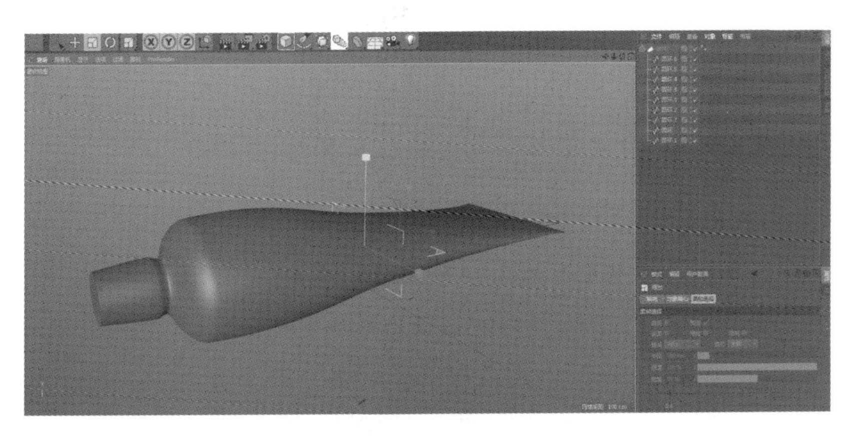

图 3-29

Step 04 长按“立方体”按钮，弹出“基础对象”面板，选择“圆锥”工具，调整形状放置牙膏模型的开口部位。在属性管理器中选择“圆锥对象［圆锥］”→“对象”选项，在面板中将“顶部半径”中的数值更改为“21.54”。如图 3-30。

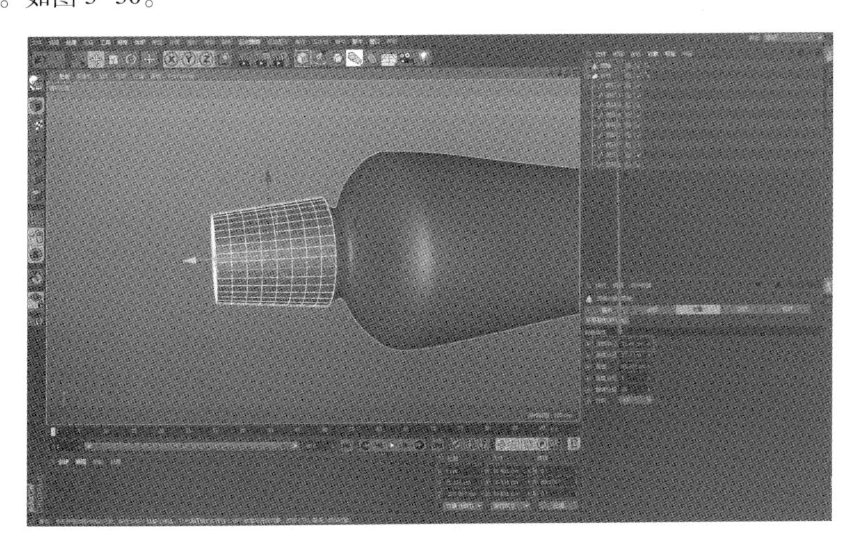

图 3-30

Step 05 这时如果移动模型转折处的点，会发现模型有断点，这就需要使用一种命令对其进行缝补。选择圆锥模型所有的点，在视窗空白处右键单击，在弹出的浮动面板中选择“优化”命令。如图 3-31。

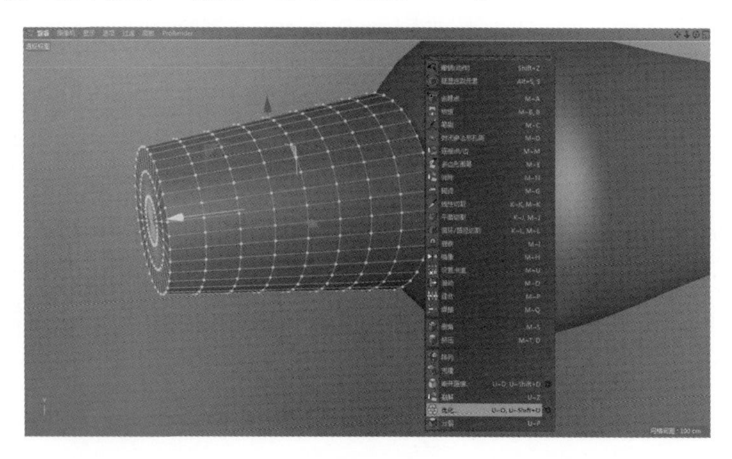

图 3-31

然后选中任一条线，左键双击，即可选择相关联的一整圈线。如图 3-32。

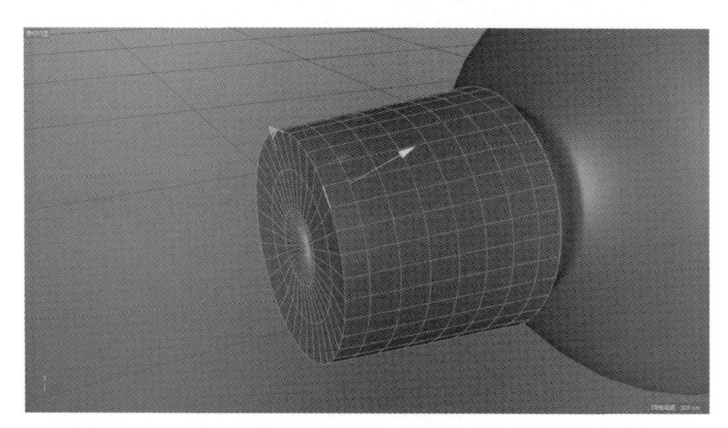

图 3-32

Step 06 在视窗空白处右键单击，在弹出的浮动面板中选择“倒角”命令。倒出如图 3-33 所示的边角。观察到模型不会产生断点了。

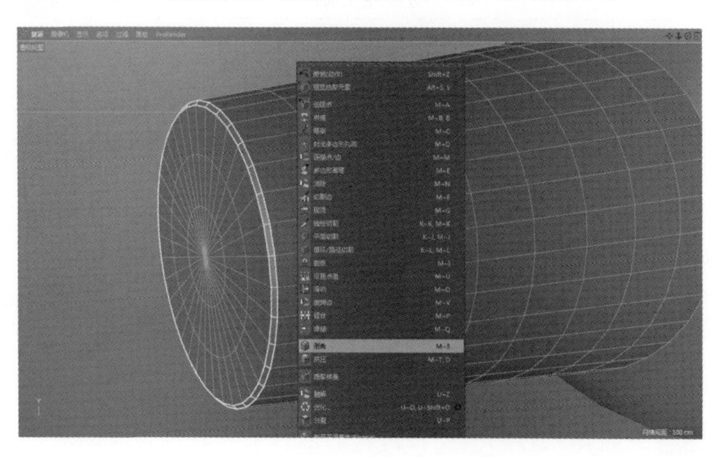

图 3-33

Step 07 任意选择一条线，右键单击视窗空白处，在弹出的浮动面板中选择“循环/路径切割”命令，对其进行加线处理。如图 3-34。

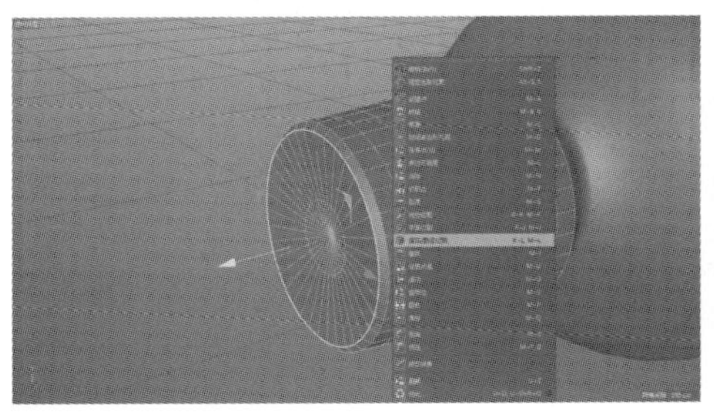
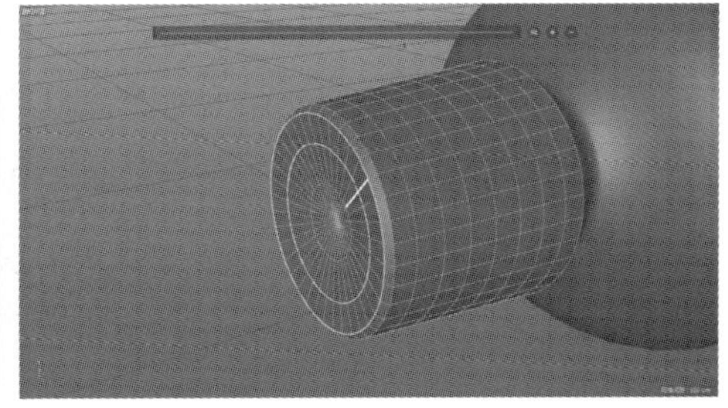

图 3-34

在盖子的开口处再添加一条线，调整形状。如图 3-35。

制作出来的最终效果如图 3-36 所示。

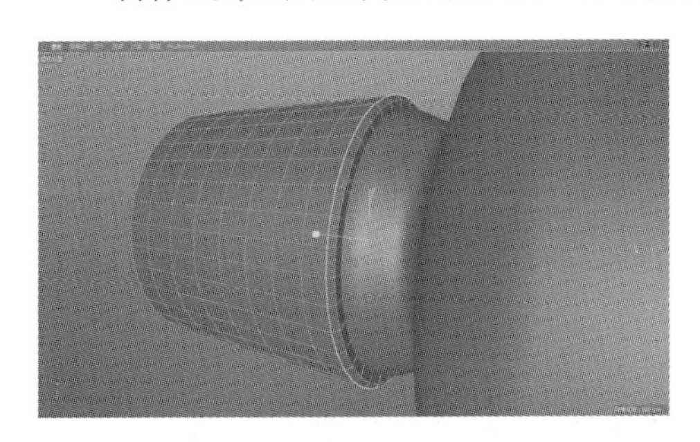

图 3-35

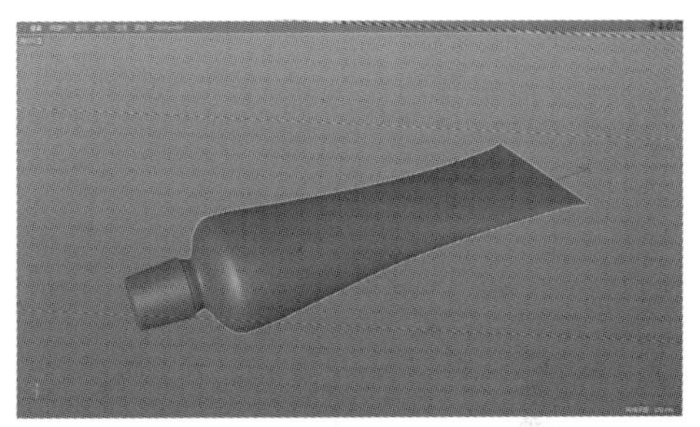

图 3-36

本节重要工具命令（表 3-3）：

表 3-3

命令名称	体现步骤	命令作用	重要程度
圆锥对象→对象	4	底部半径、顶部半径、高度及分段数等调整物体的形态	高
优化	5	修补物体自身断裂的缺陷	高
倒角		让对象边缘产生圆滑	高

3.2 变形器建模

变形器通常用于改变三维模型的形态，形成扭曲、倾斜和旋转等效果。它与生成器不同的是，生成器建模是借助内部催生出来的，而变形器建模主要着眼于外力变形。如图 3-37。本节通过案例来讲解利用各种变形器工具进行建模的思路和方法。

图 3-37

3.2.1 扭曲变形器的使用 

课堂案例：抽水管制作

Step 01 长按“立方体”按钮，弹出“基础对象”面板，选择“管道”工具，在视窗中创建管道模型。如图 3-38。

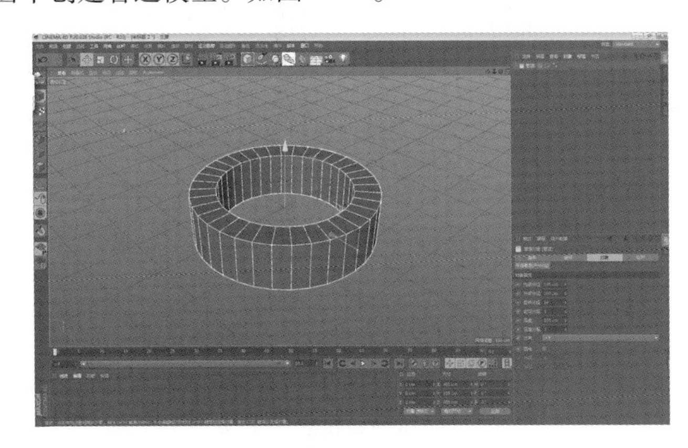

图 3-38

在属性管理器中选择“管道对象［管道］”→“对象”选项，更改“内部半径”“外部半径”“高度”和“高度分段”的数值如图 3-39 所示，将管道外形调整一下。

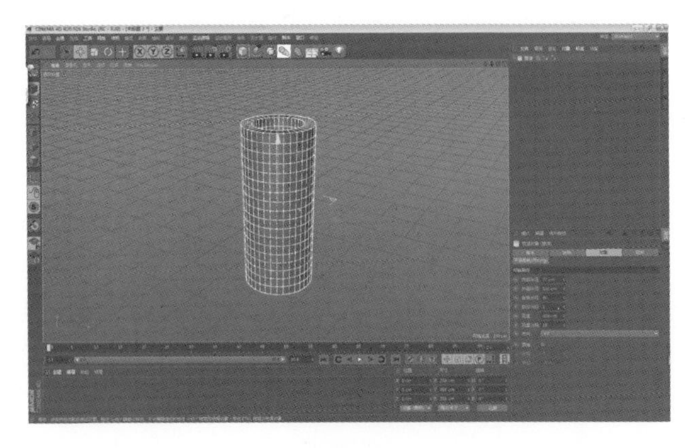

图 3-39

Step 02 长按“扭曲”按钮，弹出“变形器”面板，选择“扭曲”工具添加进对象管理面板。如图 3-40。

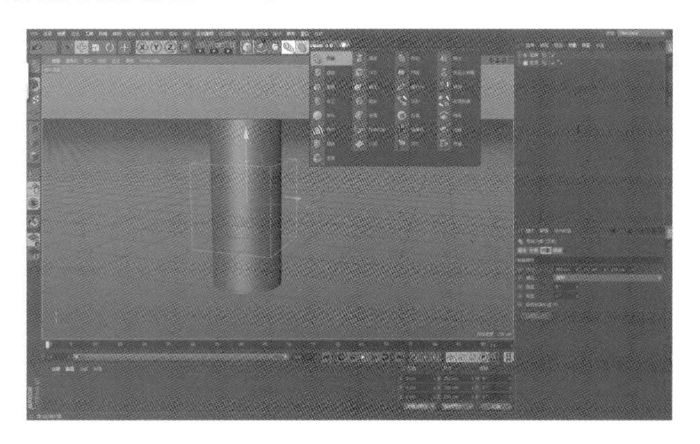

图 3-40

拖动“扭曲变形器”工具至“管道”工具的子集之下。这里要注意的是，变形器工具与生成器工具在使用上有一点不同，生成器工具一般将对象放置于自己的子集之下，而变形器工具将自己放置在对象的子集之下。如图 3-41。

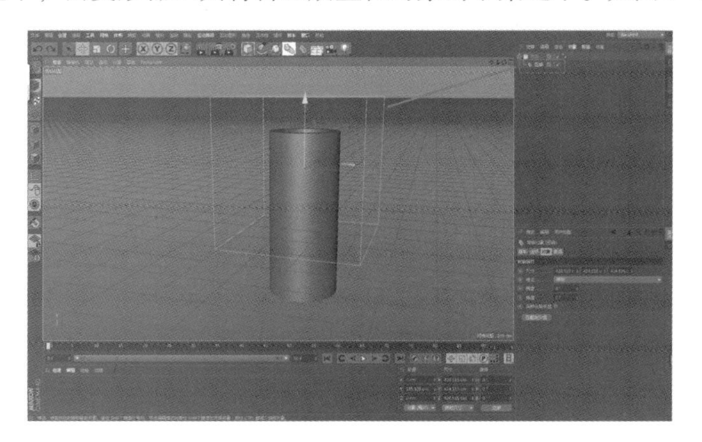

图 3-41

提示 “扭曲变形器”放置在对象当中的位置尤其重要，太大或者太贴近对象都会影响模型的变化。如图 3-42 所示为错误的示范。

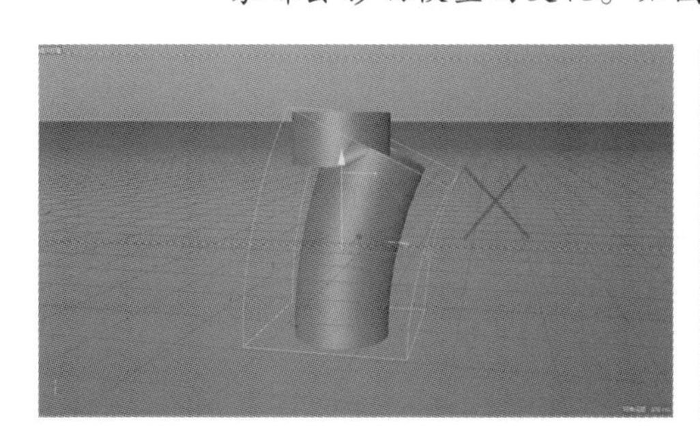

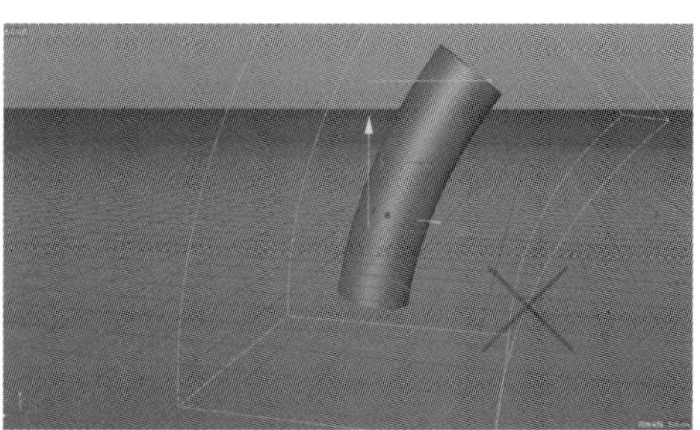

图 3-42

Step 03 “扭曲变形器”正确放入模型之中，在属性管理器中选择“弯曲对象［弯曲］”→“对象”选项，更改“模式”类型为“框内”，“强度”更改为“114”。如图 3-43。

Step 04 在对象管理器中选择“管道”，右键单击，弹出浮动面板，选择“当前状态转对象”命令，将管道转换为可编辑的多边形模型。如图 3-44。

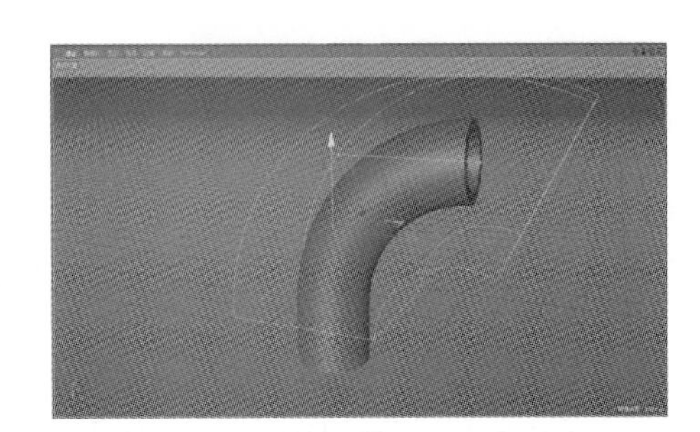

图 3-43

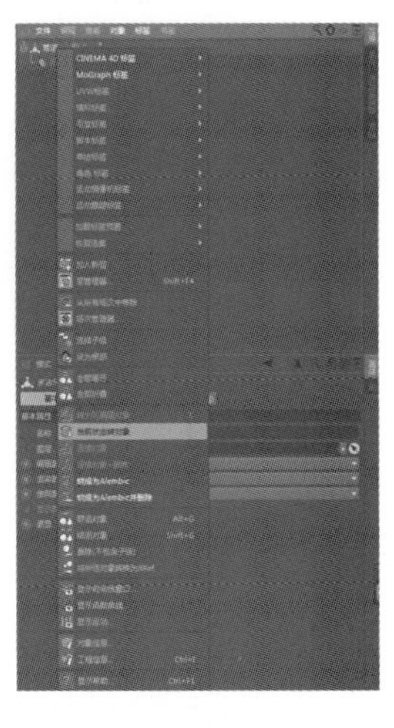

图 3-44

调整模型为面模式的编辑状态，利用“实时选择”工具选中如图 3-45 所示的部分。

在视图窗口的空白区域右键单击，在弹出的浮动面板中选择“挤压”命令，对选中的面挤压拉出。如图 3-46。

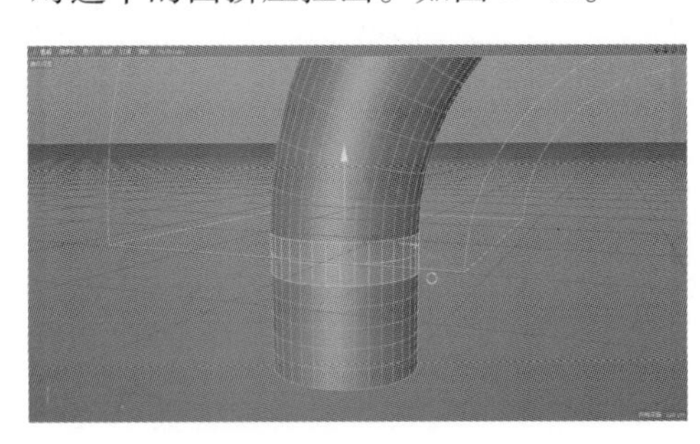

图 3-45

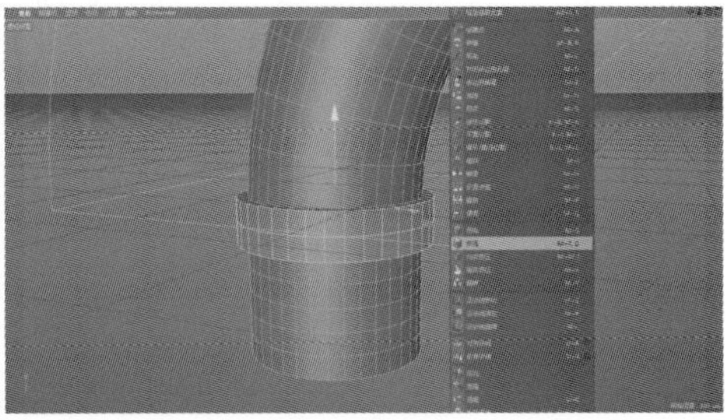

图 3-46

Step 05 选择“平面”工具，创建一个地面，加入抽水管的模型场景中，这样就制作完毕了。如图 3-47。

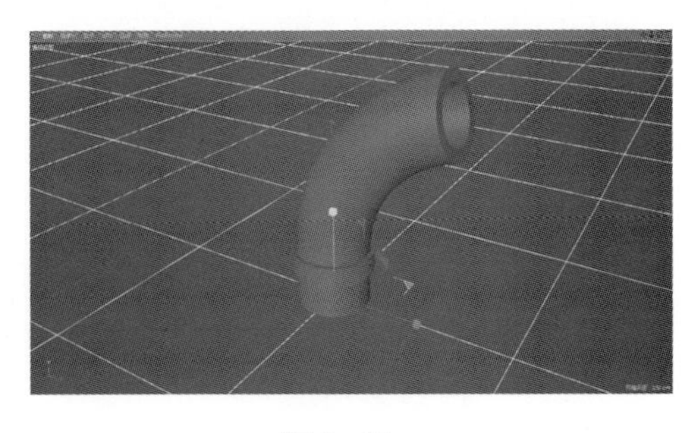

图 3-47

本节重要工具命令（表3-4）：

表 3-4

命令名称	体现步骤	命令作用	重要程度
变形器与变形物体的子集关系	2	变形器作用于对象，使其产生变形状态。它在对象管理器中的使用与生成器相反	高
实时选择	4	快捷式选择点线面。	高

3. 2. 2 FFD 变形器与螺旋变形器的使用 

课堂案例：室内灯具制作

Step 01 长按“立方体”按钮，弹出“基础对象”面板，选择“立方体”工具，创建一个立方体。在属性管理器中选择“立方体对象［立方体］”→“对象”选项，更改“分段 X”“分段 Y”“分段 Z”为“12”。选择立方体，鼠标单击或按下“C”键，将模型转换为可编辑对象。利用 Y 轴将模型拉伸为长方体。如图 3-48。

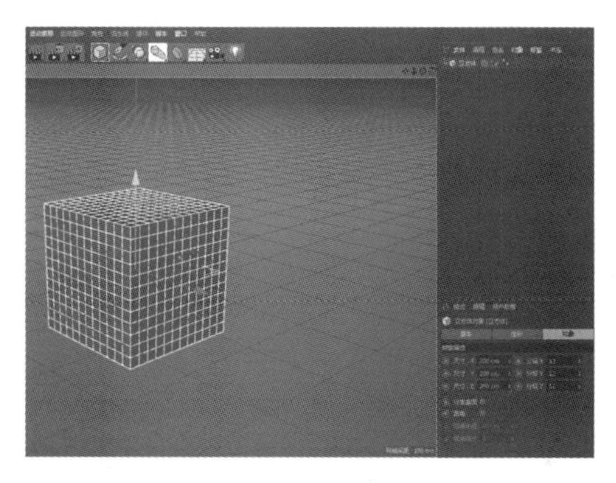
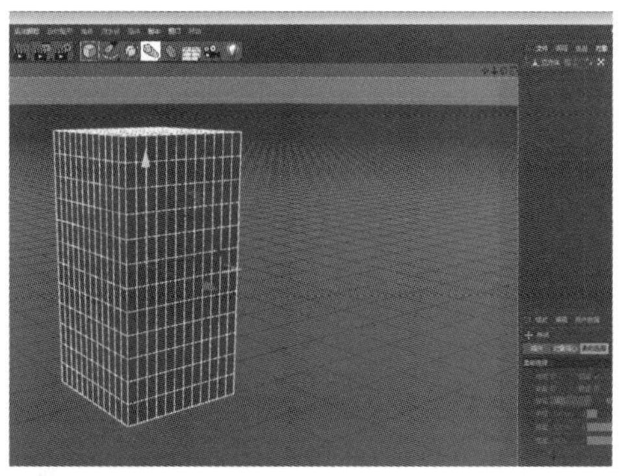

图 3-48

Step 02 长按“扭曲”按钮，弹出“变形器”面板，选择“FFD”变形器。如图 3-49。

移动和缩放“FFD”工具至如图 3-50 所示位置。

图 3-49

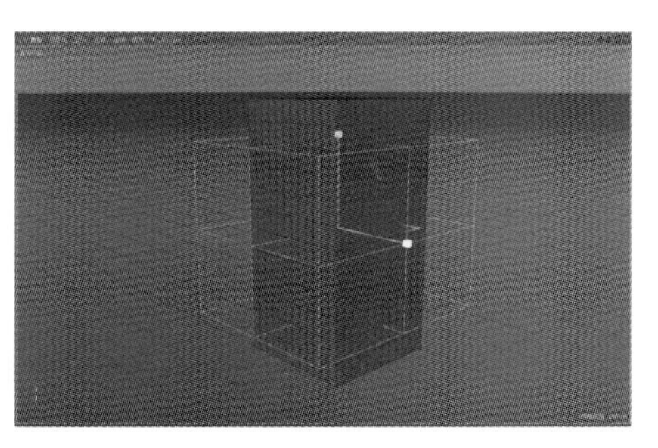

图 3-50

鼠标单击拖动“FFD”工具至“立方体”工具的子集之下，在属性管理器中选择“FFD 对象［FFD］”→“对象”选项，在面板中更改“水平网点”“垂直网点”和“纵深网点”的数值如图 3-51 所示。

Step 03 选中变形器，右键单击切换到点模式，利用缩放工具将中间段的点挤压至如图 3-52 所示的样式。

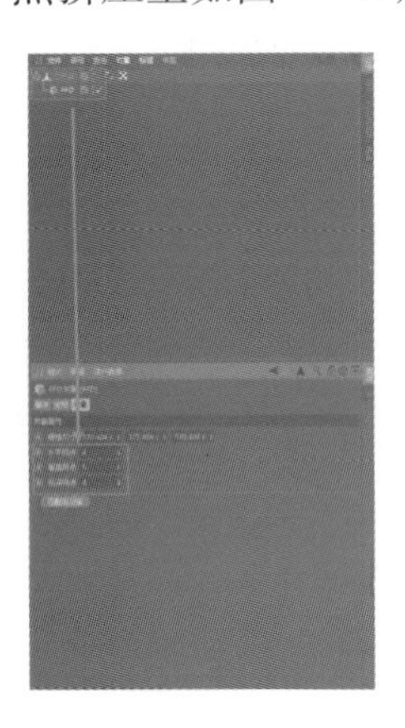

图 3-51

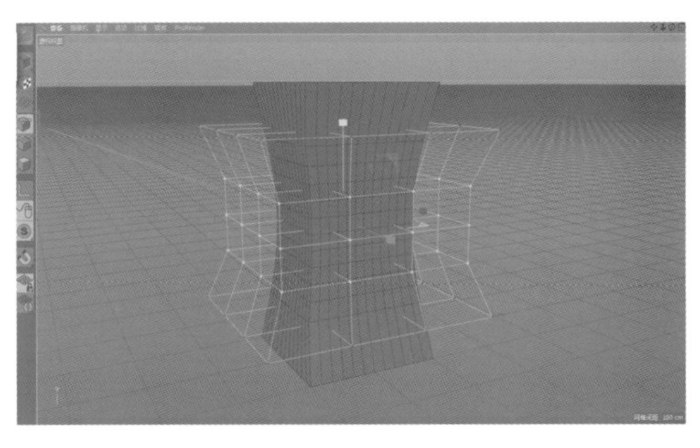

图 3-52

花瓶造型不太对，移动上下两排的点。如图 3-53。

Step 04 打开“变形器”面板，添加一个“螺旋”工具，移动“螺旋”工具至模型的中间部位。如图 3-54。

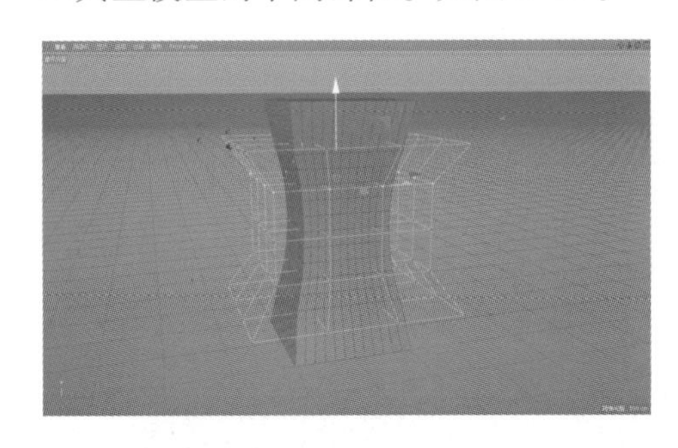

图 3-53

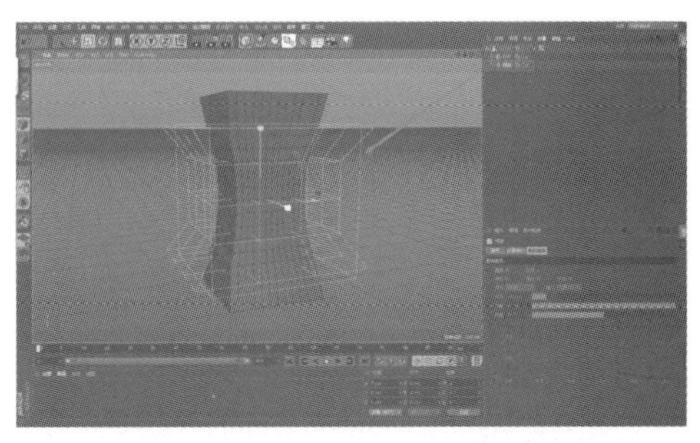

图 3-54

Step 05 在属性管理器中选择“螺旋对象［螺旋］”→“对象”选项，在面板中更改“模式”为“无限”，更改“角度”为“320°”。如图 3-55。

最终制作的模型效果如图 3-56 所示。

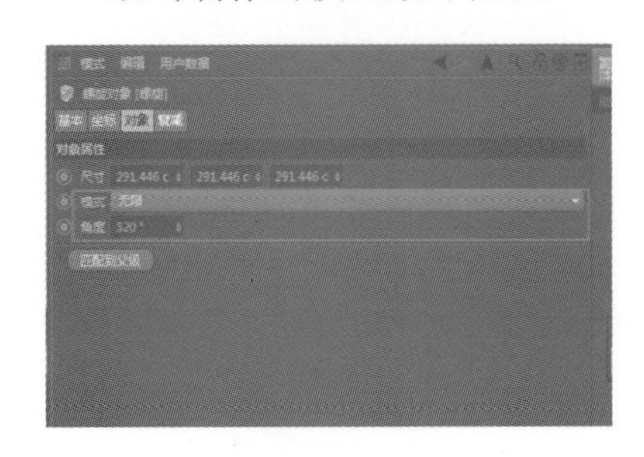

图 3-55

图 3-56

本节重要工具命令（表3-5）：

表 3-5

命令名称	体现步骤	命令作用	重要程度
FFD 变形器属性→“对象”选项	2	水平网点、垂直网点和纵深网点的段数决定变形的质量和强度	高
螺旋变形器中的“对象”选项	5	无限模式决定对象旋转的幅度	高

重要知识点：多个变形器联合使用方法。

有时制作模型的效果需要多个变形器联合使用，如以上案例就使用了FFD变形器和螺旋变形器两种。若要得到好的效果，往往使用多种变形器工具层层叠加。在添加变形器的过程中，一般都使用在同一作用对象的子集下面，以此呈现更好的模型变形效果。

3.2.3 其他变形器 

再来介绍一下其他的变形器工具。

（1）破碎变形器：

课堂案例：碎石坍塌

首先是“破碎”变形器，它可以模拟对象破碎的运动过程。

Step 01 创建一个“立方体”模型，分段段数均更改为“12”。如图3-57。

在变形器面板中选择“扭曲”→“破碎”工具，左键单击拖动“破碎”工具至“立方体”工具的子集之下。如图3-58。

图 3-57

图 3-58

Step 02 选中模型，在属性管理器中选择“破碎对象［破碎］”→“对象”选项，更改“强度”为“26%”，可以看见模型开始破碎。如图3-59。

Step 03 这里可以通过设置关键帧动画的方式来实现模型破碎的动态变化过程。首先将时间线上的滑块拖到第0帧的位置，按住“Ctrl”键的同时鼠标左键单击“强度”命令前面的小圆点，圆点为红色高亮显示，就代表设置好了模型的初始关键帧。如图3-60。

时间滑块拖动到第26帧的位置，“强度”更改为“75%”，按住“Ctrl”键

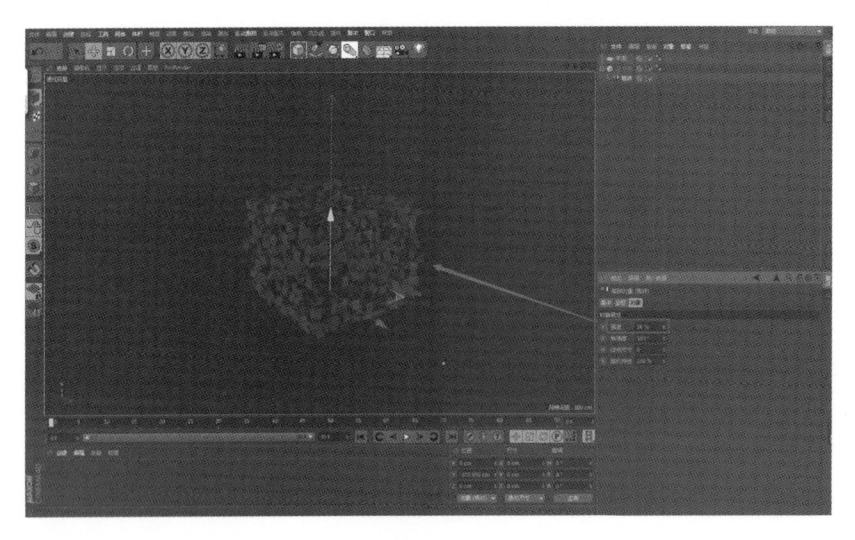

图 3-59

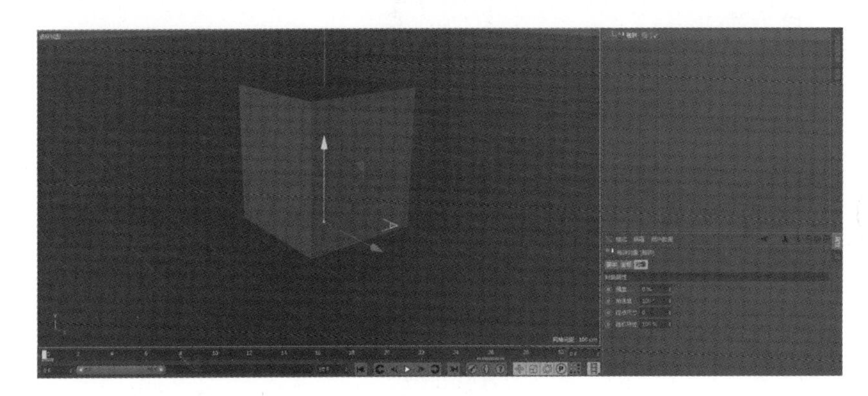

图 3-60

的同时鼠标单击“强度”命令前面的小圆点◎，这时模型完全破碎。这样整个破碎的动态过程就设置完成了。如图 3-61。

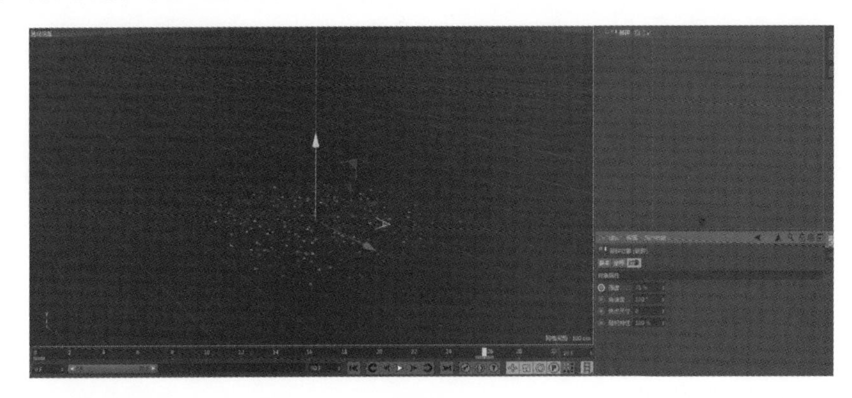

图 3-61

Step 04 还可以通过更改“终点尺寸”来改变碎片的大小。如图 3-62。“随机特性”可以改变碎片的方向和位置。如图 3-63。

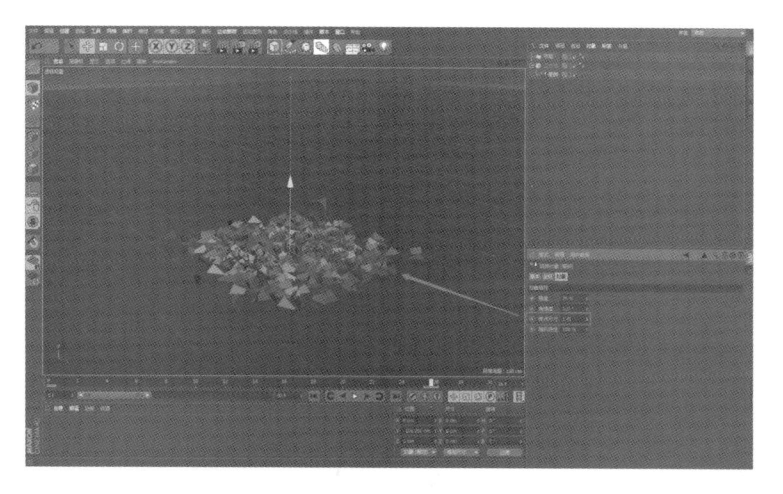

图 3-62

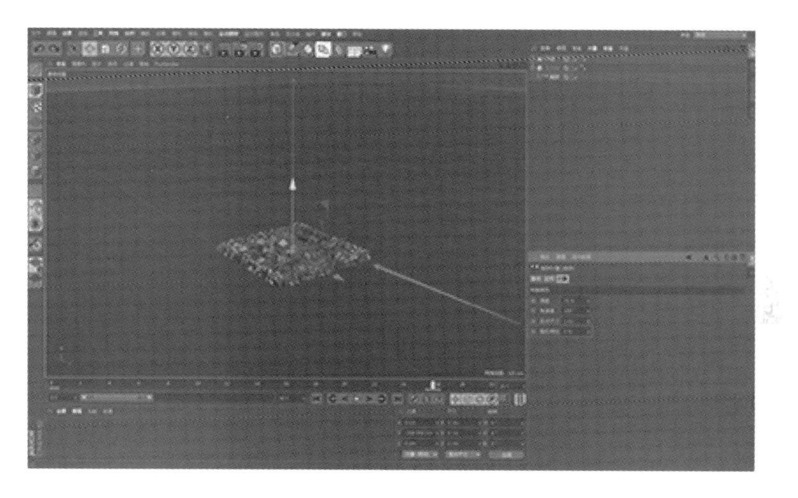

图 3-63

本节重要工具命令（表 3-6）：

表 3-6

命令名称	体现步骤	命令作用	重要程度
“破碎对象”→“强度”属性关键帧	3	关键帧的设置，观察破碎的动态过程	高
终点尺寸	4	破碎的大小尺寸	高
随机特性	4	破碎后位置散落的随机性	高

（2）爆炸变形器：

课堂案例：石块爆炸

Step 01 选择“变形器”→“爆炸”工具，左键单击拖动“爆炸”工具至“球体”工具的子集之下。如图 3-64。

以上述同样的方式设置爆炸过程的关键帧动画，在第 0 帧的位置设置强度为

“0%”，在第 22 帧的位置设置强度为“38%”。如图 3-65。

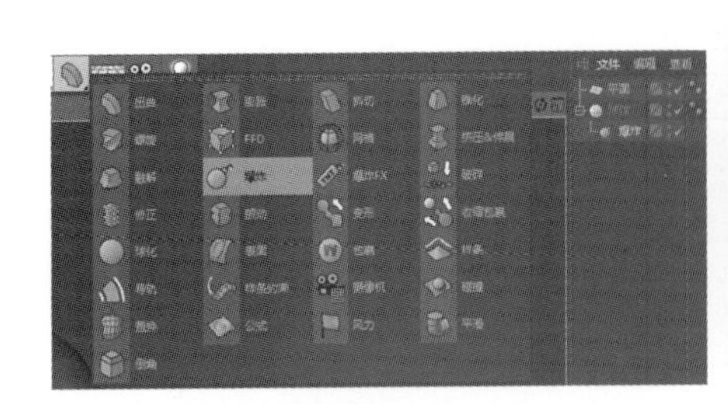

图 3-64

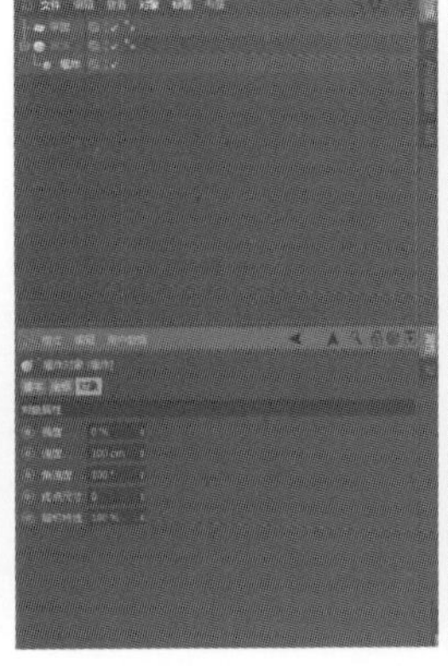

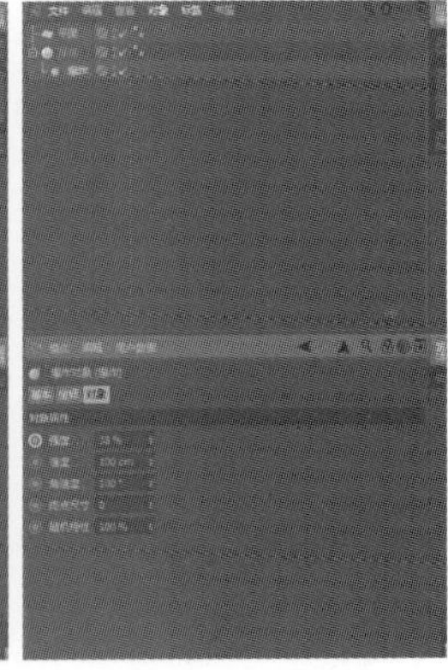

图 3-65

Step 02 同时设置“速度”为“140”，“角速度”为“150°”。播放时间帧可以看到模型爆炸的效果。如图 3-66。

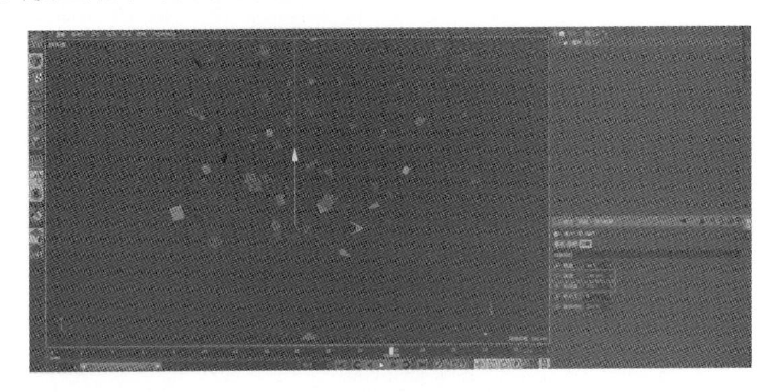

图 3-66

Step 03 按住“Ctrl+D”键，打开模型自身的工程属性面板，选择“工程”→“动力学”选项，更改“重力”数值为“5000”，播放时间帧查看爆炸效果。如图 3-67。

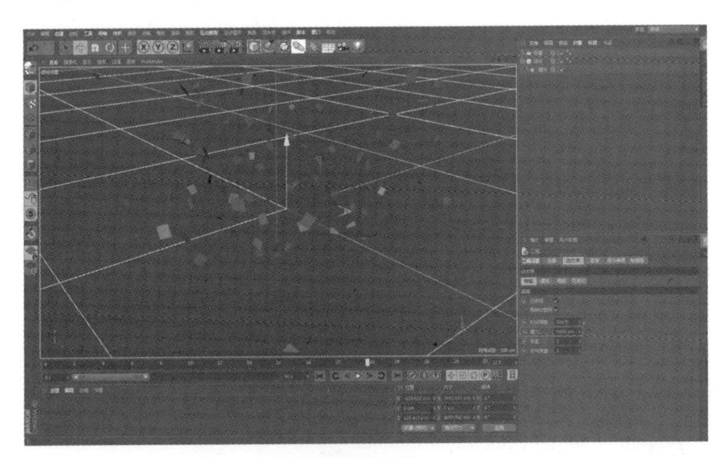

图 3-67

本节重要工具命令（表 3-7）：

表 3-7

命令名称	体现步骤	命令作用	重要程度
“工程属性”→“动力学”选项	3	软件中所有对象的工程属性，为模型添加动力学效果	高
速度	4	爆炸过程的速度	高
角速度	4	爆炸过程的角速度	高

（3）置换变形器：

课堂案例：躁动的方块

Step 01 创建“立方体”模型。在立方体模型下面添加一个“置换”变形器。如图 3-68。

选择“置换［置换］”→“着色”选项，将“着色器”更改为“噪波”。如图 3-69。

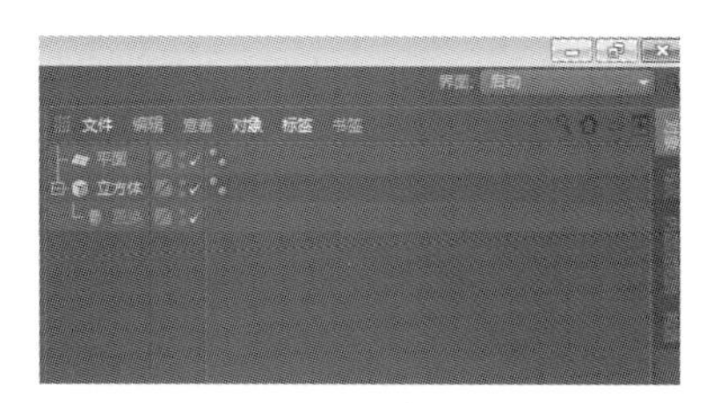

图 3-68

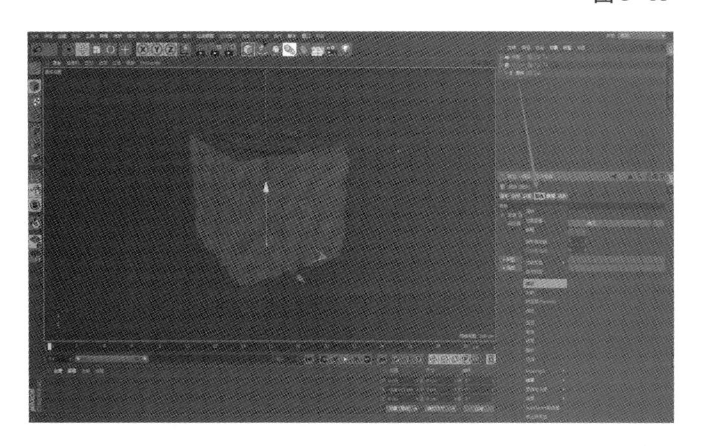

图 3-69

Step 02 鼠标单击着色器后面的“噪波”颜色框，进入“噪波着色器”，更改“亮度”和“对比”的数值，可以观察到视图窗口的模型凹凸起了很大变化。如图 3-70。

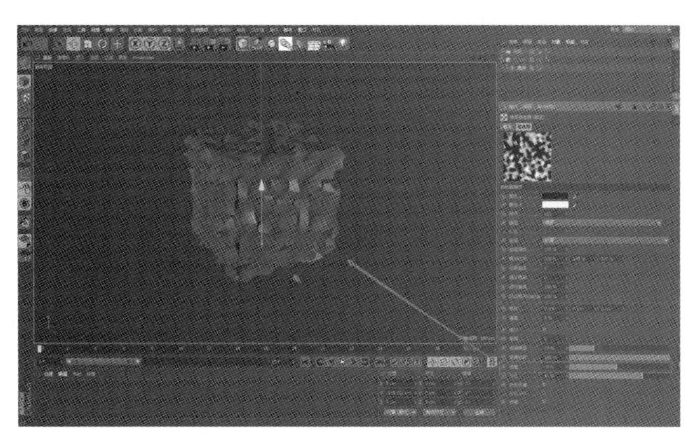

图 3-70

Step 03 回到“置换”属性面板，将“着色器”更改为“渐变”模式，渐变效果为“黑白渐变”。模型的外形也随之发生变化。如图 3-71。

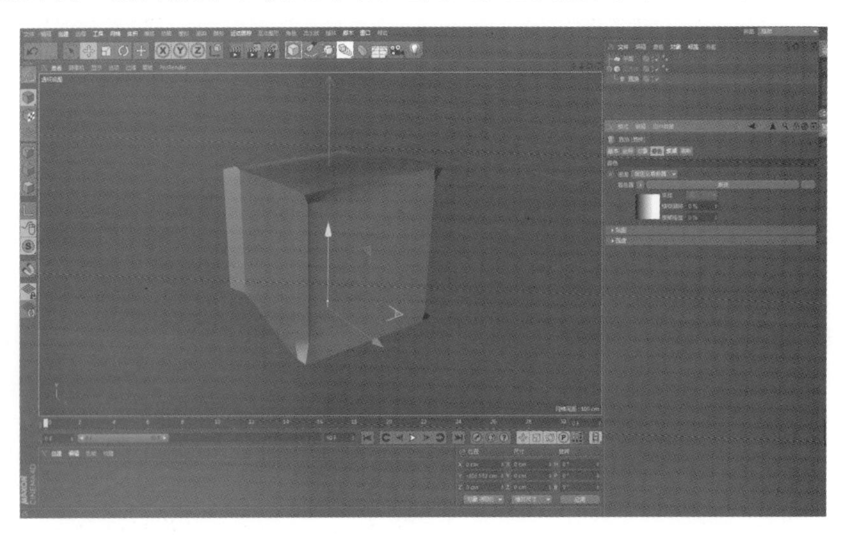

图 3-71

Step 04 单击着色器后面的“渐变”颜色框，进入“渐变着色器”，调整“渐变”的色块，如图 3-72 所示，改变色块的滑块即可观察到模型随着黑白的变化而产生形体上的变化。

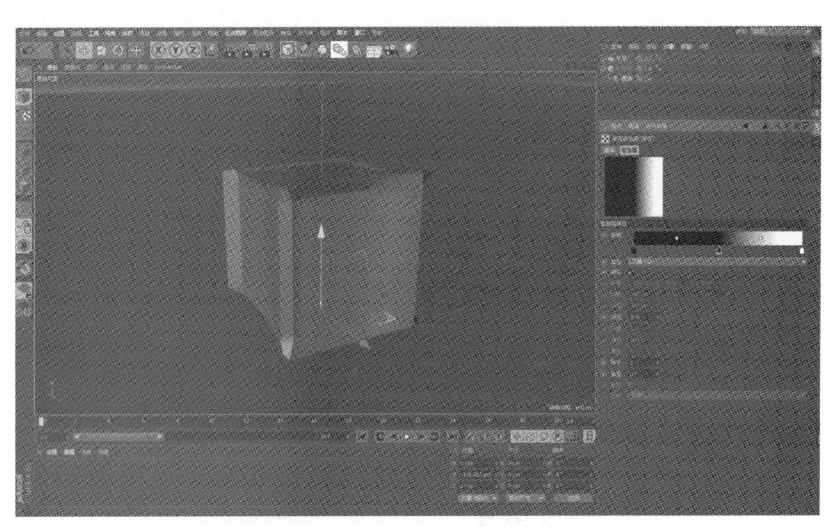

图 3-72

本节重要工具命令（表 3-8）：

表 3-8

命令名称	体现步骤	命令作用	重要程度
噪波着色器	2	其中的属性决定物体噪波的大小和强弱等	高
渐变着色器	4	其中的属性决定物体渐变的颜色和方向	高

技巧库：置换变形器与置换材质属性的区别是什么？

在 Cinema 4D 材质球属性中，也存在置换材质选项。它与置换变形器在效果上是有本质的区别。现在我们来对比一下。

Step 01 打开材质编辑器，鼠标单击并勾选“置换”选项。

Step 02 选择“纹理”→“噪波”命令，“强度”更改为“100%”，“高度”更改为“5 cm”，将材质给予模型。如图 3-73。

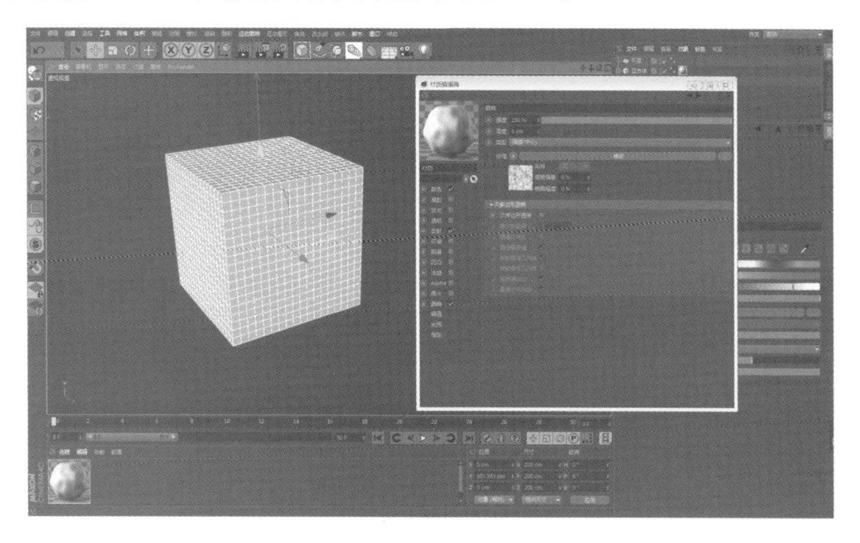

图 3-73

得到的结论是，材质编辑器中所添加的置换材质不能在视图窗口中显示，只能渲染出效果。而置换变形器是可以在视图窗口和渲染中显示出来效果，并且伴随有动画产生。图 3-74 为添加置换变形器（左）和置换材质（右）所产生的效果对比。

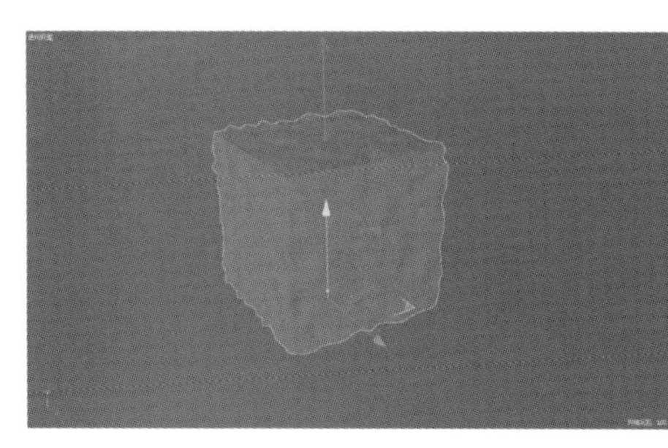

图 3-74

3.3 造型器建模

本节讲解利用几种重要的造型器工具进行建模的思路和方法。造型器建模比较特殊，它是生成、变形与特殊命令结合的建模方式。下面就利用两个案例来详细讲解这种建模方式。如图 3-75。

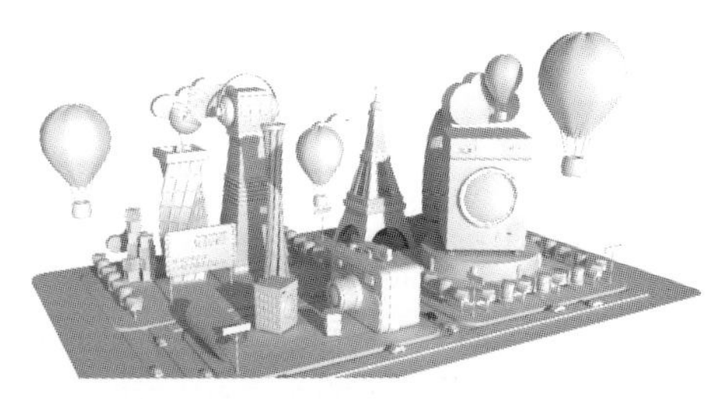

图 3-75

3.3.1 布尔造型器的使用

课堂案例：奶酪建模

本节介绍布尔造型器的建模方法。

Step 01 长按“画笔”按钮，弹出“曲线”面板，选择“圆弧”工具创建圆弧，打开圆弧的属性管理器面板，选择“圆弧对象［圆弧］”→“对象”选项，类型更改为“分段”，开始角度更改为“47°”，结束角度更改为“90°”，平面更改为“XZ”。如图 3-76。

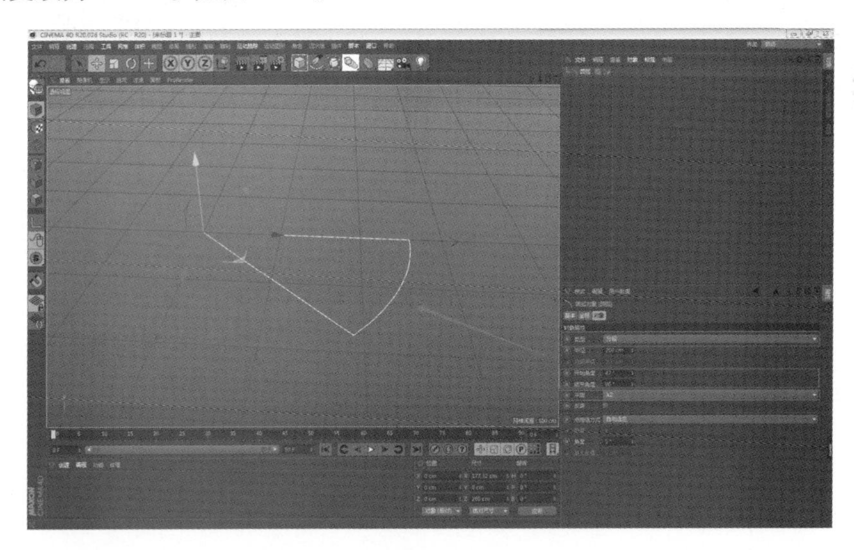

图 3-76

Step 02 在“生成器”面板中选择“挤压”工具，左键单击拖动“圆弧”工具至“挤压”工具的子集之中。在属性管理器中选择“拉伸对象［挤压］”→“对象”选项，在面板中更改“移动”的 Y 轴数值为“90 cm”，Z 轴数值更改为“0 cm”，制作出一个奶酪模型。如图 3-77。

Step 03 长按“实例”按钮，弹出“造型器”面板，选择“布尔”工具。如图 3-78。

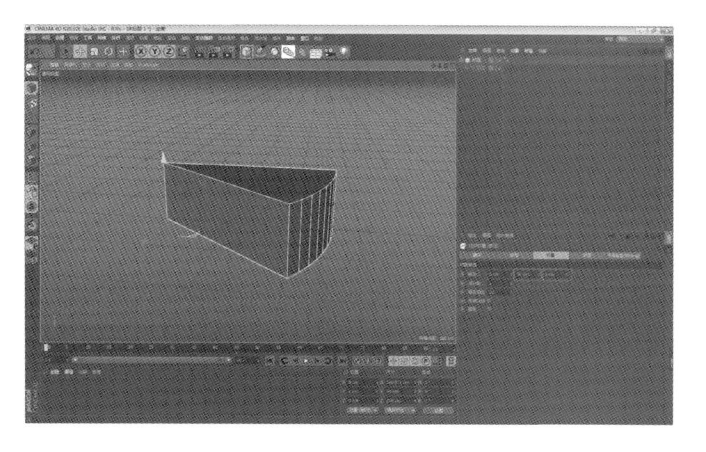

图 3-77

创建一个球体模型，将球体一部分放置在奶酪模型的内部。如图 3-79。

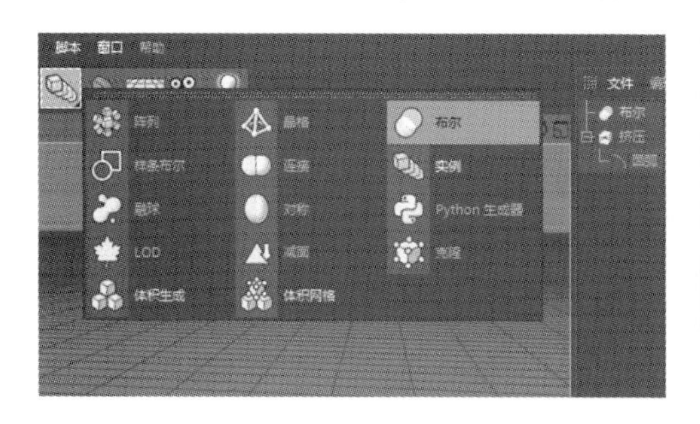

图 3-78

图 3-79

在对象管理器面板中将“挤压”工具和“球体”工具按顺序拖入“布尔”工具的子集之下。如图 3-80。

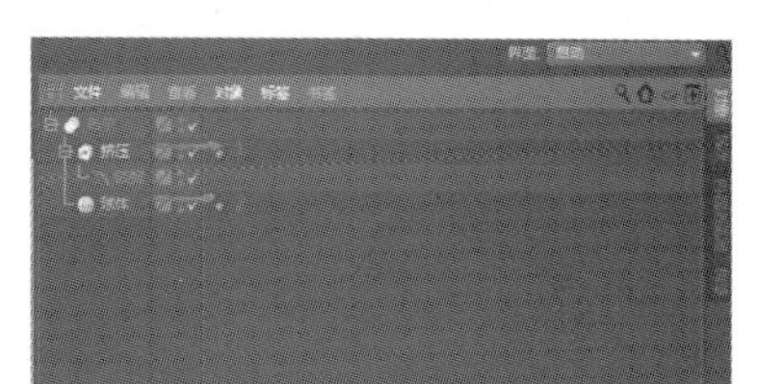

图 3-80

Step 04 选择“布尔对象［布尔］”→“对象”选项，在面板中将“布尔类型”更改为“A 加 B”类型。如图 3-81。

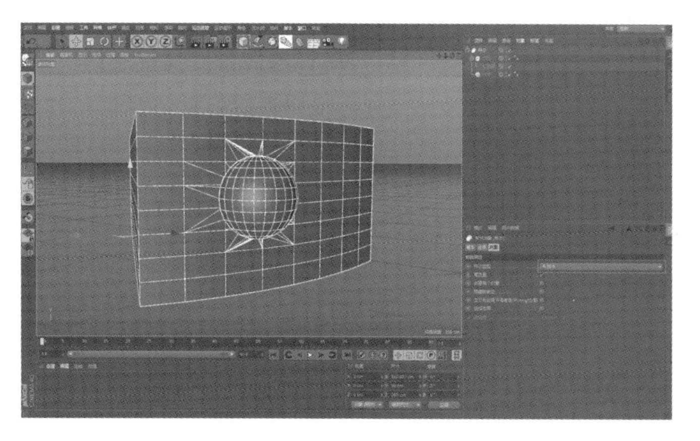

图 3-81

通过观察发现球体在模型表面应该是凹进去的，但这里是凸出来的。所以要更改一下类型为“A 减 B”类型。如图 3-82。

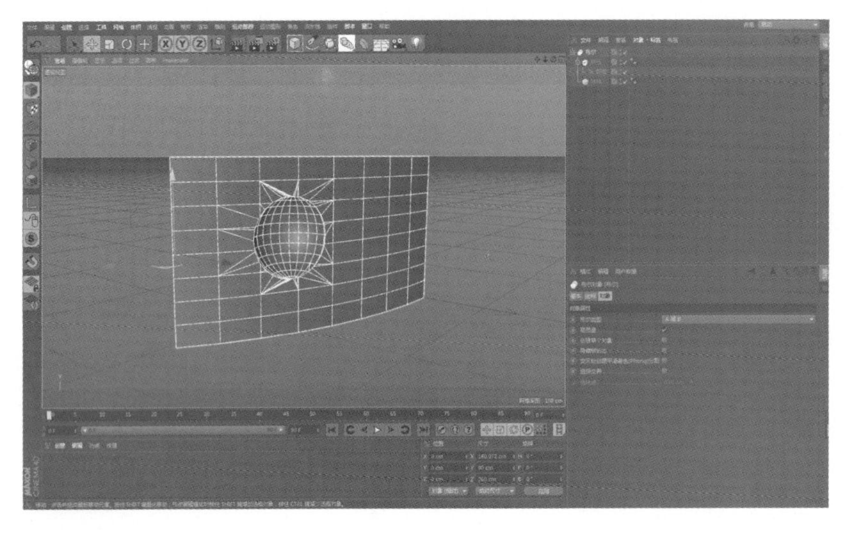

图 3-82

Step 05 按住“Ctrl”键，鼠标左键单击拖动小球复制出另一个，缩放其大小，放置在如图 3-83 所示的位置。

接着多复制出几个小球，调整为不同的大小形状。模型的表面出现众多的凹槽。如图 3-84。

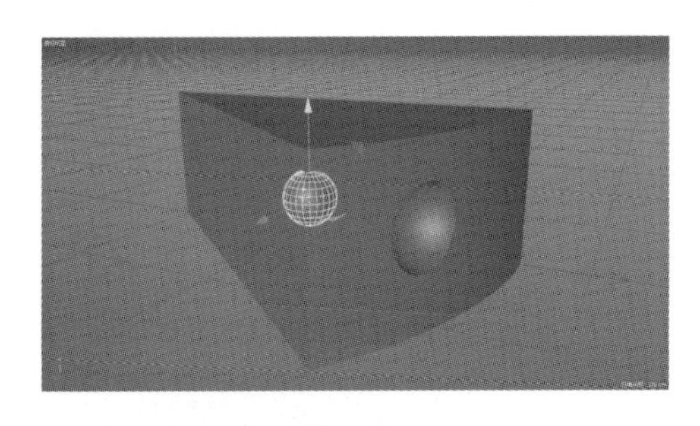

图 3-83

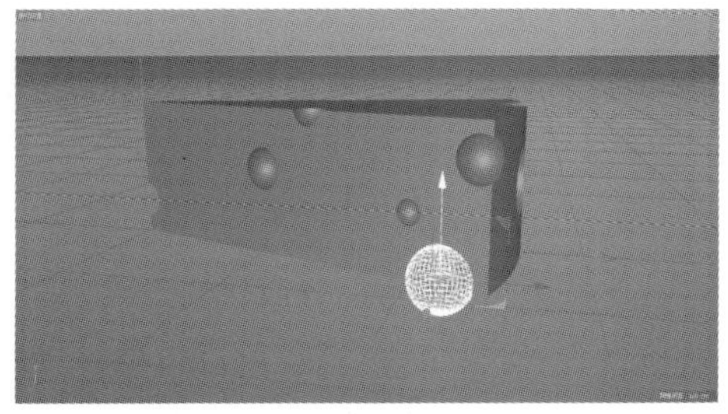

图 3-84

Step 06 选择“线框显示” 光影着色 (线条) N~B，将模型显示转换为“光影着色（线条）”的状态，观察发现布线非常凌乱。这里可以隐藏掉这些凌乱的布线。如图 3-85。

Step 07 在属性管理器中选择“布尔对象［布尔］”→“对象”选项，在面板中勾选“隐藏新的边”。如图 3-86。

这样模型的布线就规范了。如图 3-87。

Step 08 可以给奶酪模型加点纹理效果。创建一个新的材质球，鼠标左键选中材质球拖给指定的模型。双击材质球打开材质编辑器，鼠标单击并勾选“颜色”选项，选择纹理后面的小三角形符号，在弹出的浮动面板中选择“渐变”模式。如图 3-88。

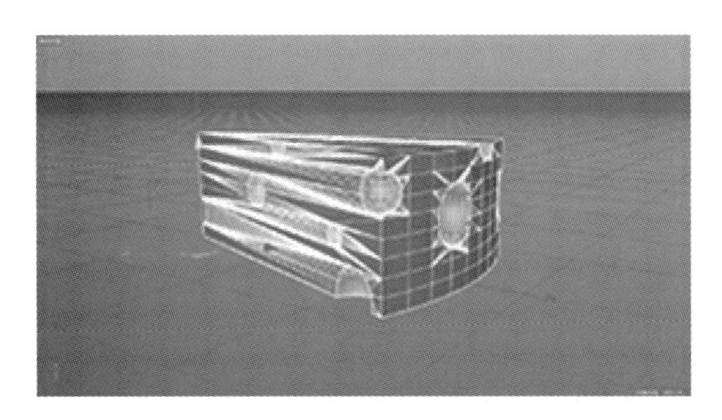

图 3-85

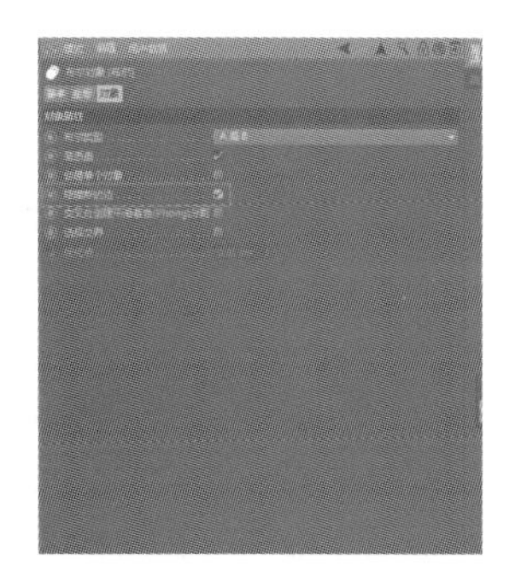

图 3-86

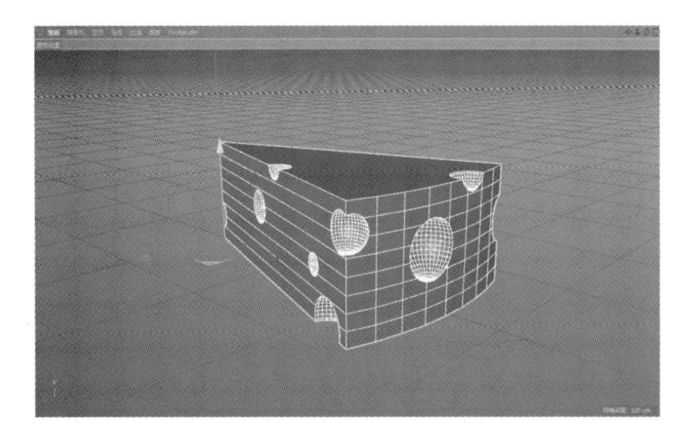

图 3-87

图 3-88

Step 09 鼠标单击“渐变着色器”方框，将“渐变颜色框”中的颜色设置成如图 3-89 所示的颜色。

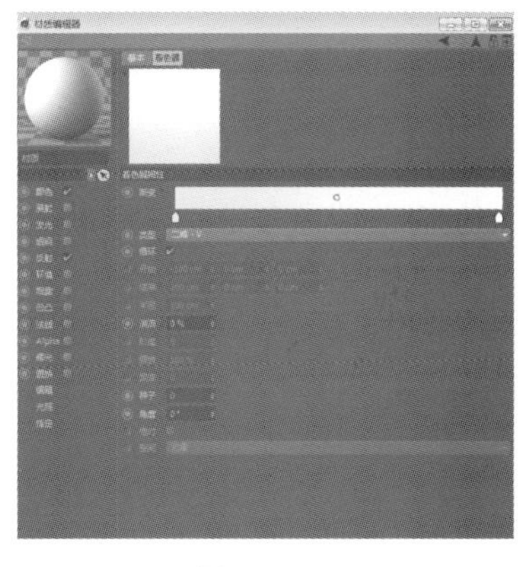

图 3-89

Step 10 回到对象管理器面板中，将所有球体按顺序依次排列。鼠标单击选中材质球拖到“挤压”工具和“球体”工具的标签之中，这样奶酪模型就全部赋予了纹理。如图 3-90。

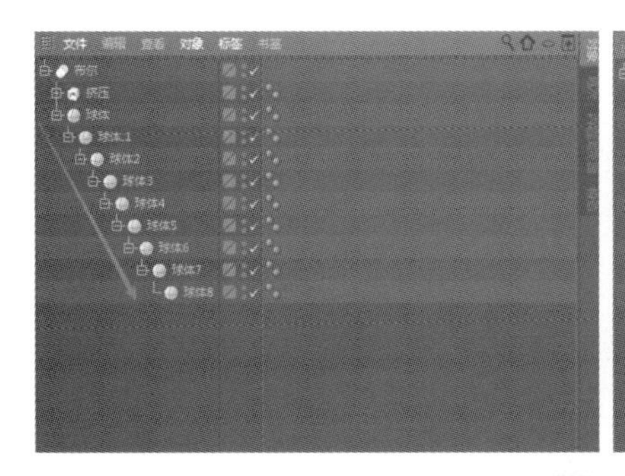

图 3-90

最终制作效果如图 3-91 所示。

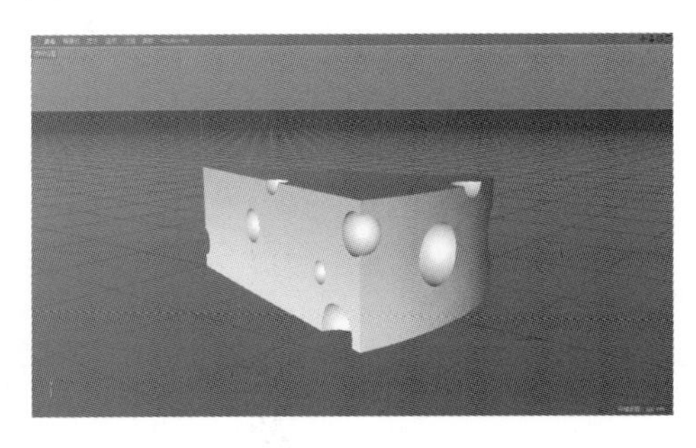

图 3-91

本节重要工具命令（表 3-9）：

表 3-9

命令名称	体现步骤	命令作用	重要程度
圆弧属性的对象选项	1	调整圆弧样条的各种不同形态	高
布尔类型	4	决定物体之间互相作用后的差、并、交集的选择	高
布尔对象隐藏新的边	7	将凌乱的布线梳理规范	高
渐变着色器	9	材质编辑器中调整对象颜色渐变	高

3.3.2　克隆造型器的使用 

课堂案例：甜甜圈建模

本节介绍克隆造型器的使用。

Step 01 在“基础对象”面板中选择“圆环”工具，创建一个圆环模型。将圆环的属性参数调整至如图 3-92 所示。

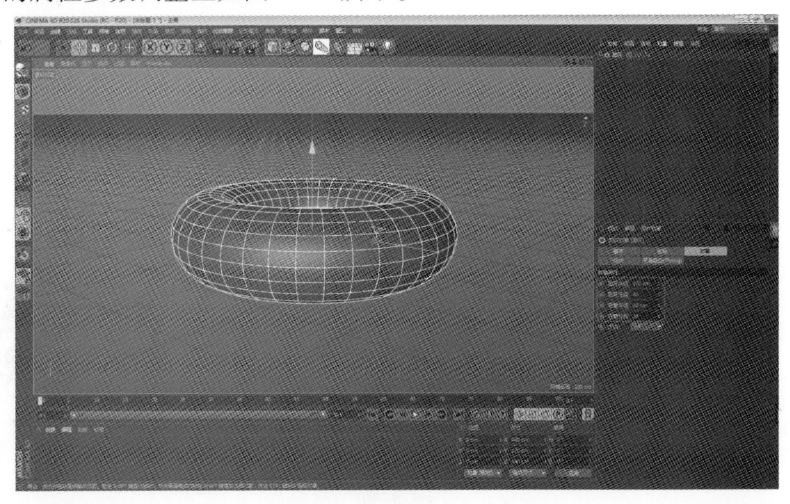

图 3-92

Step 02 选中圆环模型，鼠标单击或按下“C”键，将它转换为可编辑对象，选择，在对象点模式状态下用框选工具，选中中间所有的点。如图 3-93。

Step 03 点击键盘空格键，将视窗切换到顶视图，中间部位的点也被一并选中了，按住“Ctrl”键的同时鼠标左键单击框选工具，减掉中间部位的点。如图 3-94。

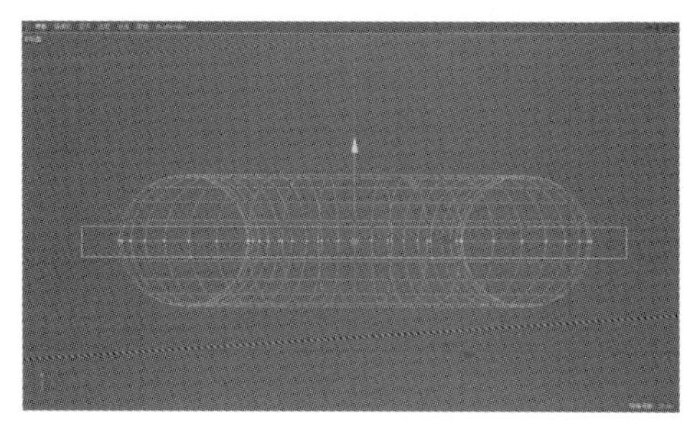

图 3-93

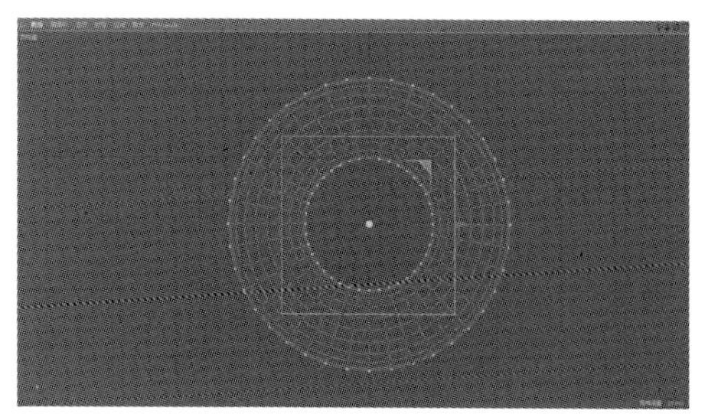

图 3-94

利用缩放工具沿着 X、Z 轴的平面缩放中间部位的点。接着按住“Shift”键，鼠标框选选中上下的线，用缩放工具沿着 Y 轴挤压。如图 3-95、图 3-96。

图 3-95

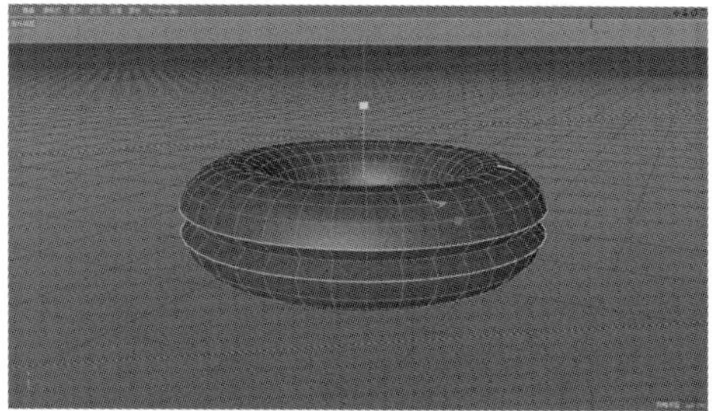

图 3-96

Step 04 视窗切换到“右视图”，利用框选工具选中上部分的所有的面。如图 3-97。

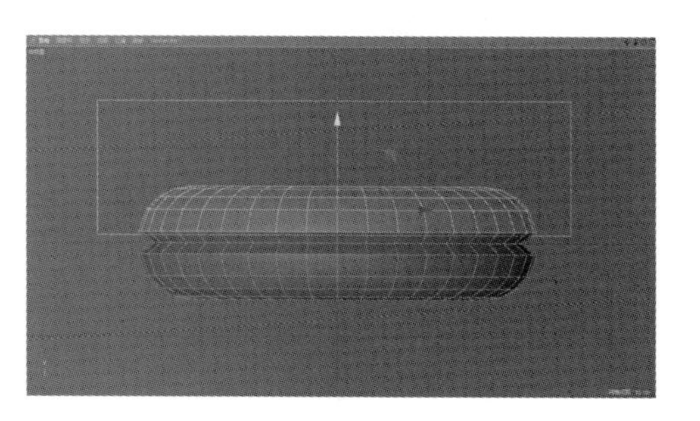

图 3-97

在视图窗口空白部位右键单击，弹出浮动面板，选择“分裂”命令。如图 3-98。

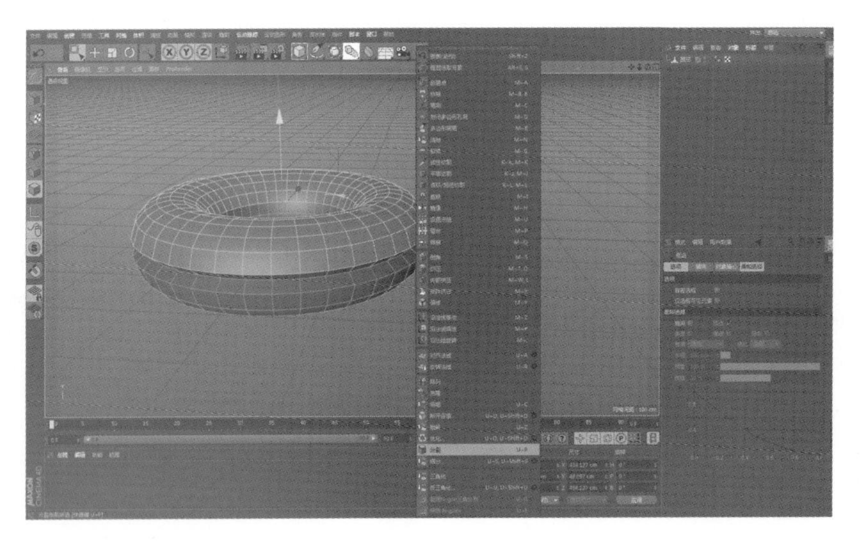

图 3-98

Step 05 将上部分的面分裂出来后，利用缩放工具整体放大一些。如图 3-99。

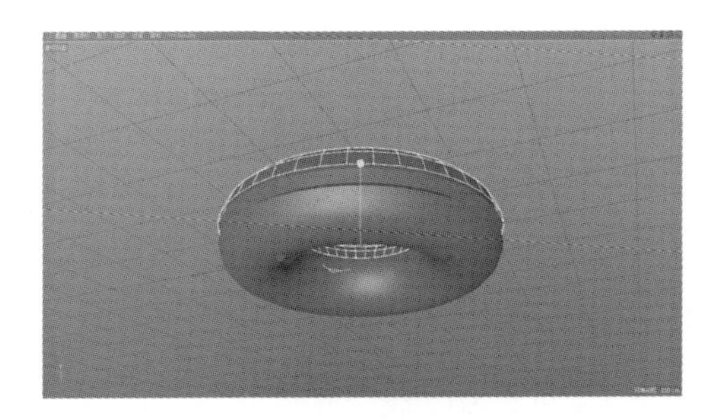

图 3-99

左键双击选择整圈的线，在视图窗口空白部位右键单击，在弹出的浮动面板中选择“挤压”命令。如图 3-100。

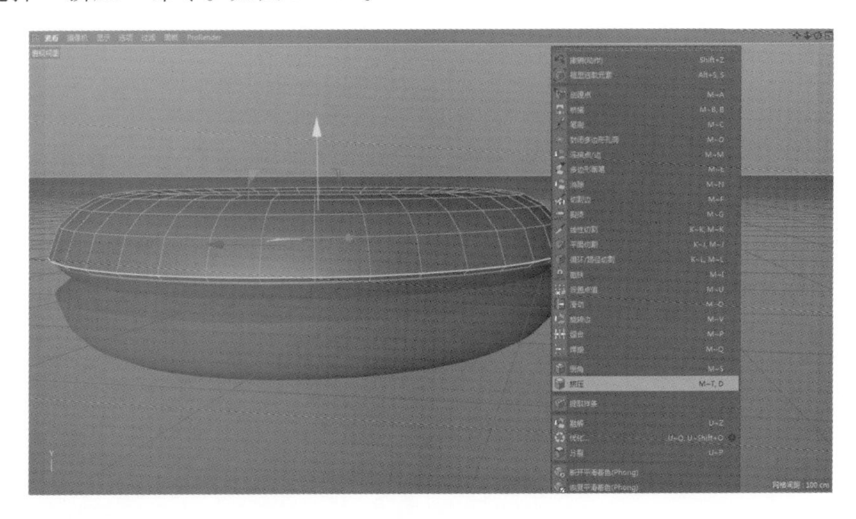

图 3-100

中键滚动拉近视窗，注意查看挤压出的厚度要穿插到模型的内部，避免出现穿帮现象。如图 3-101。

Step 06 添加“细分曲面”工具，左键单击拖动分裂的两个圆环至“细分曲面”工具的子集之下。如图 3-102。

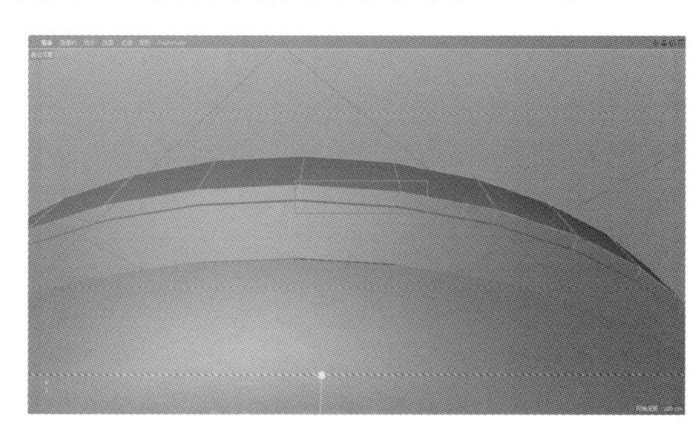

图 3-101

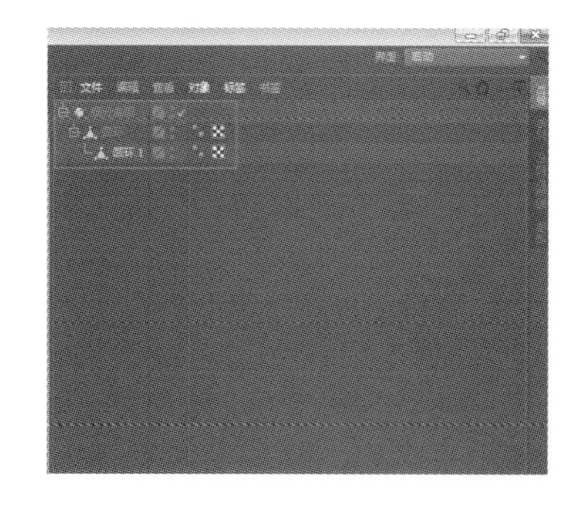

图 3-102

这样，模型就加入了光滑的效果。如图 3-103。

Step 07 现在可以在模型的面上进行细节的刻画。这里介绍 Cinema 4D 的雕刻工具。在菜单栏中选择“雕刻”→“笔刷”→“抓取”工具，便可以开始在模型的表面进行细节雕刻了。如图 3-104。

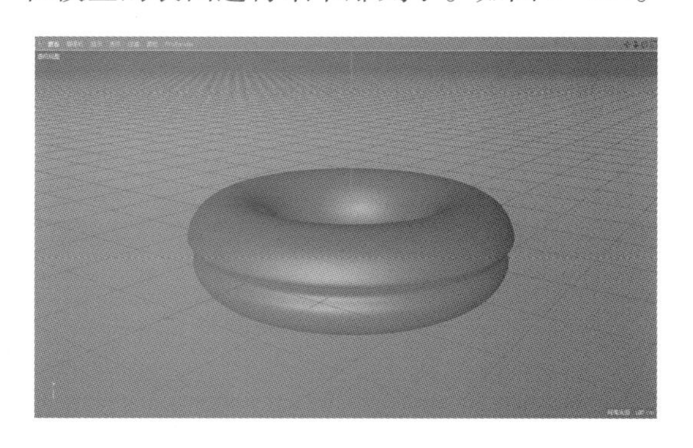

图 3-103

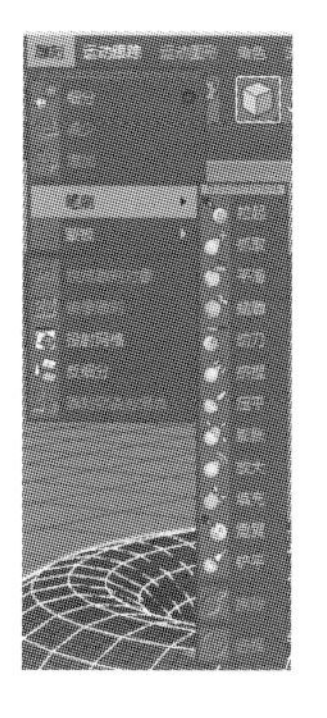

图 3-104

鼠标单击浮动面板上方的“双杠线”，提取出浮动工具面板，方便运用和切换不同的雕刻工具进行细节塑造。如图 3-105。

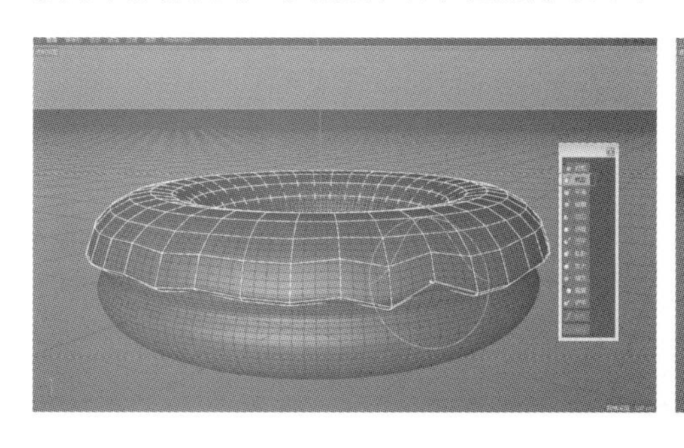

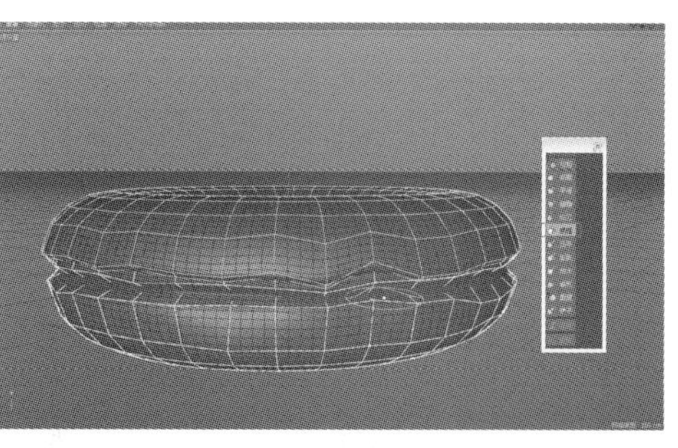

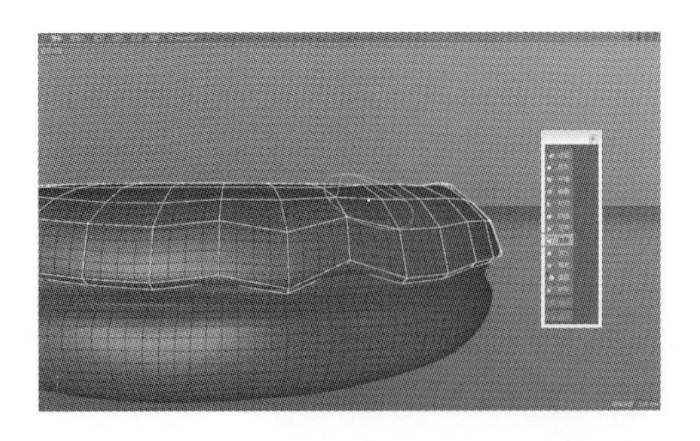

图 3-105

Step 08 选择“膨胀”工具，在其属性对象面板中设置“尺寸”为“30”，“压力”为“20%”，在模型的面上雕刻出坑洼的效果。如图 3-106。

雕刻出来的细节效果如图 3-107 所示。

Step 09 制作甜甜圈表面的糖果片。创建一个立方体模型，缩放至如图 3-108 所示大小。

长按“实例”按钮，弹出“造型器工具”面板，选择“克隆”工具，在对象管理器面板中左键单击拖动“立方体”工具至“克隆”工具的子集之下。如图 3-109。

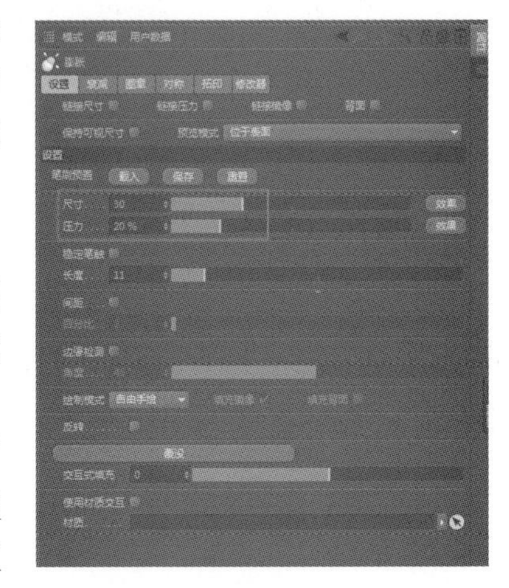

图 3-106

图 3-107

图 3-108

图 3-109

选择“克隆”工具，打开克隆属性管理器面板，选择“克隆对象［克隆］”→“对象”选项，鼠标单击选中“细分曲面”工具，拖至“对象”的空白栏当中，模式更改为“对象”。如图 3-110。

查看视图窗口中的模型，糖果片就嵌入到甜甜圈内部了。如图 3-111。

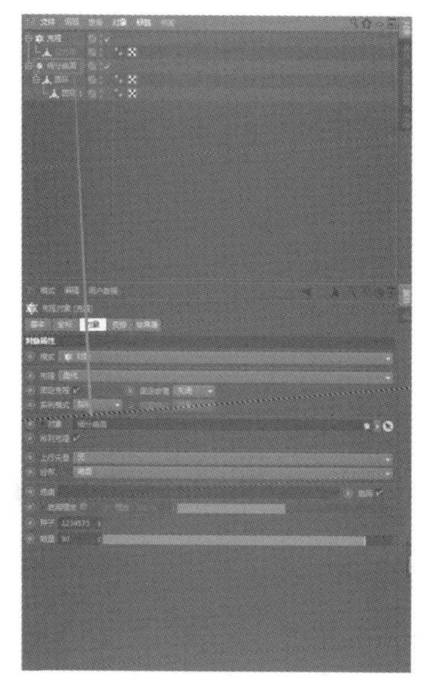

图 3-110

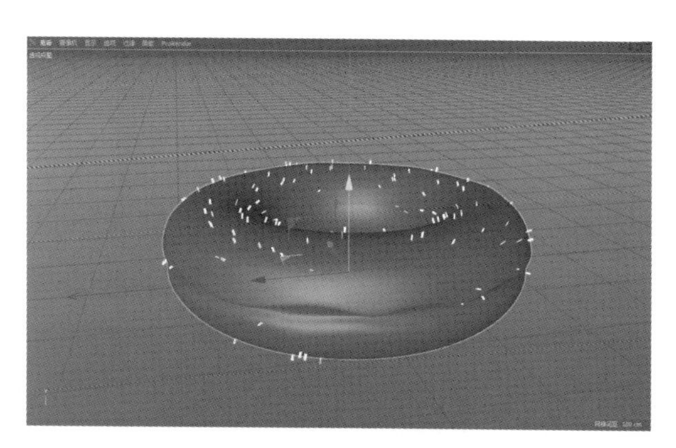

图 3-111

Step 10 选择“克隆对象［克隆］”→“对象”选项，更改“克隆”的数量为“80”，增加对象表面的糖果片，在“克隆对象［克隆］”→“变换”的面板中，更改缩放的轴向如图 3-112 所示。缩放所有糖果片的尺寸。

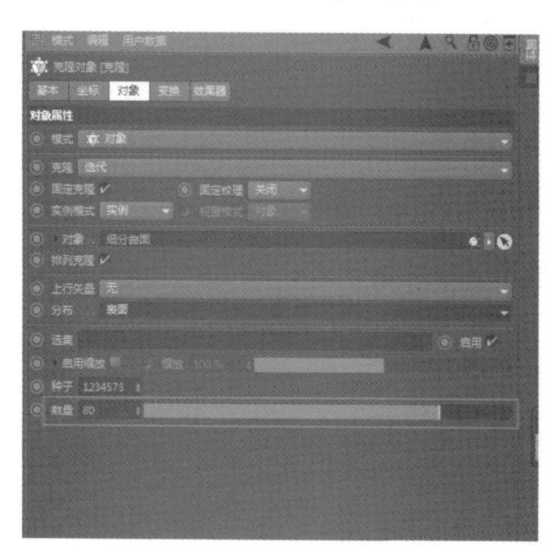

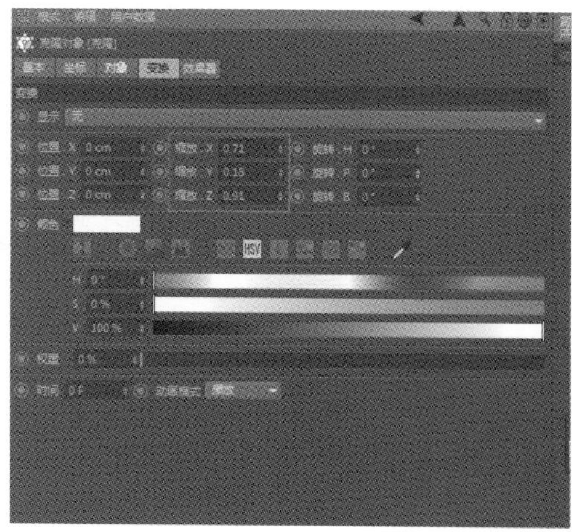

图 3-112

Step 11 在菜单栏中选择“运动图形”→“效果器”→“随机”命令。如图 3-113。

选择“随机”工具，打开随机属性管理器，选择“随机分布［随机］”→“效果器”选项，强度更改为“30%”。选择“随机分布”→“参数”，更改“位置”下“P. Z”参数为“8 cm”；“缩放”下“S. X”参数为“1.65”，“S. Z”参数为“1.2”；“旋转”下“R. P”参数为“360°”。如图3-114。

这样在模型表面的糖片位置和大小就随机分布了。如图3-115。

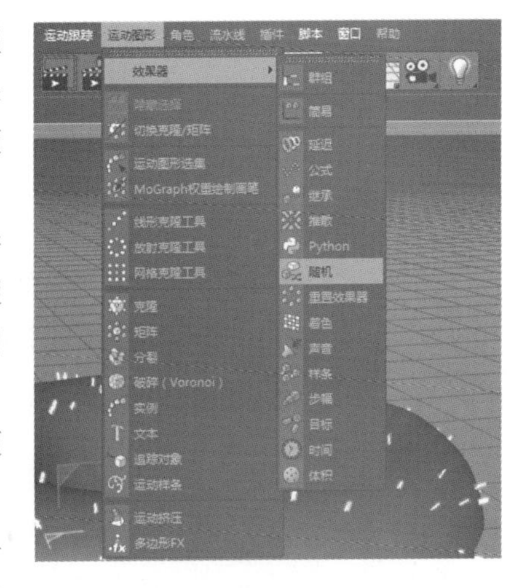

图 3-113

Step 12 给甜圈圈添加纹理。新建一个材质球，双击打开材质编辑器，鼠标单击并勾选“颜色”选项，单击“纹理”后的小三角形符号▶，选择“MoGraph”→“多重着色器”命令。如图3-116。

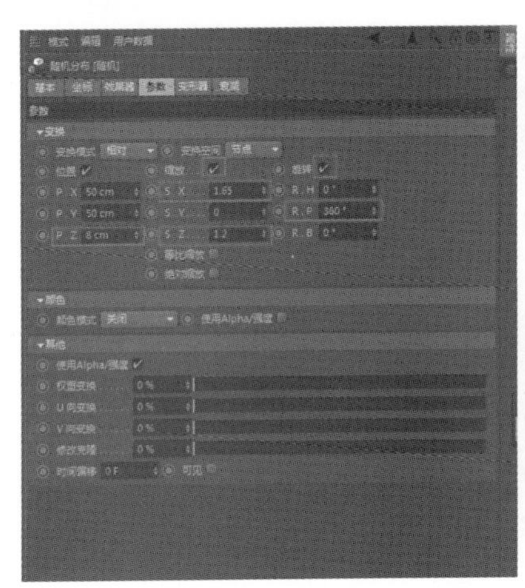

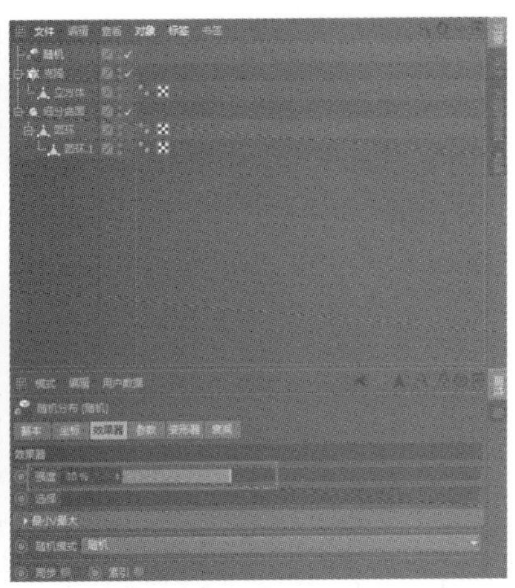

图 3-114

图 3-115

图 3-116

进入着色器，左键单击“添加”按钮，增加五种不同颜色。如图 3-117。鼠标左键选中设置好的材质球拖给对象管理器中的克隆标签。如图 3-118。

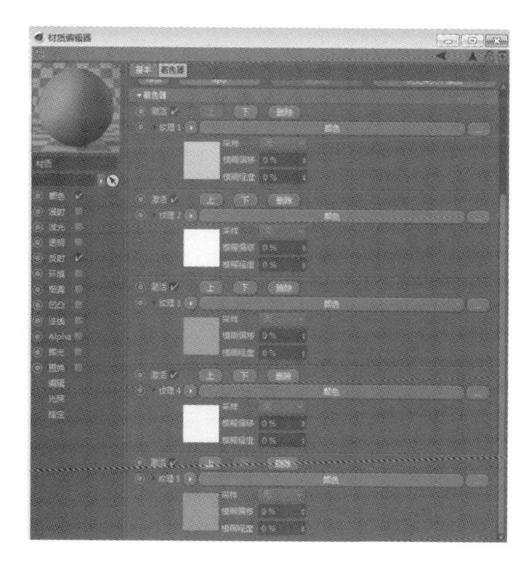

图 3-117

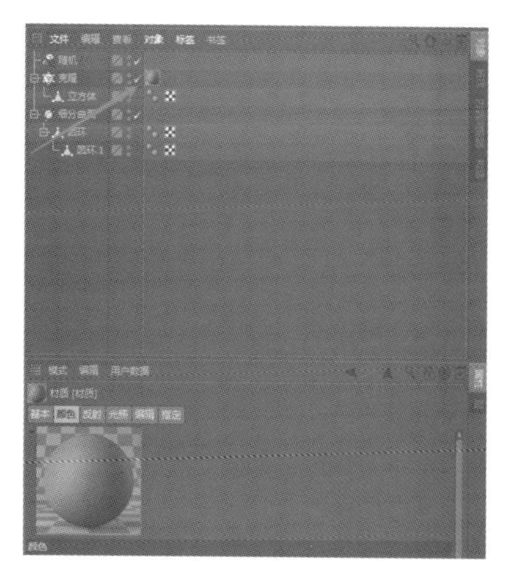

图 3-118

Step 13 在视图窗口发现糖果片的颜色并没有变化。选择“随机”工具，打开随机的属性管理器，选择“随机分布［随机］”→“参数”选项，在面板中将“颜色模式”更改为“效果器颜色”。如图 3-119。

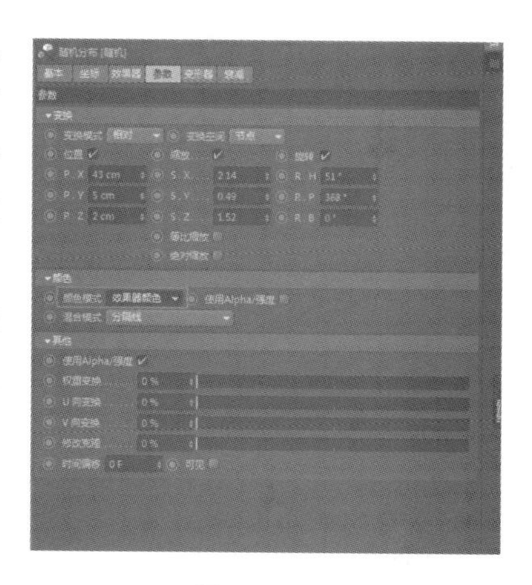

图 3-119

Step 14 创建一个新的材质球，颜色设置为“土黄色”，鼠标单击并勾选“凹凸”选项，在纹理中添加颗粒效果，强度更改为“11%”。再创建一个新的材质球，颜色设置为“熟褐色”，鼠标单击并勾选“凹凸”选项，在纹理中添加颗粒效果，强度更改为“10%”。分别拖给甜甜圈的上下两部分。如图 3-120。

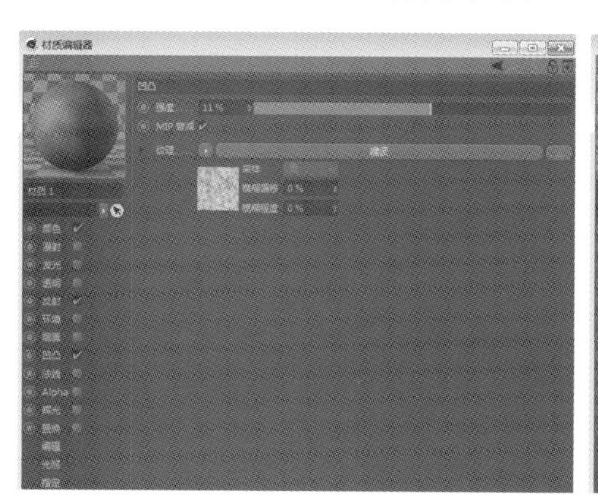

图 3-120

视图窗口中的模型材质显示出效果。如图 3-121。

鼠标单击“渲染活动视图”按钮，渲染出甜甜圈纹理效果。如图 3-122。

图 3-121

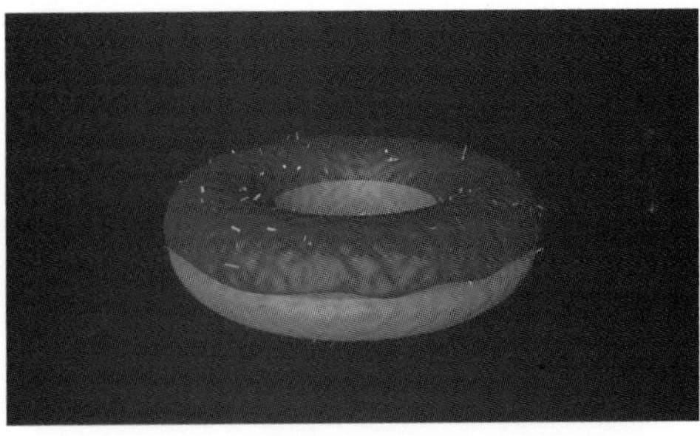

图 3-122

本节重要工具命令（表 3-10）：

表 3-10

命令名称	体现步骤	命令作用	重要程度
分裂	4	将对象的面与面分裂开来	高
面挤压	5	使对象的面进行挤出	高
克隆对象	9	在对象上随机分布克隆出来的物体	高
随机分布→参数	12	让克隆对象的位置、方向产生随机效果	高
多重着色器	13	使克隆对象产生多种颜色的材质球	高

3.4 综合实战案例

本节讲解多边形建模方式的思路和方法。多边形建模用于商业案例居多，利用该方式可以很轻松地制作烦琐复杂的模型。

3.4.1 多边形建模方法 1

课堂案例：电吹风建模

本节讲解利用编辑对象的点、线、面模式下浮动面板参数进行复杂体建模的方法。以电吹风的造型为例。

电吹风主体部分：

Step 01 选择“基础对象”→“圆柱”命令，创建一个圆柱模型，设置圆柱模型中的高度分段为“6”，旋转分段为“24”。如图 3-123。

切换视图窗口为右视图。切换到点工具，鼠标左键框选中间部位的点，利用缩放工具整体缩放。如图 3-124。

提示　在使用“框选”工具框选点的时候，记住要勾选“框选”工具的属性管理器下的“仅选择可见元素”命令。如图 3-125。这样，在框选模型的点时就能选中视图中模型背面的点了。

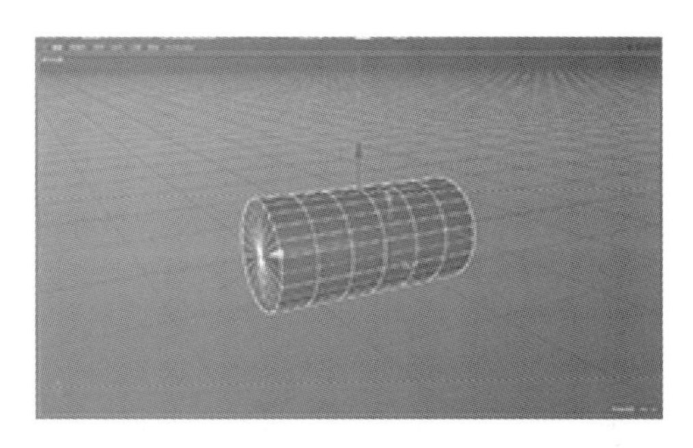

图 3-123

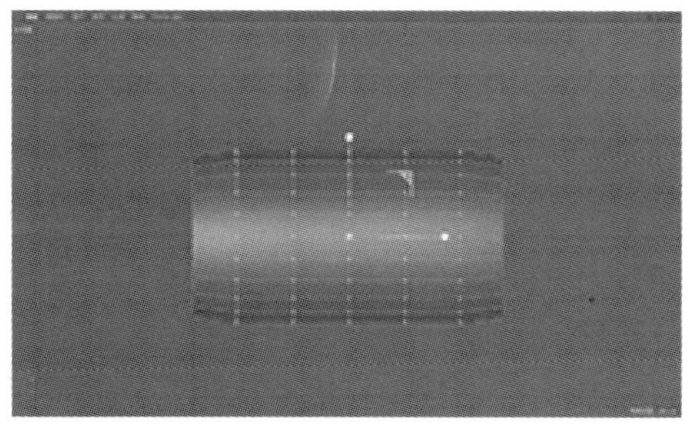

图 3-124

Step 02 选中圆柱顶部的面，移动时发现面是断开的。如图 3-126。

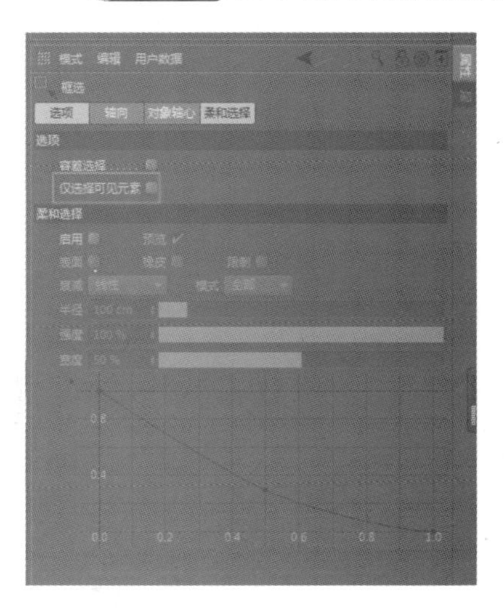

图 3-125

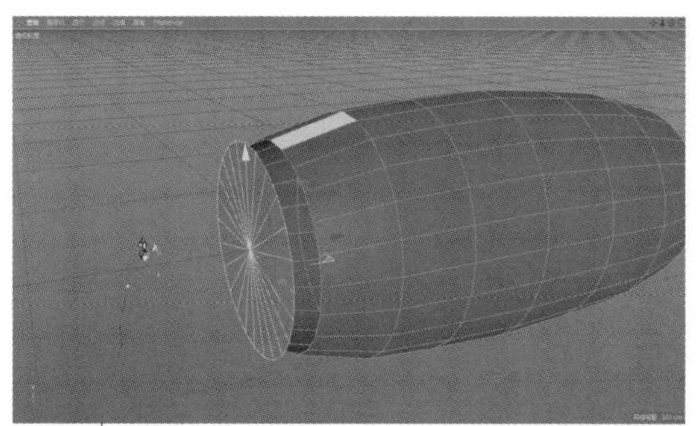

图 3-126

框选模型所有的点，在视图窗口空白处右键单击，在弹出的浮动面板中选择“优化”命令。如图 3-127。

再次选择顶部的面，移动发现面已被整体合并，这样就可以继续进行下一步操作了。如图 3-128。

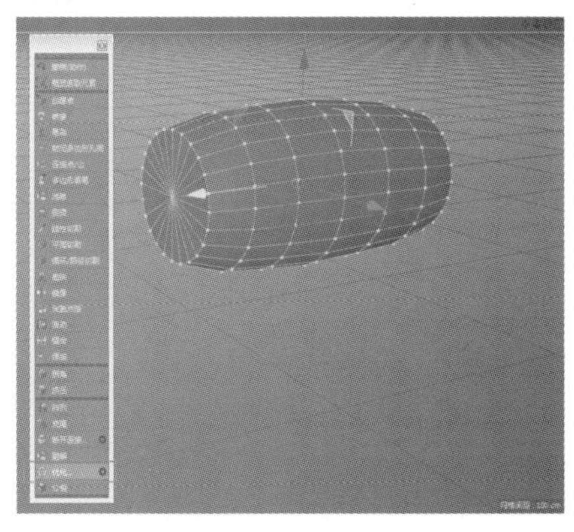

图 3-127

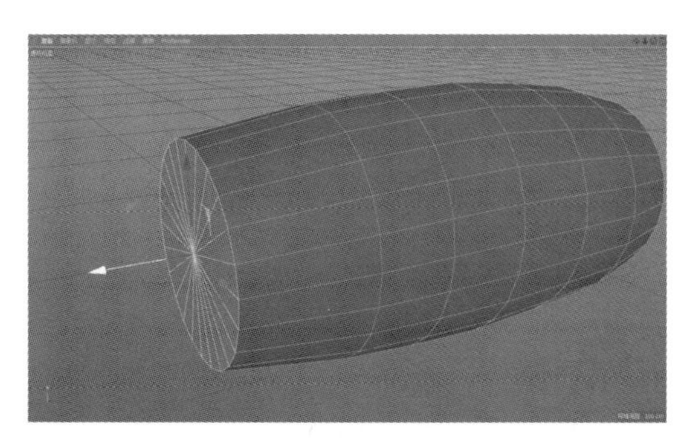

图 3-128

Step 03 按住"Ctrl"键，鼠标左键单击模型拖出复制一个"圆柱. 1"模型。如图 3-129。

在对象管理器中的"显示/隐藏"板块单击"圆柱. 1"的圆点，隐藏"圆柱. 1"，将圆柱的前半部分面删除，如图 3-130。

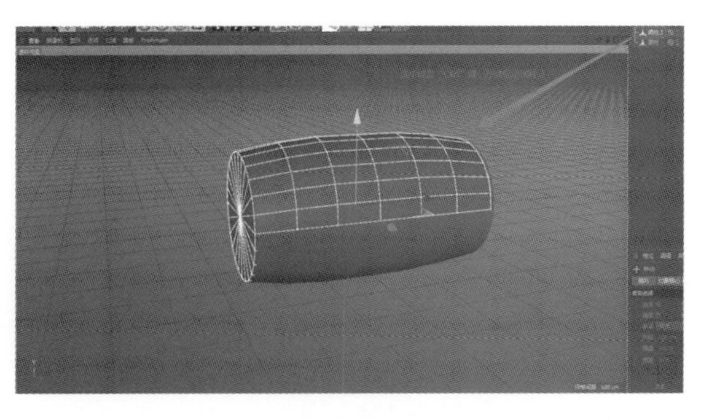

图 3-129

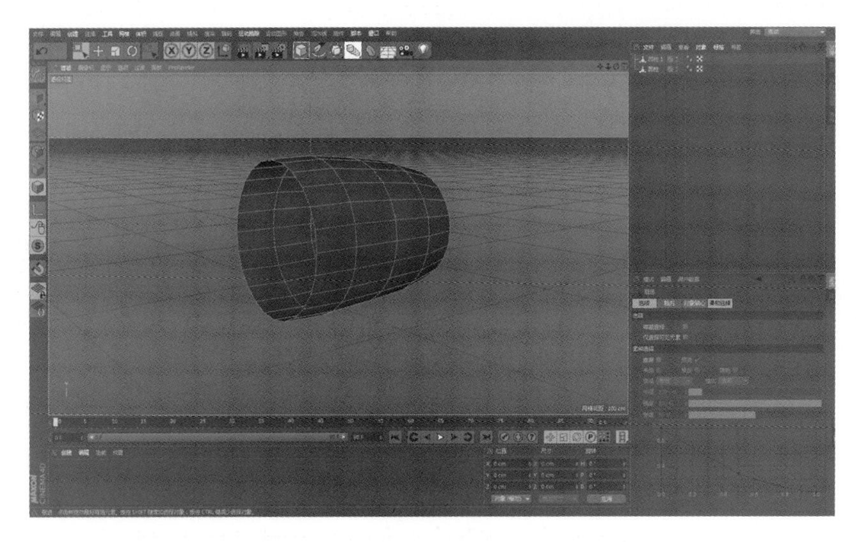

图 3-130

再次点击红色圆点，显示"圆柱. 1"，缩放其大小，调整"圆柱. 1"与"圆柱"的比例。如图 3-131。

Step 04 选择"变形器"→"FFD"工具，选择"FFD 对象"→"对象"选项，更改"水平网点"为"6"，更改"垂直网点"为"6"，更改"纵深网点"为"6"。在对象管理器中左键单击拖动"FFD"工具至圆柱工具的子集之下，单击工具菜单栏中的切换到点模式，调整"FFD"的点。如图 3-132。

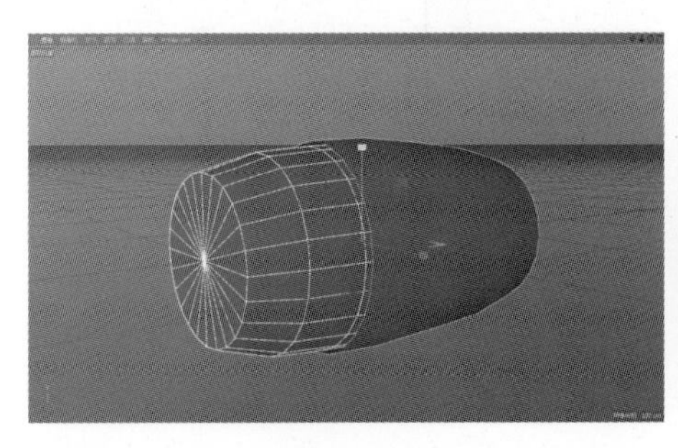

图 3-131

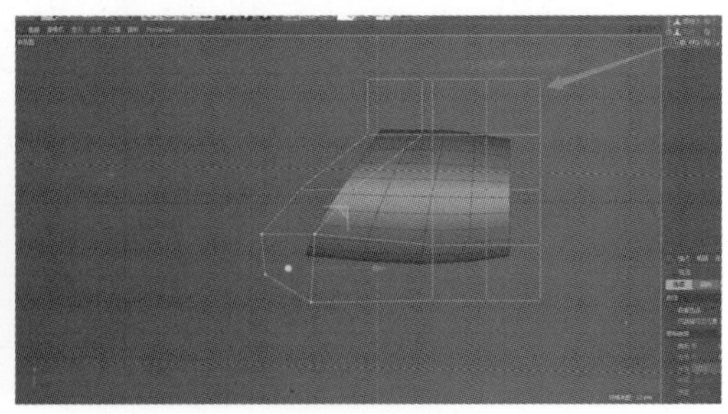

图 3-132

将“圆柱. 1”模型缩放至如图 3-133 所示大小。

Step 05 在圆柱的对象管理器中右键单击，在弹出的浮动面板中选择“当前状态转对象”命令。如图 3-134。

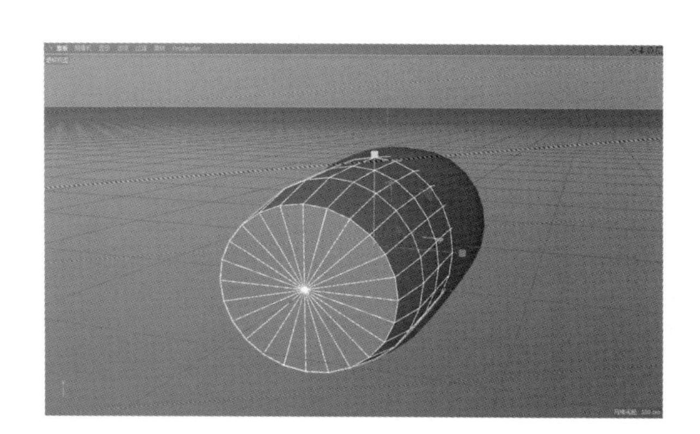

图 3-133

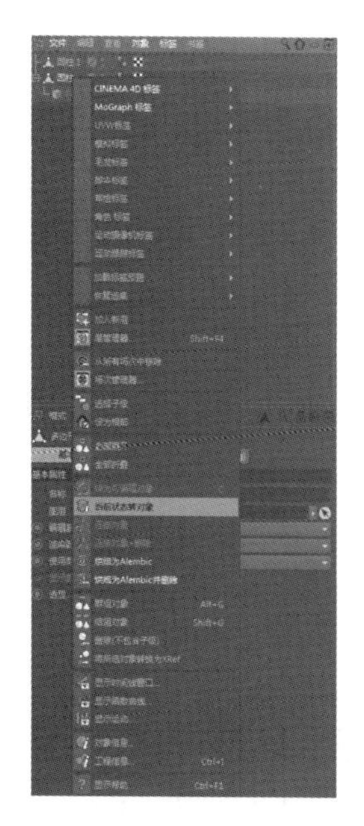

图 3-134

这样，在原来 FFD 控制的圆柱上复制出了一个圆柱，在“显示/隐藏”面板中单击隐藏“FFD”变形器，方便编辑复制出的圆柱模型。如图 3-135。

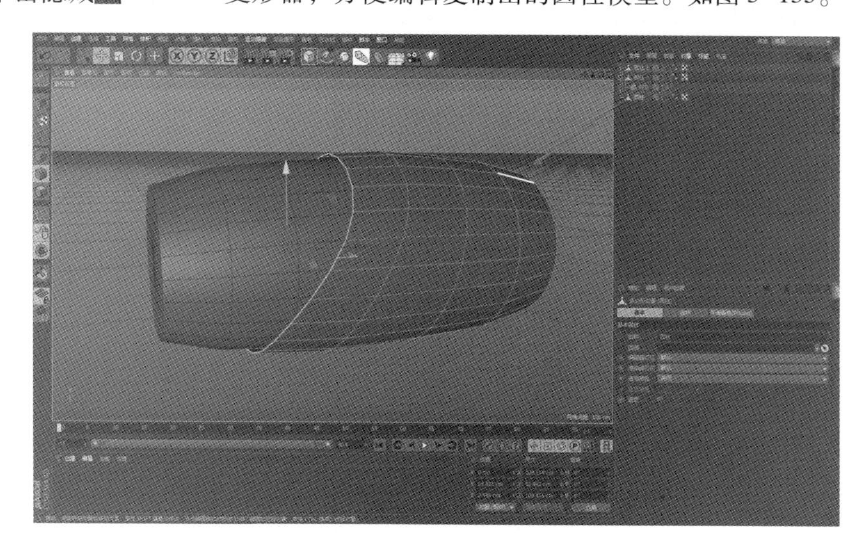

图 3-135

Step 06 选择圆柱内部的整圈边，在视窗空白处右键单击，在弹出的浮动面板中选择“挤压”命令，将挤压出的边缩小，插入“圆柱. 1”的内部。如图 3-136。

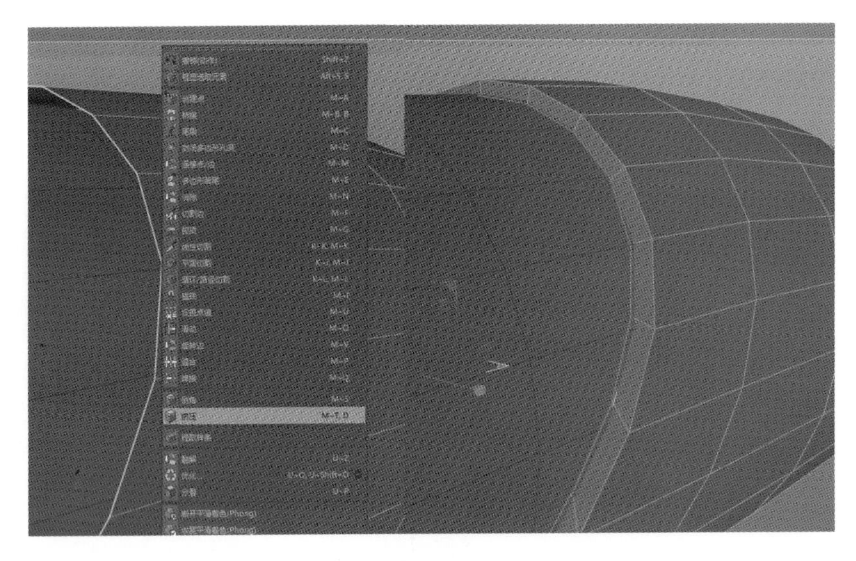

图 3-136

选择边工具，将“圆柱. 1”的开口用“挤压”工具挤压出厚度。如图 3-137。

Step 07 在圆柱的底部制作凹槽造型。在视窗空白处右键单击，在弹出的浮动面板中选择“循环”→“路径切割”命令，插入环线。如图 3-138。

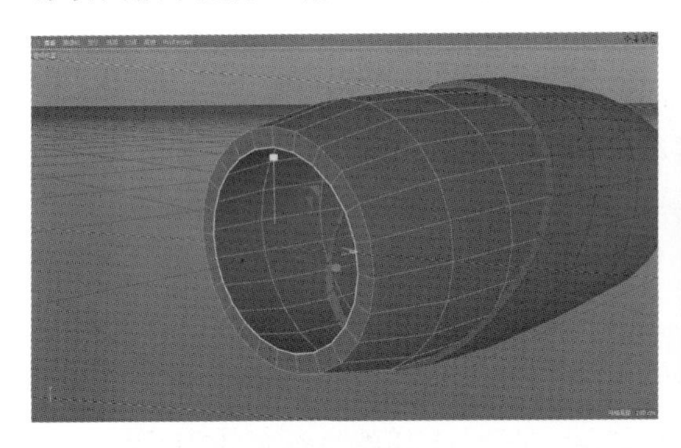

图 3-137

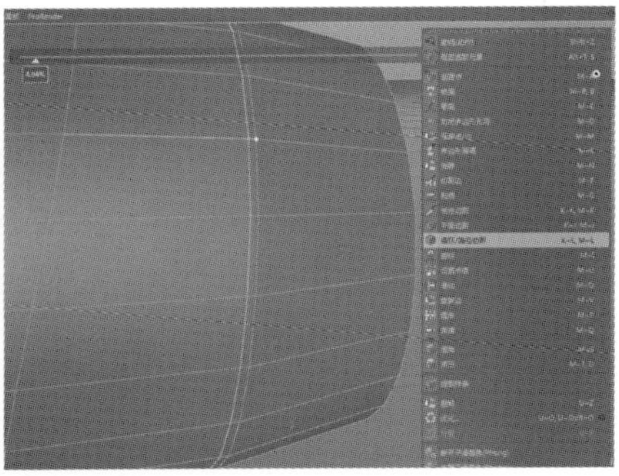

图 3-138

多插入几条环线，利用缩放工具和移动工具制作出凹槽。如图 3-139。

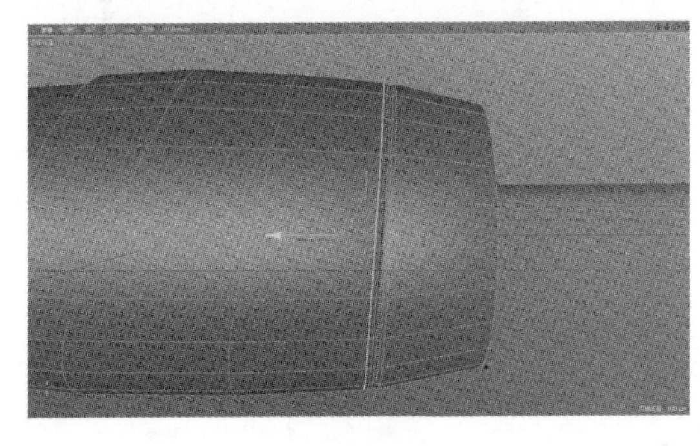

图 3-139

在“圆柱. 1”模型的开口处插入环线，制作出圆弧的效果。同以上方法，在“圆柱”的底部也插入环线，制作凹进的部分。如图 3-140。

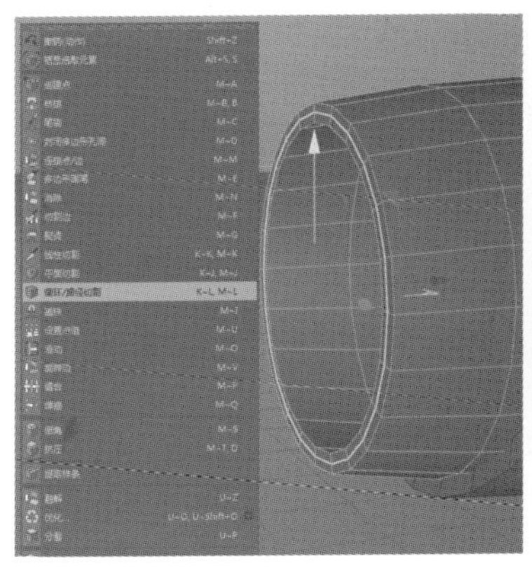
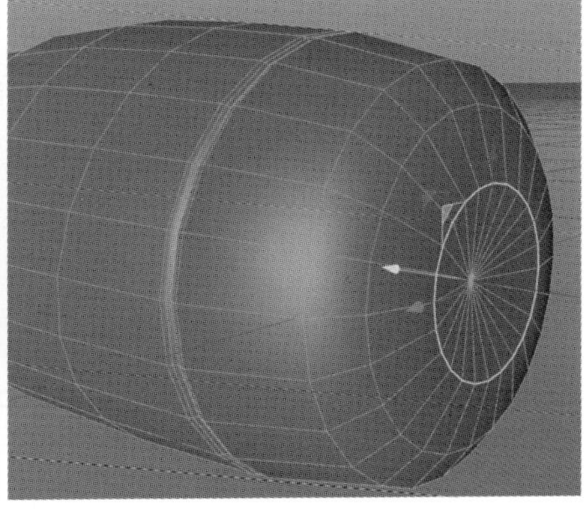

图 3-140

最终调整的模型效果如图 3-141 所示。

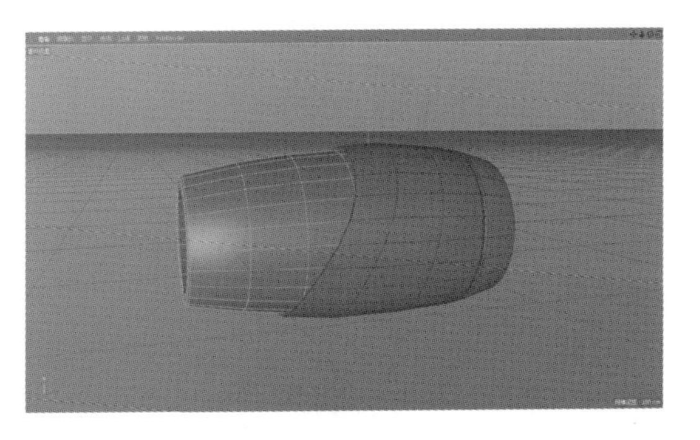

图 3-141

对“圆柱”和“圆柱. 1”添加“细分曲面”工具，模型表面添加光滑效果。如图 3-142。

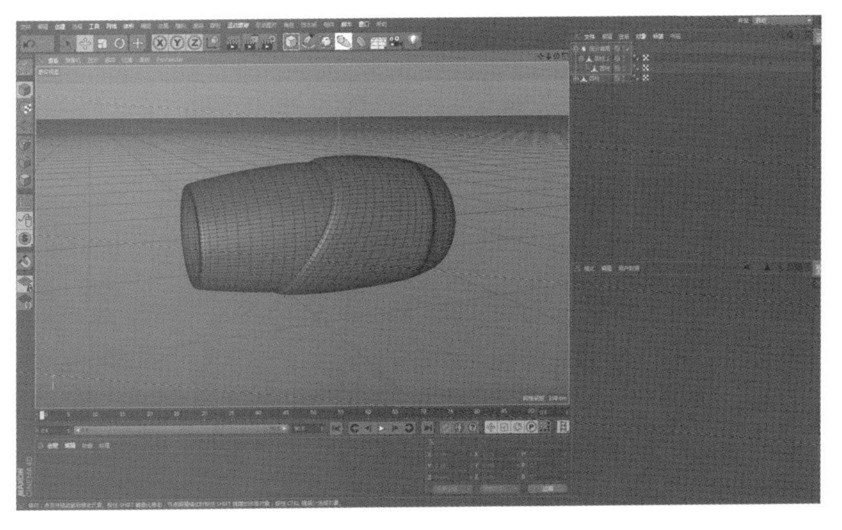

图 3-142

Step 08 制作吹风口。长按“立方体”按钮，弹出“基础对象”面板，创建一个“管道”模型，调整其属性大小，放置在如图 3-143 所示的位置。

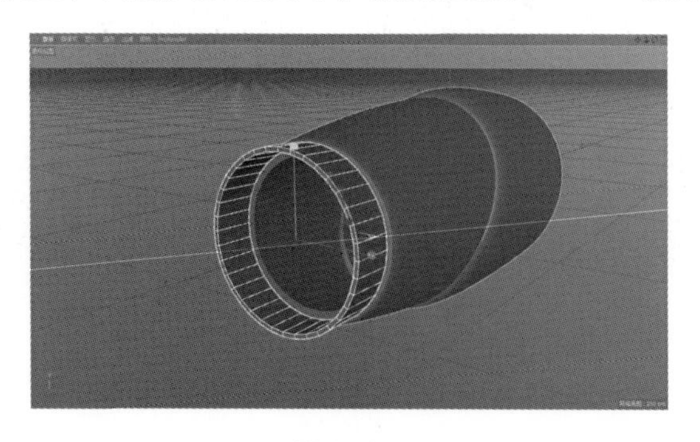

图 3-143

Step 09 制作电吹风的风嘴。创建一个“圆柱. 3”模型，放置在如图 3-144所示的位置。

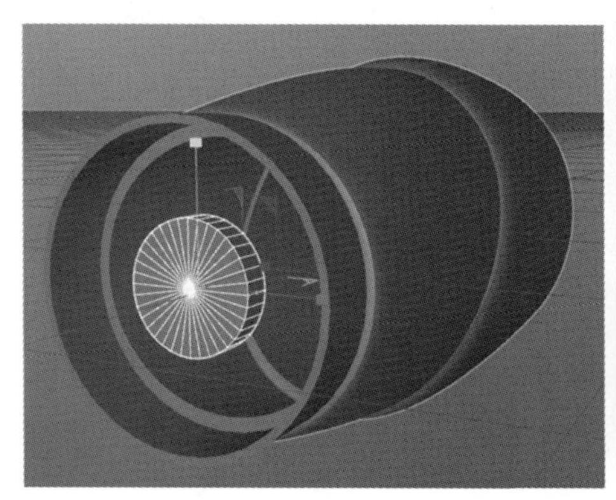

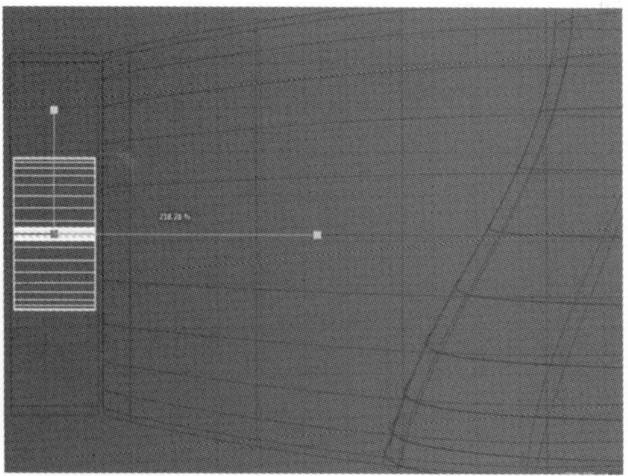

图 3-144

按“C”键将“圆柱. 3”转换为可编辑多边形对象，切换面工具，按住“Shift”键自定义选择相间的面，运用挤压工具将面挤压出来。如图 3-145。

图 3-145

在风嘴的转折部分插入环线，来防止模型细化后的塌陷。如图 3-146。

风嘴的表面插入两条环线。如图 3-147。

利用缩放工具调整一下环线，使外部造型制作出流线外形。如图 3-148。

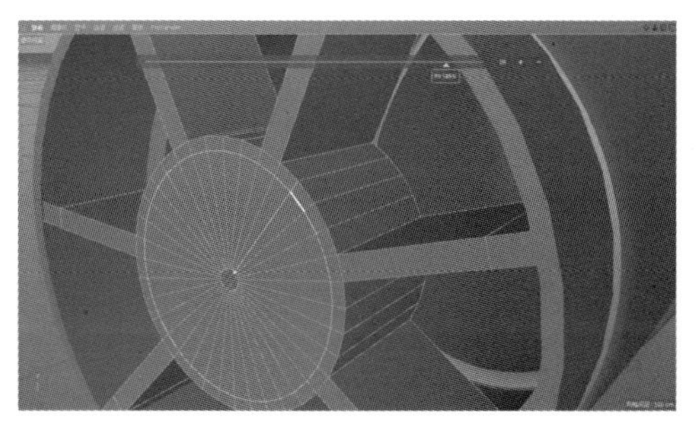

图 3-146

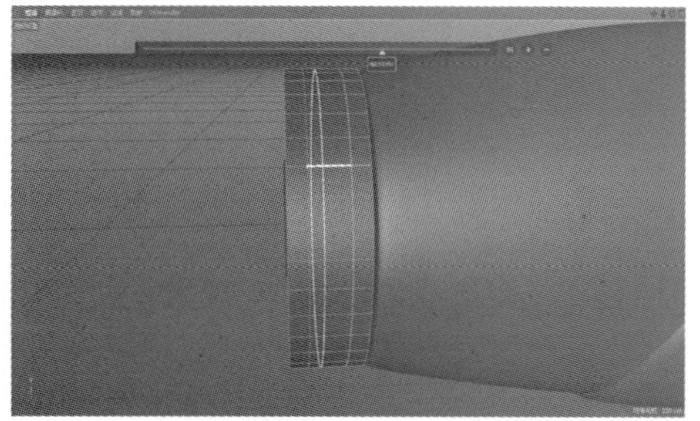

图 3-147

Step 10 再次创建一个“管道. 2”模型，放置在如图 3-149 所示的位置。

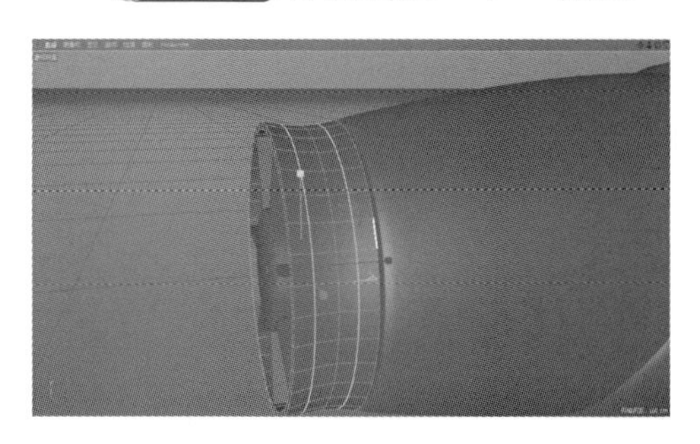

图 3-148

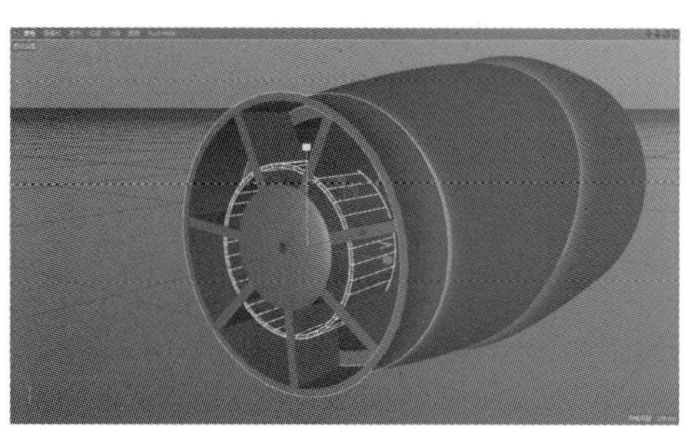

图 3-149

创建一个“立方体”来简单制作风嘴的卡子，效果如图 3-150 所示。

电吹风手柄部分：

Step 01 创建一个“立方体. 2”模型，设置其属性管理器中的“分段 X”“分段 Y”“分段 Z”分别为“2”“2”“6”，并选择边上的点，挤压成如图 3-151所示的造型。

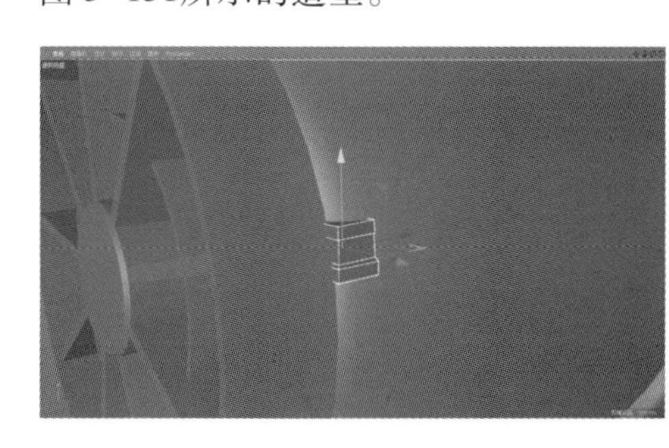

图 3-150

图 3-151

将手柄沿“Y”轴放大，并整体调整“立方体. 2”的长度。如图 3-152。

缩放竖直方向的长度，并逐一调整每段的形体，直至调整为如图 3-153 所示的造型。

Step 02 选中两边的线，在视窗空白处右键单击，在弹出的浮动面板中选择“倒角”命令。如图 3-154。

删除手柄的顶部面。如图 3-155。

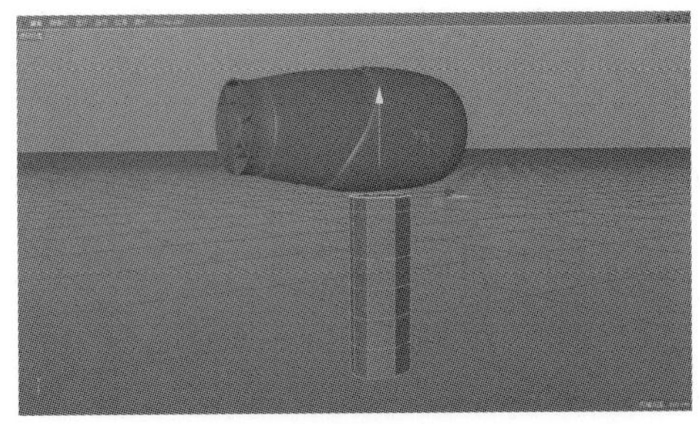

图 3-152

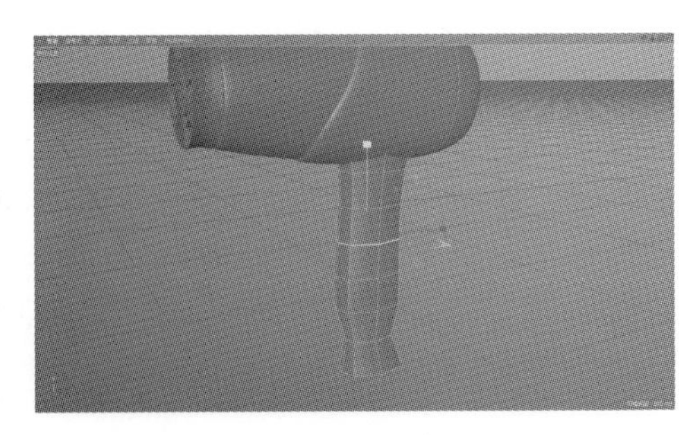

图 3-153

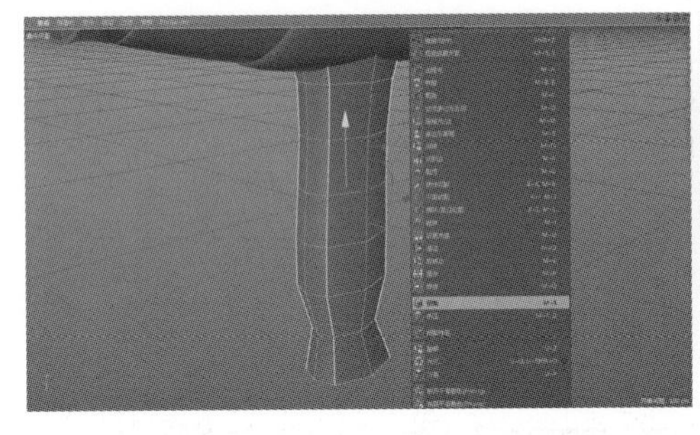

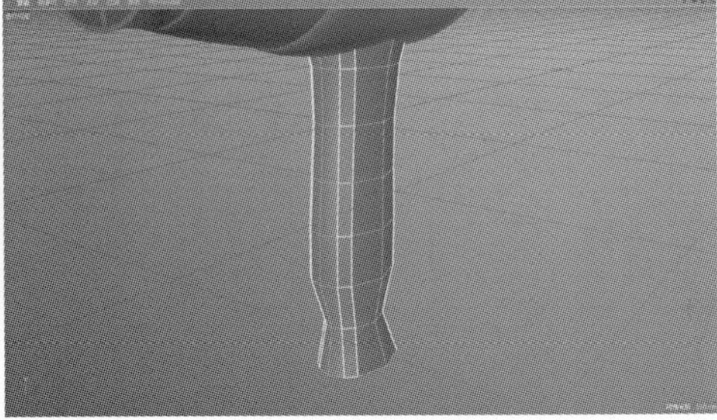

图 3-154

Step 03 在手柄中间的部位添加环线，在视窗空白处右键单击，在弹出的浮动面板中选择“挤压”命令，挤压出按钮的部分。如图 3-156。

图 3-155

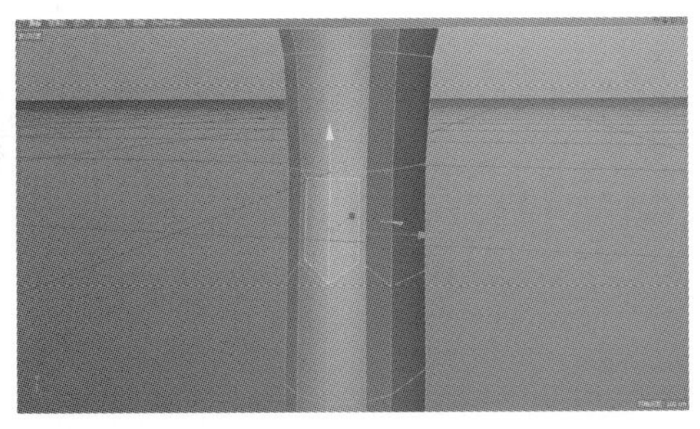

图 3-156

调整挤压出来的点，让挤压的面凹进去一些。如图 3-157。

Step 04 选中按钮的环线，进行“倒角”处理，让按钮边缘部位圆滑一些。如图 3-158。

图 3-157

图 3-158

在中线的两边紧贴处插入两条环线，将中线往内部挤压一些，制作出缝隙部位。如图 3-159。

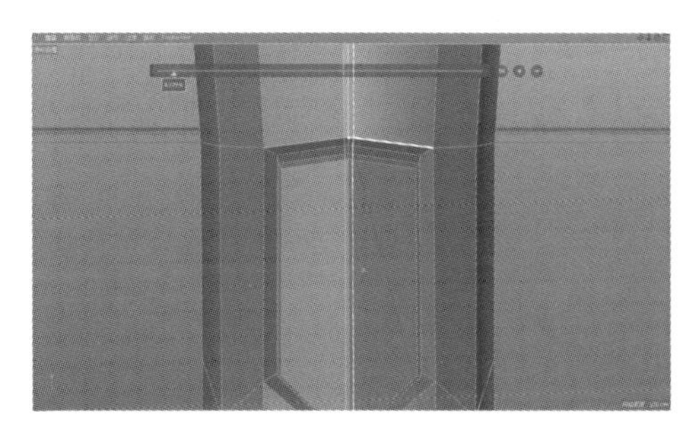

图 3-159

Step 05 制作按钮。创建一个“圆柱. 2”模型。长按“实例”按钮，弹出“造型器”面板，选择“布尔”工具，依次拖动“立方体. 1”工具和“圆柱. 2”工具至“布尔”工具的子集之下，并将“布尔类型”更改为“A 减 B”。如图 3-160。

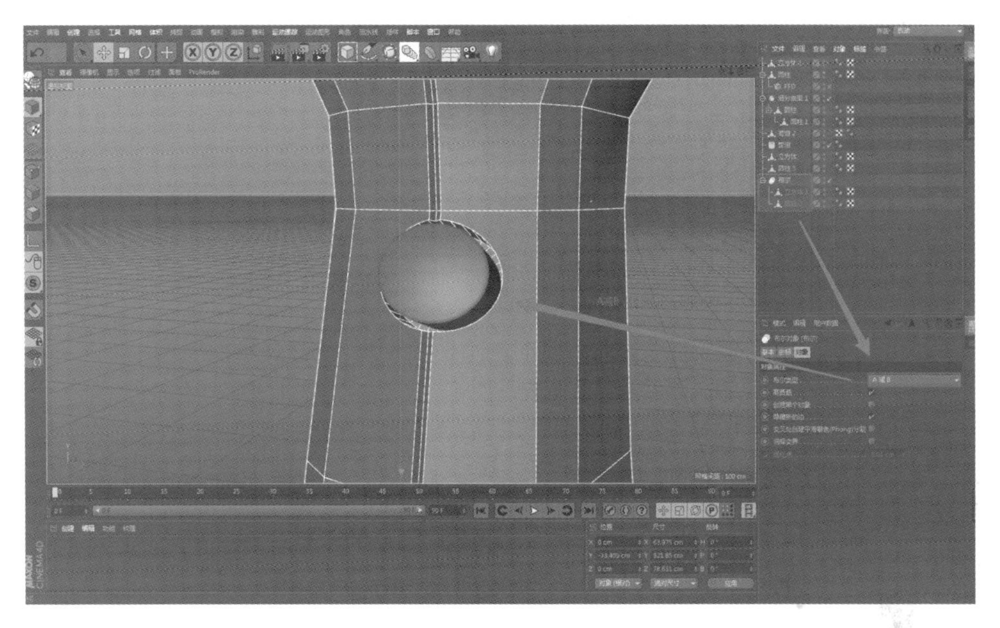

图 3-160

添加“细分曲面”工具，效果如图 3-161 所示。

最终模型的效果如图 3-162 所示。

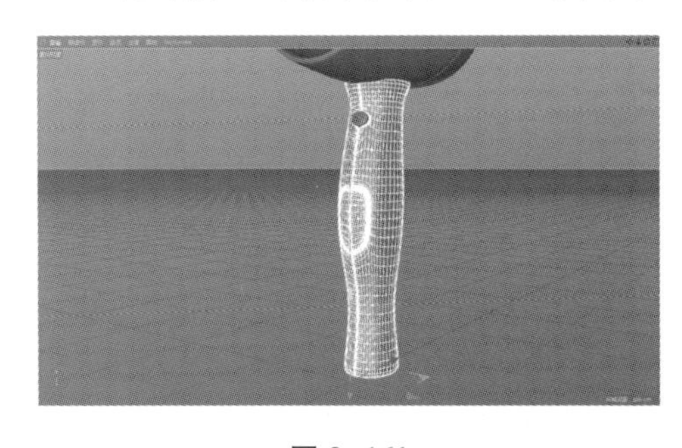

图 3-161

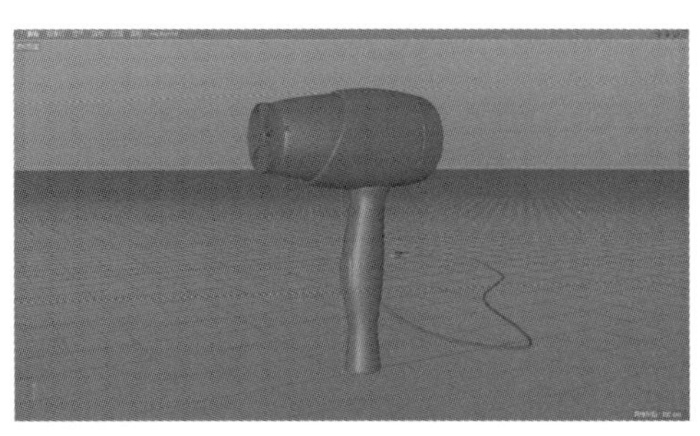

图 3-162

本节重要工具命令（表 3-11）：

表 3-11

命令名称	体现步骤	命令作用	重要程度
仅选择可见元素	1	勾选此命令可以选择隐藏的点线面元素	高
循环→路径切割命令	7	快速增加布线	高

提示 本节许多知识点命令已讲解过，应注意多边形建模的思维方法和造型过程。

重要知识点：产品多边形建模如何理清步骤？

在进行产品模型的建模时，可以先对其模块功能进行划分，然后根据划分区域分别建模。这样既可以梳理出主次关系，又可以很好地把控每个部位的细节和衔接点，最终将模型的造型特点很好地展现出来。

3.4.2 多边形建模方法 2

课堂案例：立体字建模

除了产品建模，场景建模也是 Cinema 4D 的强项。本节就通过案例来进行讲解。图 3-163 是电商海报中所展示立体机械字体的不同效果。可以看出来 Cinema 4D 在艺术视觉表现方面的强大功能。

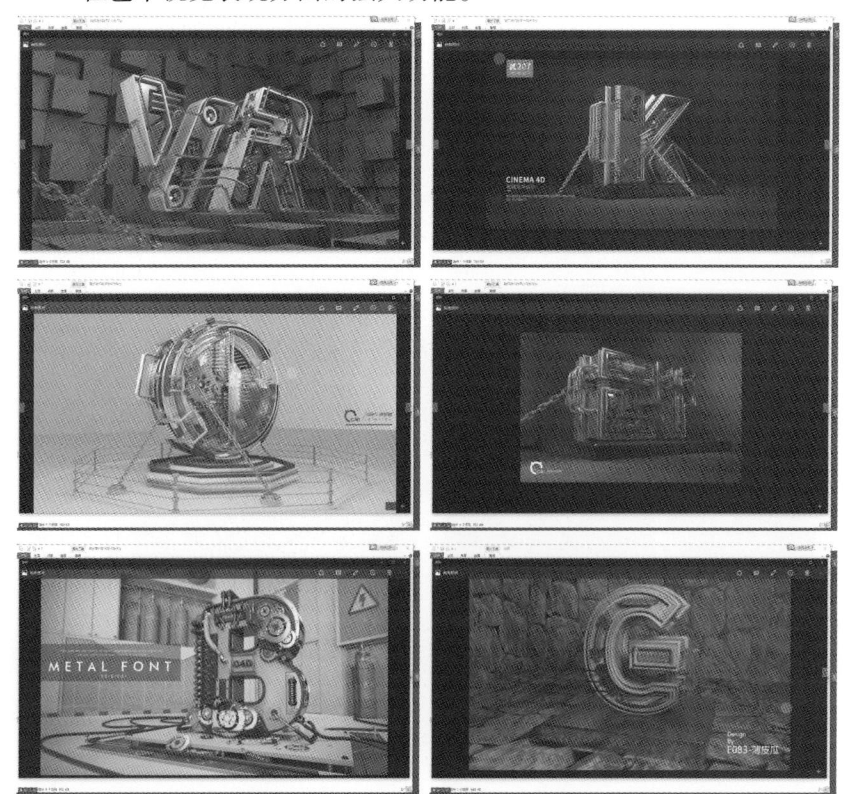

图 3-163

字体部分：参照图 3-163 来制作机械字体模型。

Step 01 长按“画笔”按钮，弹出“曲线”面板，选择“文本”工具，绘出文本字样。如图 3-164。

图 3-164

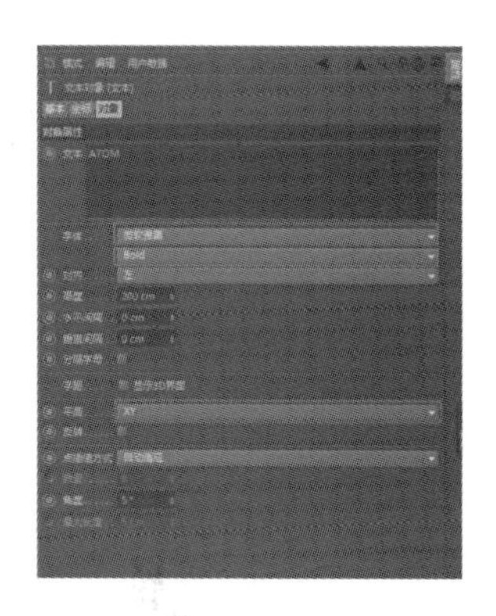

图 3-165

在属性管理器中选择“文本对象［文本］”→“对象”选项，在面板的“文本”栏里输入“ATOM”字样，字体更改为“微软雅黑”模式，样式更改为“Bold”，平面更改为“XY”。如图 3-165。

选择“生成器”→“挤压”工具，拖动文本至“挤压”工具的子集之中。这样曲线就生成立体字模型。如图 3-166。

图 3-166

Step 02 选择“曲线”→“齿轮”工具，创建一个齿轮模型。如图 3-167。

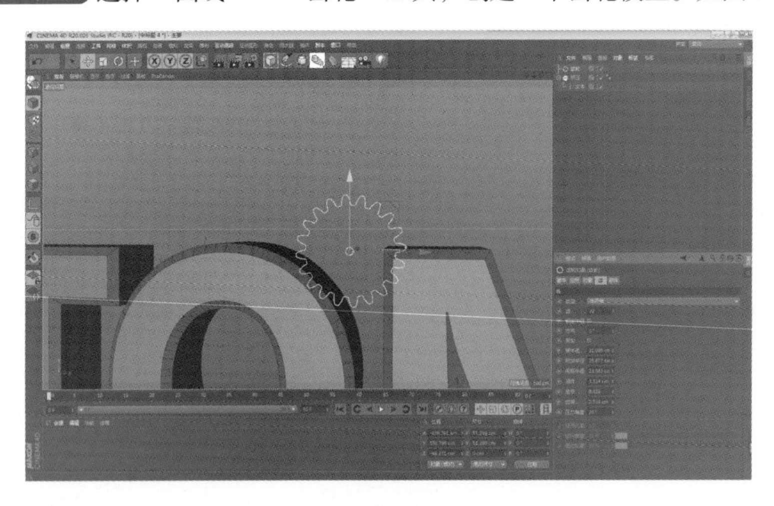

图 3-167

创建“挤压. 1”工具，在对象管理器中拖动“齿轮”工具至“挤压. 1”工具的子集之中。选择“拉伸对象［挤压. 1］”→“对象”选项，在面板中更改“移动”的 Z 轴值为“2 cm”，齿轮工具生成齿轮模型。如图 3-168。

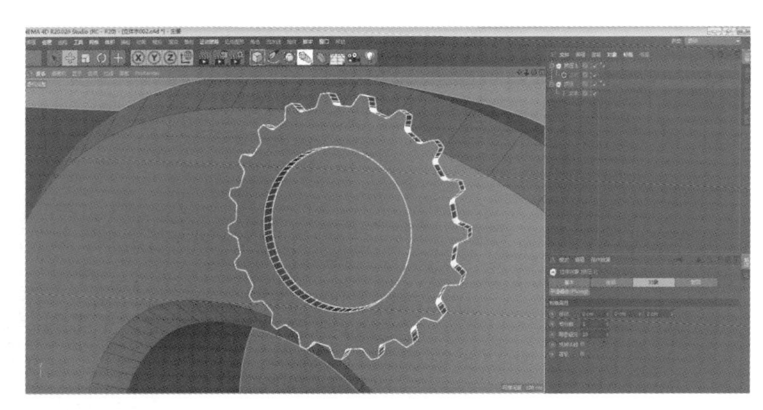

图 3-168

创建“管道”模型，将管道放置在齿轮中间。如图 3-169。

Step 03 选择“曲线”→“画笔”工具，在视图窗口绘制一条 U 形样条。再创建一个圆环，调整其大小形状，放置于如图 3-170 所示的位置。

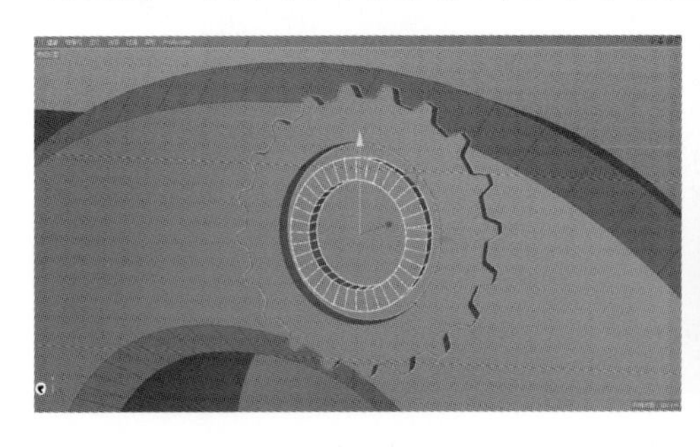

图 3-169

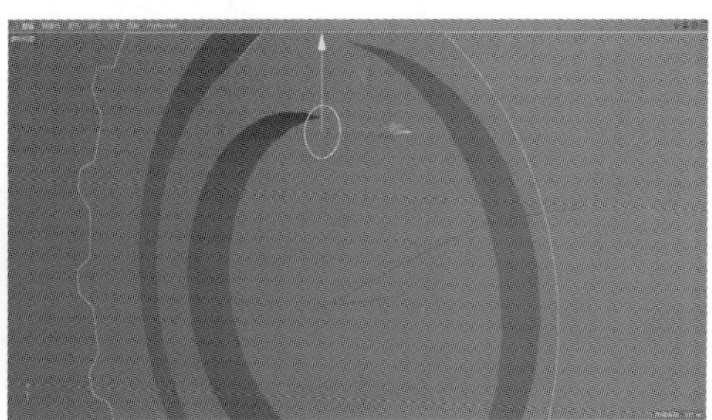

图 3-170

创建“生成器”→“扫描”工具，依次拖动“圆环”工具与“样条”工具至“扫描”工具的子集之下。如图 3-171。

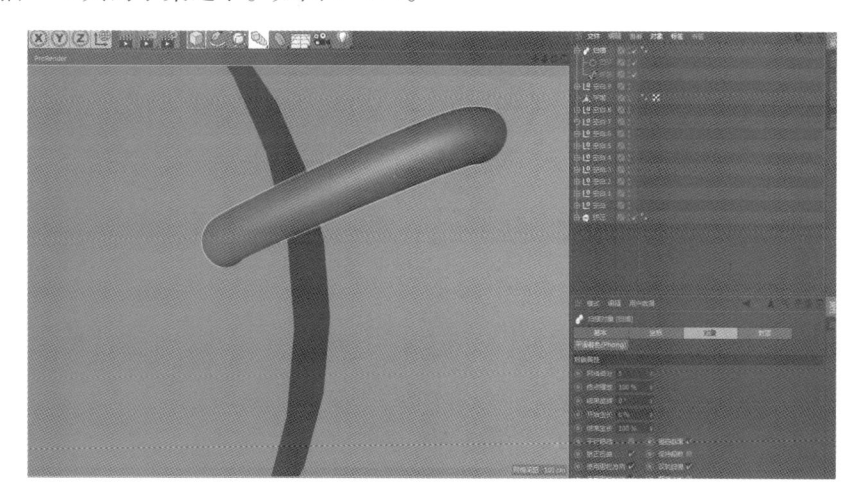

图 3-171

在对象管理器中选择“扫描”命令，按住“Crtl”键，鼠标左键单击拖动“齿轮”模型复制出 3 个。如图 3-172。

提示 “Ctrl”+鼠标左键拖动为复制出新的对象。

Step 04 按住“Ctrl”键，选择齿轮上的所有对象，在视窗空白处右键单击，在弹出的浮动面板中选择“群组对象”，将选中的全部对象群组在一起。如图 3-173。

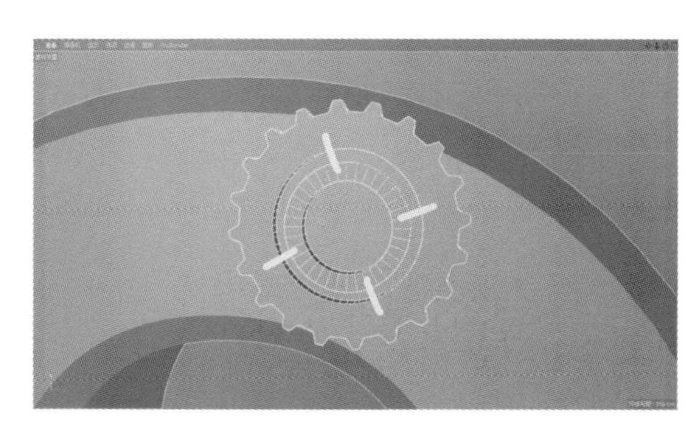

图 3-172

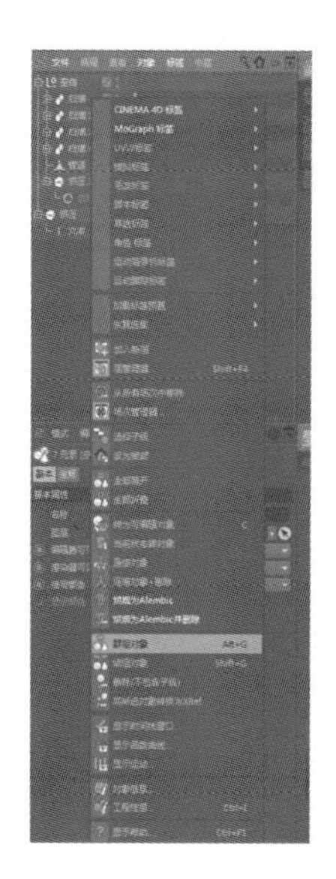

图 3-173

再次复制出来 3 个齿轮群组对象，调整其大小位置如图 3-174 所示。

装饰部分：

Step 01 选择“曲线”面板→“螺旋”命令，创建一个螺旋样条。

如图 3-175。

图 3-174

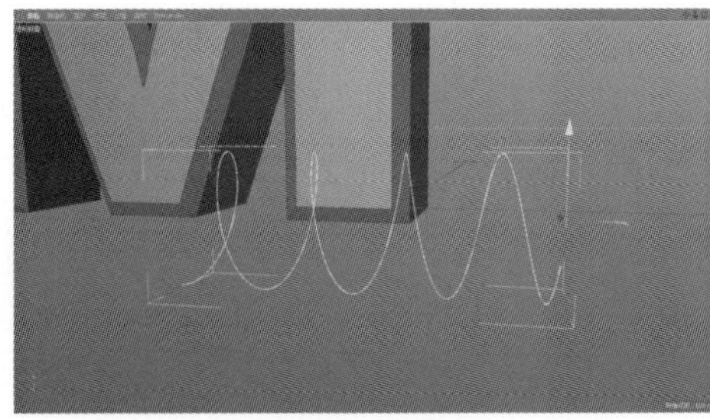

图 3-175

选择“生成器”→“面板”→“扫描”工具，再选择“曲线”→“圆环. 1”。在对象管理器中拖动“圆环. 1”工具和“螺旋”工具至“扫描”工具的子集之下，在属性管理器中选择“扫描对象［扫描］”→“对象”选项，在面板中将“开始生长”和“结束生长”中的数值更改为如图 3-176 所示的数值。

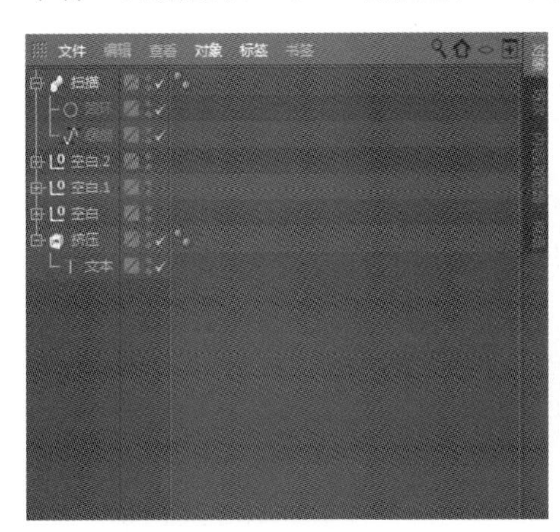

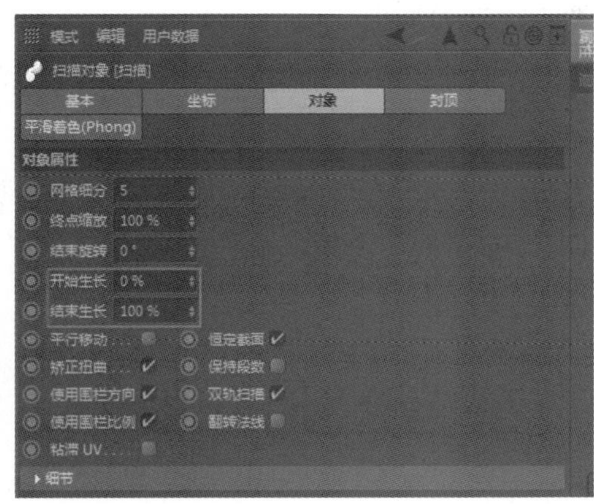

图 3-176

将扫描出来的螺旋模型调整放置在字体的表面。如图 3-177。

图 3-177

Step 02 选择“基础对象”→“面板”→“圆柱”工具，将圆柱模型转换为可编辑对象，选择切换对象为点模式，框选所有的点，在视图窗口空白处右键单击，在弹出的浮动面板中选择“优化”命令。如图 3-178。

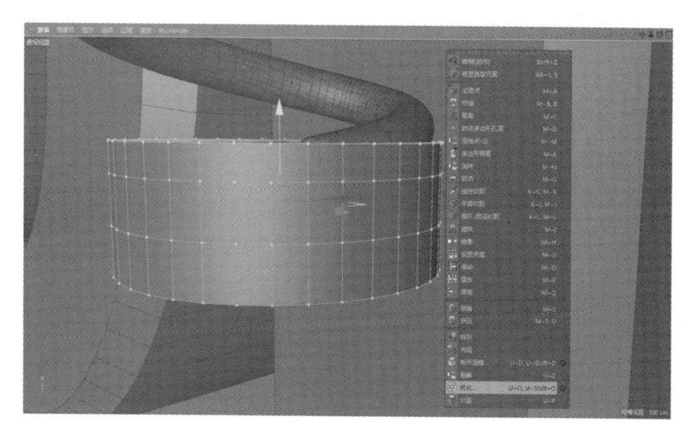

图 3-178

再次选择工具切换对象为线模式，选择对象边缘的整圈线，在视图窗口空白处右键单击，在弹出的浮动面板中选择“倒角”命令，输入倒角的数值。如图 3-179。

按住“Ctrl”键的同时左键单击圆柱体拖出对象，复制出一个“圆柱. 1”模型，调整其位置。如图 3-180。

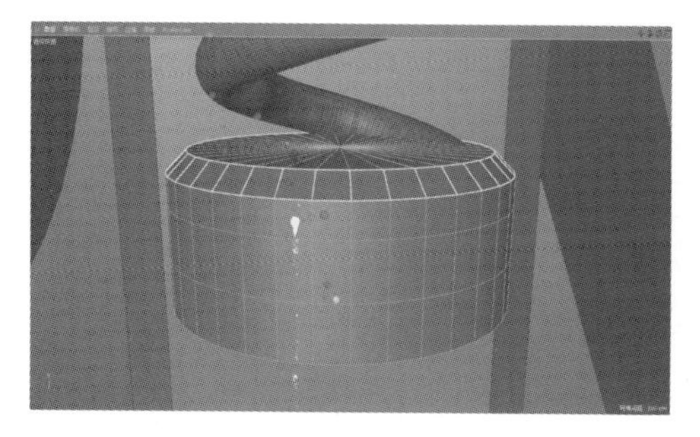

图 3-179

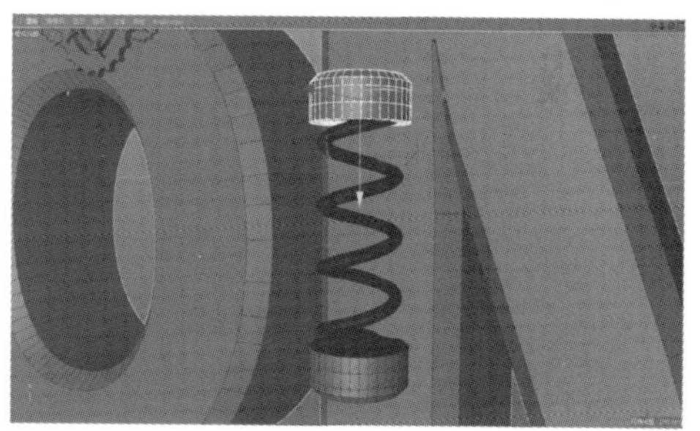

图 3-180

Step 03 选择“基础对象”→“面板”→“圆环”工具，用来制作装饰物的两头。如图 3-181。

Step 04 选择“曲线”→“面板”→“画笔”工具，绘制一条曲形的样条，绘制完毕后，调整点。如图 3-182。

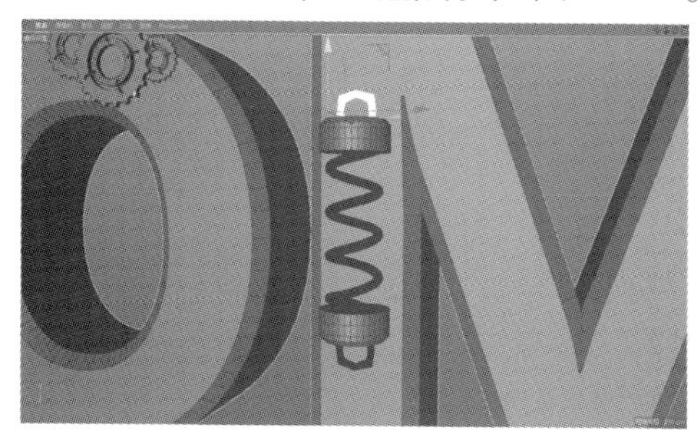

图 3-181

图 3-182

创建“扫描”工具和“圆环. 2”工具，再次扫描生成曲形管模型。如图 3-183。

创建几个圆柱体模型，作为悬挂曲形管的钉子。如图 3-184。

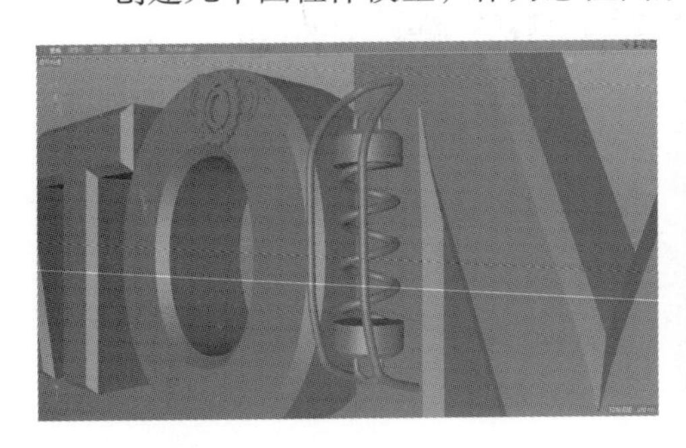

图 3-183

图 3-184

将装饰物群组，复制出来几个，模型效果如图 3-185 所示。

链条部分：

Step 01 选择“基础对象”→“面板”→“圆环”工具，创建“圆环”。选择移动键，在工具菜单栏中选择移动键的“对象”坐标系统，按住“Ctrl”键，左键单击“圆环”拖动复制出若干圆环。如图 3-186。

图 3-185

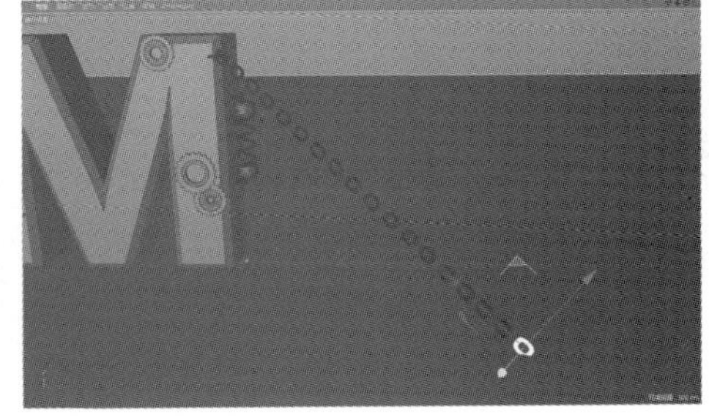

图 3-186

在第一个圆环和第二个圆环之间复制出来一个圆环，旋转其方向，以同样的方式复制出来若干圆环。如图 3-187。

图 3-187

Step 02 选择“曲线”→“面板”→“圆环. 3”工具，创建“圆环. 3”。在顶视图中右键单击，弹出浮动面板，选择“创建点”命令，在曲线上左键单击 8 次，创建 8 个点。调整点的位置如图 3-188 所示，将圆环的外形更改为“椭圆方形”。

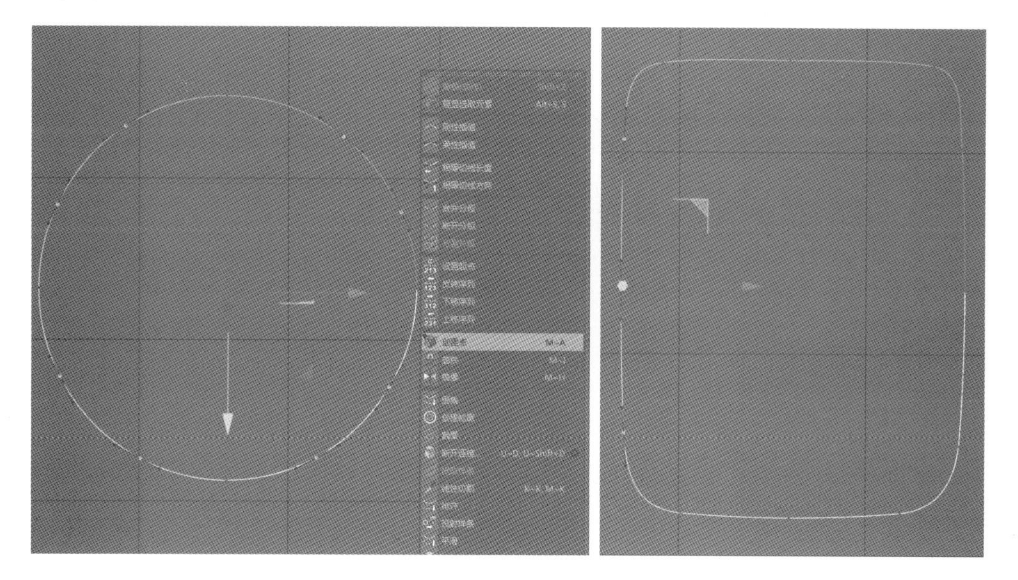

图 3-188

选择底部中间的点，在视窗空白处右键单击，在浮动面板中选择“断开连接”命令。如图 3-189。

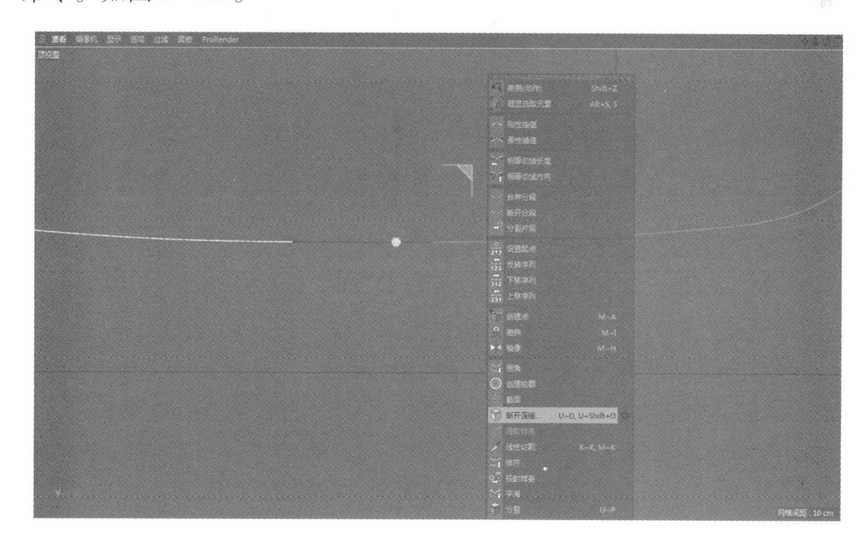

图 3-189

利用“扫描”工具和曲线中的“圆环”样条，扫描生成 O 形管，更名为“扫描”。如图 3-190。

Step 03 按住“Ctrl”键，左键单击 O 形管原地复制出来一个，更名为“扫描. 1”，在属性管理器中选择“扫描对象［扫描. 1］”→“对象”选项，在面板中更改“开始生长”为“29%”，更改“结束生长”为“71%”。如图 3-191。

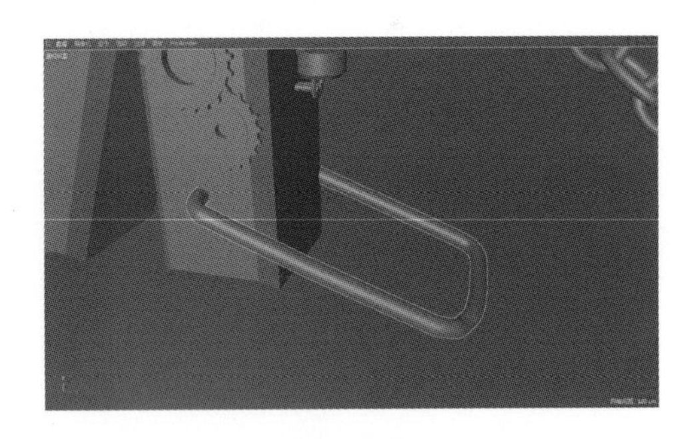

图 3-190

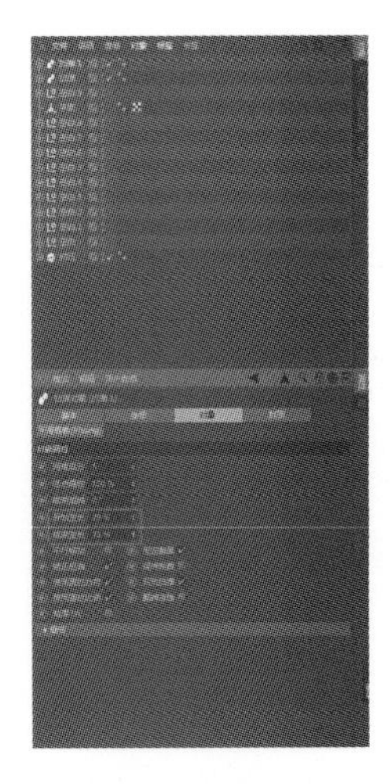

图 3-191

这样就生成了 O 形管的外皮套，但是发现长度还不太对，更改“对象”→“面板”→“终点播放”为“141%”。如图 3-192。

整个立体字模型的制作过程就完成了，最终的效果如图 3-193 所示。

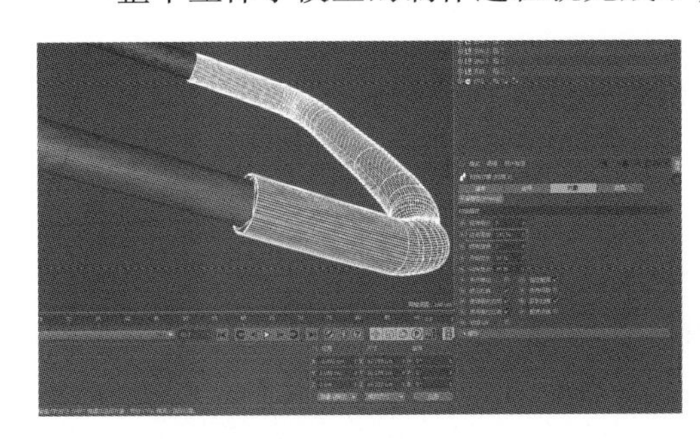

图 3-192

图 3-193

本节重要工具命令（表 3-12）：

表 3-12

命令名称	体现步骤	命令作用	重要程度
文本对象	1	创建曲线字体并转为多边形	高
群组对象	4	将所有对象组合为一个对象	高
曲线模式创建点命令	10	在曲线上新加入点	高
扫描对象→生长命令	11	扫描后的对象 UV 两端的长短	高

本章小结

本章主要讲解 Cinema 4D 中常用的一些建模方法，学习者熟练掌握这些工具的使用方法，能更加轻松和快捷地制作出想要的模型。尤其是在样条建模的介绍中，详细讲解了转换可编辑样条的方法和常用的编辑样条的工具。在多边形建模中，详细讲解了转换可编辑多边形的方法。这两种建模方法既是本章的难点，又是本章的重点，希望学习者勤加练习，早日掌握。

本章需重点掌握的内容：

（1）生成器工具中扫描、旋转和放样的建模方式。

（2）变形器工具中扭曲、FFD 和螺旋的建模方式。

（3）造型器工具中布尔和克隆的建模方式。

（4）多边形建模方式。

课后习题

作业名称：运动鞋模型制作。

用到工具：生成器建模工具、变形器建模工具、造型器建模工具、多边形建模工具。

学习目标：熟悉各个面板中的功能。

步骤分析：

（1）分模块划分区域，针对每一模块选择合适的建模方式；鞋体可采用多边形建模方式。

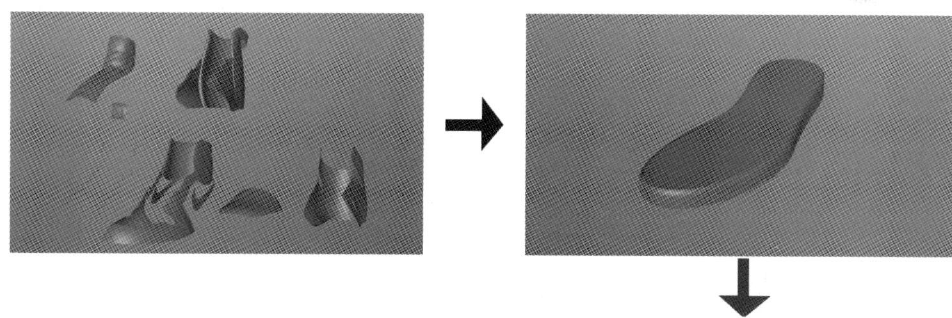

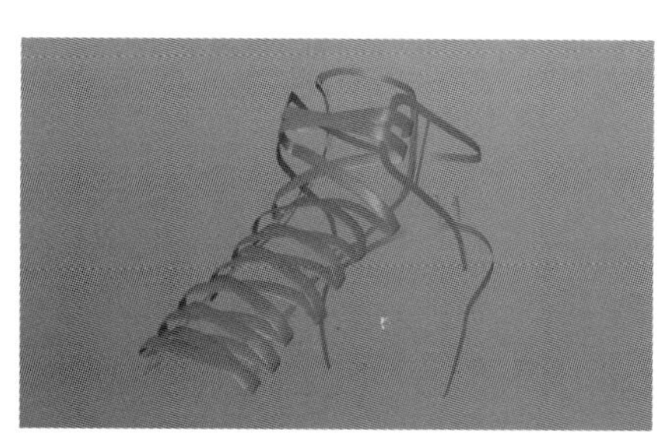

（2）鞋底单独建模，选择扫描和放样结合的建模方式。

（3）鞋带进行曲线放样建模方式。

最终要求效果：

第 4 章　Cinema 4D 材质与纹理

【本章内容】

本章对 Cinema 4D R20 软件的材质部分进行详细的讲解和介绍，对材质球属性、材质的物理属性和 UV 拆分的意义和作用进行分类讲解，在上一章模型制作的基础上，阐述赋予模型材质和纹理的制作步骤。同时在一些重难点技术上精心剖析。

【课堂学习目标】

了解 Cinema 4D 的材质球属性和材质编辑器；

熟悉材质编辑器中的各种属性和参数，以及如何调节参数来表现不同的材质效果；

掌握 Cinema 4D 中 UV 拆分的方法和技巧。

4.1　材质球属性设置

材质即为虚拟中模拟物体真实的物理性质，例如颜色、反光、透明、贴图等；而材质球是对材质的属性整合的统称。在自然界中，正因为许多物体的材质属性不同，才反映出物体之间存在质感和肌理的区别。表 4-1 为总结出的几种常见的材质属性与其代表物质。

表 4-1

材质属性	常见的物质或场景
反射属性（reflection）	金属、镜子、水面等
折射属性（refraction）	透明液体、玻璃、玉石等
高光属性（highlight）	火焰、灯光、太阳、玻璃、金属等
自发光属性（s-luminous）	灯泡、太阳、萤火虫等
环境光属性（ambient）	封闭的室内灯场景、室外的绿茵场地等
菲涅耳属性（fresnel）	碧波荡漾的湖面、阳光照射下的透明体等

Cinema 4D 共提供了十余种材质的属性，操作起来非常方便。本节先对材质球编辑器中的几种重要材质属性进行大致介绍和说明，有助于学习者驾驭材质属

性的各项参数，以利于后续的学习和提高。

在材质管理器面板中左键双击创建材质球，鼠标再次双击材质球，弹出材质编辑器窗口。如图 4-1。材质的各种效果即可在里面进行调节。

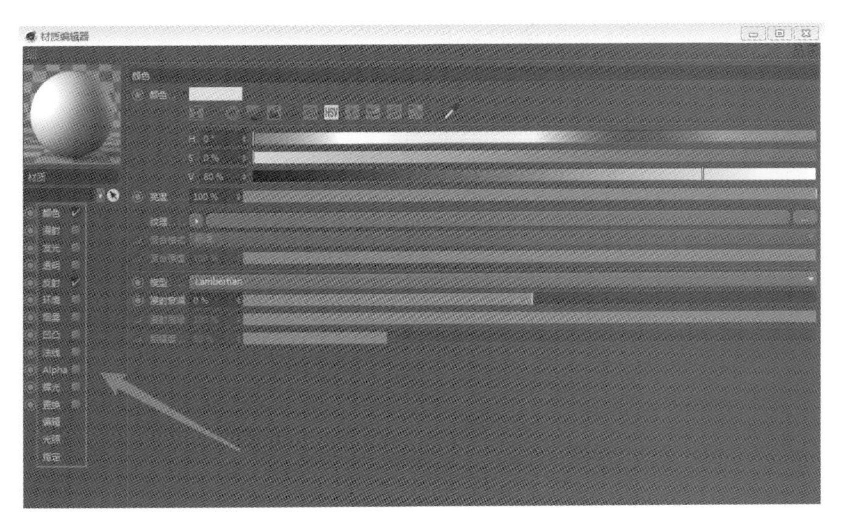

图 4-1

“颜色”：鼠标单击并勾选“颜色”选项，模型即产生颜色。

“发光”：鼠标单击并勾选“发光”选项，模型便产生自发光的效果。用该属性可以模拟太阳、火焰和灯泡等。

“透明”：鼠标单击并勾选“透明”选项，模型便产生折射的效果。用该属性可以模拟玻璃、流体等。

“反射”：鼠标单击并勾选“环境”选项，模型便产生反射的效果。这种属性后续在材质制作的时候会经常用到（在下一节会详细讲解），用该属性可以模拟金属、流体和玻璃等。

“环境”：鼠标单击并勾选“反射”选项，模型便产生环境反射的效果。

“烟雾”：鼠标单击并勾选“烟雾”选项，模型便产生雾蒙的效果。用该属性可以模拟灯光雾、雾气等。

“凹凸”：鼠标单击并勾选“凹凸”选项，模型便产生表面凹凸不平的效果。这种属性在后续材质制作的时候也会经常用到。

“法线”：鼠标单击并勾选“法线”选项，模型表面会由于被真实照亮而产生不规则性。

“Alpha”：鼠标单击并勾选“Alpha”选项，可以控制模型表面纹理的不可见性。

“辉光”：鼠标单击并勾选“辉光”选项，模型周边可以产生光晕效果。

“置换”：鼠标单击并勾选“置换”选项，模型表面可以产生真实凹凸效果。

提示　黑色加粗部分为材质编辑器中必须掌握的重要属性。

课堂案例：玉镯材质

接下来继续用案例来窥探材质球的属性调节过程。

Step 01 左键单击“颜色”命令后面的“颜色框”，弹出“颜色拾取器”对话框，通过更改“HSV”中的颜色数值可以让透明材质表面产生颜色的变化。如图 4-2。

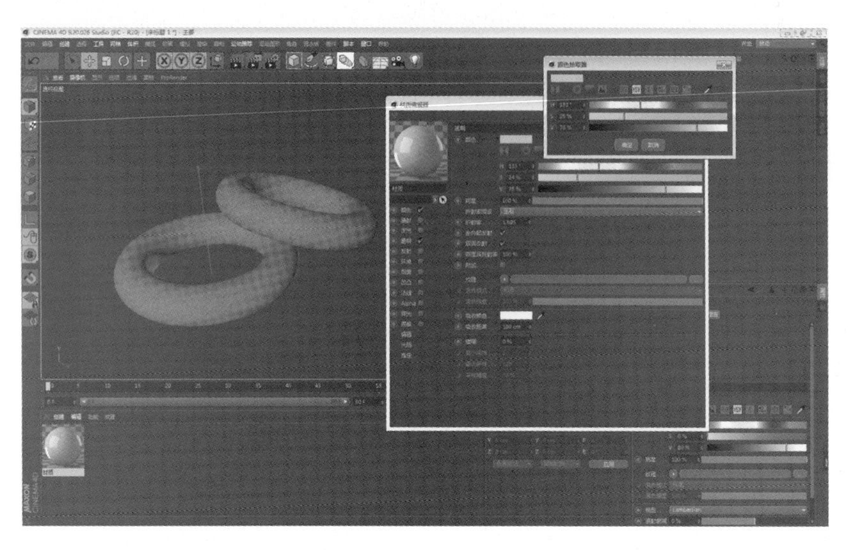

图 4-2

在“透明”面板中将“折射率预设”更改为“玉石”，“吸收颜色”更改为“白色”。如图 4-3。

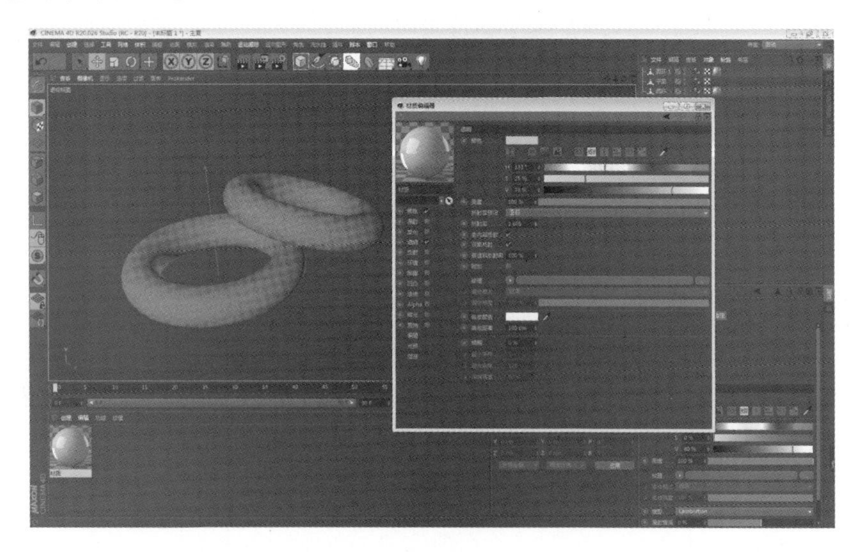

图 4-3

单击“渲染到图片查看器”，可以在图片查看器中查看渲染的过程。如图 4-4。

Step 02 鼠标单击并勾选“发光”选项。如图 4-5。

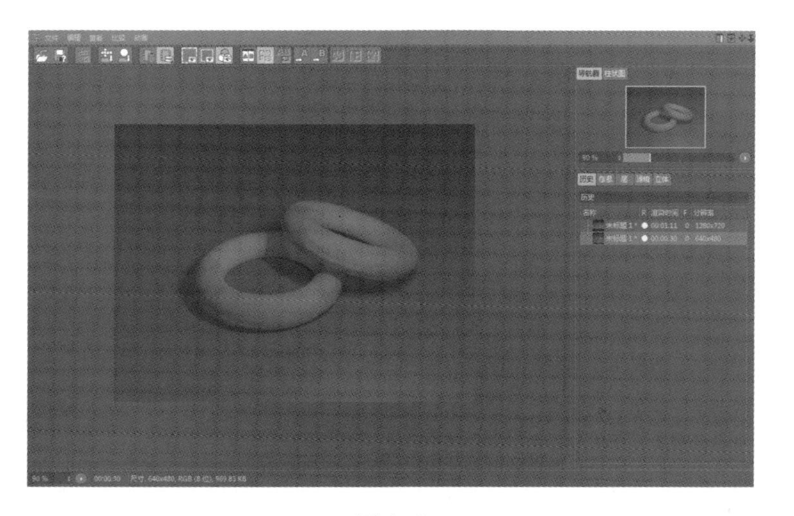

图 4-4

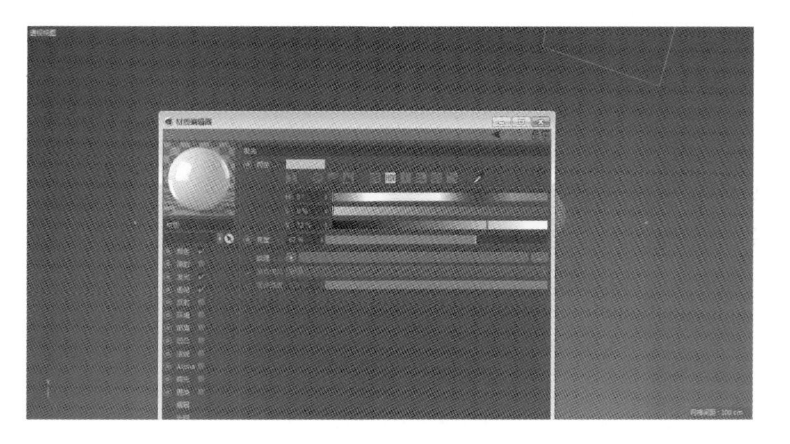

图 4-5

再次单击“渲染到图片查看器”按钮渲染场景效果，观察到透明效果是有了，但是反射效果还不够。如图 4-6。

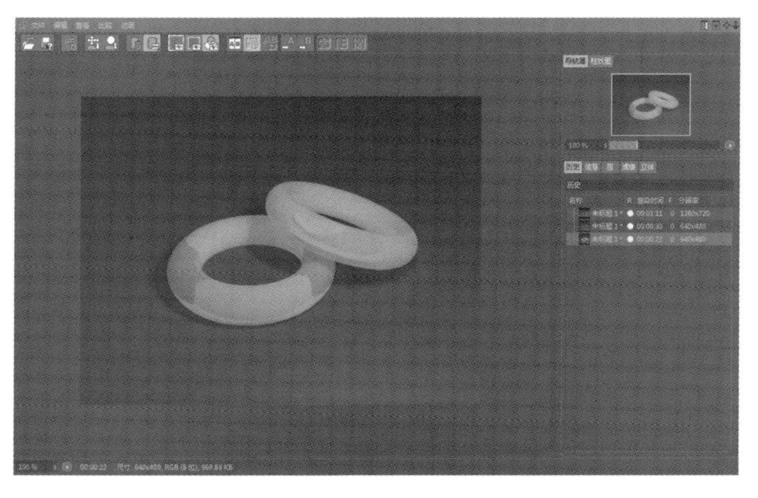

图 4-6

Step 03 鼠标单击并勾选“反射”选项，鼠标单击“添加”按钮添加“GGX”属性。如图 4-7。

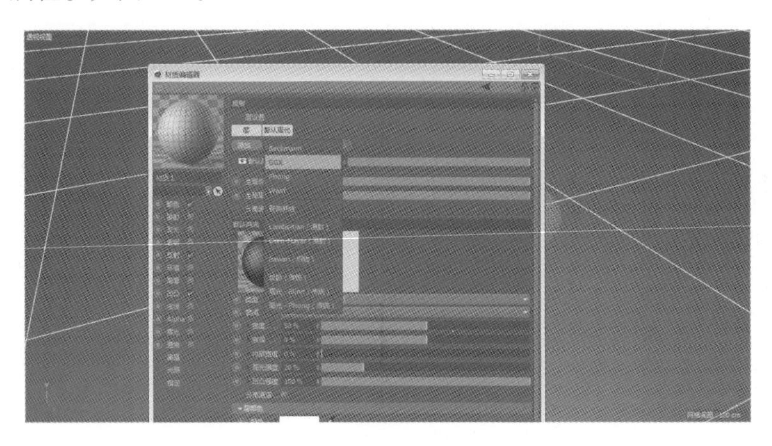

图 4-7

将“粗糙度”更改为“24%”，“高光强度”更改为“20%”。如图 4-8。

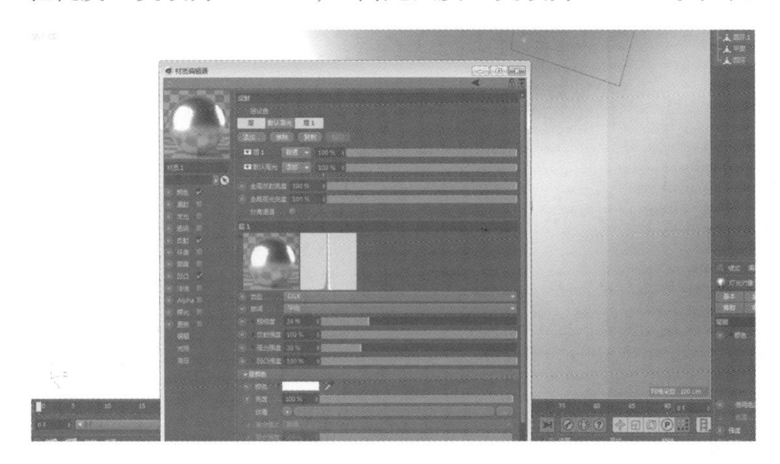

图 4-8

切换到“默认高光”面板，调整材质球的高光属性，将“高光强度”更改为“15%”。如图 4-9。

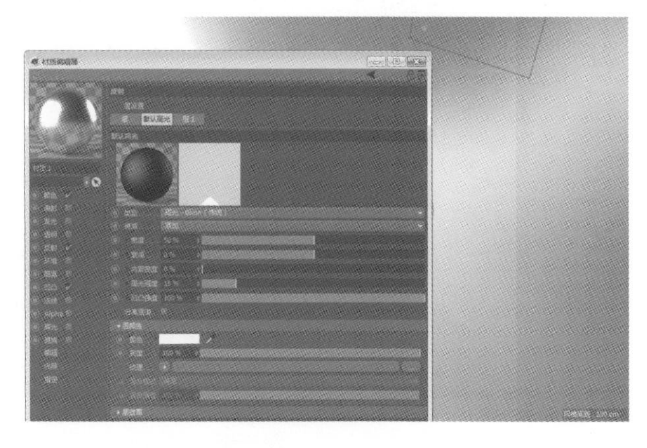

图 4-9

再次在图片查看器中渲染，观察到场景的材质反射效果显示出来了。如图 4-10。

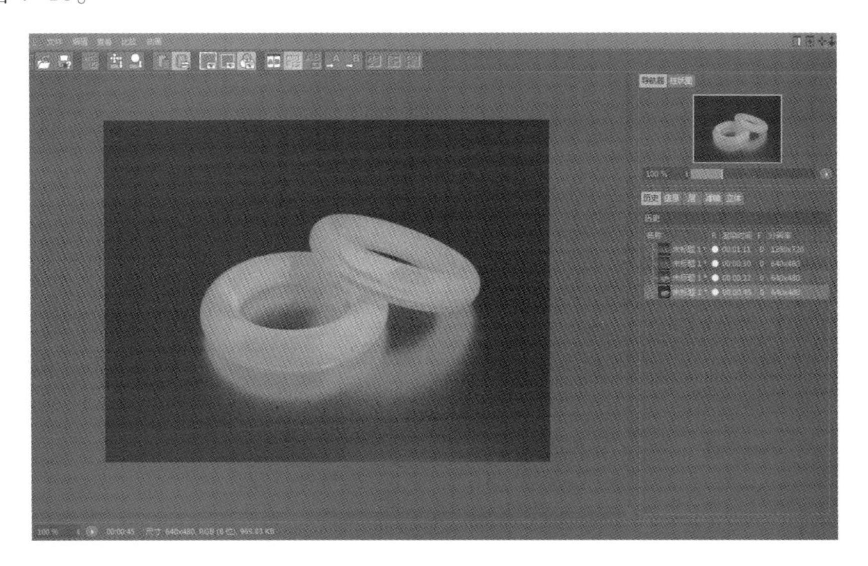

图 4-10

Step 04 创建地面材质球，在“反射”面板中选择“纹理”→“创建图像”，在本地电脑的文件夹中选择所需的贴图。如图 4-11。

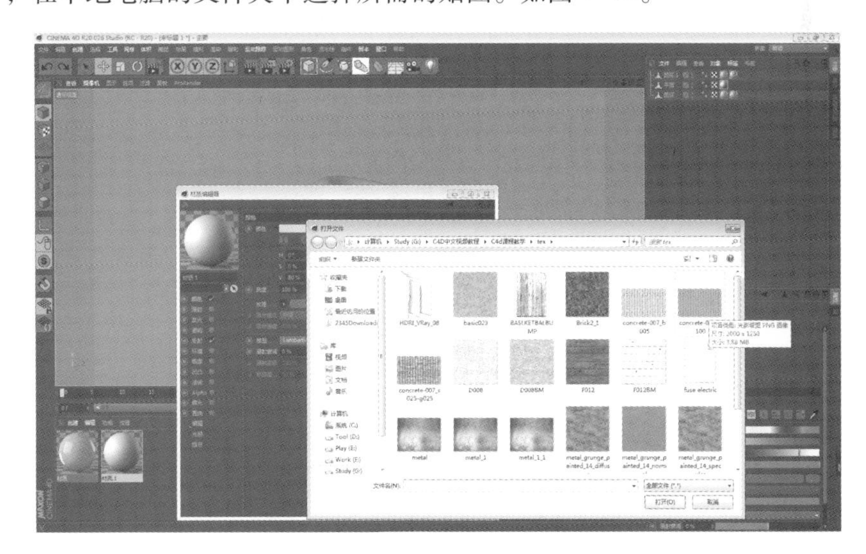

图 4-11

在随即弹出的对话框中单击选择“否”，这样工程文件就不会再产生缓存垃圾。如图 4-12。

Step 05 在“凹凸”面板中选择“纹理”→“创建图像”，在本地电脑的文件夹中选择所需的贴图。如图 4-13。

这里要设置“凹凸”的强度为“20%”，避免凹凸值过高或过低，从而影响凹凸效果。如图 4-14。

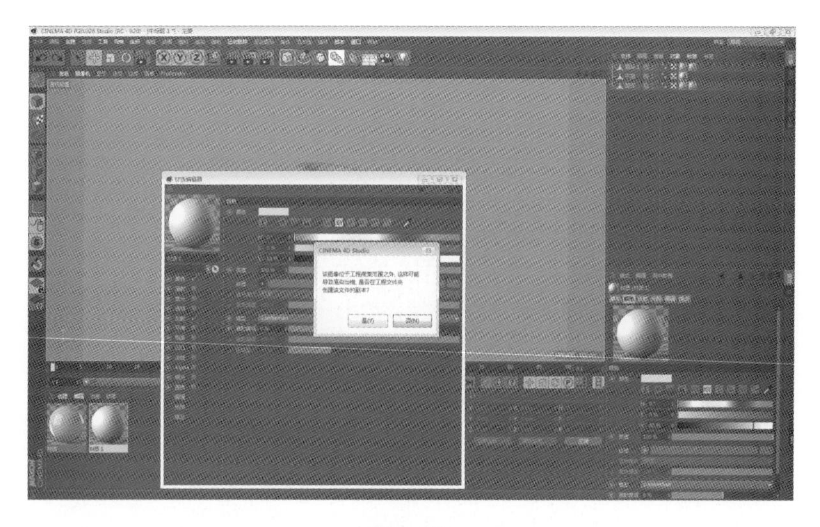

图 4-12

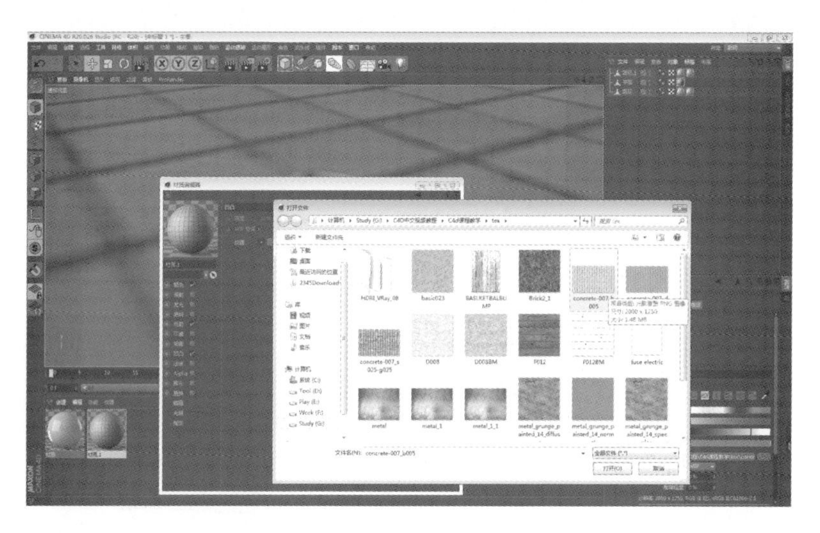

图 4-13

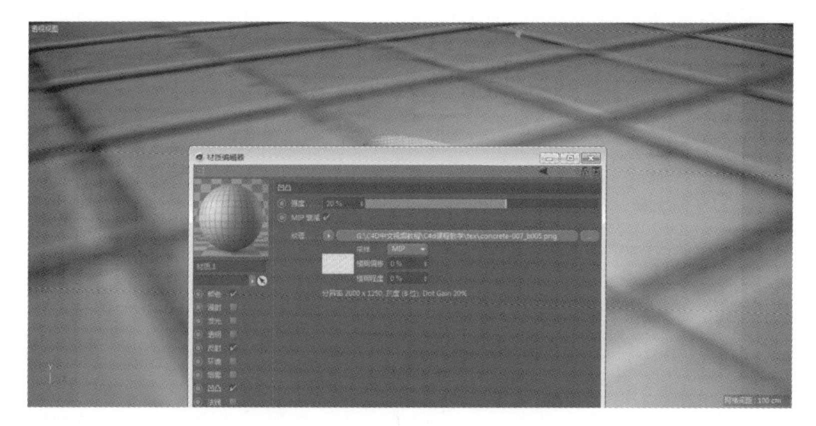

图 4-14

Step 06 长按“灯光”按钮，选择“灯光”工具，在属性管理器中将灯光强度设置为“60%”，“类型”更改为“泛光灯”，“投影”更改为“区域”。如图 4-15。

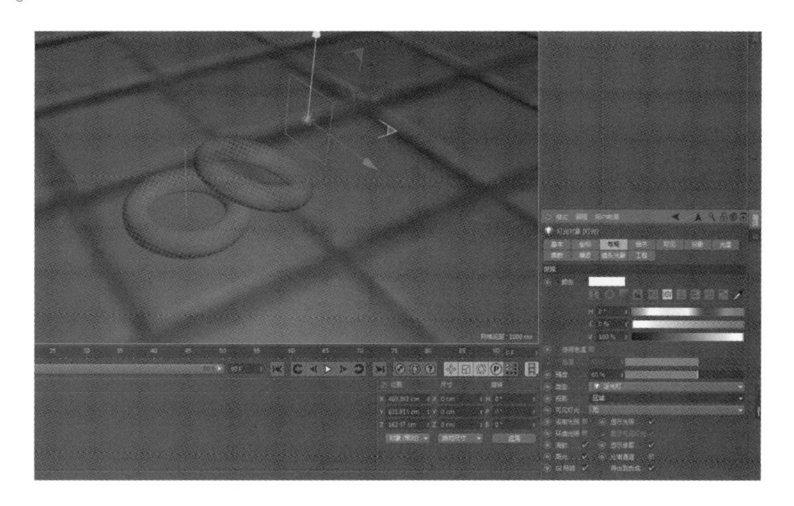

图 4-15

Step 07 长按“摄像机”按钮，创建一台摄像机，在视图窗口调整摄像机位置。如图 4-16。

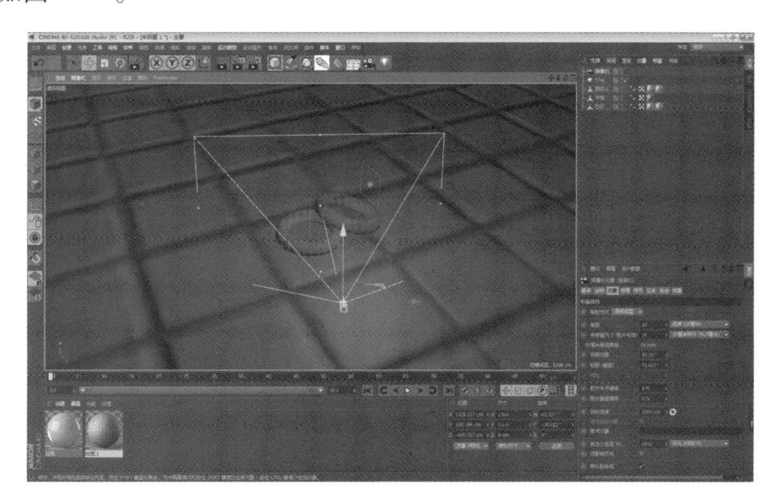

图 4-16

Step 08 在菜单工具栏中鼠标单击“渲染设置”，弹出渲染设置面板，鼠标单击“保存”选项，在弹出的浮动面板中选择“全局光照”命令。如图 4-17。

Step 09 给地面添加反射效果。鼠标双击材质球（地面材质），弹出材质编辑器，鼠标单击并勾选“反射”选项，随后单击“添加”按钮添加“GGX”属性，更改“粗糙度”为“20%”，“高光强度”为“13%”，“混合模式”为“正片叠底”。如图 4-18。

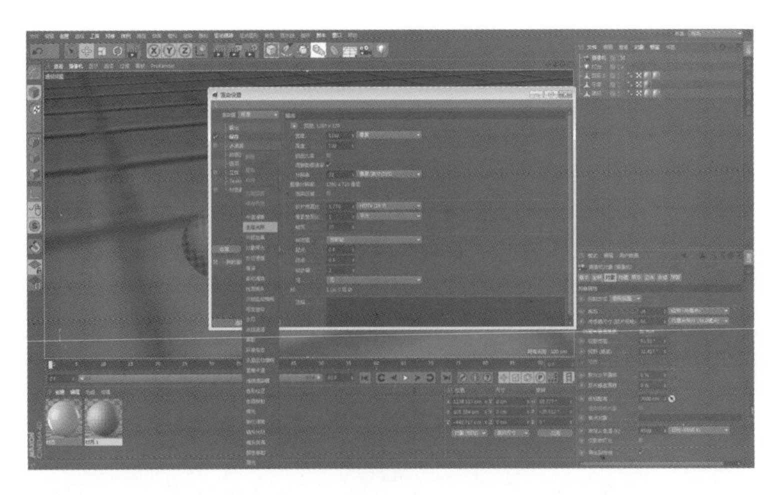

图 4-17

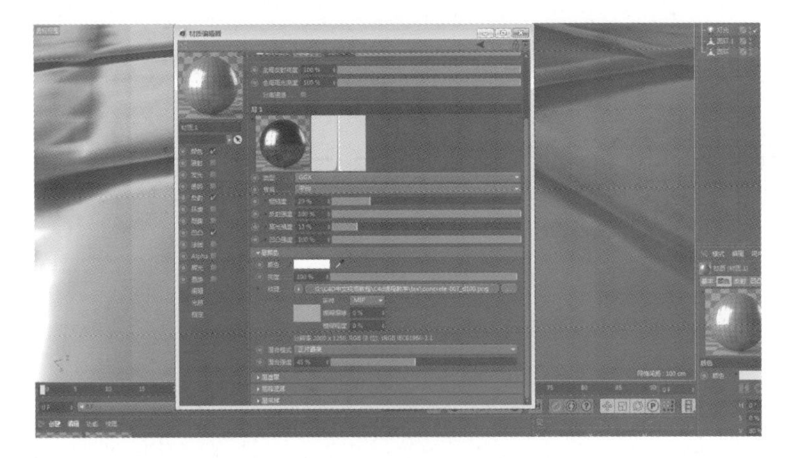

图 4-18

观察最后的渲染效果。如图 4-19。

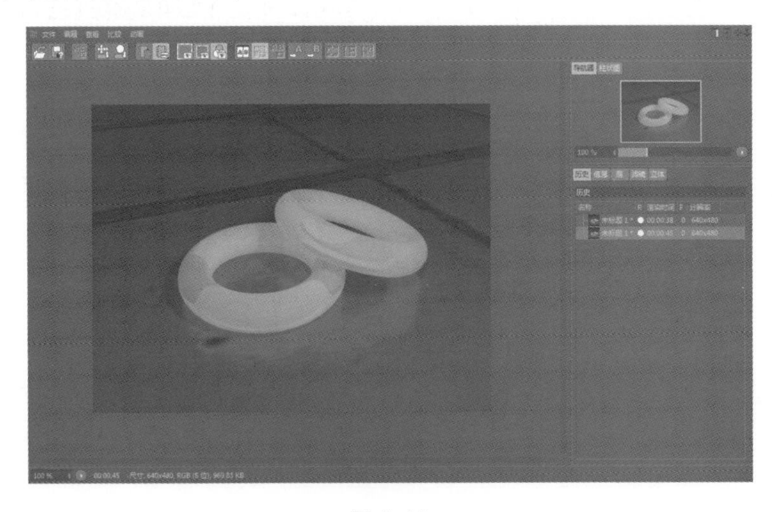

图 4-19

重要知识点：材质属性的重复调整。

玉石的通透感还未完全体现，再次回到“反射”属性，重复调整参数。

Step 01 将“反射”属性里面的“层 1”模式更改为“添加”。如图 4-20。

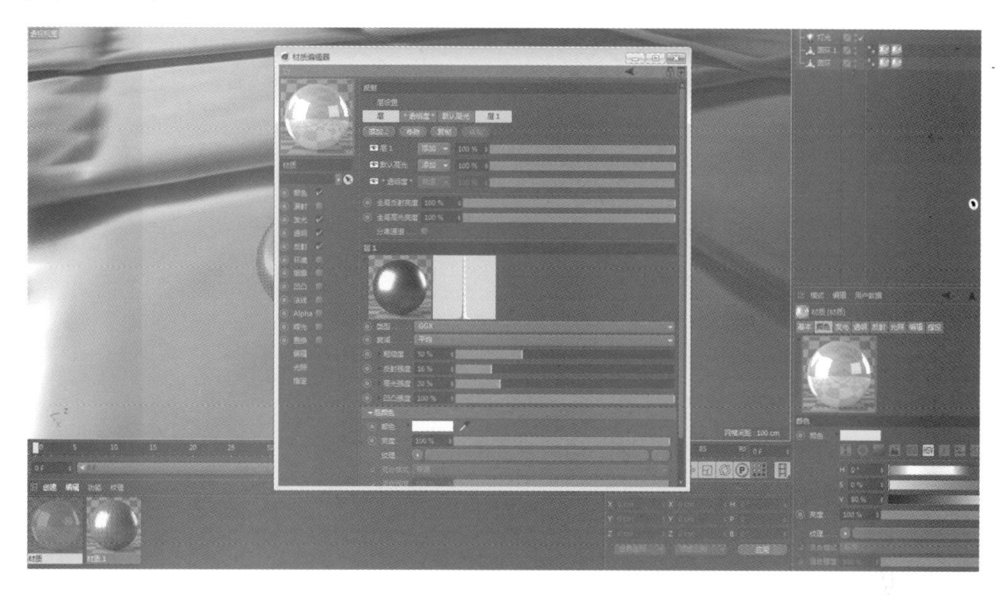

图 4-20

Step 02 回到“透明”面板中，鼠标单击“层颜色”按钮，更改“颜色 1”和“颜色 2”的属性，“全局缩放”更改为“209%”。如图 4-21。

图 4-21

完成材质属性的参数调整后，渲染视图窗口，最终效果如图 4-22 所示。

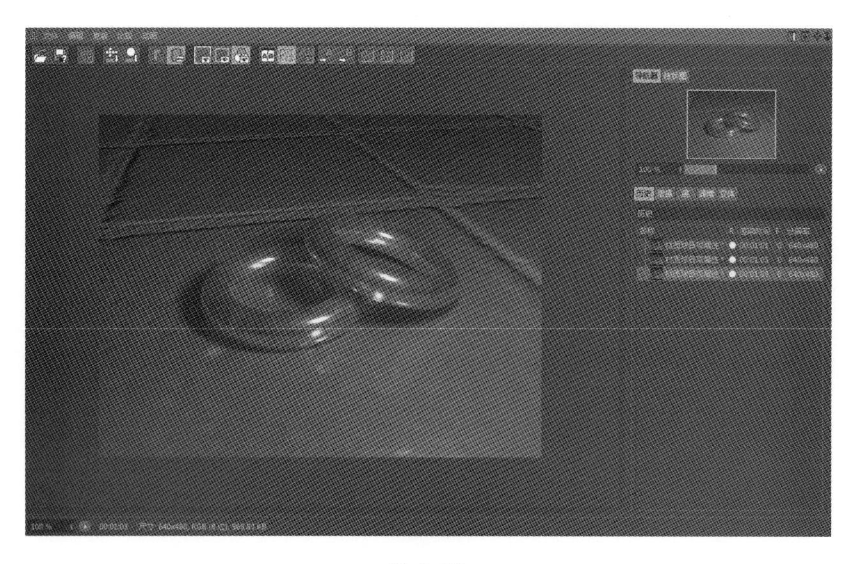

图 4-22

本节重要工具命令（表 4-2）：

表 4-2

命令名称	体现步骤	命令作用	重要程度
折射率预设	1	选择何种折射介质	高
反射→GGX	3	添加反射细节	高
全局光照	8	增强光线追踪的亮度和效果	高

技巧库：材质制作过程的重要步骤，你看懂了吗？

根据本节的案例来回顾梳理一下材质制作过程：首先是对物体赋予材质球。然后是分别调节材质的折射（或反射）、自发光、高光和凹凸等属性。最后是添加全局光照效果，并进行最终渲染。但是要重点提醒的是，材质的效果不是一次能调节完成的，而是需要根据效果显示的情况进行反复的调整，最终得到我们想要的效果。

4.2 反射与折射材质原理

4.2.1 折射材质效果 

课堂案例：钻石制作

本节介绍利用折射属性与反射属性来制作钻石效果。

Step 01 打开本地电脑中的钻石模型。如图 4-23。

创建灯光与摄像机，在场景中设置好方位。如图 4-24。

在材质管理器中创建钻石的材质球，左键双击材质球打开材质编辑器，单击并勾选“颜色”选项，设置颜色。如图 4-25。

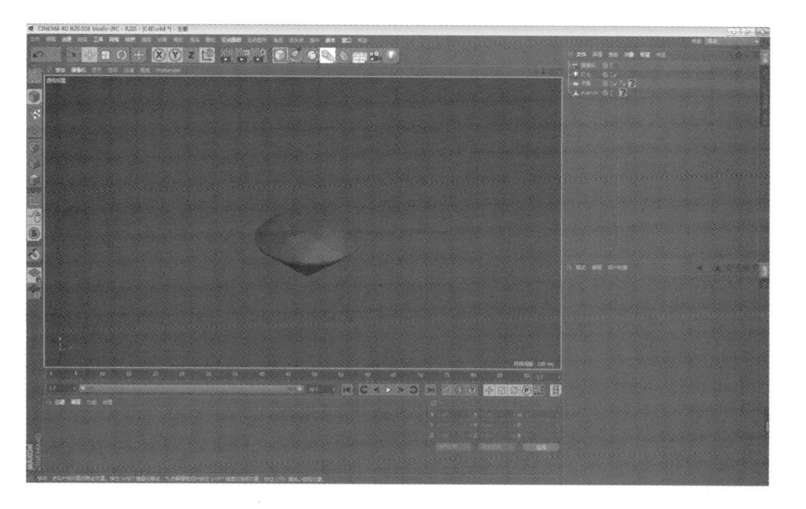

图 4-23

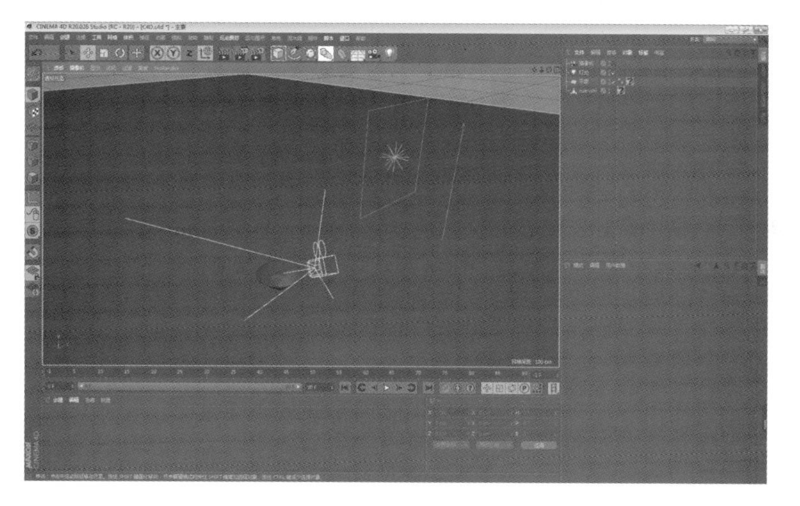

图 4-24

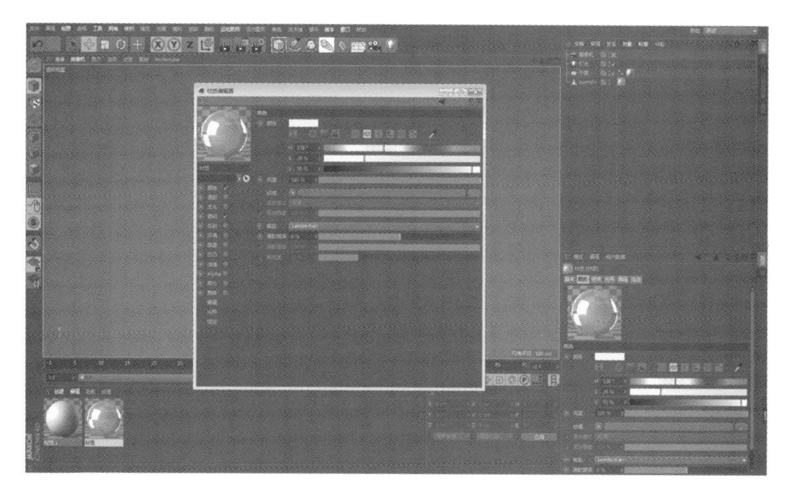

图 4-25

鼠标单击“渲染到图片查看器”，渲染钻石效果。如图 4-26。

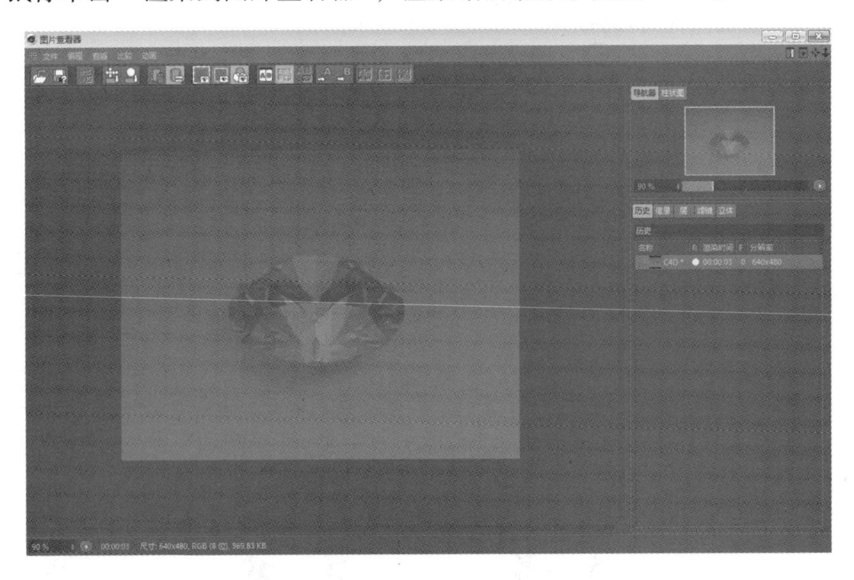

图 4-26

Step 02 钻石的反射质感较差，折射效果也不够。鼠标单击并勾选“透明”选项，在面板中鼠标单击“折射率预设”后面的三角形符号，在展开的下拉选项中更改为“钻石”。如图 4-27。

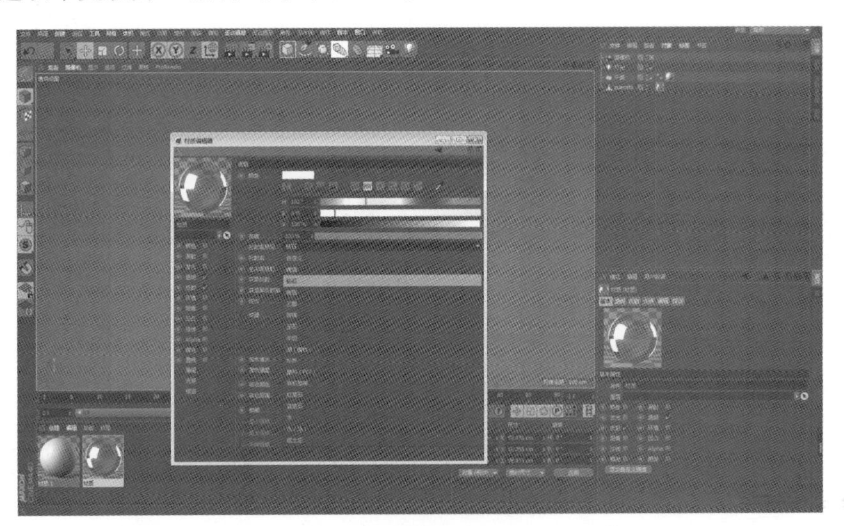

图 4-27

鼠标单击“纹理”后面的三角形符号，在下拉选项中选择“菲涅耳（Fresnel）”，在下面的色彩面板中设置“渐变”效果，左键双击进入“着色器”中，将“渐变”设置为黑白相间的状态。如图 4-28。

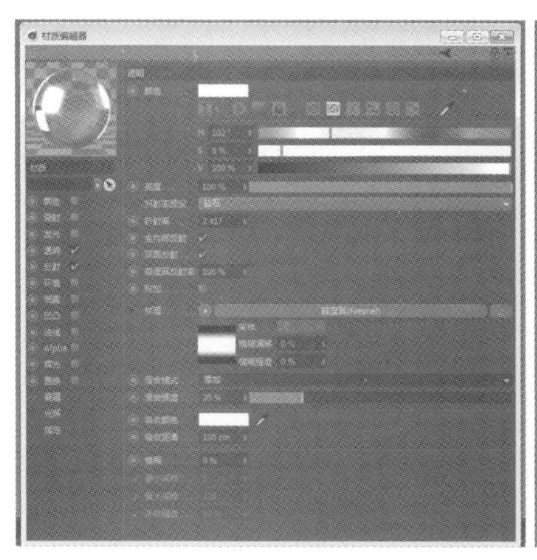
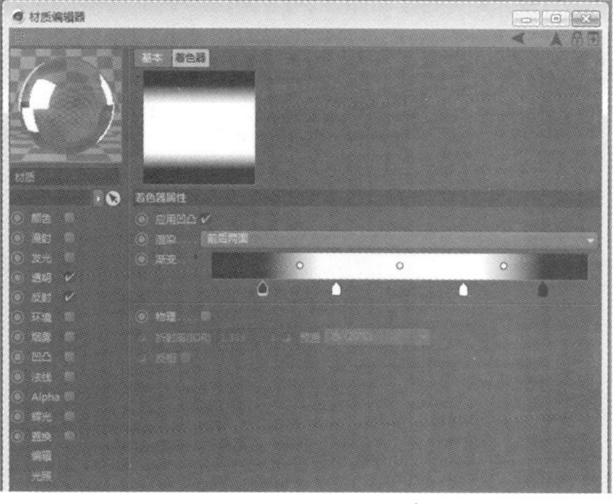

图 4-28

再来设置“反射”效果。鼠标单击并勾选“反射”选项，在面板中单击“添加”按钮，添加“GGX”，更改“粗糙度”为“20%”，更改“高光强度”为“20%”。如图 4-29。

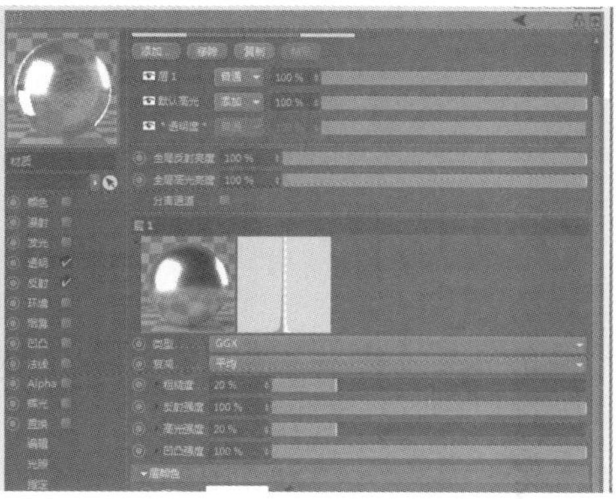

图 4-29

Step 03 鼠标单击“渲染设置”工具，弹出渲染设置面板，勾选“保存”选项，在面板中设置宽度和高度为“640×480”像素。如图 4-30。

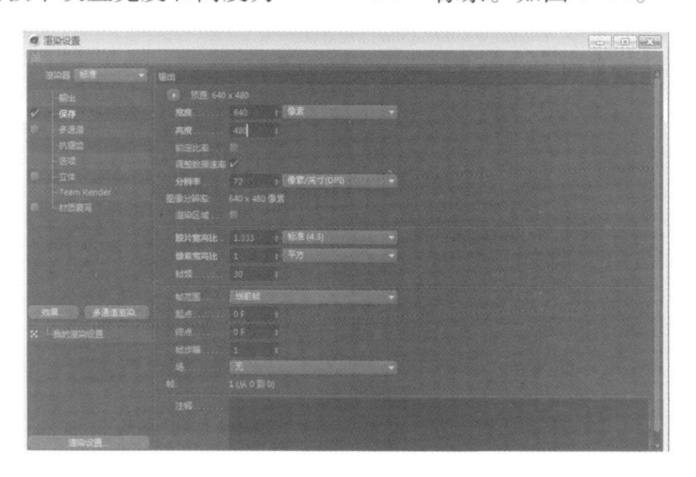

图 4-30

再次渲染效果如图 4-31。

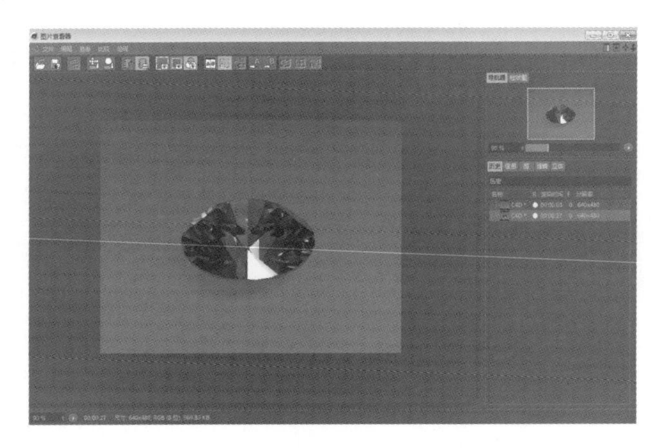

图 4-31

Step 04 灯光仍然需要加强，选择“灯光对象［灯光］”→“常规”选项，在面板中将“强度”更改为“60%”，“投影”更改为“区域”。如图 4-32。

图 4-32

在“渲染设置”中打开“全局光照”命令，观察一下渲染效果，钻石表面的环境反射未显现出来。如图 4-33。

图 4-33

Step 05 制作环境反射给钻石的效果。长按“地面”按钮，在弹出的“场景”面板中选择“天空”工具。如图 4-34。

图 4-34

创建新的材质球“材质 2”，双击材质球打开属性编辑器，鼠标单击并勾选“发光”选项，在面板中单击“纹理”后的三角形符号，在弹出的对话框中选择“否”。如图 4-35。

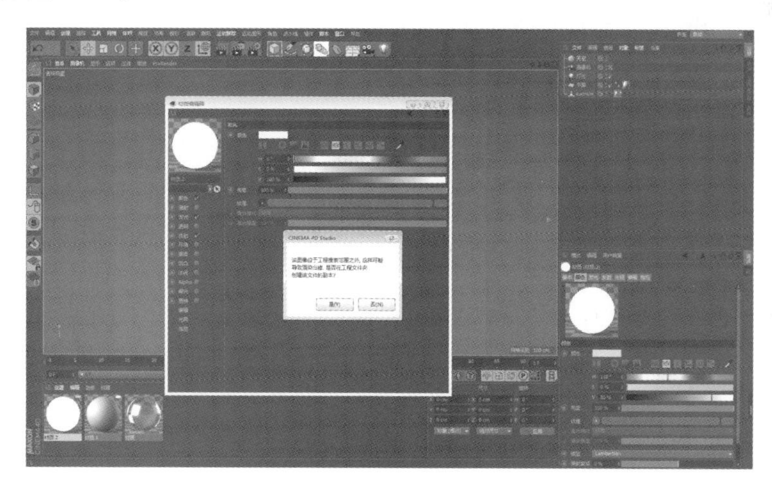

图 4-35

Step 06 用 HDR 贴图来模拟钻石的环境反射效果。在本地电脑中打开名为“Hdri_hecheng_ color. hdr”的文件，单击并勾选“发光”选项，在面板中的“纹理”命令中载入文件，“混合模式”更改为“标准”。如图 4-36。

单击鼠标选中“材质 1”的材质球拖给对象管理器中的“天空”工具，然后观察一下渲染效果。如图 4-37。

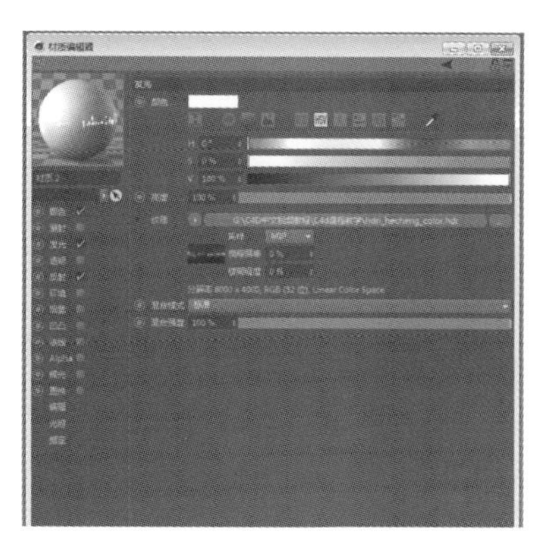

图 4-36

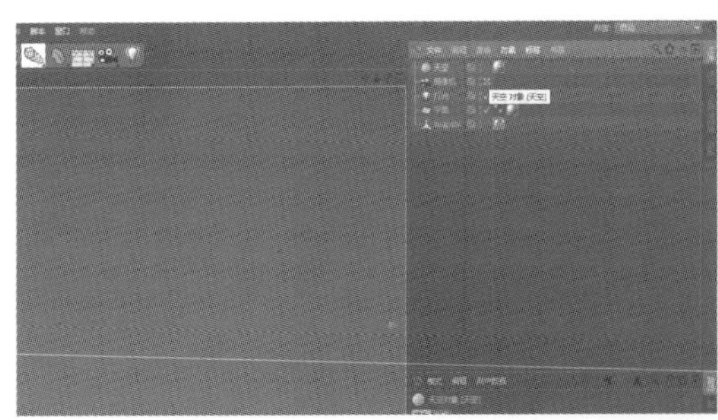

图 4-37

场景太亮了，需要降低“发光”属性中的 V 值。如图 4-38。

渲染效果如图 4-39 所示。

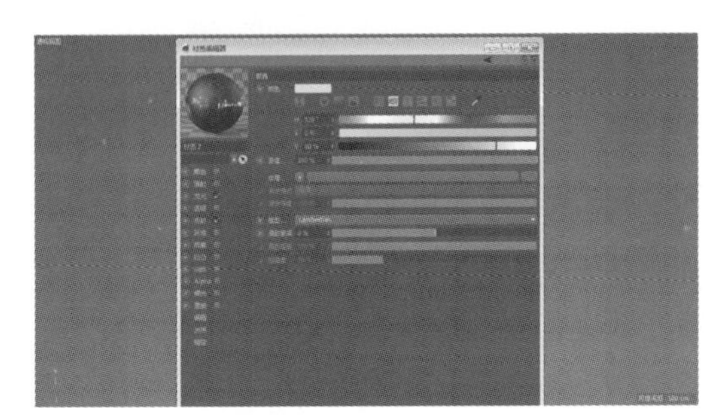

图 4-38

图 4-39

Step 07 在“反射”面板中添加“GGX”效果，“粗糙度”更改为“20%”，“反射强度”更改为“20%”，“高光强度”更改为“20%”，选择“默认高光”选项，“宽度”更改为“63%”，“衰减”更改为“-1%”，“高光强度”更改为“45%”。如图 4-40。

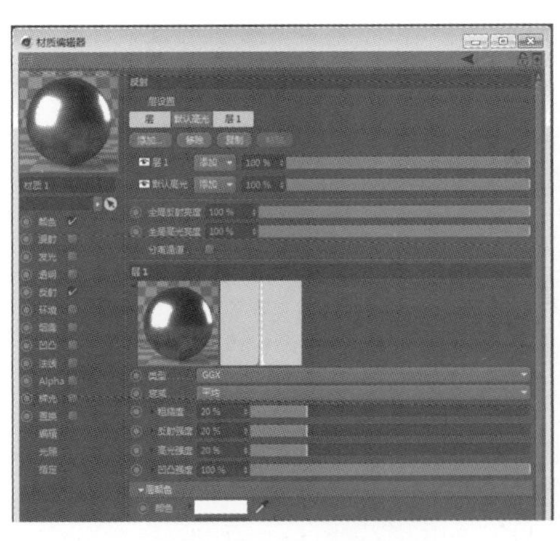

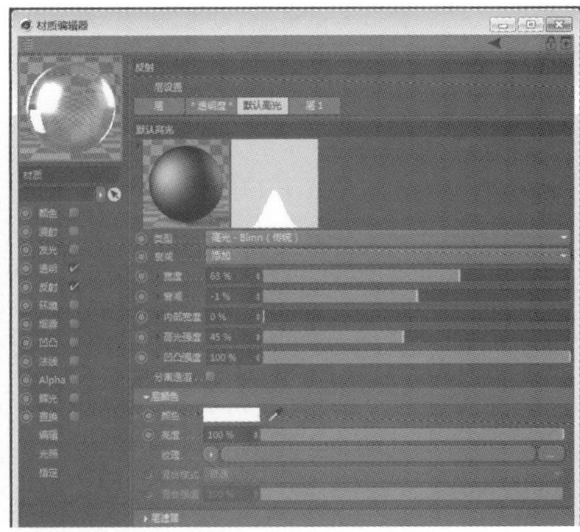

图 4-40

材质参数调整完毕后，钻石的最终渲染效果如图 4-41 所示。

图 4-41

本节重要工具命令（表 4-3）：

表 4-3

命令名称	体现步骤	命令作用	重要程度
菲涅耳	2	光在不同折射率的介质间的作用	高
粗糙度和高光强度	7	反射表面的粗糙效果和高光的强弱	高
场景→天空	5	模拟大气环境反射	高

重要知识点：其他具备折射效果的材质属性怎样表现？

除了钻石，具备折射材质属性的还有许多物质，如玻璃、透明液体等。在材质制作的过程中，基本步骤是一致的，主要的区别还是属性参数的调整，如“折射”选项中的“折射率预设”命令、“反射”选项中的“粗糙度”“高光强度”和“反射强度”等等。参数调整越细致，材质的质感就会体现得越明显。

4.2.2 反射材质效果 

课堂案例：螺丝齿轮制作

本节介绍利用材质的反射属性与高光属性来制作金属材质效果。

Step 01 在菜单栏中选择“文件”→“打开”命令，导入制作好的螺丝和齿轮模型。如图 4-42。

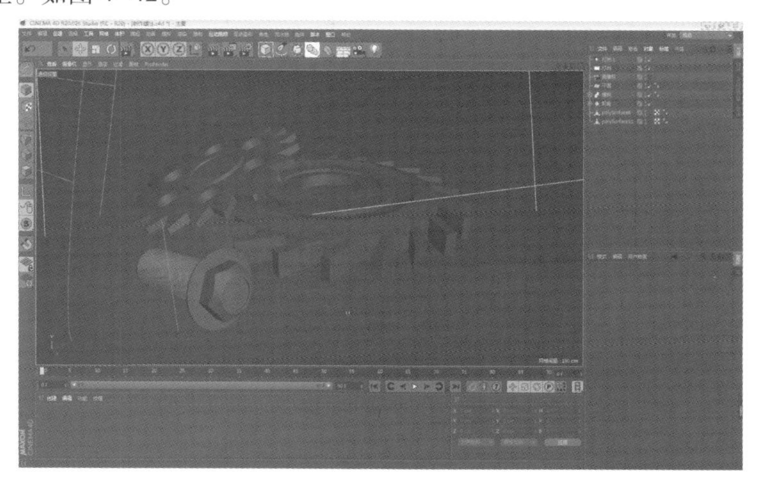

图 4-42

创建一台摄像机，在属性管理器中选择“摄像机对象［灯光］”→“对象”选项，在面板中将“焦距”更改为“36”，“视野范围”更改为“53°”，“视野垂直”更改为“36°”。如图 4-43。

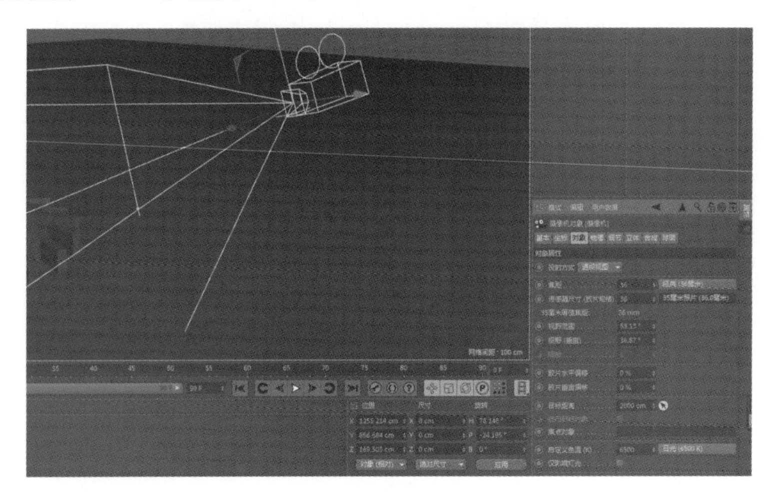

图 4-43

创建灯光，选择“灯光对象［灯光］”→“常规”选项，在面板中将“强度”更改为“70%”，“投影”更改为“区域”。如图 4-44。

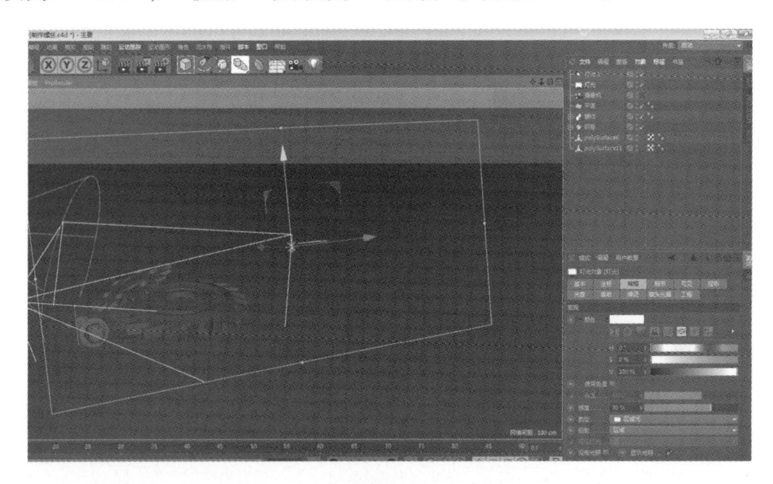

图 4-44

再创建一盏聚光灯，选择“灯光对象［灯光］”→“常规”选项，在面板中将“强度”设置为“40%”。如图 4-45。

Step 02 左键双击“材质管理器”空白区域，创建新的材质球“材质”，鼠标左键单击选中材质球拖给指定的螺丝模型。鼠标双击“材质”，弹出材质编辑器，鼠标单击并勾选“反射”选项，在面板中单击“添加”按钮，在弹出的浮动面板中选择“Beckmann”。如图 4-46。

在添加的“层 1”中更改模式为“添加”，将“粗糙度”更改为“28%”，“高光强度”更改为“20%”。如图 4-47。

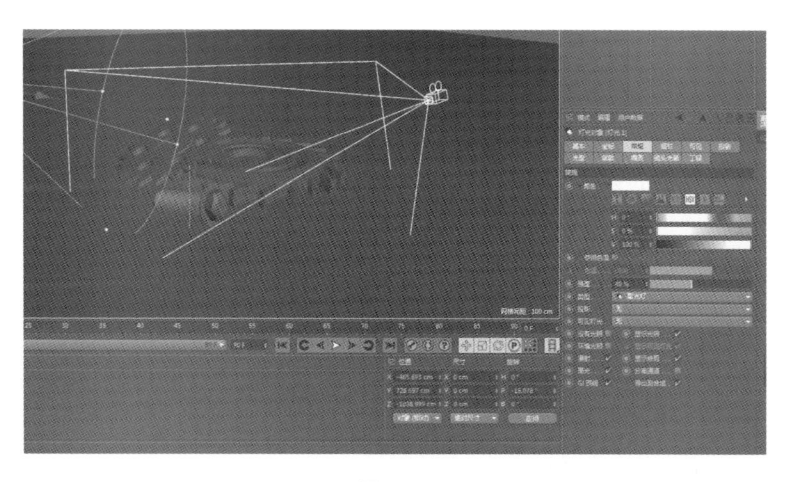

图 4-45

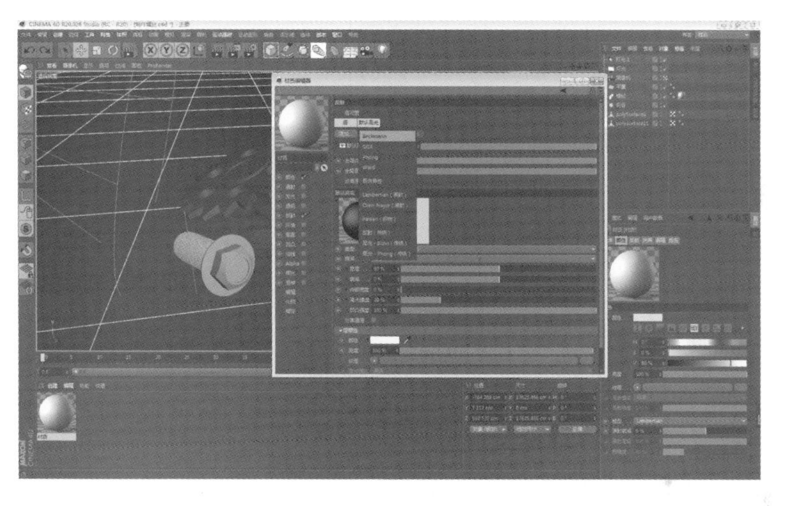

图 4-46

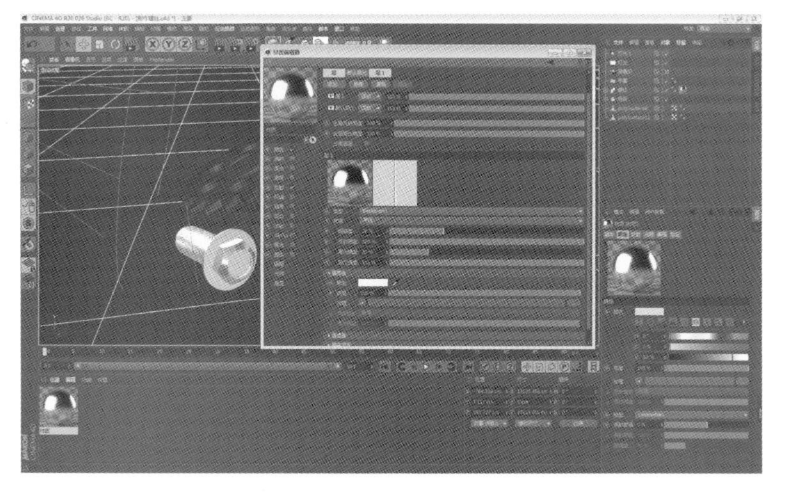

图 4-47

Step 03 鼠标单击"层菲涅耳"前面的三角形符号，在展开的下拉选项中选择"菲涅耳"，在下拉选项中选择"导体"，"预置"里的设置更改为"铝"。如图 4-48。

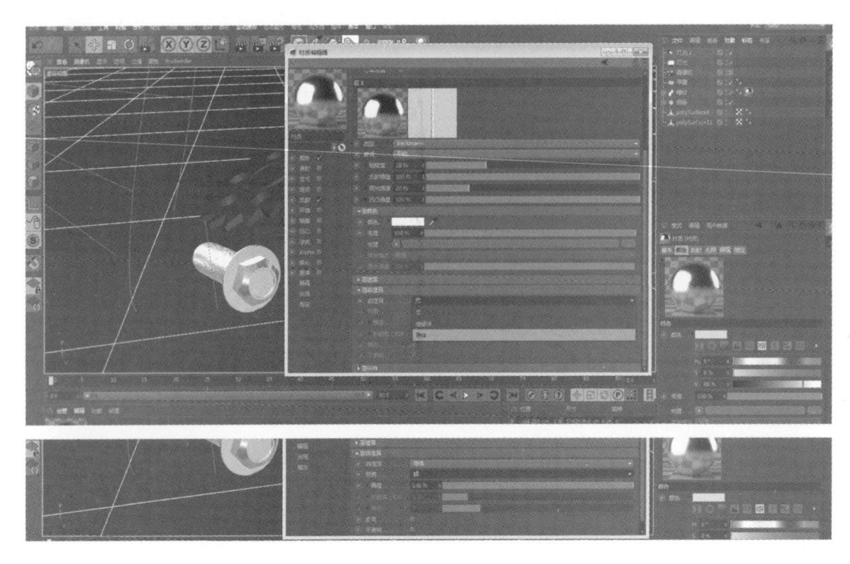

图 4-48

在菜单工具栏中单击"渲染到图片查看器"命令，在下拉选项中选择"区域渲染"。如图 4-49。

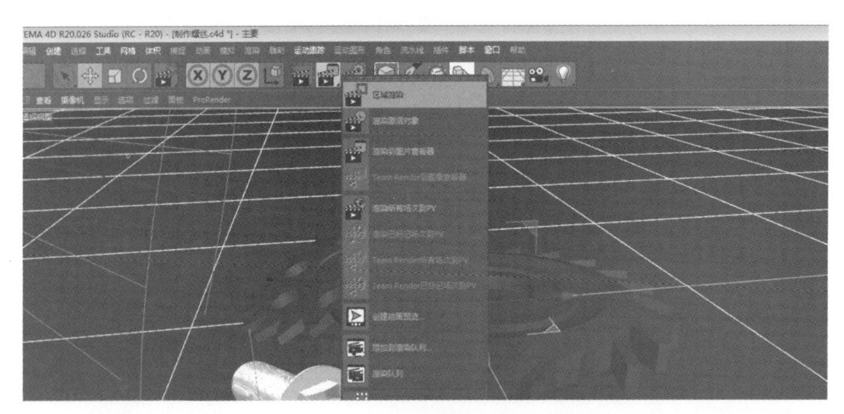

图 4-49

鼠标左键在视图窗口的要渲染的区域框选一下，则可以对选定的区域进行渲染。可以观察到螺丝的铝制效果显示出来。如图 4-50。

图 4-50

Step 04 螺丝质感有了，但是肌理效果不明显，在"材质"的材质编辑器中鼠标单击并勾选"凹凸"选项，在面板中单击"纹理"

后面的三角形符号▶，在弹出的下拉选项中选择“噪波”。如图 4-51。

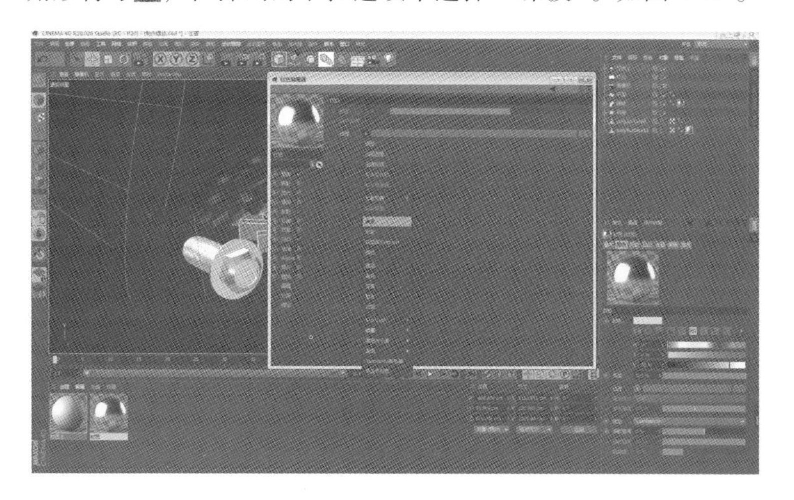

图 4-51

在噪波面板中将凹凸“强度”更改为“10%”。单击着色器颜色框，进入着色器面板，将“全局缩放”更改为“30%”，将“低端修剪”更改为“59%”。如图 4-52。

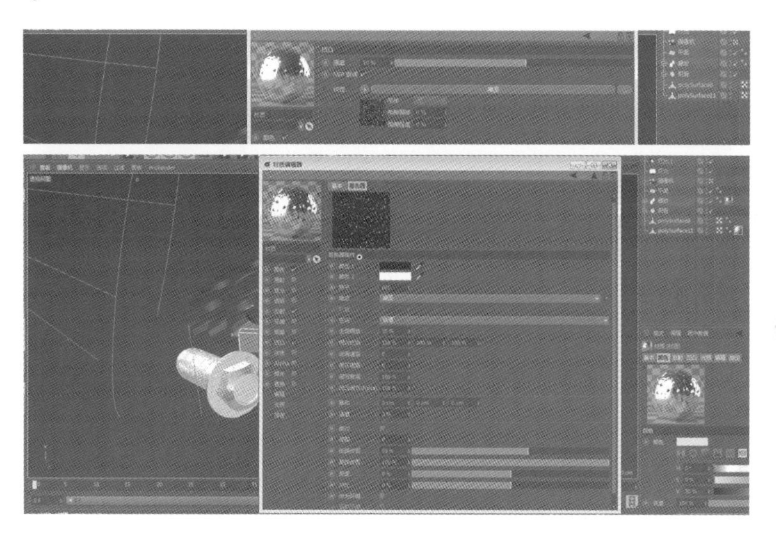

图 4-52

再次单击“区域渲染”命令，查看渲染效果，质感肌理都显示出来。如图 4-53。

图 4-53

Step 05 再创建一个“材质. 1”材质球，鼠标左键选中材质球拖给指定的螺丝模型。鼠标双击“材质”，弹出材质编辑器，鼠标单击并勾选“反射”选项，在面板中单击“添加”按钮，在下拉选项中选择“GGX”。如图 4-54。

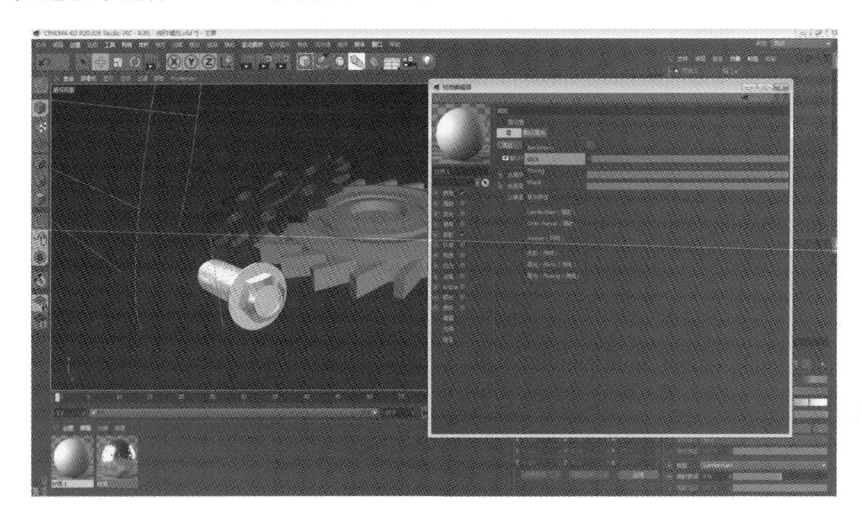

图 4-54

在添加的“层 1”中更改为“添加”模式，将“粗糙度”更改为“20%”，“高光强度”更改为“14%”。鼠标单击“层菲涅耳”前面的三角形符号，在展开的下拉选项中选择“菲涅耳”，在下拉选项中选择“导体”，“预置”里的设置更改为“铜”。如图 4-55。

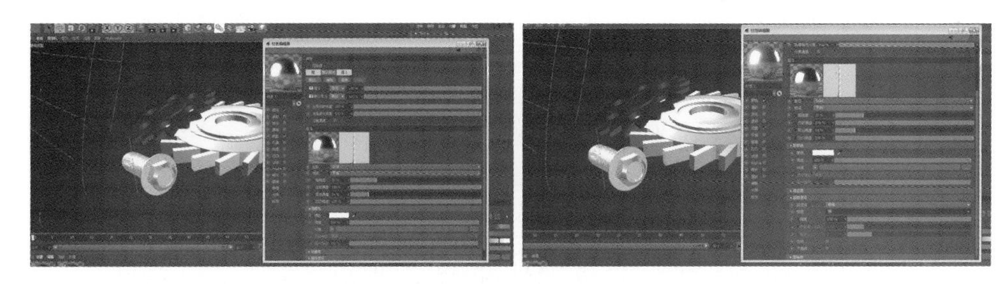

图 4-55

鼠标单击“区域渲染”命令，查看渲染效果。如图 4-56。

图 4-56

Step 06 继续制作齿轮的肌理效果。鼠标单击并勾选“颜色”选项，在面板中单击“纹理”后面的三角形符号，在下拉选项中选择“表面”→“铁锈”命令。如图 4-57。

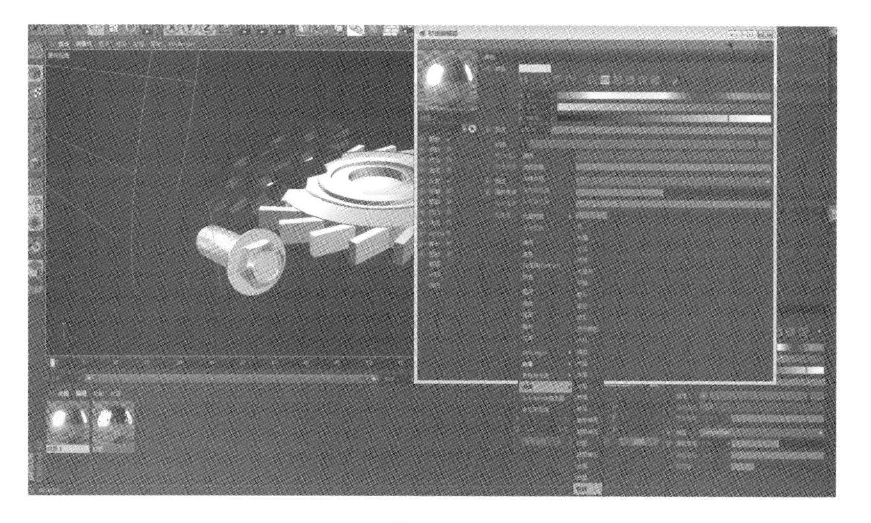

图 4-57

铁锈的“混合模式”更改为“添加”模式，单击着色器颜色框，进入着色器，更改颜色的渐变形式。如图 4-58。

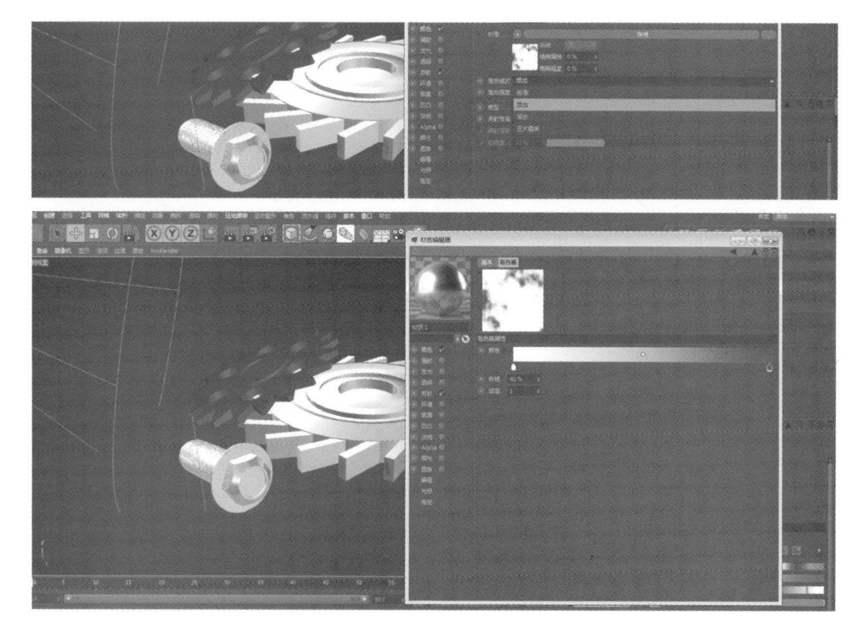

图 4-58

鼠标单击并勾选“凹凸”选项，在面板中单击“纹理”后面的三角形符号▶，在下拉选项中选择“噪波”命令。单击着色器颜色框，进入着色器面板，将“全局缩放”更改为“30%”，“低端修剪”更改为“55%”。如图 4-59。

选择“区域渲染”命令，查看调整后的效果。如图 4-60。

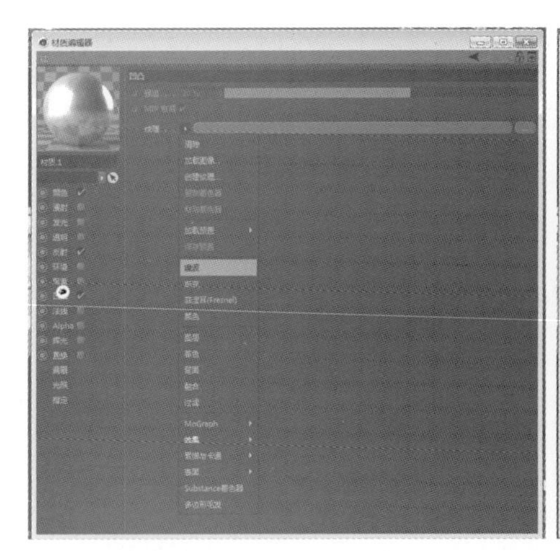

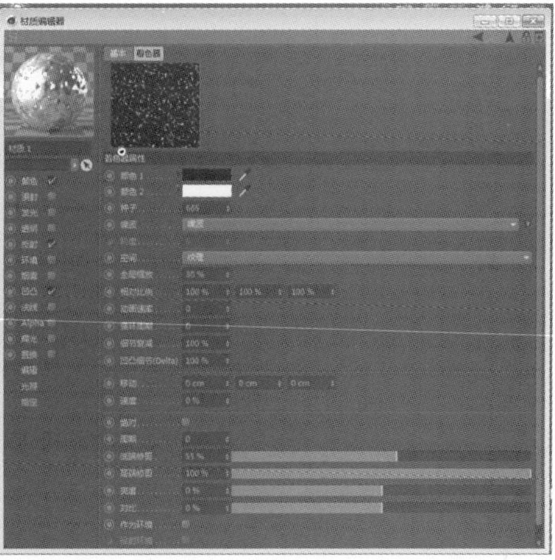

图 4-59

Step 07 再次创建一个材质球“材质. 2”，鼠标左键选中材质球拖给场景后面的齿轮模型。鼠标双击材质球，弹出材质编辑器，鼠标单击并勾选“反射”选项，在面板中单击“添加”按钮，在下拉选项中选择“GGX”，将“粗糙度”更改为“20%”，“高光强度”更改为“35%”，“菲涅耳”更改为“导体”，“预置”更改为“钢”，“层颜色”更改为浅绿色。如图 4-61。

图 4-60

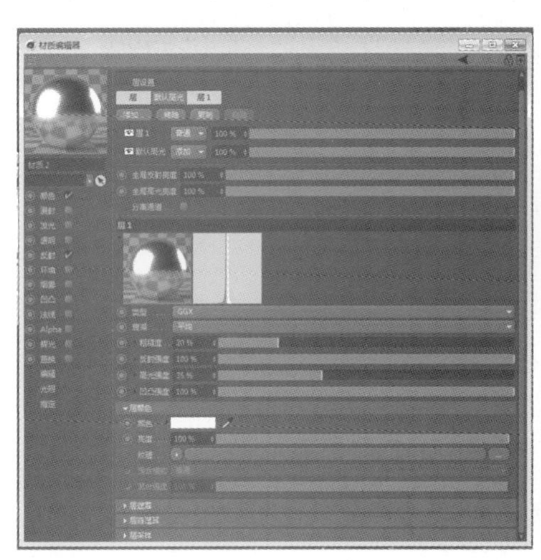

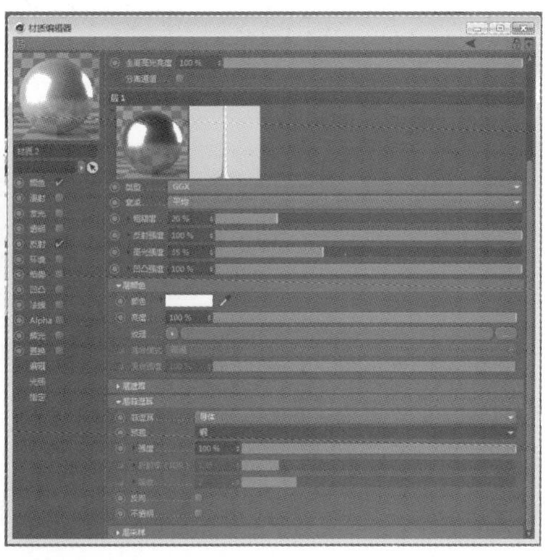

图 4-61

提示　单击“层颜色”前面的三角形符号，选取 RGB 颜色如图 4-62 所示的数值。

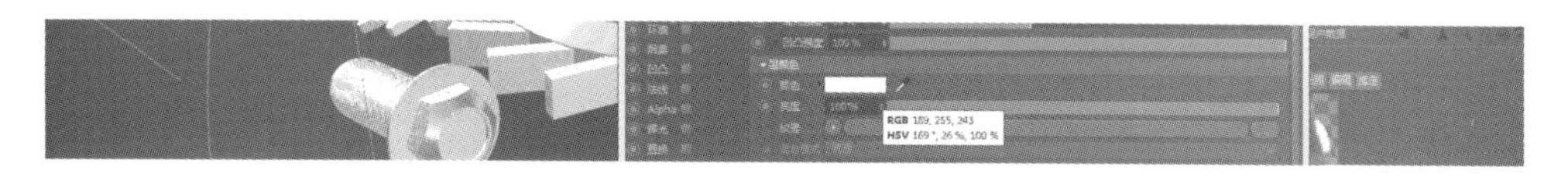

图 4-62

进行“区域渲染”查看齿轮渲染效果。如图 4-63。

按照以上所述的步骤给“材质. 2”添加凹凸肌理材质，渲染区域效果如图 4-64 所示。

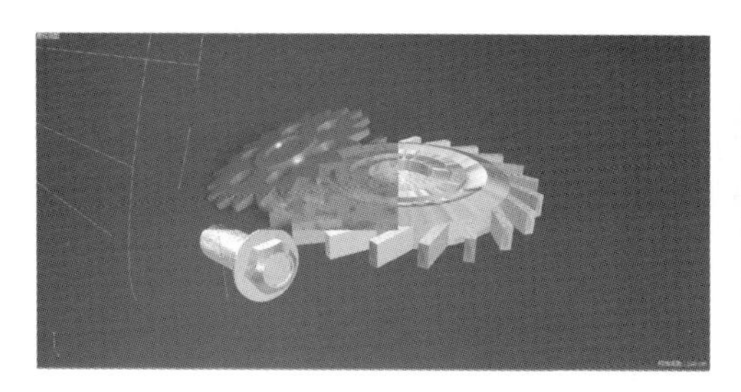

图 4-63

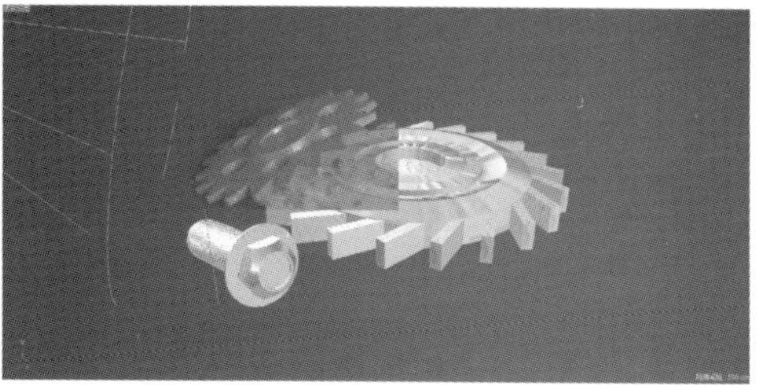

图 4-64

Step 08 添加 HDR 反射环境贴图。在菜单工具栏中选择“场景”→“天空”命令，鼠标左键选中拖入对象管理器编辑区域。如图 4-65。

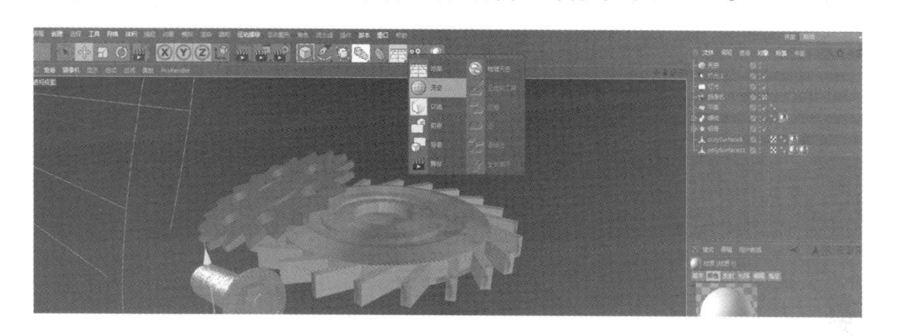

图 4-65

打开材质编辑器，鼠标单击并勾选“发光”选项，在面板中的“纹理”中添加本地电脑中的 HDR 文件。如图 4-66。

单击“渲染活动视图”命令渲染整个场景，效果较之前增色了不少。如图 4-67。

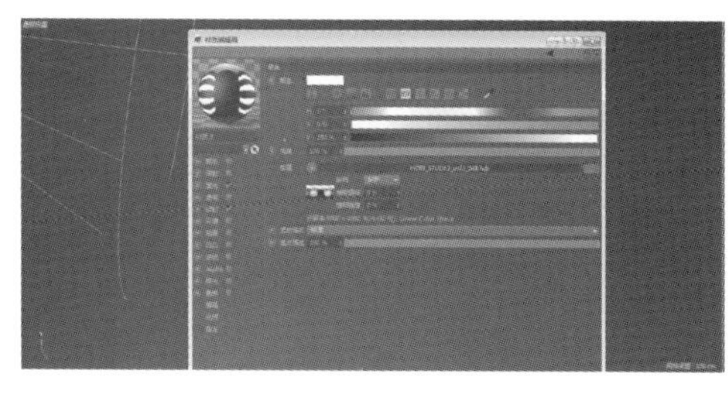

图 4-66

图 4-67

提示 HDR 贴图的意义和用法将在第 5.3.2 节仔细讲解。

Step 09 各个材质的属性参数调整完毕后，在菜单工具栏中单击“渲染设置”命令，在浮动面板中单击“效果”按钮，添加“全局光照”选项。如图 4-68。

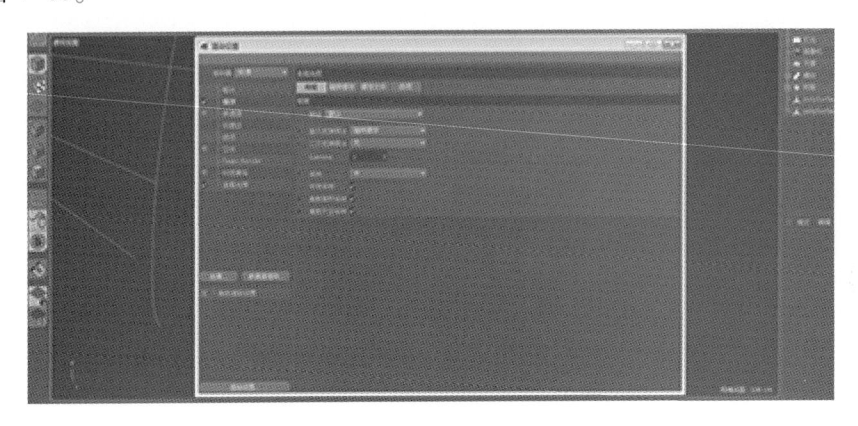

图 4-68

单击“渲染活动视图”命令，渲染整个场景，观察效果。如图 4-69。

从渲染效果来看，高光反射过于强烈，颜色也偏红，可以选择“层颜色”→“颜色”命令，在弹出的“颜色拾取器”面板中更改“V”值。如图 4-70。

图 4-69

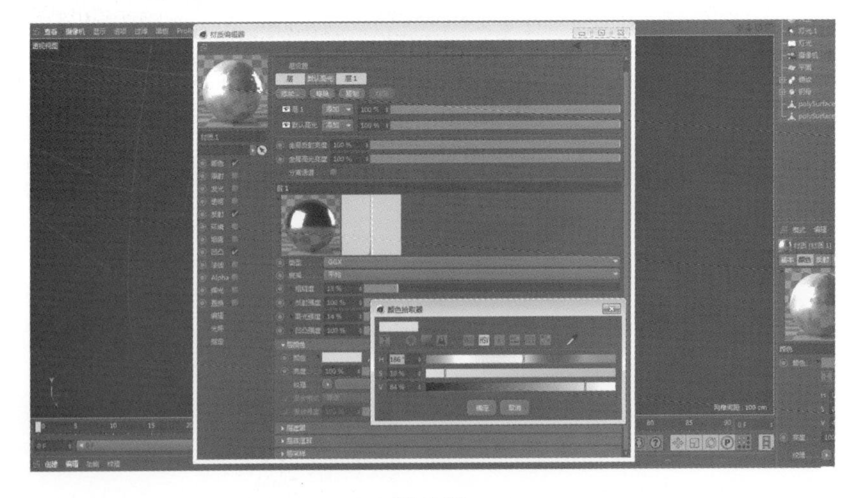

图 4-70

再次渲染整个场景，这时场景中金属的反射和高光没有那么强烈了。如图 4-71。

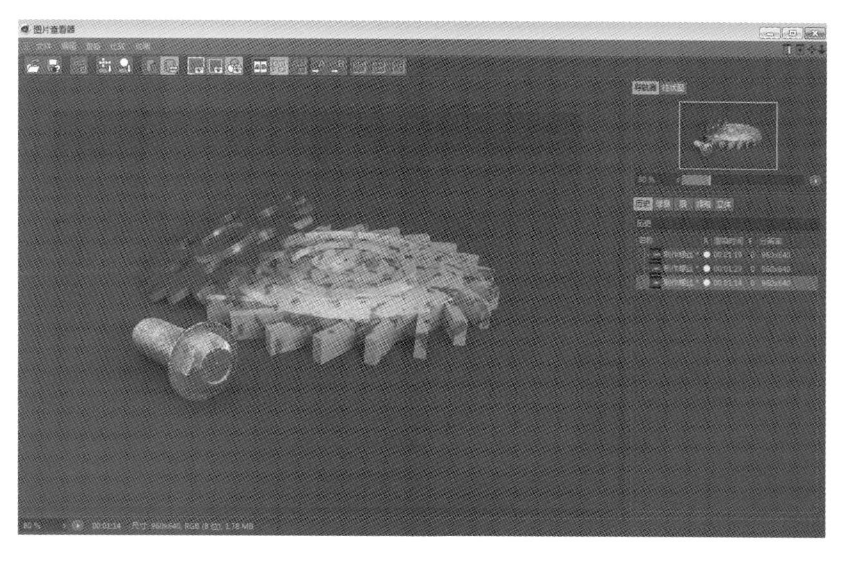

图 4-71

Step 10 整个场景高光部位过于暗淡，调整金属材质高光的部位。鼠标单击并勾选“材质. 2”材质球的“反射”选项，在面板中单击“默认高光”选项，将“高光强度”更改为“50%”。鼠标单击并勾选“颜色”选项，降低“HSV”值。如图 4-72。

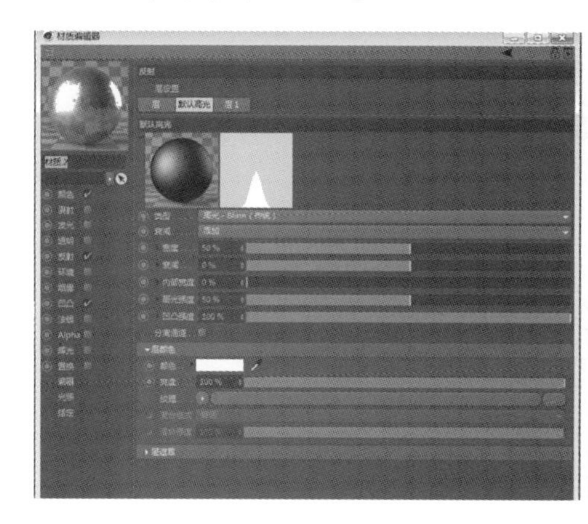

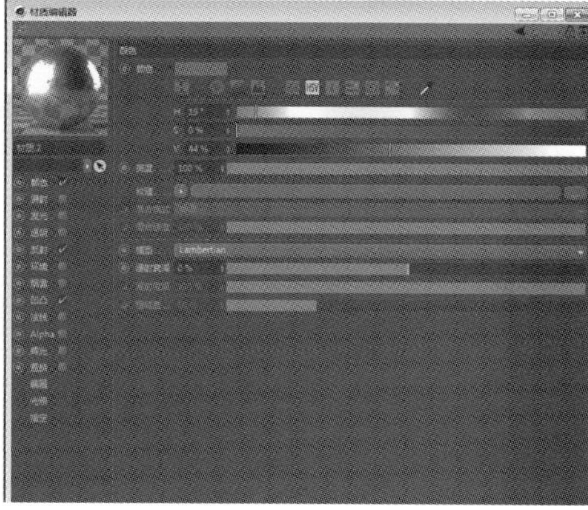

图 4-72

在材质管理器中双击空白处创建材质球“材质. 4”，鼠标左键选中拖给地面模型，单击并勾选“颜色”选项，在面板中单击“纹理”命令，添加本地电脑中的材质贴图。单击并勾选“反射”选项，在面板中单击“添加”按钮，在下拉选项中选择“GGX”，单击“层菲涅耳”前面的三角形符号，将“菲涅耳”更改为“绝缘体”。如图 4-73。

材质属性调整完毕之后渲染场景。地面显示了金属的反射效果。如图 4-74。

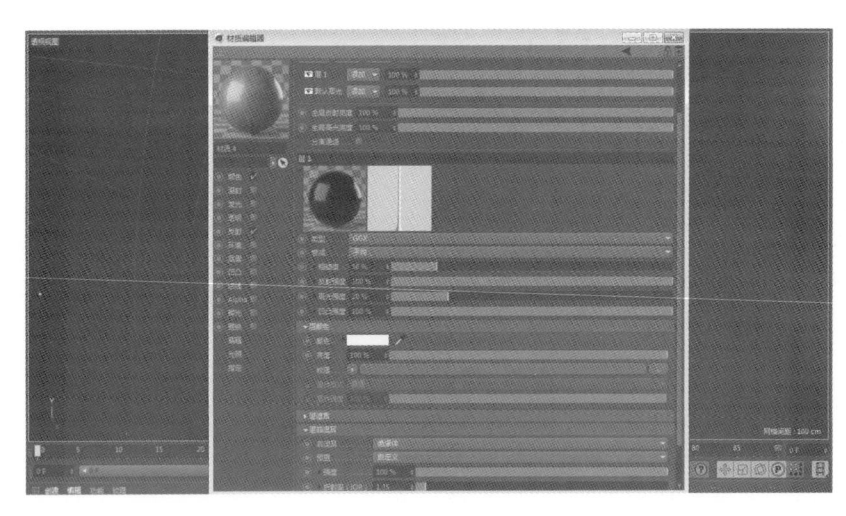

图 4-73

最终在 PS 软件中处理，合成好后期效果。如图 4-75。

图 4-74

图 4-75

本节重要工具命令（表 4-4）：

表 4-4

命令名称	体现步骤	命令作用	重要程度
Beckmann	2	添加反射细节的命令	高
层菲涅耳	3	不同介质间的物质转换命令	高
凹凸→噪波	4	模拟凹凸形态和强度的命令	高
层颜色	9	决定物体本身材质颜色的命令	高

重要知识点：其他具备反射效果的材质属性怎样表现？

除了齿轮，像镜子、水面等，在材质制作的过程中，基本步骤也是一致的，主要的区别也还是属性参数的调整。这与上一节的案例相同。要得到更好的效果，可以将渲染的效果在 PS 软件中进行后期处理。

4.3 UV 贴图纹理设置 

4.3.1 UV 拆分方法介绍

本节介绍利用模型的 UV 拆分和映射来对位制作贴图的方法。所谓 UV，就是指贴图在模型上的坐标位置，也是立体模型的“皮肤”。U 可理解为 X 轴，V 可理解为 Y 轴，它们涵盖了物体在世界坐标系统中的 X、Y、Z 轴向，并且定义了图片上每个点的位置信息。拆分 UV，即可将贴图的有关坐标信息展开，以方便后续纹理的对位匹配贴入。如图 4-76。

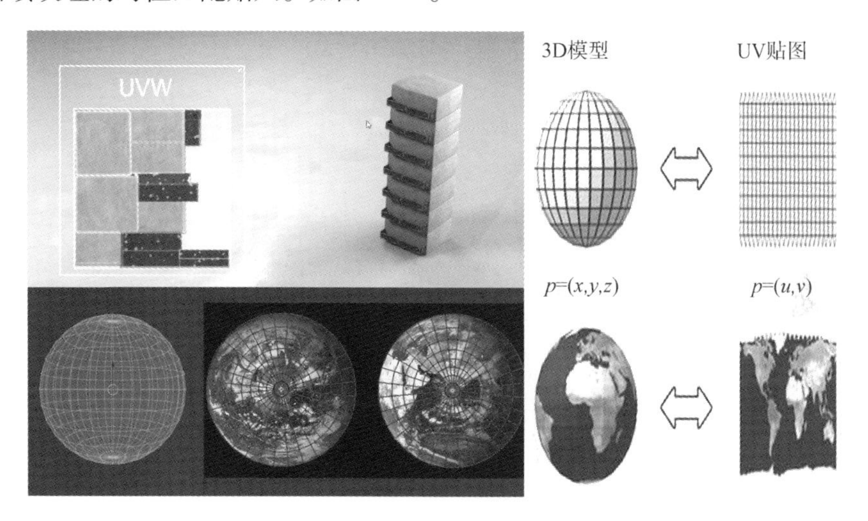

图 4-76

课堂案例：盒子的 UV 拆分

现在就来学习一下 UV 的拆分步骤。

Step 01 创建一个简单的立方体模型，选择属性管理器中的“立方体对象［立方体］”→“对象”选项，设置“分段 X”“分段 Y”“分段 Z”均为“3”。如图 4-77。

在“界面”面板的下拉选项中选择“BP-UV Edit”命令。如图 4-78。

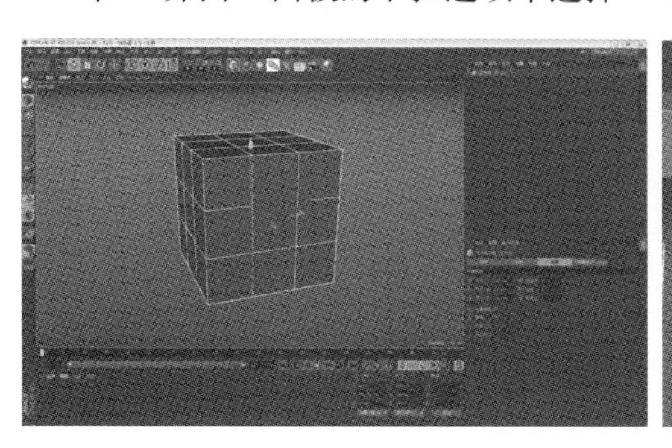

图 4-77

图 4-78

进入 Cinema 4D 的“UV Edit”界面。鼠标左键单击“UV 点”命令，左边部分的视图窗口中立方体模型转换为 UV 点模式，同时在右边部分的 UV 编辑窗口显示出 UV 点的信息位置。如图 4-79。

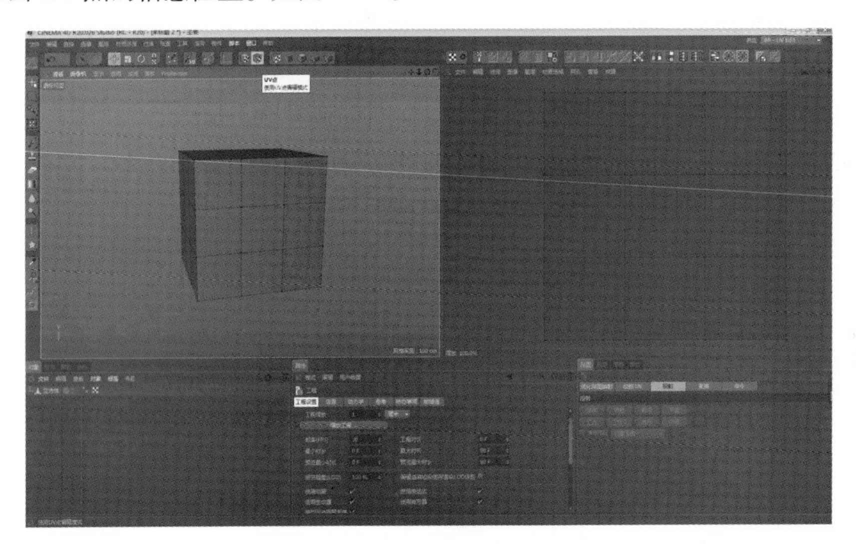

图 4-79

Step 02 单击“多边形”命令，立方体模型转换为 UV 的“面”模式，按住“Shift”键，鼠标在左边部位的视图窗口中加选需要选中的 UV 面，观察右边部位 UV 编辑窗口显示出 UV 的位置。如图 4-80。

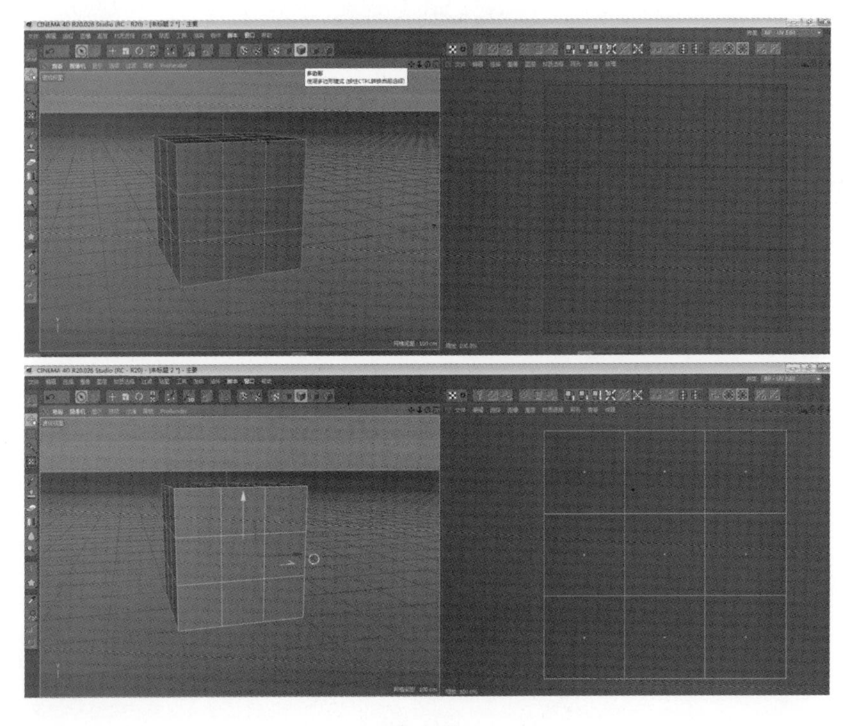

图 4-80

在右下角选择“贴图”→“投射”选项，左键单击“方形”命令映射 UV，映射后的 UV 显示在 UV 编辑窗口中。如图 4-81。

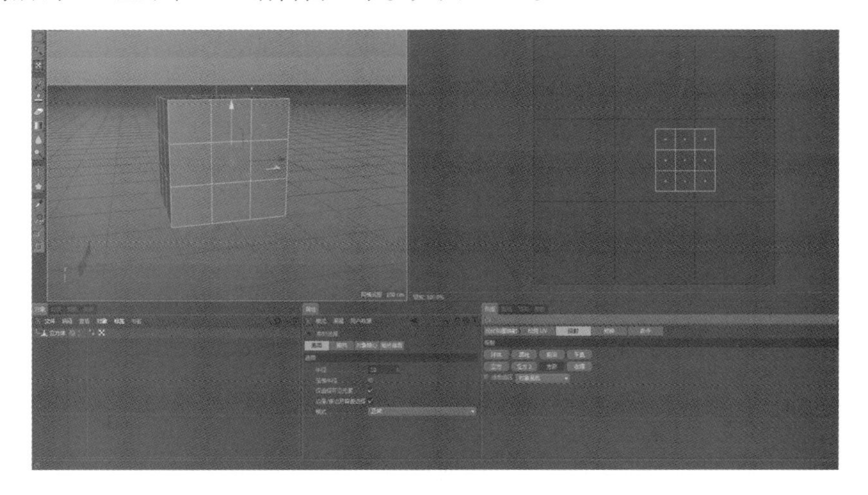

图 4-81

在左边视窗中依次选择立方体各个面的 UV 面，执行“方形”命令，最后选择“UV 多边形”命令，将映射的所有 UV 面拆分并展开平整。如图 4-82。

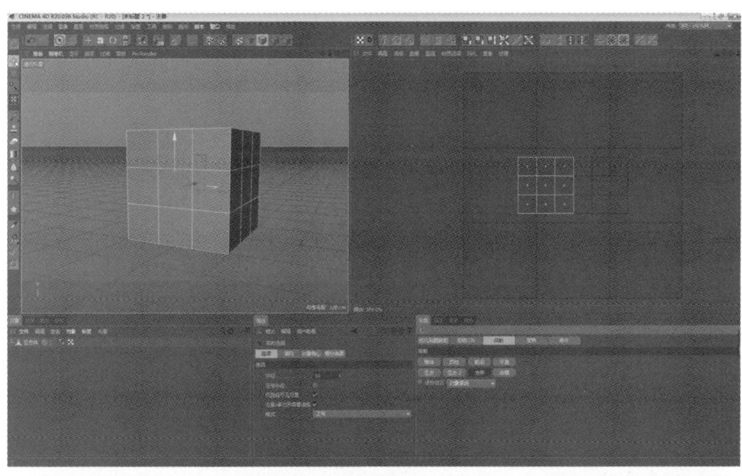

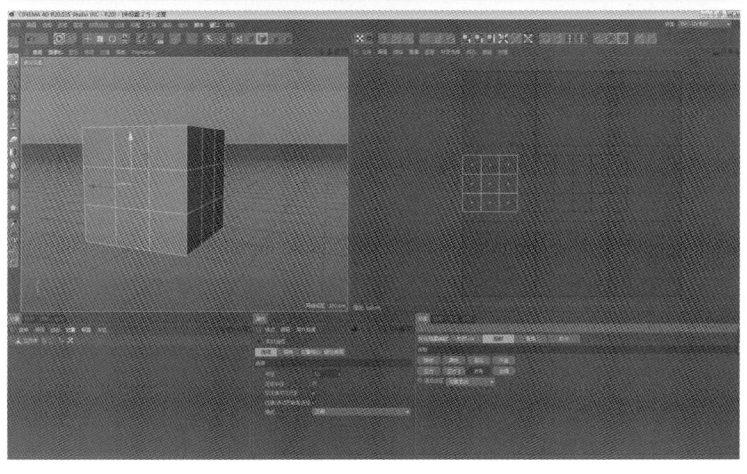

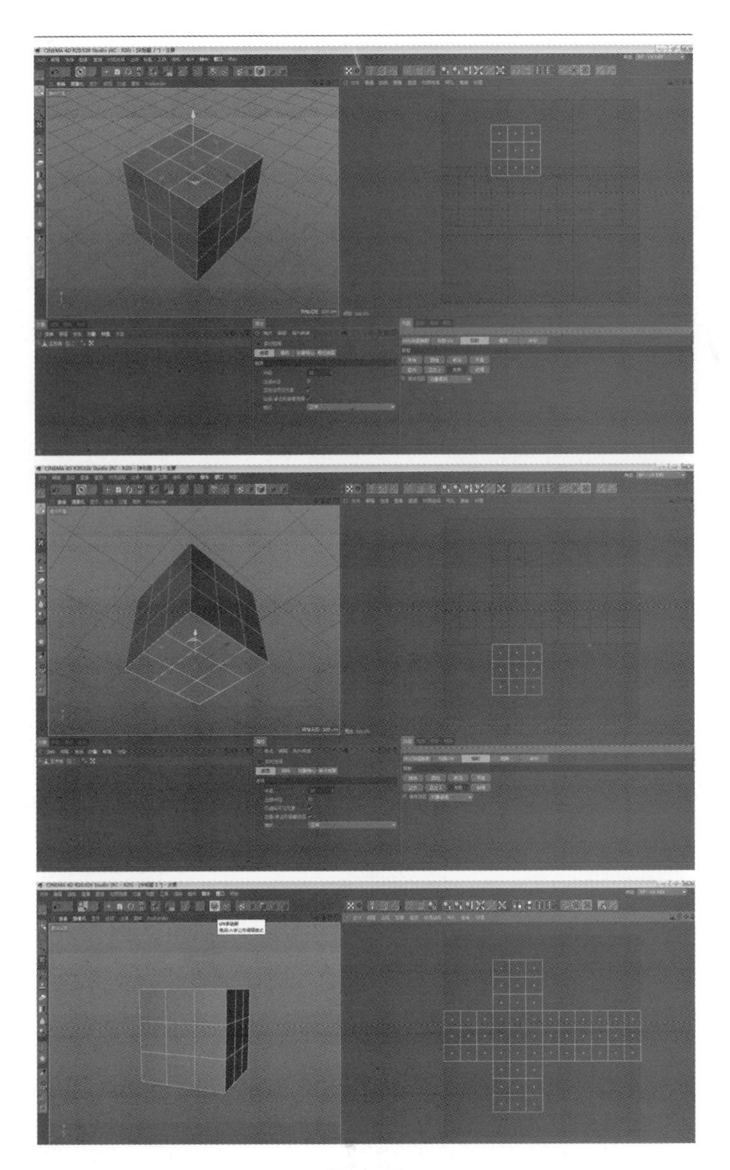

图 4-82

Step 03 进行 UV 纹理拷贝。在 UV 编辑窗口中选择“文件”→“新建纹理”命令。如图 4-83。

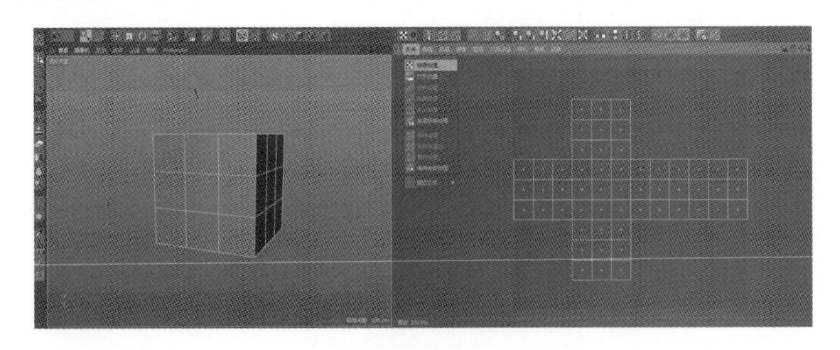

图 4-83

弹出“新建纹理”对话框，将“宽度”与“高度”均更改为“2048”像素，更改“U”数值为“10°”，“S”数值为“1%”，“V”数值为“71%”，单击“确定”按钮。如图 4-84。

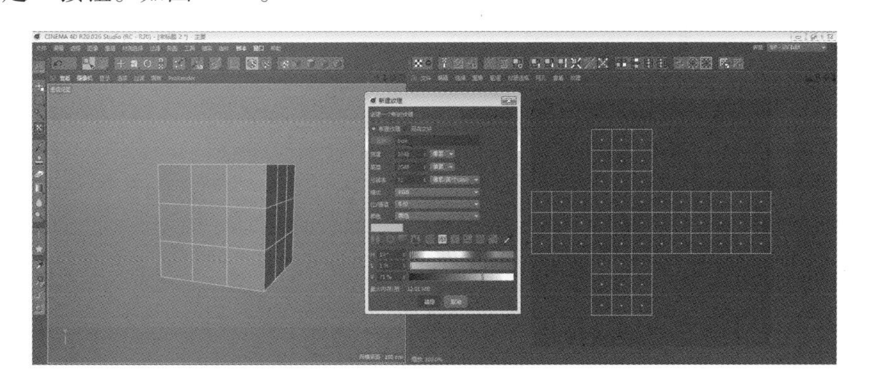

图 4-84

在编辑面板右下方部位左键单击“图层”选项，选中“背景”图层。如图 4-85。

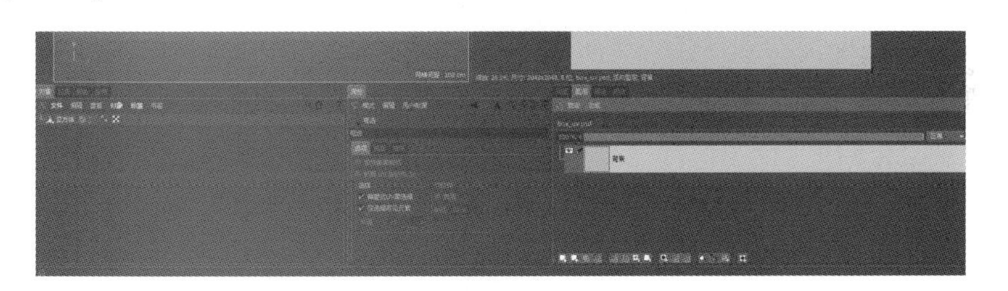

图 4-85

左键单击选择“图层”→“功能”→“新建图层”命令，单独新建一个新图层。如图 4-86。

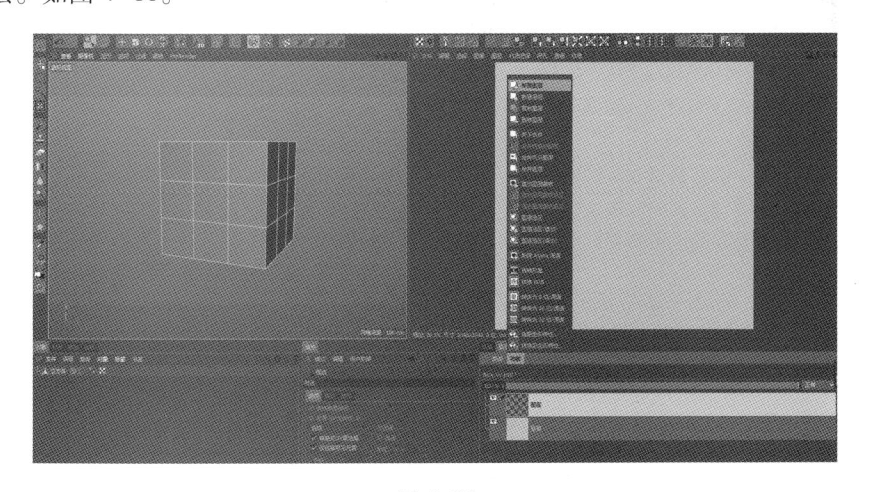

图 4-86

Step 04 回到 UV 编辑窗口，选择“图层”→“填充多边形”命令，在创建的新图层中拓扑出 UV 面。如图 4-87。

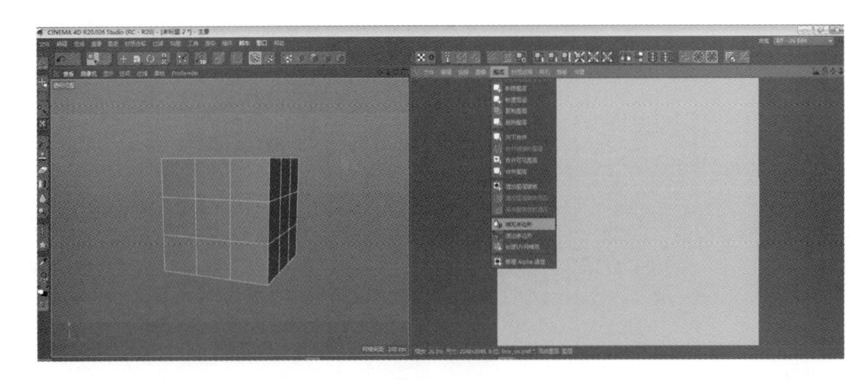

图 4-87

在新图层上右键单击，选择“纹理”→“另存纹理为”命令。如图 4-88。

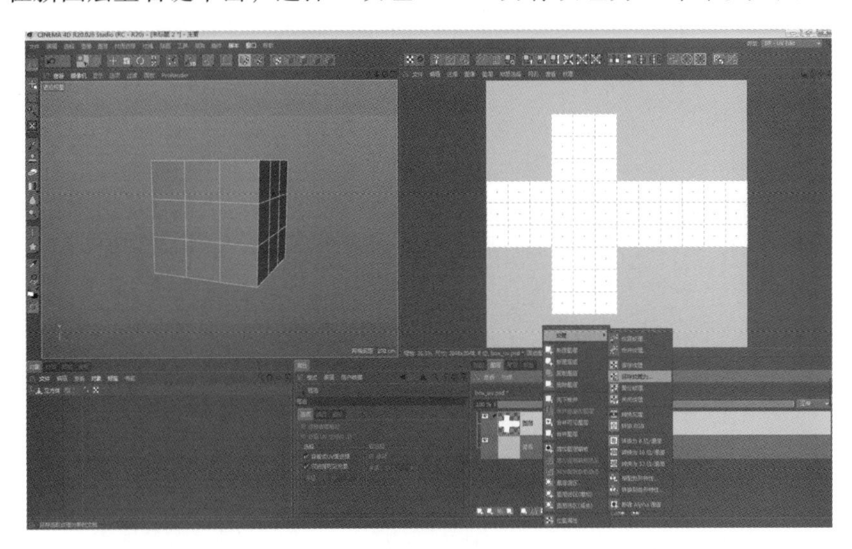

图 4-88

在对话框中选择“另存文件”，单击三角形符号，将下拉选项中的文件更改为“psd（＊. psd）”，单击“确定”按钮保存文件格式。如图 4-89。

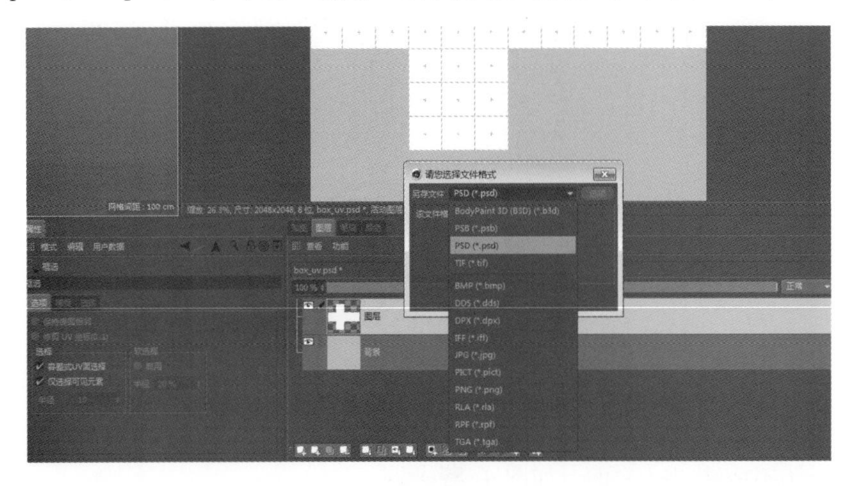

图 4-89

Step 05 在本地电脑中找到刚保存的 psd 文件，利用 PS 软件打开，在编辑面板中用不同的色块填充到各个 UV 面之中。如图 4-90。

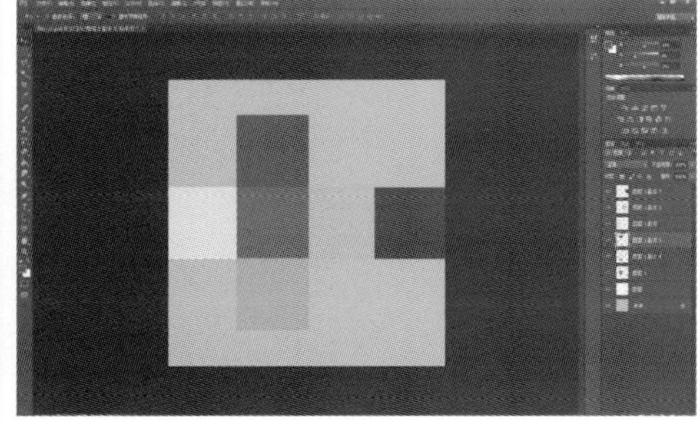

图 4-90

Step 06 在 Cinema 4D 的“界面”面板下选择“Standard”命令，回到软件的标准界面。在材质管理器中创建一个新的材质球，双击材质球，弹出材质编辑器。鼠标单击并勾选“颜色”选项，在面板的纹理中载入刚刚绘制好的贴图文件，鼠标左键选中材质球拖给立方体模型。如图 4-91。

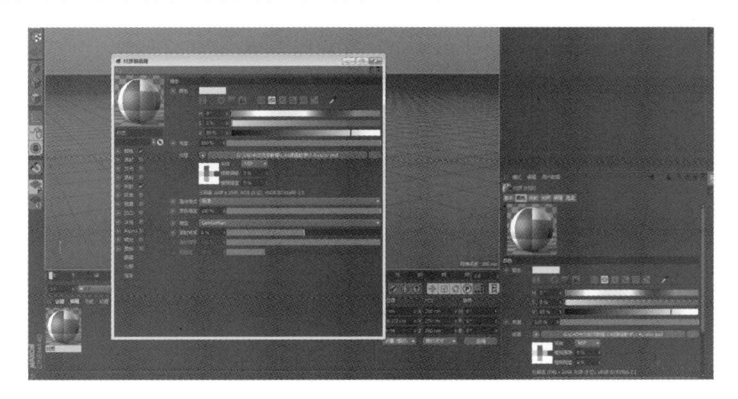

图 4-91

观察到立方体上的纹理位置与 PS 中制作的色块位置是对应的。如图 4-92。

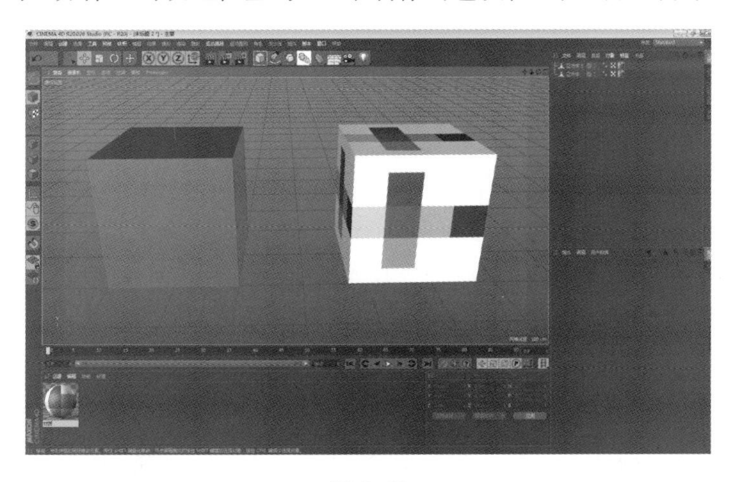

图 4-92

可以将拆分了UV的立方体（左）与未拆分UV的立方体（右）贴上同一张贴图，对比观察效果。由此发现UV拆分在材质纹理制作中非常重要。如图4-93。

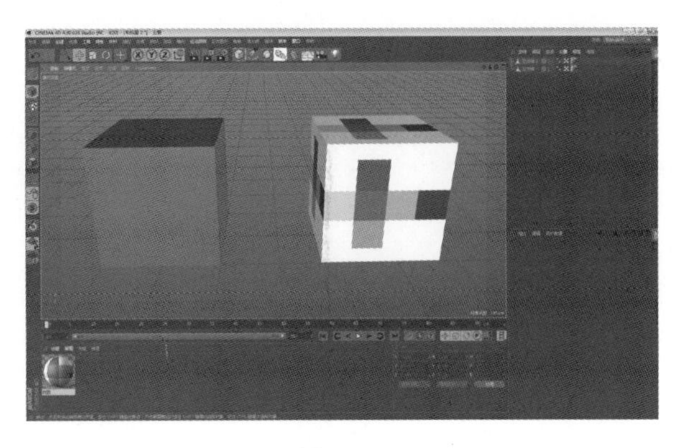

图4-93

本节重要工具命令（表4-5）：

表4-5

命令名称	体现步骤	命令作用	重要程度
映射	2	投射UV	高
UV多边形	3	展平UV	高
填充多边形	4	拓扑出UV映射	高

4.4 综合实战案例

4.4.1 课堂案例：飞船UV拆分

本节讲解复杂模型的UV拆分方法。

Step 01 在本地电脑中打开制作好的飞船模型，并将模型对象的管理在对象管理器中进行梳理。如图4-94。

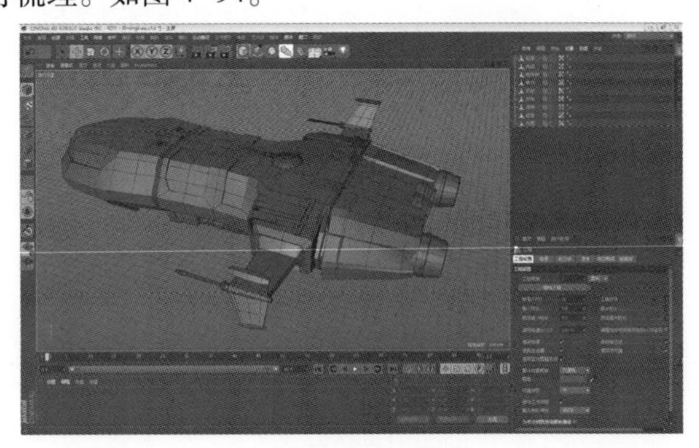

图4-94

选中飞船模型的船身部位。在菜单栏中选择“文件”→“导出”→“Wavefront（＊obj）”命令，将模型导出为“OBJ”格式的文件。如图4-95。

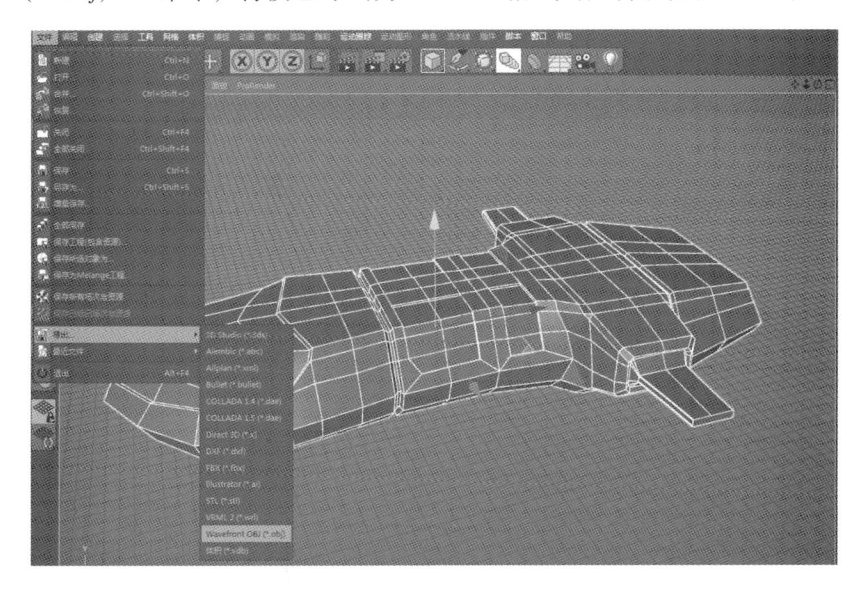

图 4-95

弹出“OBJ导出”对话框，勾选“纹理坐标（UVs）”和“翻转Z轴”两个选项。鼠标单击“确定”按钮。如图4-96。

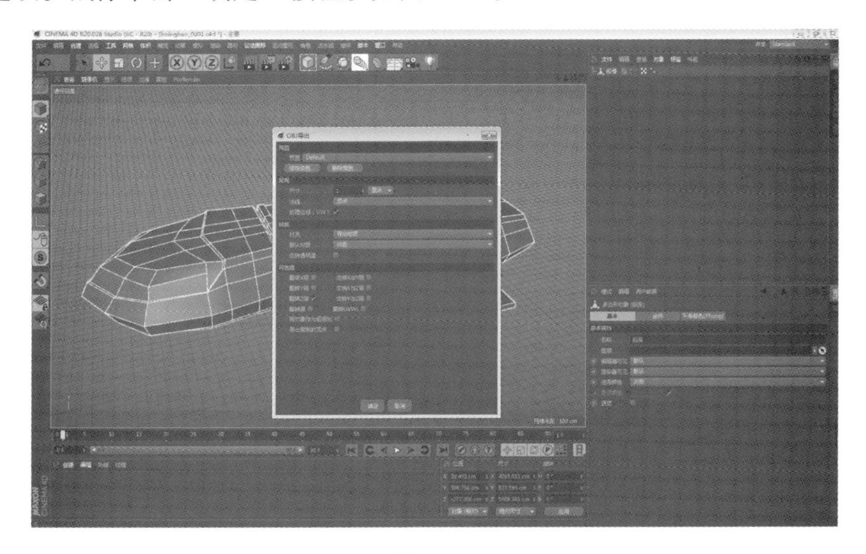

图 4-96

Step 02 启动Unfold 3D软件，这是一款专门用作3D模型UV拆分的独立外挂软件，它可以与所有3D类软件的模型对接使用。选择菜单中的“文件”→“导出”命令，将刚导出的模型导入进来。如图4-97。

在操作界面中，运用鼠标的左、中、右键便可分别操作视图窗口中模型的旋转、移动和缩放。按住“Shift”键，左键单击，可连续选择要切开的模型边线。如图4-98。

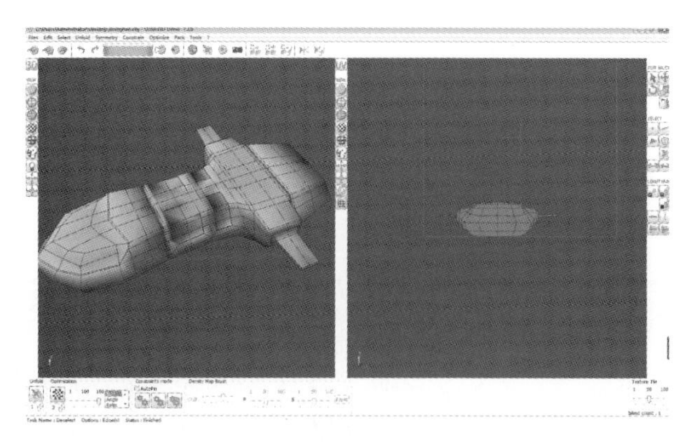

图 4-97

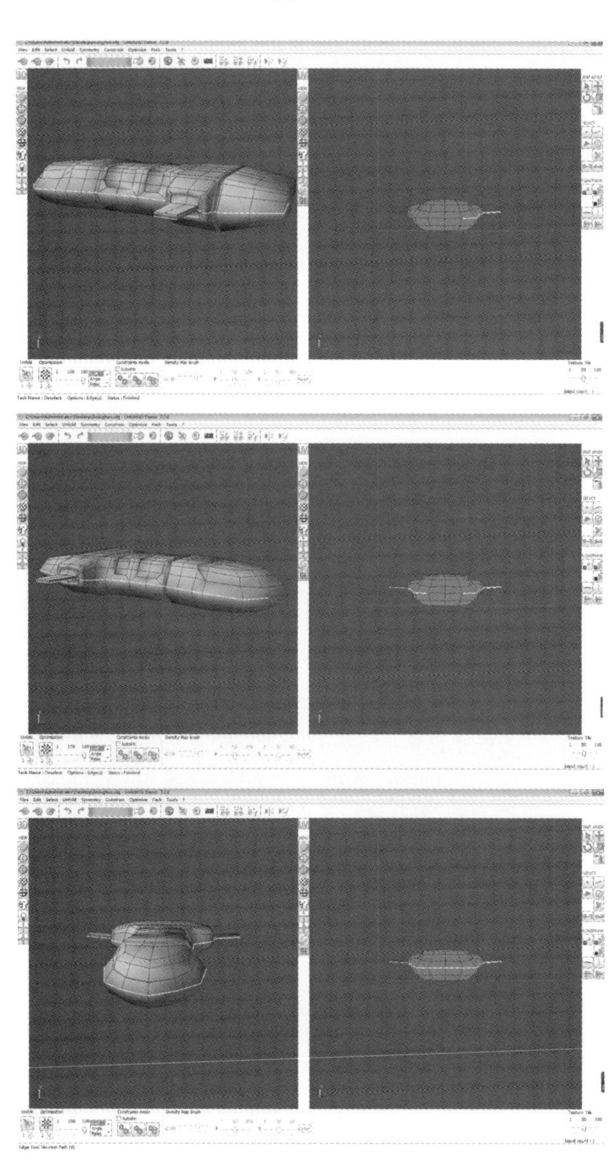

图 4-98

提示 这里有些隐秘和难选的部位，需要不断地操作转动视窗，并且拉近视窗，才能选中。

Step 03 单击软件菜单窗口中的“Cut（C）”按钮，沿着选中的边线进行裁剪操作。如图 4-99。

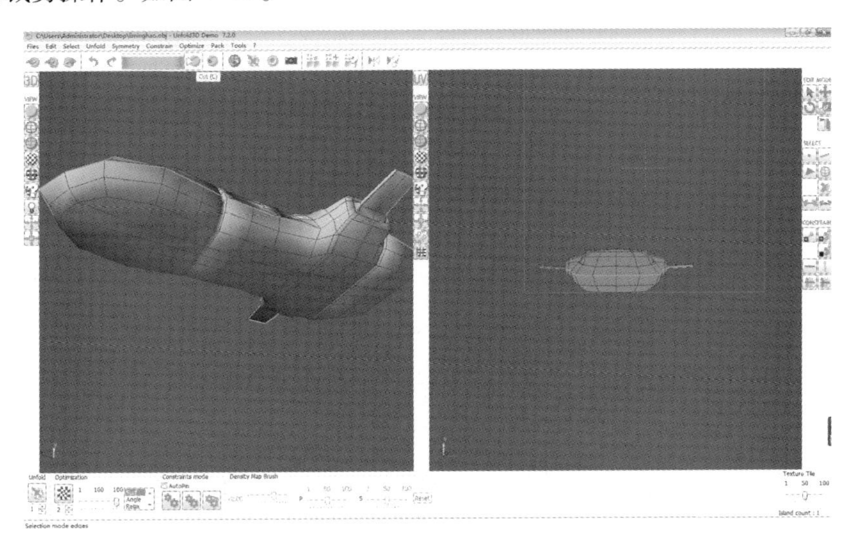

图 4-99

在飞船翅膀部位，沿着翅膀的横切面，按住“Shift”键，左键单击连续选中边线。如图 4-100。

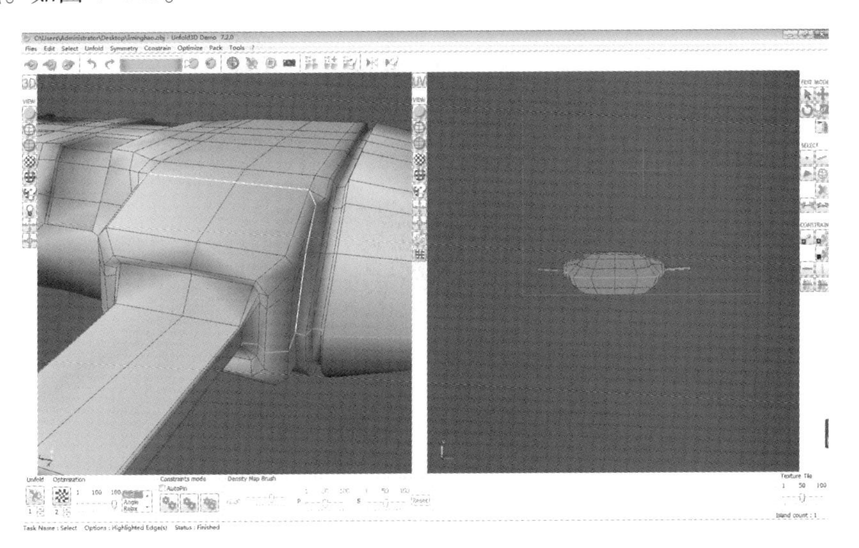

图 4-100

转动视图窗口至飞船底部，利用以上的方法连续选中边线。如图 4-101。

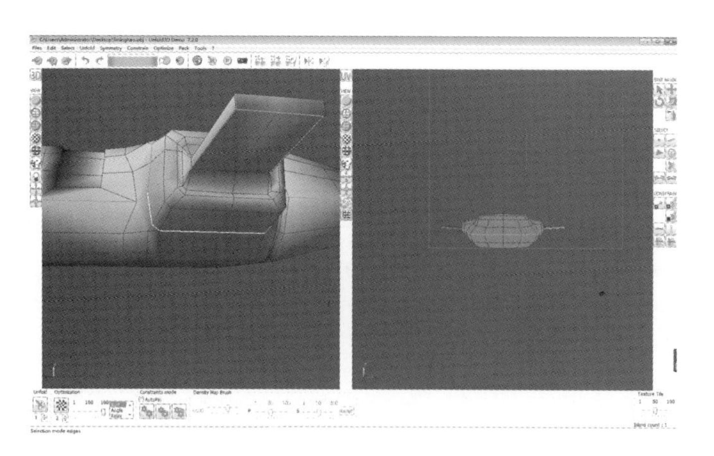

图 4-101

完成操作之后，左键单击“Cut（C）”按钮，然后单击软件菜单窗口中的“Unfold（U）”按钮。模型的 UV 面立即沿着剪开的部位展平在 UV 编辑器之中。如图 4-102。

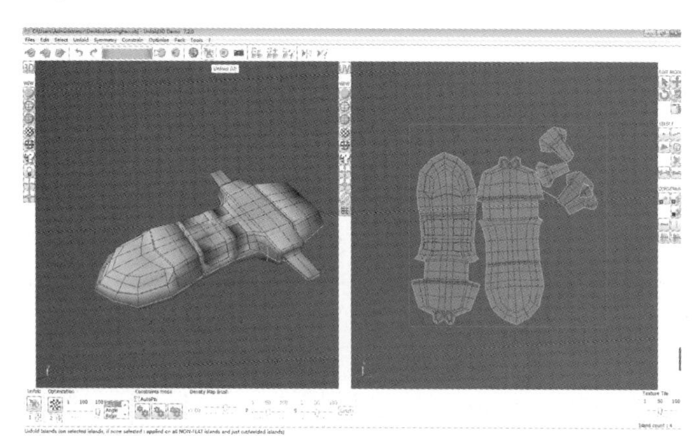

图 4-102

选择菜单中的“Files”→“Stamper”命令，弹出对话框。在“Output Files Path”中输入要保存的模型名称。勾选“Export Mesh（＊obj）”选项。最后单击“Export Files”按钮。如图 4-103。

Stamper
Output Files Path
C:\Users\Administrator\Desktop\mmgahao001
Input Custom Texture Path
Cropping Box
U MIN = 0 U MAX = 1
V MIN = 0 V MAX = 1
SCA U = 1 SCA V = 1
TRA U = -0 TRA V = -0
X Resol (pixel) 512
Y Resol (pixel) Use Cropping Box Ratio 512
Margins (pixel) 3
Optimize Space
Export Cropping Box Info (.txt)
none
PostScript
Export (.ps)
C:\Users\Administrator\Desktop\mmgahao001.ps
Texture Crop
Export (.bmp)
none
Obj file
Export Mesh (.obj)
C:\Users\Administrator\Desktop\mmgahao001.obj
Export Files Close

图 4-103

Step 04 回到 Cinema 4D 软件，在菜单栏中选择“文件”→“合并”命令，将刚才在 Unfold 3D 中保存的模型导入 Cinema 4D。在“界面”选项中选择“BP-UV edit”，进入 Cinema 4D 的 UV 编辑界面。拆分的 UV 也相应导入 Cinema 4D 中。如图 4-104。

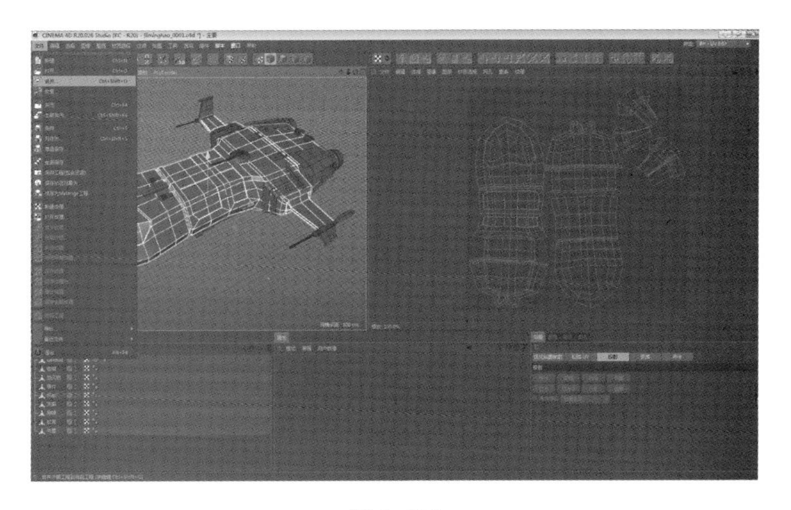

图 4-104

继续在 Cinema 4D 中将飞船的其他部位进行编组，并分别导入 Unfold 3D 软件之中进行拆分。如图 4-105。

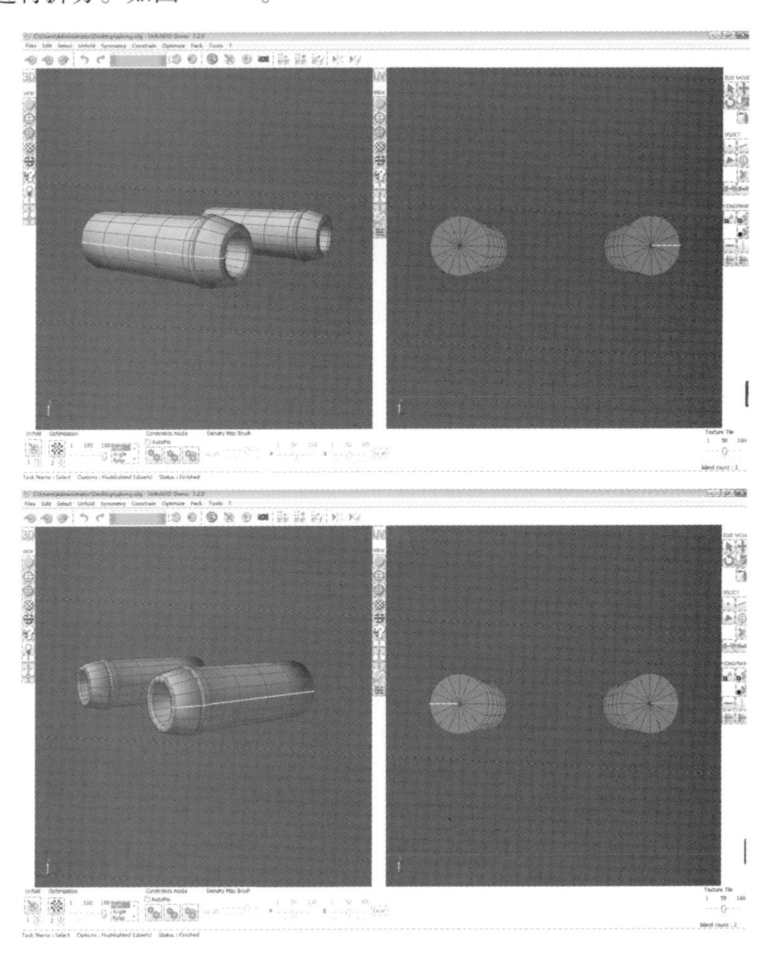

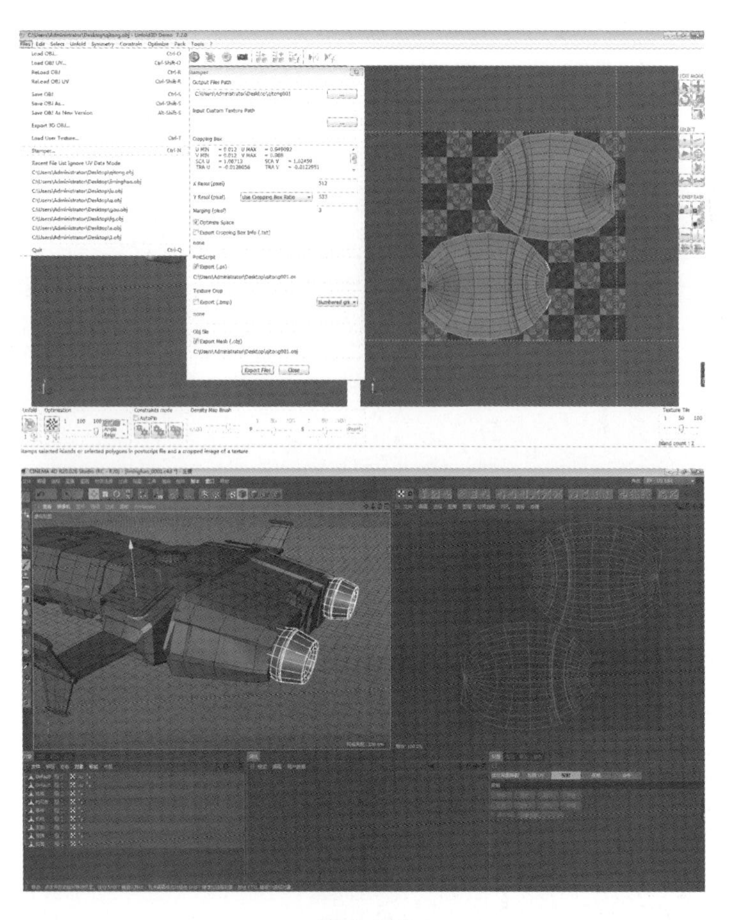

图 4-105

Step 05 完成所有的模型 UV 拆分后，将所有的模型一起导入 Cinema 4D 之中。在 Cinema 4D 的 UV 编辑窗口中选择“文件”→“新建纹理”命令。弹出对话框，在对话框中更改纹理的“宽度”和“高度”分别为“4096”像素，颜色“V”数值更改为“52%”。单击“确定”按钮。如图 4-106。

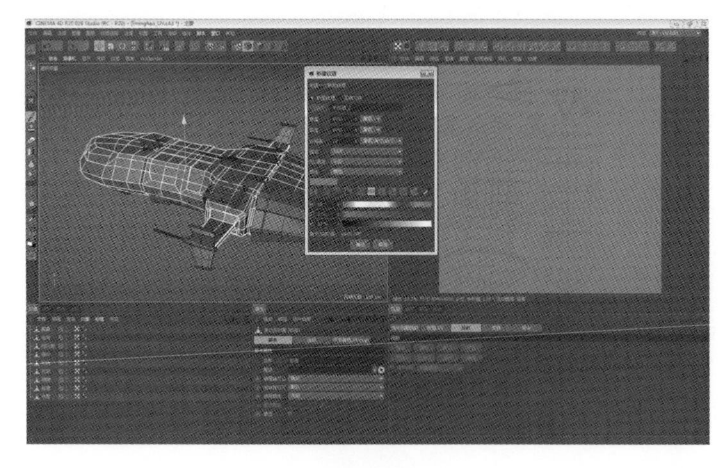

图 4-106

Step 06 选择船身部位的 UV 面，在 UV 编辑区域的下方选择“图层”→“功能”→“新建图层”命令，创建一个空白新图层。如图 4-107。

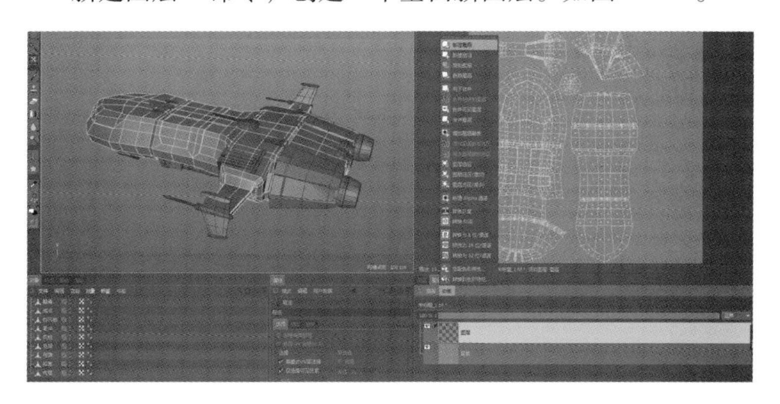

图 4-107

在 UV 编辑区域的菜单栏中选择“图层”→“描边多边形”命令，将船身的 UV 拓扑下来。如图 4-108。

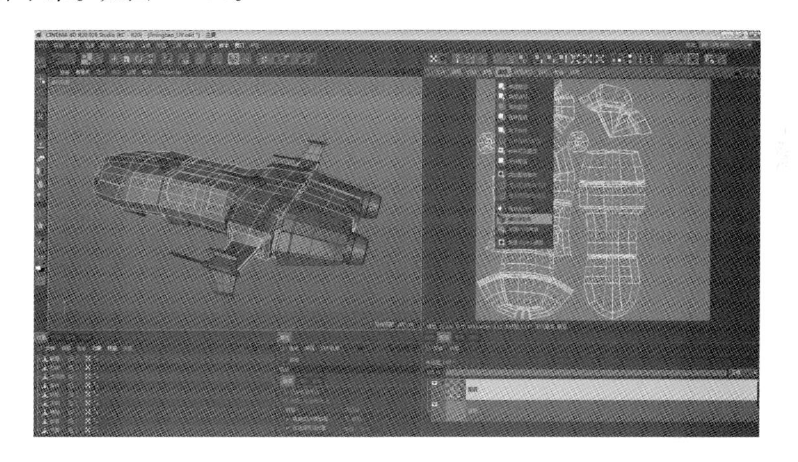

图 4-108

在“新建图层”中右键单击，选择“纹理”→“另存图像为”命令。将拓扑下来的 UV 映射导出。如图 4-109。

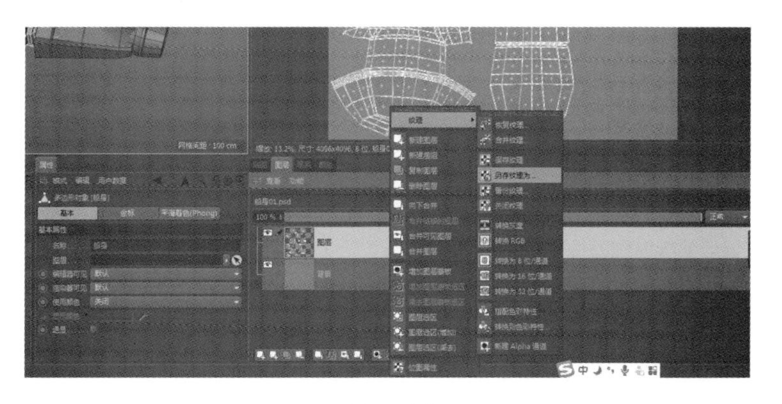

图 4-109

在弹出的对话框中单击“另存文件”后的三角形符号，在下拉选项中选择“psd（＊psd）”格式，单击“确定”按钮。如图 4-110。

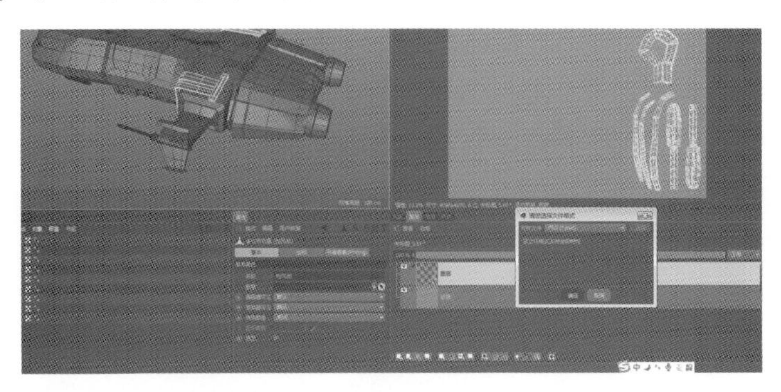

图 4-110

其他编组的模型也以同样的方式导出 UV 保存下来。如图 4-111。

图 4-111

Step 07 打开 PS 软件，将导出的所有 UV 文件合并在一个图层里面。注意：具体操作步骤参考 PS 相关教材。如图 4-112。

图 4-112

在背景图层中快速载入选区，选择菜单栏中的“选择”→“修改”→“收缩”命令，将选区的边框收缩一下。如图 4-113。

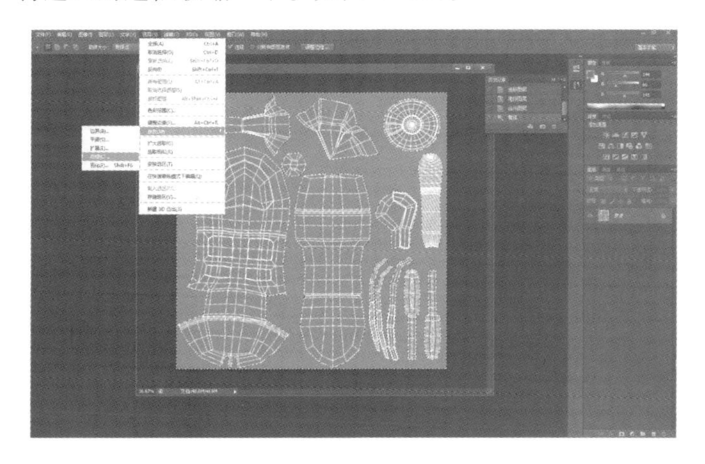

图 4-113

选中背景图层，按住“Ctrl + J”键，将选区范围内的空层复制出来。如图 4-114。

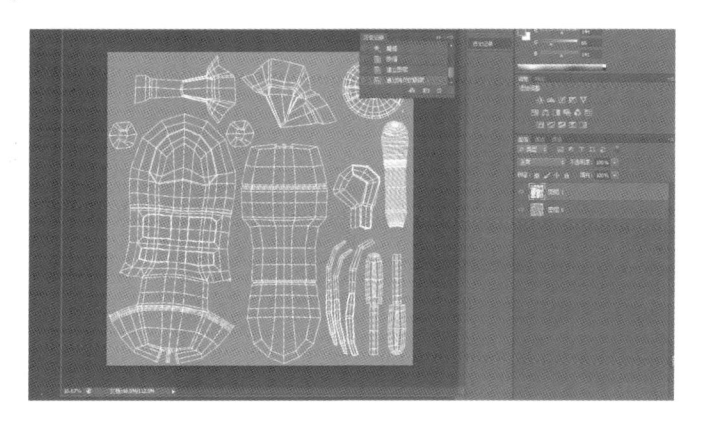

图 4-114

新建图层 2，填充为“黑色”，拖入到两个图层的中间。如图 4-115。

图 4-115

最后将绘制好的材质纹理图层添加到图层顶端。如图 4-116。

图 4-116

Step 08 回到 Cinema 4D 软件中。在材质管理器中双击空白处创建新的材质球，进入材质编辑器，单击并勾选“反射”选项，在面板中“层颜色”的纹理中载入刚刚绘制好的 PS 文件。如图 4-117。

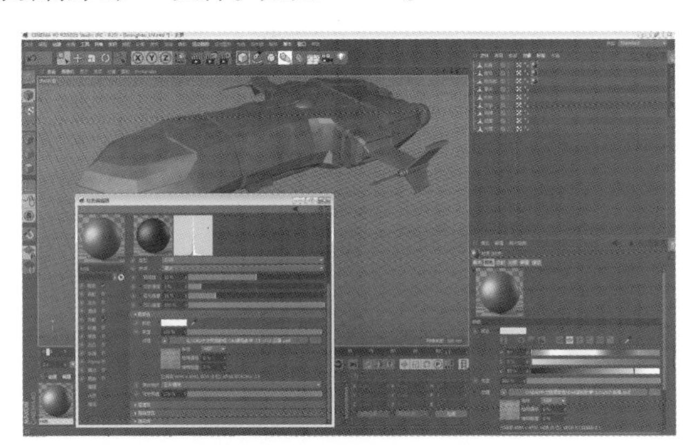

图 4-117

选中材质球拖给指定的飞船模型，贴入完毕的飞船纹理效果。如图 4-118。

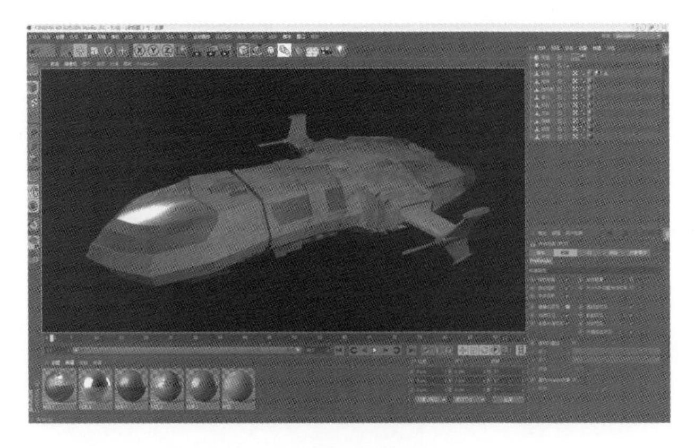

图 4-118

提示　PS 软件的使用方法可详细参考相关教程和书籍，这里不做重点讲解。

本节重要工具命令（表 4-6）：

表 4-6

命令名称	体现步骤	命令作用	重要程度
Cut（C）	2	Unfold 3D 软件的 UV 剪辑	高

本章小结

本章主要讲解 Cinema 4D 的材质与纹理贴图的制作。通对本章的学习，学习者基本可以掌握材质编辑器中各项属性参数的用法，包括“渲染器”和常用的材质与贴图方法。其中的 UV 拆分技法，更是重中之重。它与后面的章节具有关联性，希望学习者勤加练习。

本章需重点掌握的内容：

（1）材质编辑器的各种属性。

（2）反射材质属性与折射材质属性。

（3）UV 的拆分方法。

（4）Unfold 3D 软件的使用方法。

课后习题

作业名称：酒瓶与酒杯制作。

用到工具：材质球、材质编辑器、渲染器工具、Unfold 3D。

学习目标：熟悉各个面板中的功能。

步骤分析：

（1）区分酒杯、酒瓶不同的材质属性。

（2）分别对物体进行材质编辑，注意高光与折射的调节。

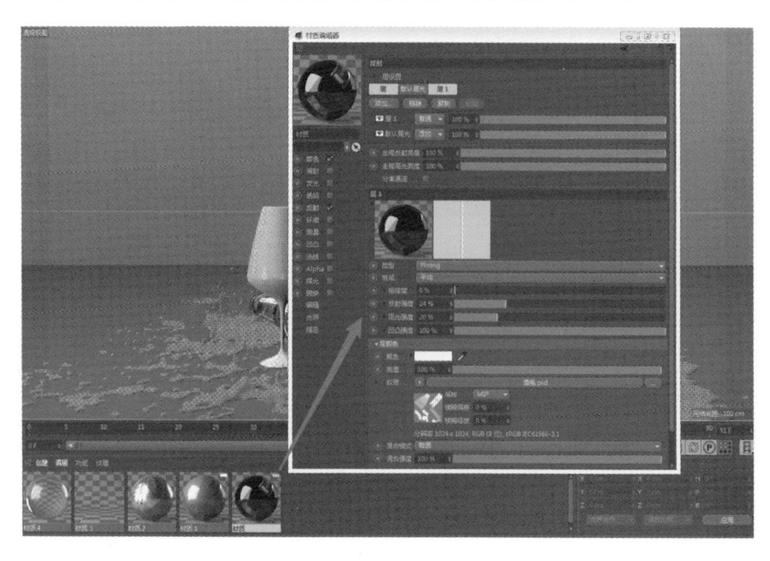

（3）添加反射效果。

最终要求效果：

第5章　Cinema 4D 灯光与渲染

【本章内容】

本章对 Cinema 4D R20 软件的灯光与渲染进行讲解和介绍。对灯光的三点布光、全局光照的讲解，让学习者可以了解各种各样的灯光效果；另外，在灯光的基础上，了解渲染技法、摄像机的各项参数命令和环境贴图的方法，可帮助学习者在实战渲染工作中提高效率，增强制作效果，按时高效地完成任务。

【课堂学习目标】

了解灯光的基本属性和布光方法，渲染器的类型及用法；
熟悉常用的几种灯光，了解环境贴图的添加方法；
掌握分层渲染的技法和要诀，以及渲染输出后的合成思路。

5.1　灯光照明技术

5.1.1　灯光属性设置

本节讲解 Cinema 4D 各种灯光的使用方法。灯光即为照亮虚拟世界的光源，从灯光的性质来看，大概可以分为高光、聚光、散光、柔光、强光、焦点光等。而这些灯光性质又与我们即将要学习的灯光照明设置息息相关。Cinema 4D 中常用到的灯光照明有灯光、目标聚光灯、区域灯、无限光和日光五种。下面分别来介绍一下（表 5-1）：

表 5-1

灯光属性	Cinema 4D 中对应的光源
高光（highlight）	灯光、目标聚光灯、区域灯、无限光和日光
聚光（spotlight）	目标聚光灯
散光（astigmatism）	无限光
柔光（subdued light）	灯光、目标聚光灯、区域灯
强光（hardlight）	无限光、日光
焦点光（the focus lamp）	特殊灯光

课堂案例 1：各种灯光的柔光效果

灯光：也称点光源，用来模拟室内灯、蜡烛等效果。用一个场景来说明灯光的柔光效果。

Step 01 打开一个简单的场景，长按工具菜单中的“灯光”按钮，弹出“灯光”面板，选择“灯光”命令。移动灯光照射至场景对象的斜上方。如图 5-1。

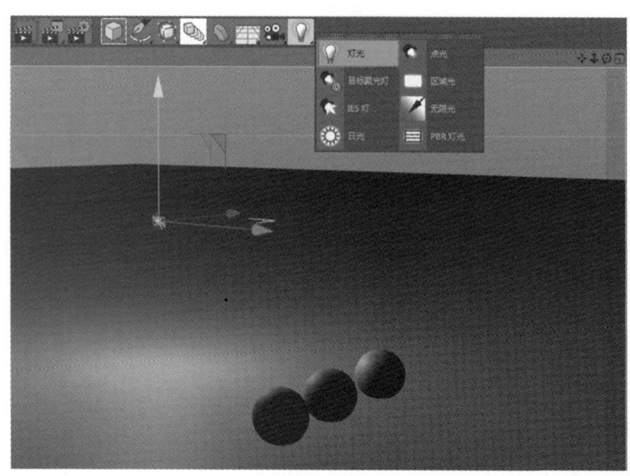

图 5-1

Step 02 罗列灯光的各种参数属性。在属性管理器中选择“灯光对象［灯光］”→“常规”选项，调整“灯光强度”为“100%”，“投影”更改为“阴影贴图（软阴影）”，其他属性设置为默认值。如图 5-2。

渲染场景测试灯光，也可以更改灯光面板中“颜色”的“HSV”数值，将“H”值更改为“219°”，“S”值更改为“28%”，“V”值更改为“89%”。如图 5-3。

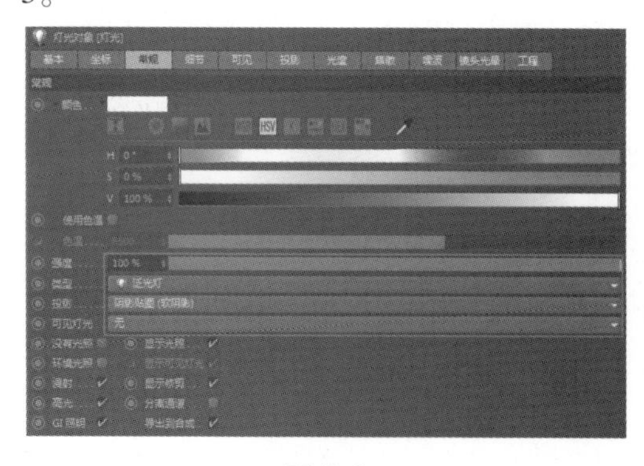

图 5-2

图 5-3

在视图窗口渲染场景效果，整个场景被照亮了一处并且偏暗蓝色调。如图 5-4。

Step 03 将灯光“投影”模式分别更改为“光线跟踪（强烈）”与“区域”模式，得到的投影效果都不一样。图 5-5 是经过光线追踪得到的阴影效果，而图 5-6 是将软阴影和光线追踪进行融合的阴影效果。

图 5-4

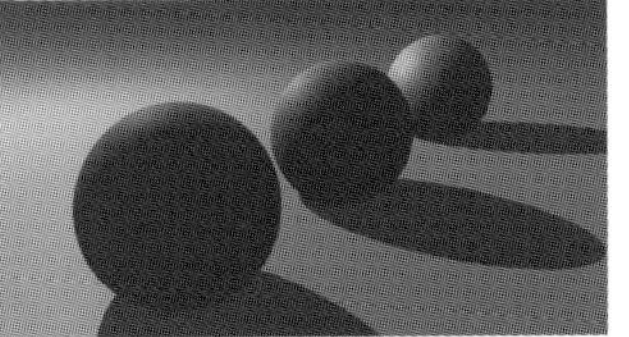

图 5-5

图 5-6

在对象管理器中选择“灯光”，在属性管理器中选择“灯光对象［灯光］”→“投影”选项，将“密度”更改为“100%”，这样投影的密度便随即增大。如图 5-7。

调整投影的“颜色”为褐色，这样整个投影颜色即改变了。如图 5-8。

图 5-7

图 5-8

目标聚光灯：也称聚光灯，用来模拟如路灯、台灯等效果。

Step 01 在“灯光”面板中选择“目标聚光灯”命令，调整其位移至场景对象的斜上方。如图 5-9。

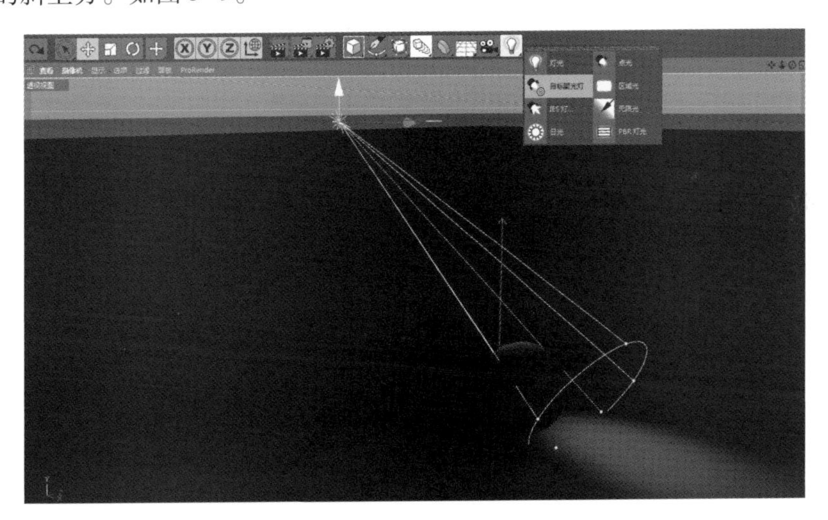

图 5-9

Step 02 选择拖动聚光灯圆线上的黄色小点，可以缩放其照射半径。移动中线上的黄色小点，可以伸缩其照射距离。如图 5-10。

Step 03 将灯光的“强度”与“投影”更改为与点灯光相似，渲染场景，观察到周边部位有光线聚集的效果。如图 5-11。

图 5-10

图 5-11

区域灯：用来模拟阳光、室内外光等效果，这也是常用的一种主光源。

Step 01 在“灯光”面板中选择“区域光”命令，调整其位移至场景对象的斜上方。如图 5-12。

同样将灯光的“强度”与“投影”更改为与点灯光相似，渲染一下，观察效果。如图 5-13。

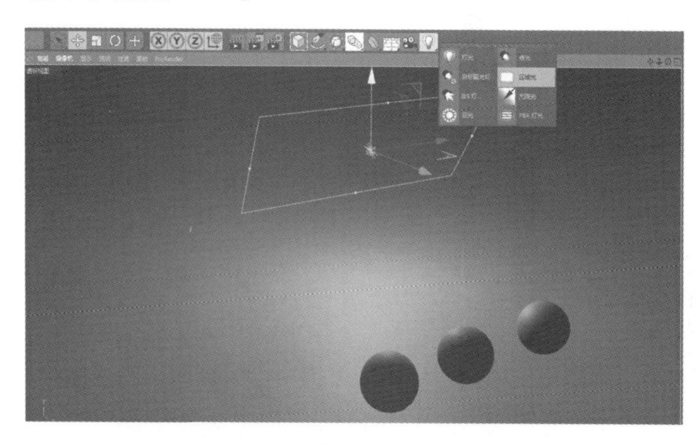

图 5-12

图 5-13

Step 02 将灯光“投影”更改为“光线跟踪（强烈）”模式，渲染场景，观察效果，发现投影的长度会随着灯光的照射高低而变化。如图 5-14。

将灯光“投影”更改为“区域”模式，渲染场景，观察效果。整个场景的投影呈现室外光源最真实的效果。如图 5-15。

图 5-14

图 5-15

Step 03 在对象管理器中选择“灯光”工具，在属性管理器中选择“灯光对象［灯光］”→“投影”选项，减小“颜色”数值。渲染出的阴影就淡化了许多。如图 5-16。

图 5-16

课堂案例 2：各种灯光的强光效果

无限光：用来模拟昏暗灯光逐渐减弱的效果。

Step 01 在“灯光”面板中选择“无限光”工具，调整其位移至场景对象的斜上方。如图 5-17。

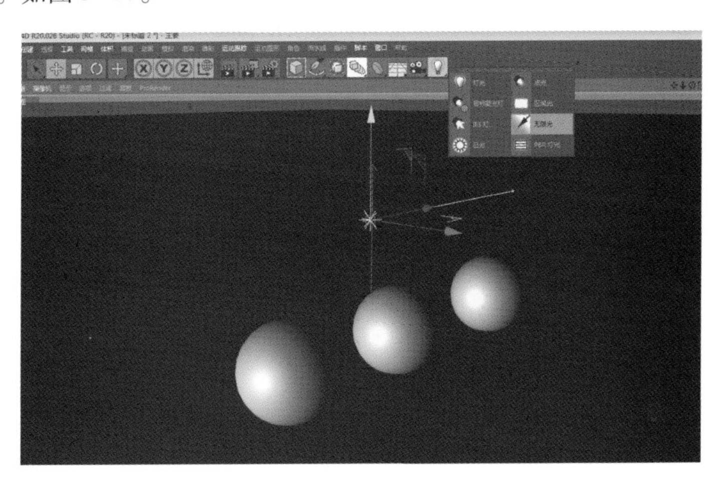

图 5-17

渲染一下，观察到灯光变为往内部逐渐消失。如图 5-18。

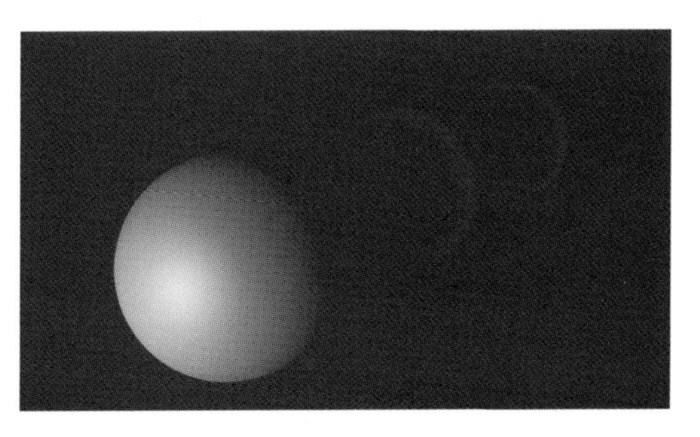

图 5-18

日光：用来模拟物理世界随时间变化而不断变化的太阳光。

Step 01 在“灯光”面板中选择“日光”，在标签中选中日光标签。选择“日光表达式｛太阳｝”→“标签”选项，更改经纬度数值，场景灯光就会随着经纬度的改变而变化。如图 5-19。

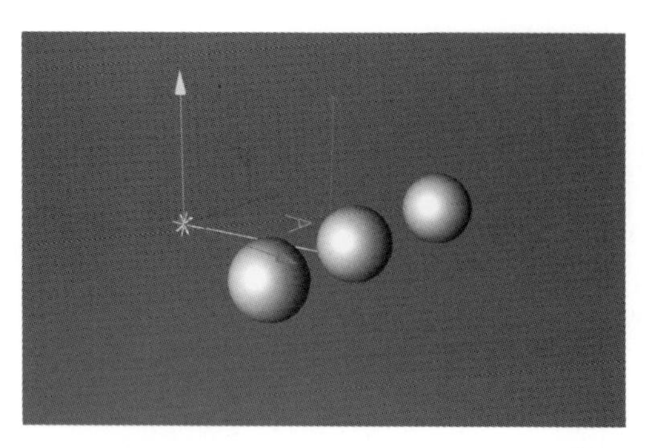

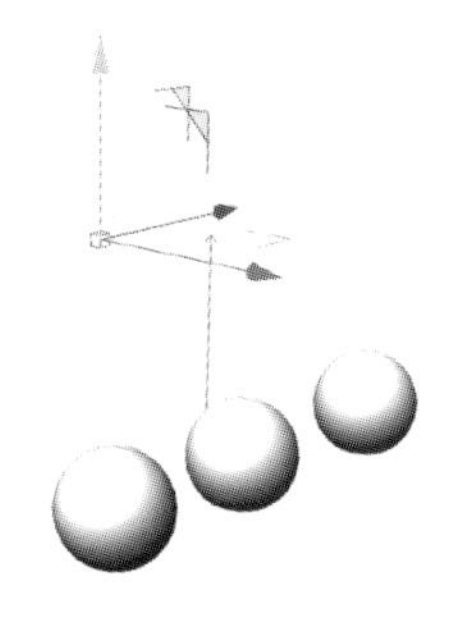

图 5-19

Step 02 调整纬度为“78°”，经度为“18°”，渲染光照效果。发现灯光随着经纬度的变化而变化。如图 5-20。

图 5-20

本节重要工具命令（表 5-2）：

表 5-2

命令名称	体现步骤	命令作用	重要程度
阴影贴图（软阴影）	2	灯光阴影的一种假设模拟方式，与光线追踪阴影形成真假的对比	高
灯光密度	3	灯光阴影的密集程度	高
光线跟踪（强烈）阴影	2	经过光线追踪得到的阴影效果	高
区域阴影	3	是将软阴影和光线追踪进行融合的阴影效果	高

5.1.2　三点灯光照明

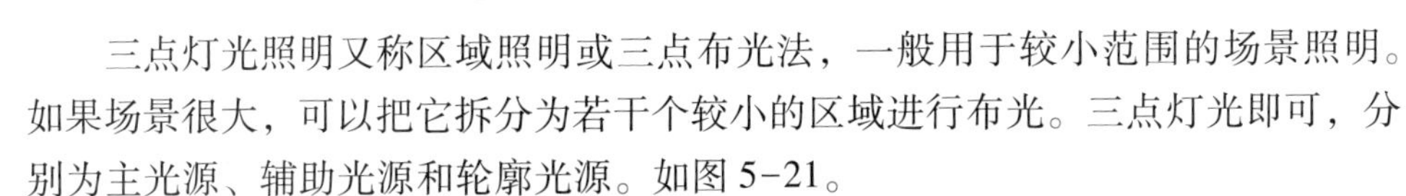

三点灯光照明又称区域照明或三点布光法，一般用于较小范围的场景照明。如果场景很大，可以把它拆分为若干个较小的区域进行布光。三点灯光即可，分别为主光源、辅助光源和轮廓光源。如图 5-21。

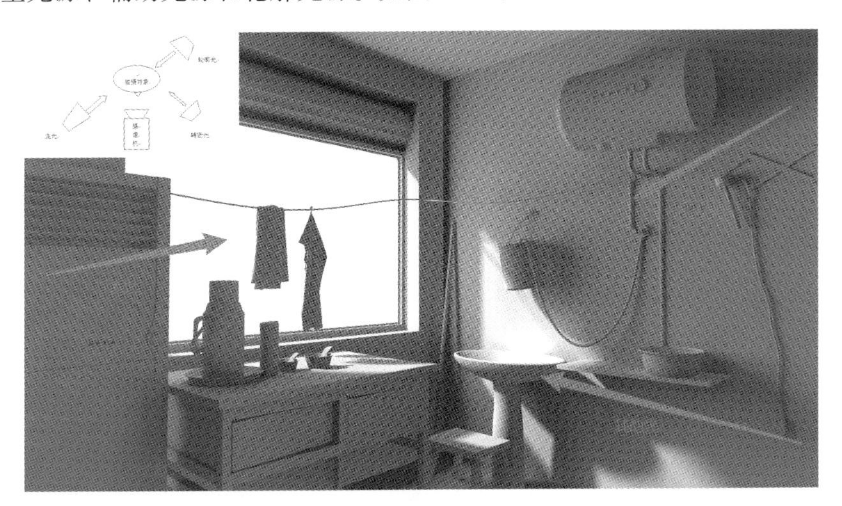

图 5-21

课堂案例：小场景灯光

本节就来讲解 Cinema 4D 的三点布光法。

Step 01 首先设置一处“灯光”作为主光源，调整至场景的右上方正面部位。将灯光“强度”设置为“80%”，“投影”更改为“阴影贴图（软阴影）”。如图 5-22。

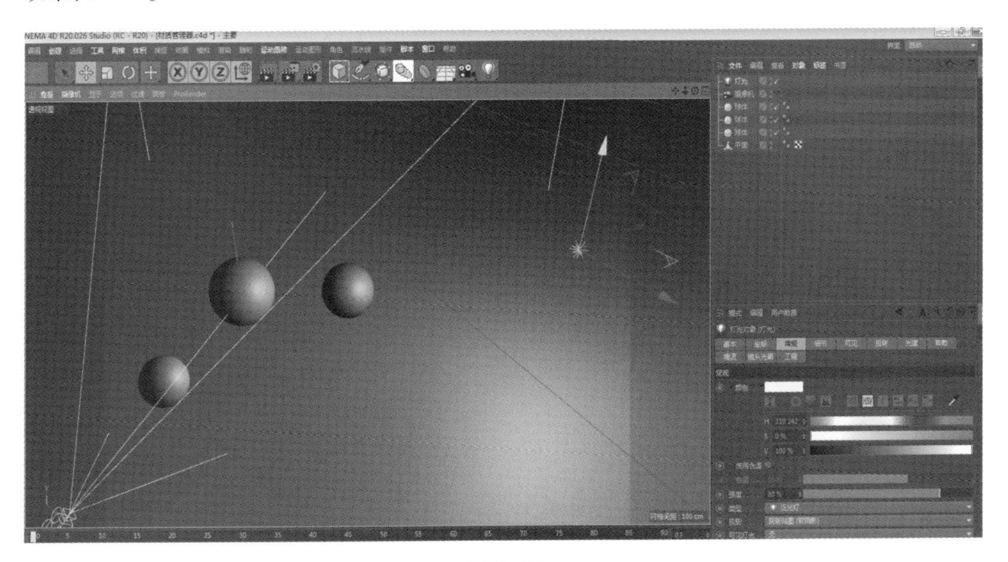

图 5-22

渲染一下观察效果。如图 5-23。

图 5-23

Step 02 设置一处“区域光”当作侧面轮廓光源，调整至场景对象的背部。将灯光“强度”设置为“40%”，照亮对象的暗部。如图 5-24。

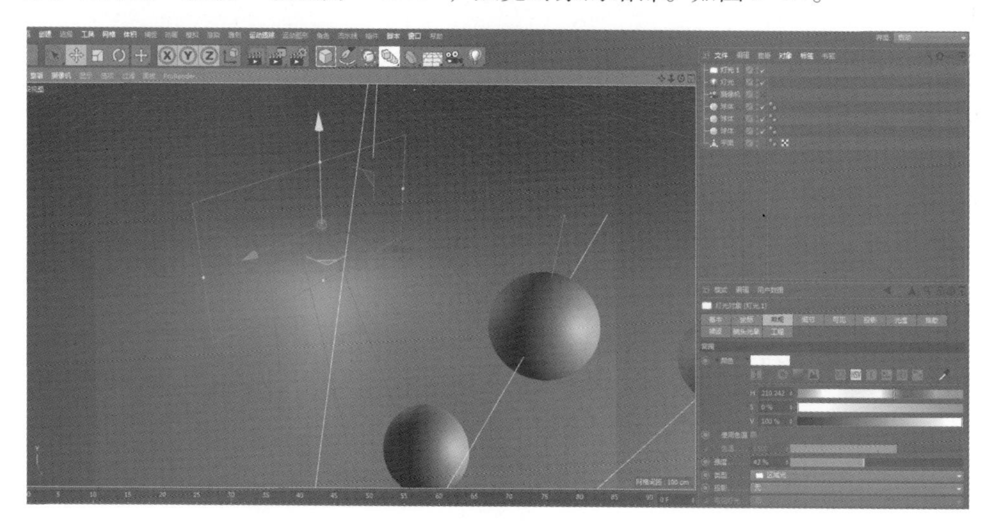

图 5-24

再次渲染，观察背面提亮的效果。如图 5-25。

图 5-25

Step 03 设置一处“区域光”作为辅助光源，调整至场景对象的侧面，灯光“强度”设置为“20%”，照亮对象的侧面。如图 5-26。

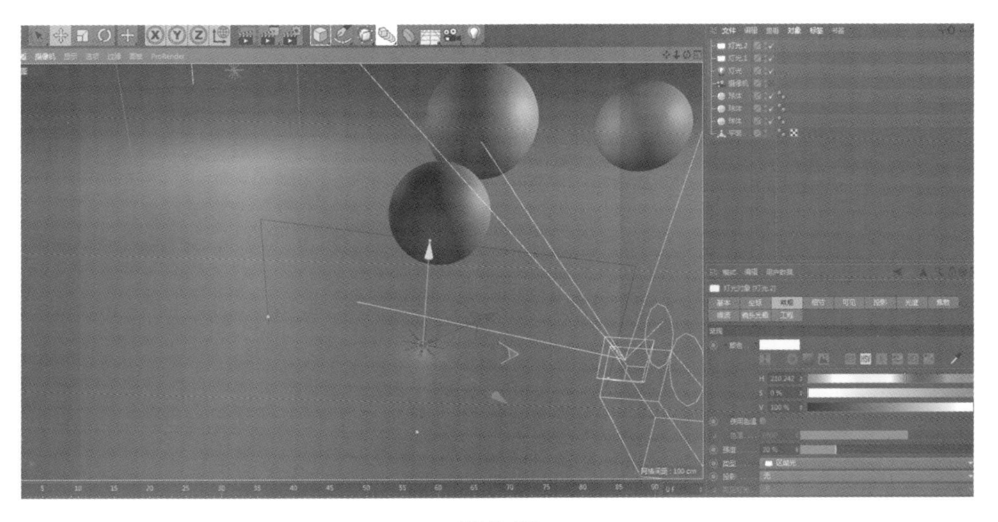

图 5-26

渲染一下，观察灯光效果。背部在一定程度上增强了亮度。如图 5-27。

图 5-27

Step 04 依次回到灯光属性面板中调整主光源、暗部光源、辅助光源的光源颜色。如图 5-28。

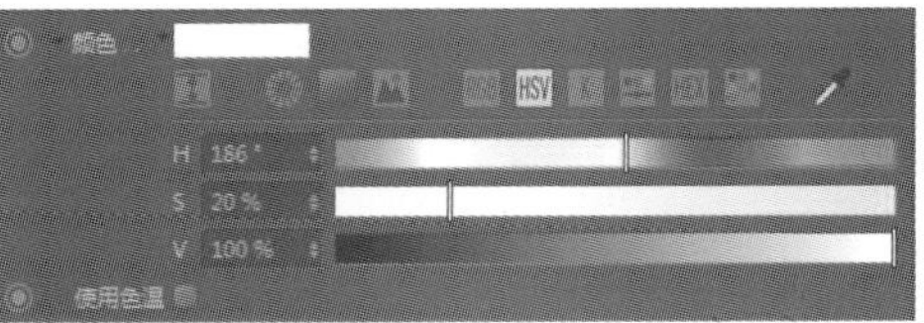

图 5-28

最终渲染调整好的灯光场景如图 5-29所示。

图 5-29

提示　主光源是最先进行设置的光源，辅助光源和轮廓灯光的设置无强制顺序。

本节重要工具命令（表 5-3）：

表 5-3

命令名称	体现步骤	命令作用	重要程度
灯光颜色	4	灯光光源的色相变化	高

重要知识点：小场景三点光照效果的布光法则。

一般来说，三点布光应遵循主光源、辅助光源和轮廓光源配合的法则。在实际的应用当中，应注意该场景是何种光照效果。如果是场景正面受光的效果，就必须让主光源更亮一些；如果是逆光的效果，那就应该让辅助光源更亮一些；如果是背光的效果，就要提高轮廓光的亮度。如图 5-30。

图 5-30

5.1.3　全局灯光照明

全局灯光照明一般用在较大范围的场景，它是把多种灯光与全局光照设置结合起来使用的一种布光方式。这样可以为后续渲染大场景提供很好的灯光效果。

课堂案例："植树节" 场景灯光

本节讲解 Cinema 4D 中场景的全局灯光照明。

Step 01 打开本地电脑中保存的场景。首先创建一处灯光，移动至如图 5-31所示的位置，将它作为场景的主光源。

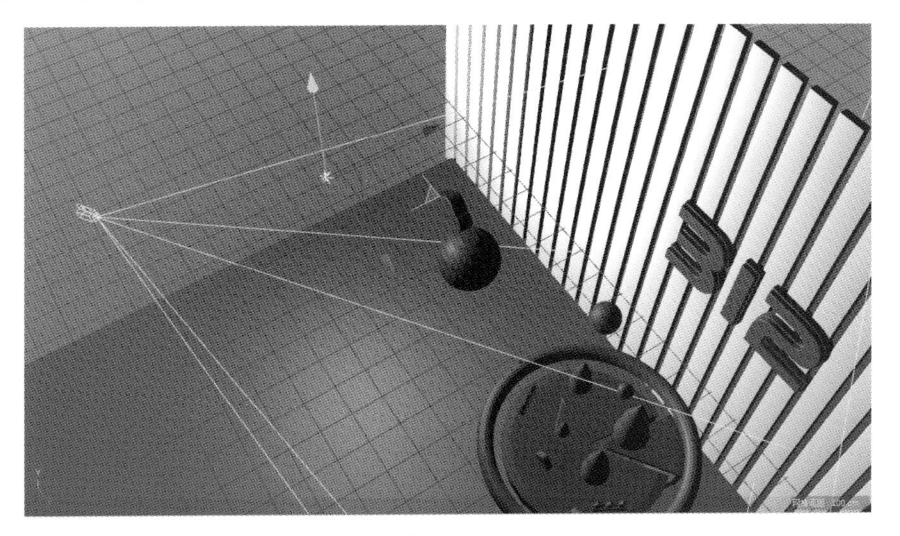

图 5-31

设置灯光的“强度”为“100%”，“投影”更改为“阴影贴图（软阴影）”，“可见灯光”更改为“无”。如图 5-32。

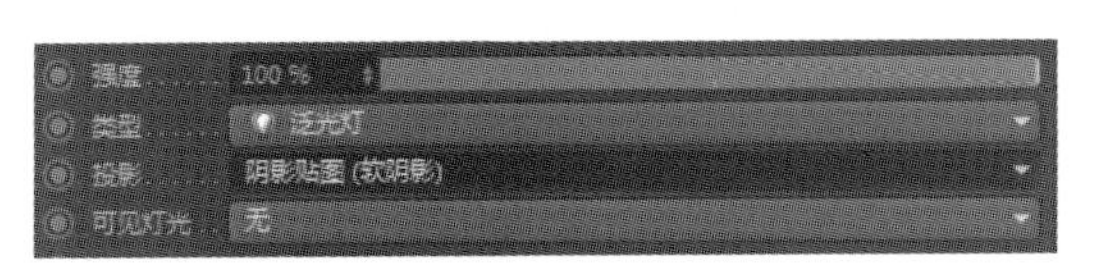

图 5-32

鼠标单击“渲染到图片查看器”命令，渲染一下，观察效果。如图 5-33。

Step 02 创建一盏区域灯，移动至场景的侧面，作为场景的辅助光源。如图 5-34。

图 5-33

图 5-34

再次单击“渲染到图片查看器”命令，观察一下渲染效果。如图 5-35。

图 5-35

Step 03 调整辅助光源的“H”值为“177°”，“S”值为“21%”，“V”值“100%”。如图 5-36。

图 5-36

渲染一下，观察灯光效果，场景明显更亮了，但场景中间部位还是比较暗淡。如图 5-37。

Step 04 在主光源与辅光源之间再创建一盏区域灯，来提亮整个场景暗淡的部位。如图 5-38。

图 5-37

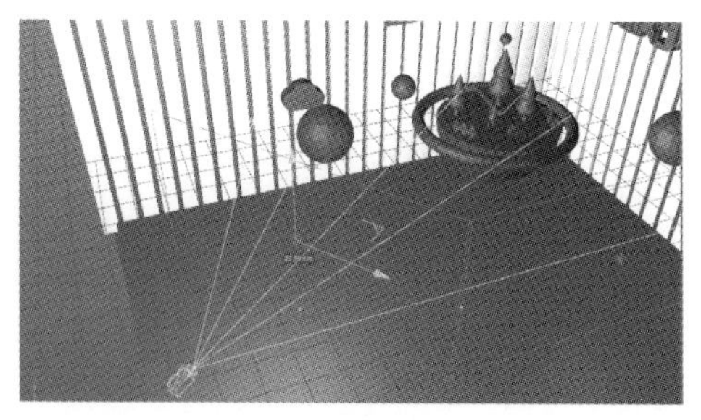

图 5-38

单击“渲染到图片查看器”命令，观察三点光照效果。如图 5-39。

Step 05 继续细化场景灯光。在半圆形场景底部创建一盏聚光灯，照亮暗部无光的区域。如图 5-40。

图 5-39

图 5-40

同样在其他场景部位创建聚光灯。如图 5-41。

单击“渲染到图片查看器”命令，观察设置好的光照效果。如图 5-42。

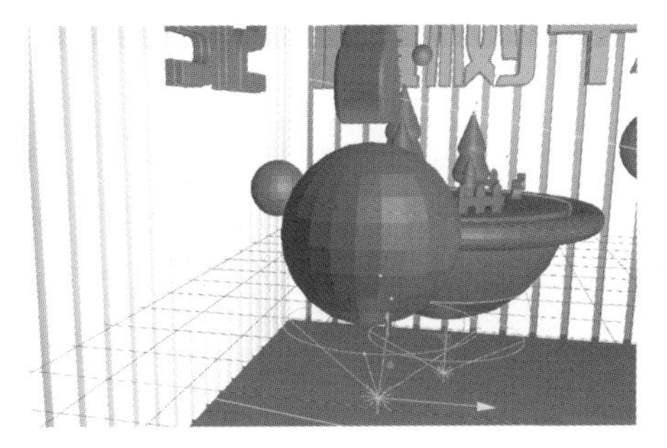

图 5-41

图 5-42

Step 06 灯光创建完毕之后，可以对场景进行全局光照的设置。鼠标单击工具菜单栏中的“渲染设置”命令，弹出“渲染设置”浮动面板。鼠标单击“效果”按钮，在下拉选项中选择“全局光照”命令，即载入面板中。如图 5-43。

将除主光源以外的灯光对象中的“高光”勾选项全部取消。如图 5-44。

图 5-43

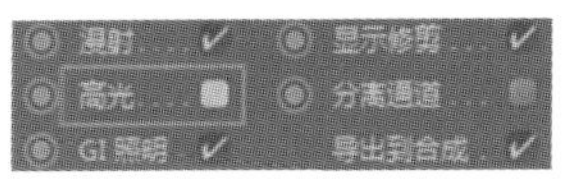

图 5-44

单击“渲染到图片查看器”命令，整个场景全部提亮。如图 5-45。

图 5-45

Step 07 设置场景中主光源的颜色为暖色，设置辅光源的颜色为冷色。如图 5-46。

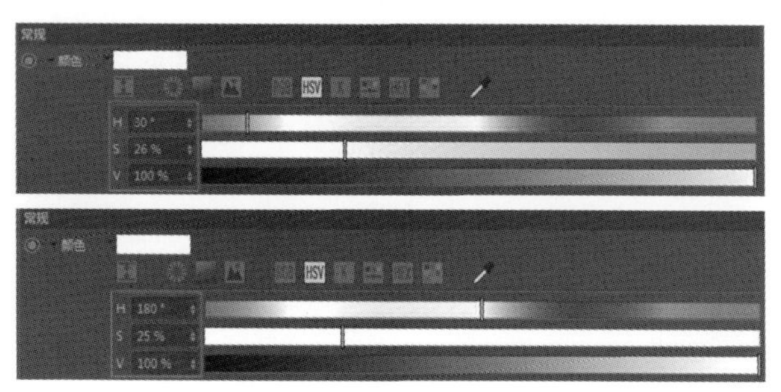

图 5-46

最后渲染调整好的灯光效果。如图 5-47。

图 5-47

本节重要工具命令（表 5-4）：

表 5-4

命令名称	体现步骤	命令作用	重要程度
HSV 值	4	灯光色相、明暗和饱和度的变化	高
灯光高光属性	5	在场景中显示/隐藏灯光高光属性	高
全局光照	6	对场景进行光线追踪全局设置以便提高整个场景亮度	高

5.2 摄像机属性设置

摄像机是使用频率较高的工具之一，它一般会与灯光搭配使用。不同于其他三维软件创建摄像机的方法，Cinema 4D 只需要在视图中找到合适的视角，单击“摄像机”工具即可创建完成。创建后会出现在“对象面板”中。其中的重要参数如表 5-5 所列：

表 5-5

参数	参数详解
投射方式	设置摄像机投射的范围
焦距	设置焦点到摄像机的距离，默认为 36 mm
视野范围	设置摄像机查看区域的宽度
目标距离	设置目标对象到摄像机的距离
焦点对象	设置摄像机焦点链接的对象
自定义色温	设置摄像机的照片滤镜，默认为 6500 K
电影摄像机	勾选后会激活“快门角度”和“快门偏移”选项

本节通过 Cinema 4D 中摄像机应用到的具体实例，来讲解它的各项参数设置。

5.2.1 摄像机参数介绍

课堂案例：摄像机下的立体字

Step 01 打开本地电脑中保存的立体字体模型，单击工具菜单上的“摄像机”按钮，选择“摄像机”工具。将摄像机移至字体侧面的位置，并改变摄像机的范围及焦长。如图 5-48。

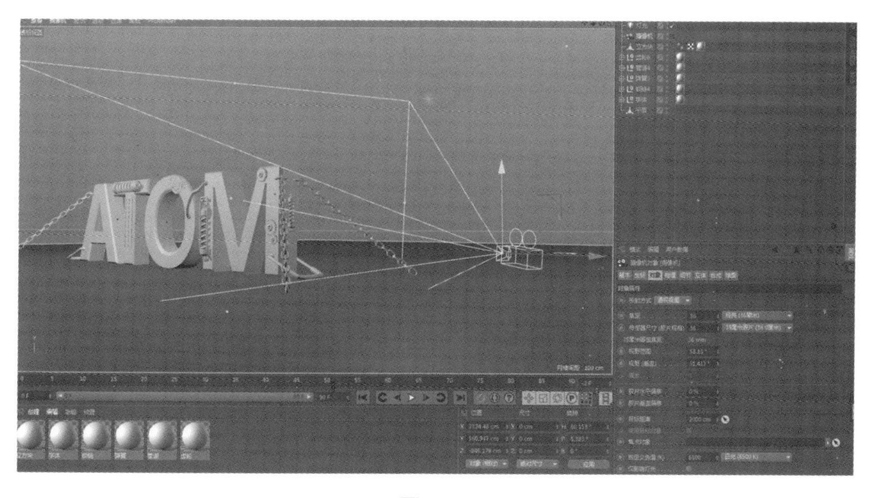

图 5-48

在对象管理器中选择“摄像机”，在属性管理器面板中选择“摄像机对象［摄像机］”→“对象”选项，更改“焦距”为“36（经典36毫米）”，“传感器尺寸（胶片规格）”更改为“36（35毫米照片）”，“目标距离”更改为“2000 cm”。如图5-49。

Step 02 鼠标左键选中对象管理器中的“字体”工具，拖到属性管理器中“焦点对象”的空白栏之中。如图5-50。

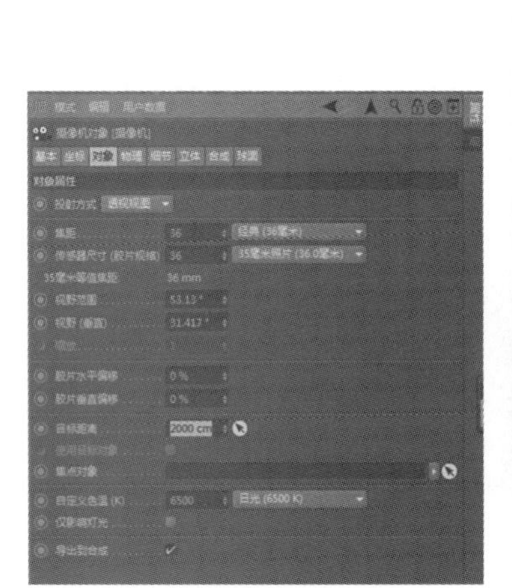

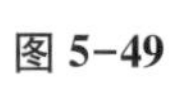

图 5-49

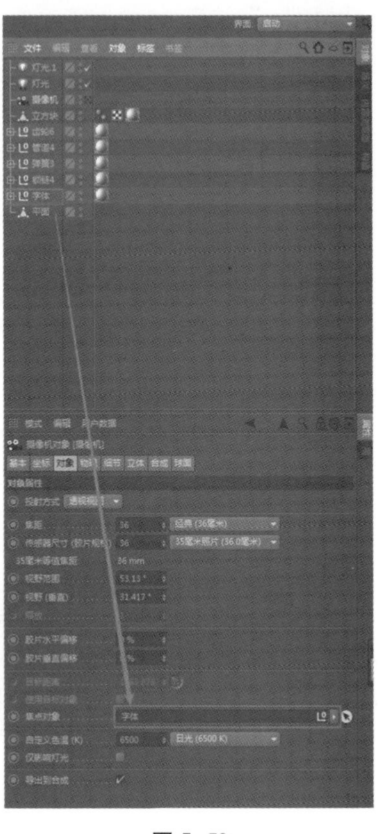

图 5-50

这样就可以点击摄像机的中心轴上的点调整摄像机的焦点距离了。如图5-51。

图 5-51

Step 03 设置好摄像机的视角，选择“摄像机对象［摄像机］”→“合成”选项，在面板中勾选“网格”命令。这样就可以利用网格来调整摄像机镜头的视觉中心点了。如图 5-52。

图 5-52

Step 04 继续在面板中勾选“对角线”命令，利用对角线调整镜头中模型的占图比例和位置。如图 5-53。

图 5-53

勾选“黄金分割”命令，调整模型在摄像机视角中的黄金比例点。如图 5-54。

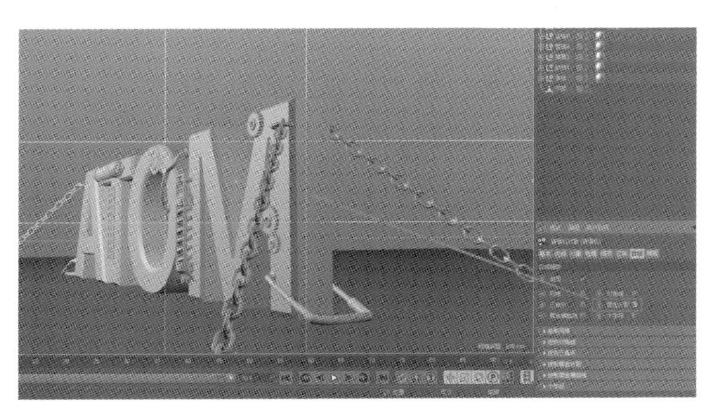

图 5-54

Step 05 单击工具菜单栏中的“渲染设置”命令，弹出渲染设置面板。单击“渲染器”后的三角形符号，在下拉选项中选择“物理”，此时渲染器中出现“物理”属性。如图 5-55。

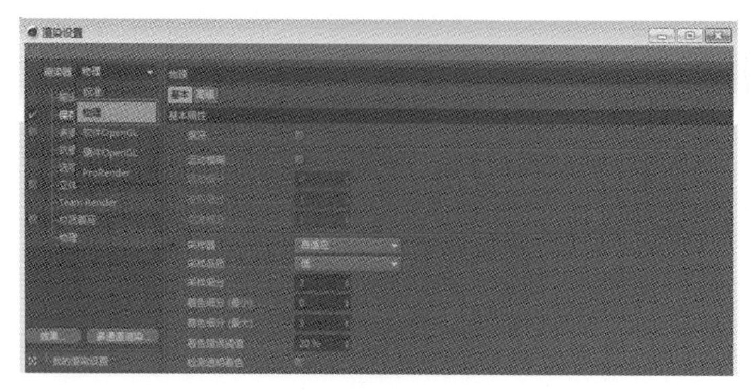

图 5-55

选择“物理”→“基本”选项，在面板中勾选“景深”命令。如图 5-56。

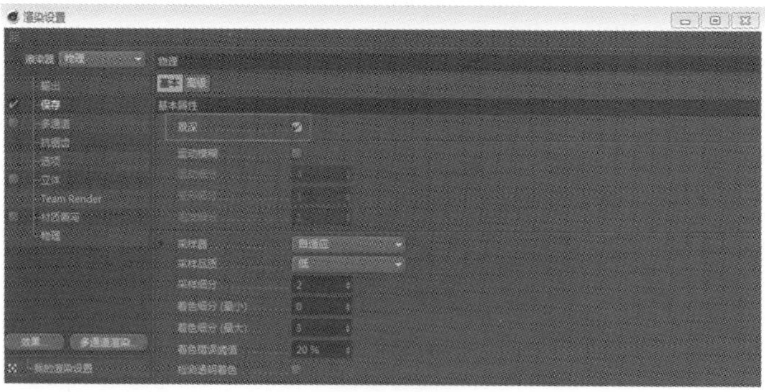

图 5-56

Step 06 在属性管理器中选择“摄像机对象［摄像机］”→“物理”选项，在面板中更改“光圈（f/#）”为“1”和“f/1.0”。如图 5-57。

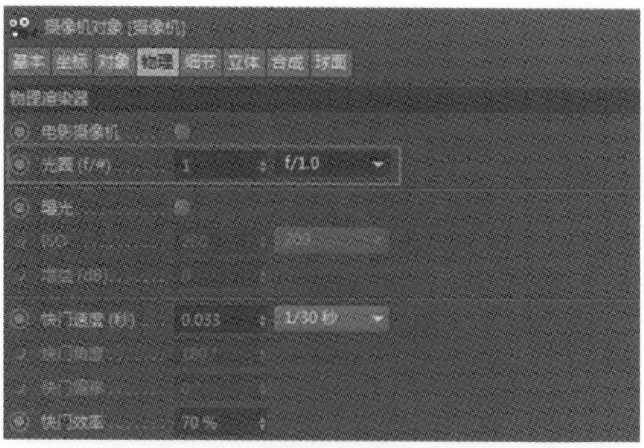

图 5-57

摄像机的“焦点对象”决定机械字体圆环部位的模糊焦距程度。如图 5-58。

提示　在默认的“标准”渲染器设置中，不能设置“光圈”“曝光”和

"ISO"等选项，只有将渲染器切换为"物理"时，才能设置这些参数。

图 5-58

在摄像机视角中渲染铁链，观察摄像机视角中铁链部位虚焦效果，整体效果较差。如图 5-59。

Step 07 这里再介绍另外一种制作镜头虚焦的方法。打开"渲染设置"面板，将"渲染器"更改到"标准"命令。如图 5-60。

图 5-59

图 5-60

在属性管理器中选择"摄像机对象［摄像机］"→"细节"选项，在面板中勾选"景深映射-前景模糊"命令和"景深映射-背景模糊"命令。如图 5-61。

点击摄像机的中心轴上的点调整摄像机的焦点距离。注意：中间的平面轴以内区域代表清晰状态，末端的平面轴以内区域表示模糊状态。如图 5-62。

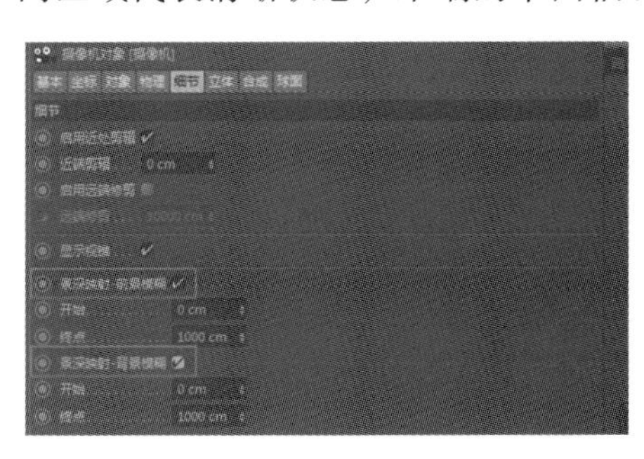

图 5-61

图 5-62

Step 08 开始设置"景深"效果。打开"渲染设置"面板，鼠标单击"景深"按钮，在弹出的对话框中选择"景深"命令，即载入面板工具当中。如

图 5-63。

摄像机移动到另一个视角，在视图窗口渲染场景，观察到摄像机产生了正确的镜头虚焦效果。如图 5-64。

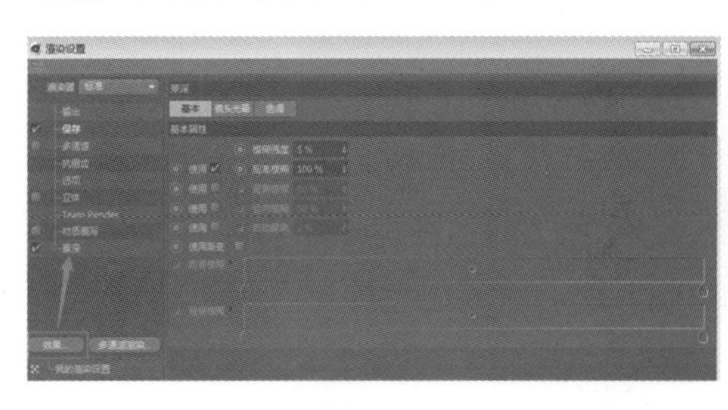

图 5-63

图 5-64

拓展知识点：早在第 2 章已经介绍了 5 种摄像机的类型。在这里还有一种摄像机工具，即“目标摄像机” ，会偶尔使用，使用方法在这里也介绍一下。

Step 01 鼠标单击工具菜单上的“摄像机”命令，选择“目标摄像机”工具。在对象管理器中左键单击拖动组合字体中的“立方体”模型至“目标摄像机”的子集之下。如图 5-65。

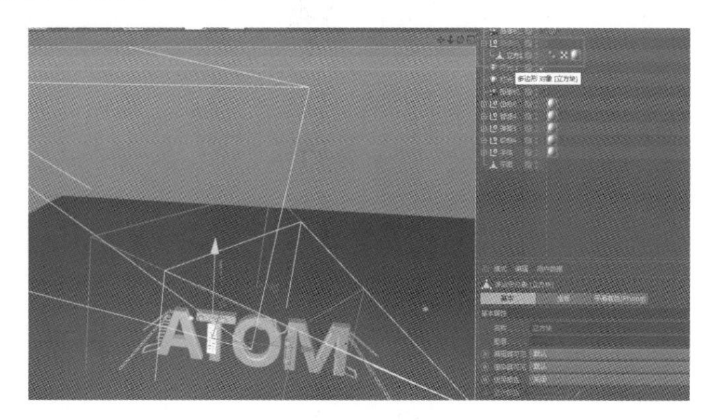

图 5-65

Step 02 镜头切换到“目标摄像机”视角。当拖动镜头位移的时候，“立方体”模型跟随摄像机的移动而产生了同样位移的变化。如图 5-66。

图 5-66

还有两种摄像机工具："运动摄像机" 运动摄像机 和"立体摄像机" 立体摄像机 。由于在本书所介绍的范围中较少使用，就不在这里悉数讲解了。

本节重要工具命令（表 5-6）：

表 5-6

命令名称	体现步骤	命令作用	重要程度
焦点对象	2	调整摄像机焦点到物体位置对焦	高
黄金分割	4	调整物体在摄像机视角中的黄金比例点	中
景深	5	在摄影机镜头或其他成像器前沿能够取得清晰图像的成像所测定的被摄物体前后距离范围	高
景深映射-前景模糊	7	决定摄像机视角中前景模糊	高
景深映射-背景模糊	7	决定摄像机视角中背景模糊	高

5.2.2 摄像机环境贴图

摄像机环境贴图是实拍与虚拟对象合成在摄像机视角中经常使用的方法。它的原理就是利用人眼视觉产生的误差模拟一个以假乱真的视觉后期效果。其核心的技术就是在摄像机中贴入 HDR 环境贴图，通过环境贴图上的虚实参数调节来进行影像合成。

课堂案例：摄像机虚实法则

本节介绍在 Cinema 4D 的摄像机中载入 HDR 环境贴图来实现虚实效果的方法。

Step 01 打开本地电脑中的立体字体模型，创建两处灯光，分别放置在字体的左上方和右上方。如图 5-67。

图 5-67

新建一个材质球，鼠标双击材质球，打开材质编辑器。鼠标单击并勾选"反射"选项，单击打开"层颜色"前面的三角形符号，"颜色"设置为金黄。单击打开"层菲涅耳"前面的三角形符号，在"菲涅耳"下拉选项中选择"导体"，在"预置"中更改为"金"。将设置好属性的材质球给予如图 5-68所示的模型部分。

Step 02 新建一个材质球，鼠标双击材质球，打开材质编辑器。鼠标单击并勾选“反射”选项，单击打开“层颜色”前面的三角形符号，“颜色”设置为灰绿色。单击打开“层菲涅耳”前面的三角形符号，在“菲涅耳”下拉选项中选择“导体”，在“预置”中更改为“自定义”。将设置好属性的材质球给予如图5-69所示的模型部分。

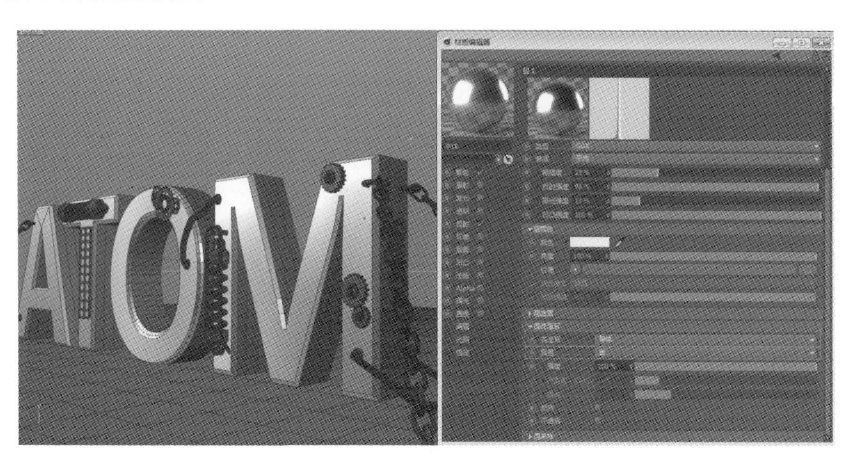

图 5-68

图 5-69

Step 03 新建一个材质球，鼠标双击材质球，打开材质编辑器。鼠标单击并勾选“反射”选项，单击打开“层颜色”前面的三角形符号，“颜色”设置为浅蓝色。单击打开“层菲涅耳”前面的三角形符号，在“菲涅耳”下拉选项中选择“导体”，在“预置”中更改为“铜”。将设置好属性的材质球给予如图 5-70所示的模型部分。

Step 04 新建一个材质球，鼠标双击材质球，打开材质编辑器。鼠标单击并勾选“反射”选项，单击打开“层颜色”前面的三角形符号，“颜色”设置为浅绿色。单击打开“层菲涅耳”前面的三角形符号，在“菲涅耳”下拉选项中选择“导体”，在“预置”中更改为“铝”。将设置好属性的材质球给予如图 5-

71所示的模型部分。

Step 05 新建一个材质球，鼠标双击材质球，打开材质编辑器。鼠标单击并勾选“反射”选项，单击打开“层颜色”前面的三角形符号，“颜色”设置为黑色。单击打开“层菲涅耳”前面的三角形符号，在“菲涅耳”下拉选项中选择“导体”，在“预置”中更改为“自定义”。将设置好属性的材质球给予如图5-72所示的模型部分。

图 5-70

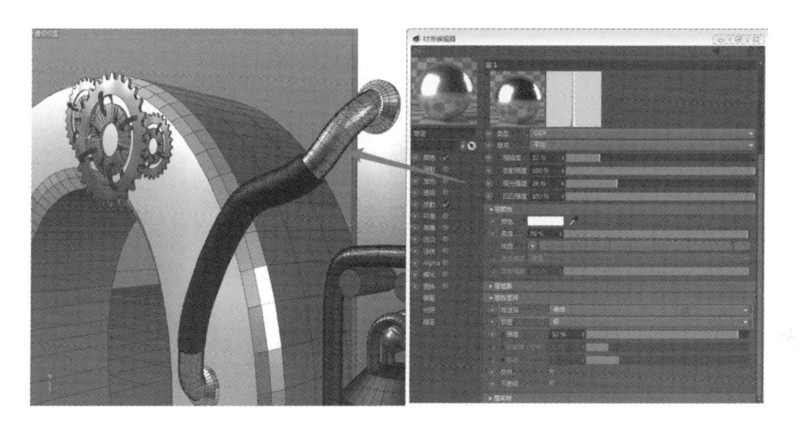

图 5-71

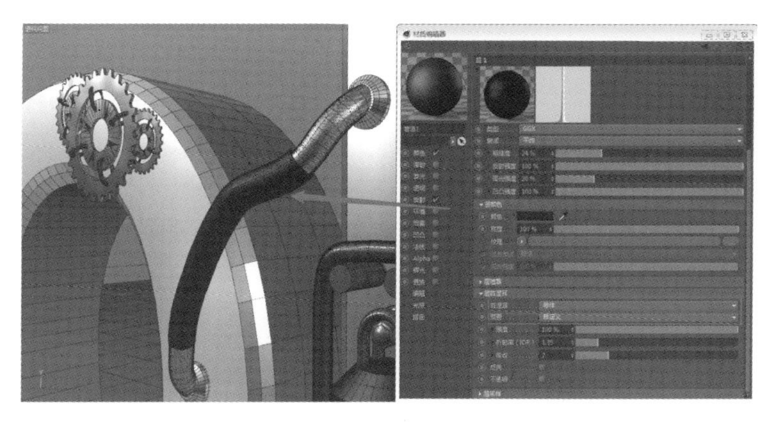

图 5-72

Step 06 新建一个材质球，鼠标双击材质球，打开材质编辑器。鼠标单击并勾选“透明”选项，首先更改“折射率预设”为“塑料（PET）”。单击“纹理”后面的三角形符号，在弹出的浮动面板中选择“菲涅耳（Fresnel）”，将“混合模式”更改为“正片叠底”。左键单击着色器的颜色框，进入着色器面板，将“渐变”更改为如图5-73所示的透明颜色。材质球显示中间透明，两边实心的玻璃属性。

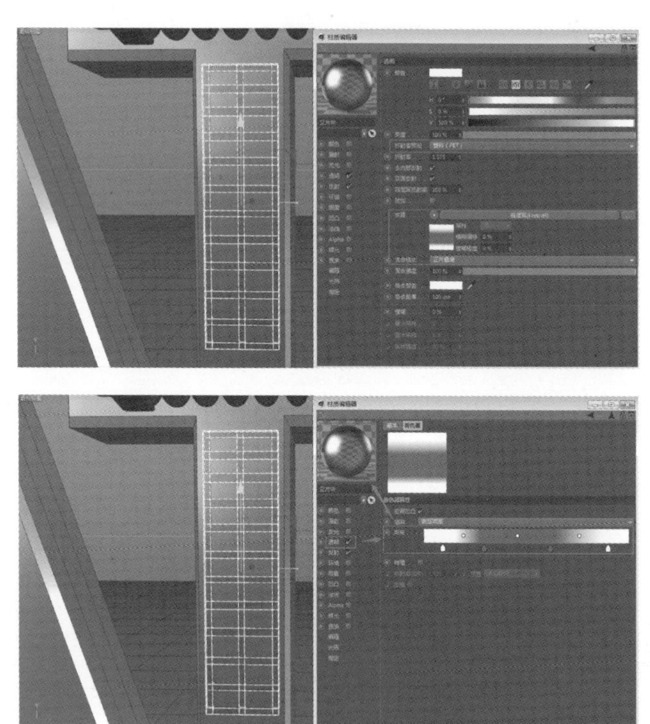

图 5-73

Step 07 新建一个材质球，鼠标单击并勾选“发光”选项，在面板中单击“纹理”按钮，载入准备好的 HDR 贴图文件，取消勾选“颜色”选项。左键选中该材质球拖入“天空”工具的标签中。如图 5-74。

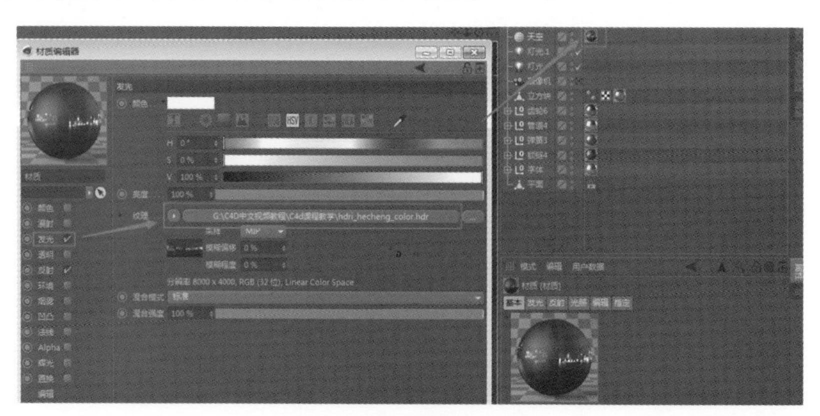

图 5-74

所有材质设置完毕之后，在透视图中调整摄像机的方位和镜头。如图 5-75。

Step 08 打开“渲染设置”面板，单击“效果”按钮，添加“景深”效果。如图 5-76。

图 5-75

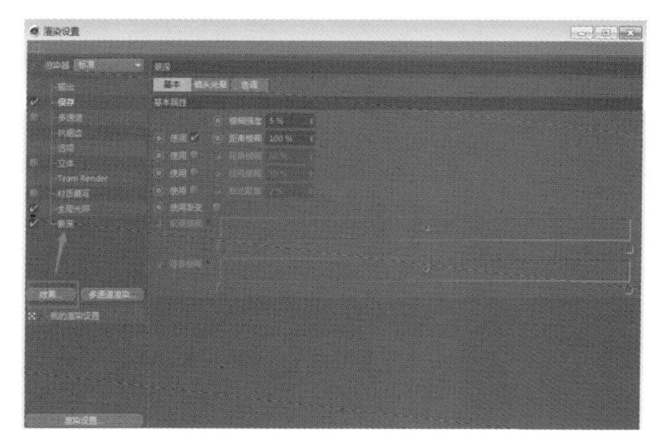

图 5-76

在属性管理器中选择“摄像机对象［摄像机］”→“细节”选项，在面板中勾选“景深映射-前景模糊”和“景深映射-背景模糊”两个选项。如图 5-77。

单击“渲染到图片查看器”渲染材质效果，查看渲染所用时间。发现摄像机镜头虚焦不太正确。如图 5-78。

图 5-77

图 5-78

Step 09 在透视图中调整“前景模糊”和“背景模糊”的距离，如图 5-79所示右边红色方框所指前景位置向靠近摄像机方位调节，左边红色方框所指背景位置向摄像机末端调节。

再次渲染场景，摄像机镜头虚焦显示正确。如图 5-80。

图 5-79

图 5-80

Step 10 回到对象管理器中，在地平面上右键单击，在弹出的浮动面板中选择“CINEMA 4D 标签”→“合成”命令。如图 5-81。

选择“合成标签”，在属性管理器中选择“合成标签［合成］”→“标签”选项，勾选“为 HDR 贴图合成背景”命令。如图 5-82。

图 5-81

图 5-82

再次渲染，发现墙面与字体出现穿帮效果。如图 5-83。

图 5-83

Step 11 创建一个有贴图的面片，在摄像机镜头中调整至如图 5-84所示的位置。

最终渲染合成镜头，观察处理后的镜头效果。如图 5-85。

图 5-84

图 5-85

本节重要工具命令（表 5-7）：

表 5-7

命令名称	体现步骤	命令作用	重要程度
合成标签	10	在摄像机视角中生成虚实合成	高

重要知识点：摄像机虚实图像的合成你掌握了吗？

本节除了合成标签命令，其他工具命令的使用均在上一节讲解过，希望学习者在学习的过程中先学会摄像机的设置，然后是布置光照效果，最后进行合成。其中最重要的过程就是摄像机“景深”参数的调整。

技巧库：摄像机中光圈的设置与景深的关系是怎样的？

除了考虑前后景设置参数以外，景深的深浅还跟光圈的大小有关系。景深是物体成像后在相片中的清晰程度。光圈越大，景深就会越浅；光圈越小，景深就会越深（清晰的范围较大）。

5.3 预设库灯光与渲染

预设库是 Cinema 4D 内部储存环境资源的系统，这里介绍两种预设库自带的系统，灯光渲染系统和环境贴图系统，它的作用是可以快速地实现一些复杂场景的效果。

5.3.1 预设库灯光渲染系统 

课堂案例：小场景

预设库灯光渲染系统是系统内置灯光群，位于资源管理器当中。使用预设库灯光系统可以得到更快更好的照明效果。

Step 01 选择“资源管理器”→“Broadcast”→“Example Scenes”→“01Scenes”命令。如图 5-86。

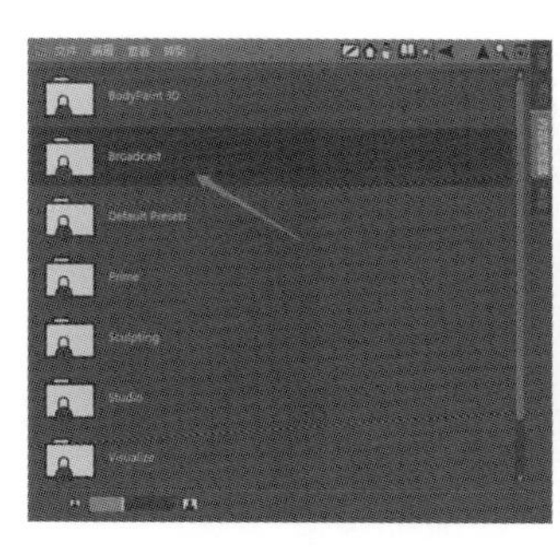
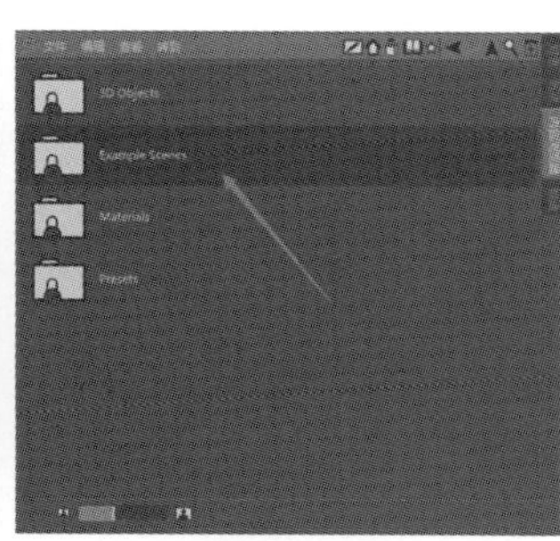
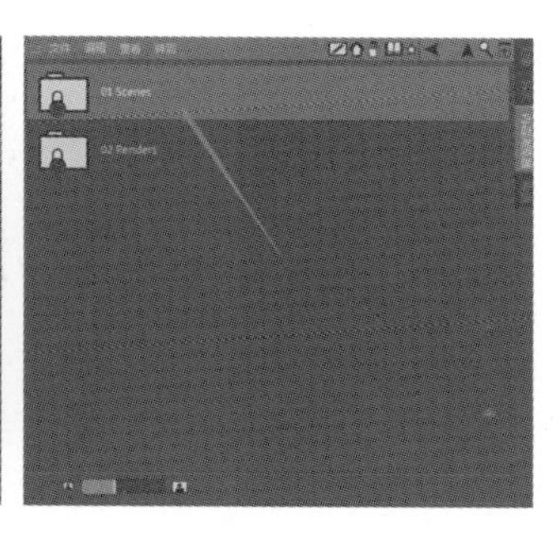

图 5-86

进入预设库场景，找到“03 Triangle. c4d”灯光场景，左键双击将其载入视窗中。如图 5-87。

在材质管理器中用左键框选系统自带的材质球，并按下键盘上的“Delete”键删除。如图 5-88。

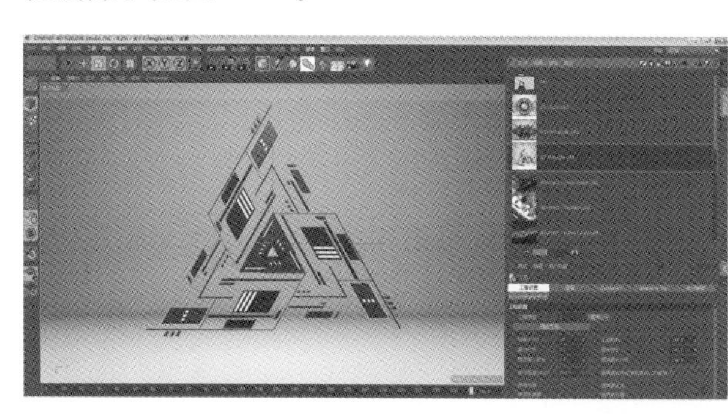

图 5-87

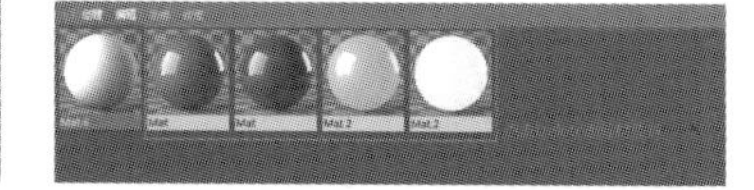

图 5-88

在这里只需要保留模型和灯光系统，渲染测试一下灯光照射的效果。如图 5-89。

图 5-89

Step 02 再次按下“Delete”键删除场景模型，在菜单栏下选择“文件”→“合并”命令，在本地电脑中导入需要的场景模型。如图 5-90。

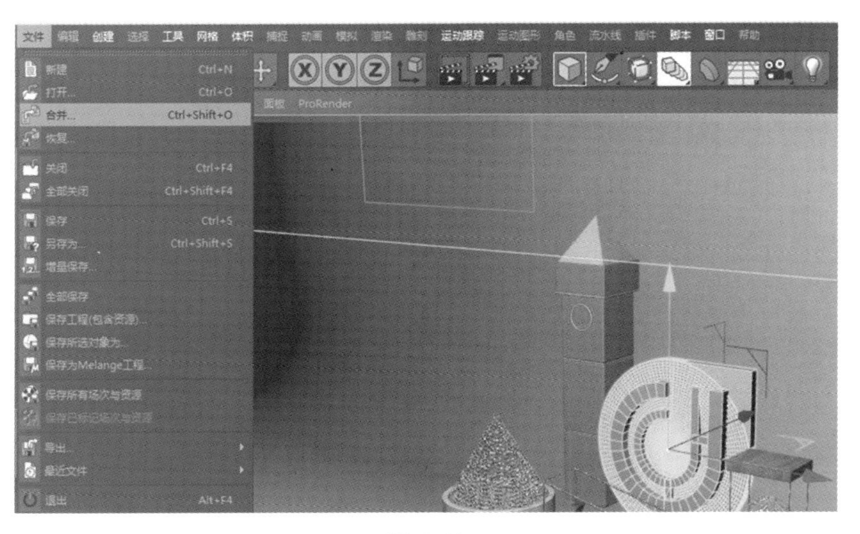

图 5-90

手动适当调整模型的位置，缩放模型的大小使其处于灯光照射的最佳方位。如图 5-91。

鼠标单击“渲染活动视图”按钮，测试一下灯光效果。如图 5-92。

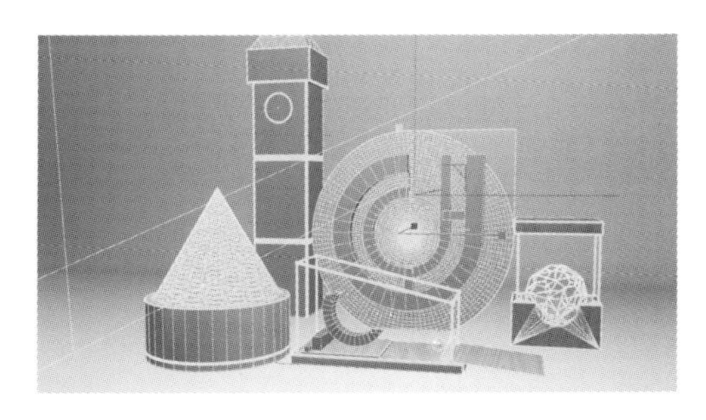

图 5-91

图 5-92

Step 03 渲染后观察到灯光有些曝光，颜色也不太准确。再次选中主光源，在属性管理器中选择“灯光对象［Light］”→“常规”选项，将灯光的“HSV”的数值和强度更改一下。如图 5-93。

稍微调整完毕之后，用预设库灯光渲染系统渲染出来的场景效果如图 5-94。

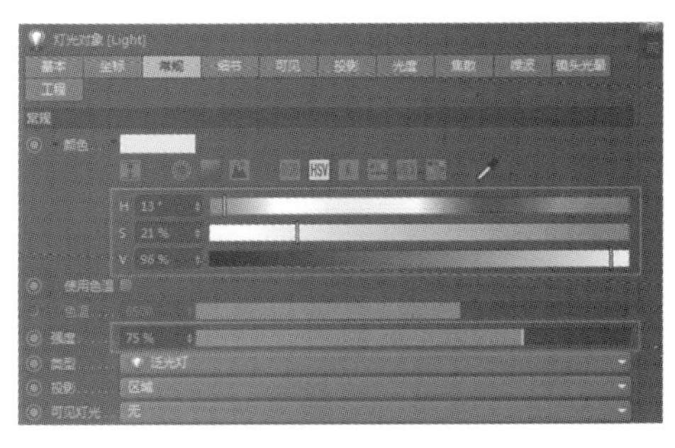

图 5-93

图 5-94

本节重要工具命令（表 5-8）：

表 5-8

命令名称	体现步骤	命令作用	重要程度
Broadcast	1	广播，存放预设库灯光系统的程序文件夹	中

5.3.2 预设库环境贴图系统 

课堂案例：外星飞船

预设库环境贴图系统也是系统内置的场景模型群系统。下面介绍用预设库材质与纹理来制作外星飞船场景。

Step 01 在资源管理器面板中选择“预置”→“Visualize/Example Scenes/Sky”命令。如图 5-95。

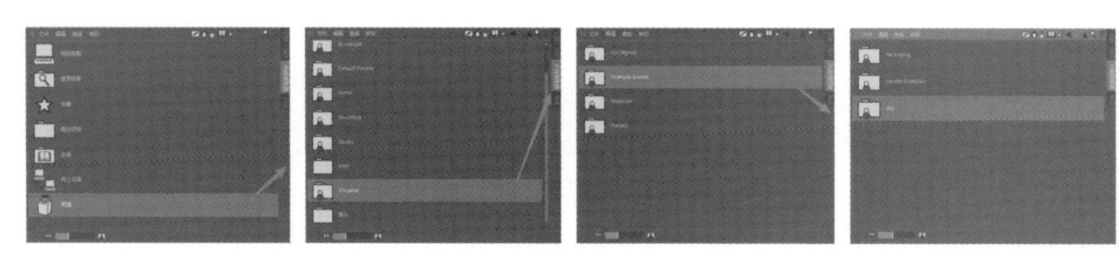

图 5-95

点击进入预设库的场景，找到其中名为“Overcast. c4d”的场景，左键双击将其载入视图窗口中。如图 5-96。

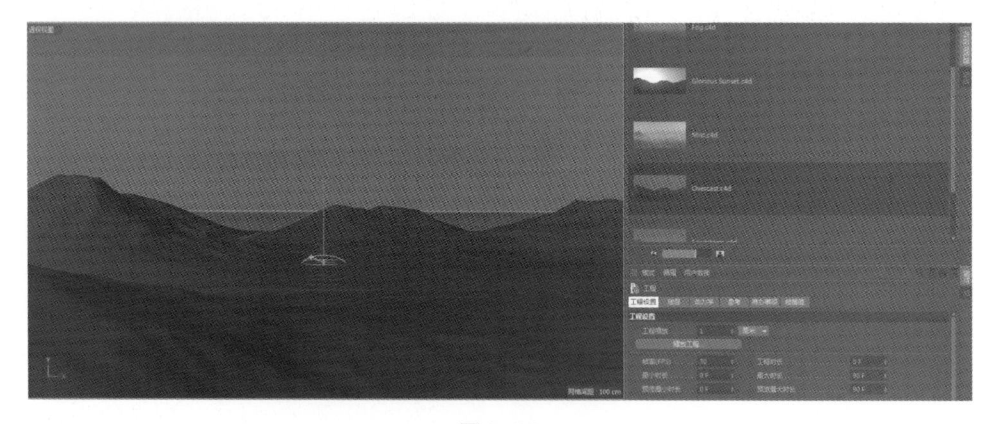

图 5-96

Step 02 在菜单栏中选择“文件”→“合并”命令，在本地电脑中导入制作好的飞行器模型，手动调整其大小和方向。如图 5-97。

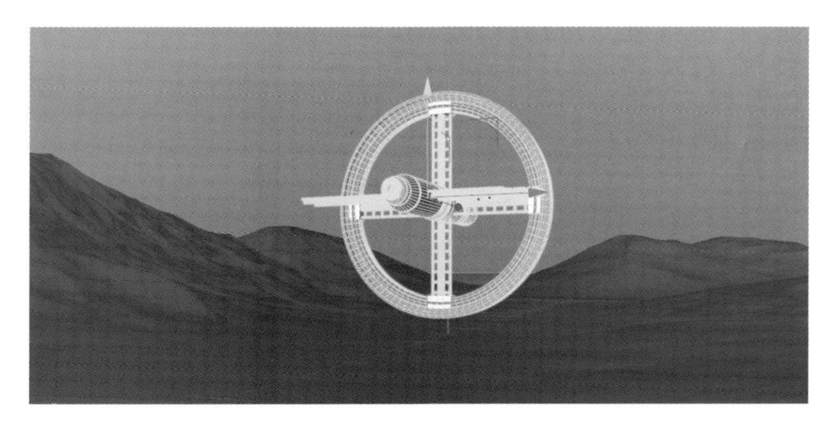

图 5-97

Step 03 长按“灯光”按钮，弹出“灯光”面板，选择“灯光”工具。然后手动移动灯光照射的方位。如图 5-98。

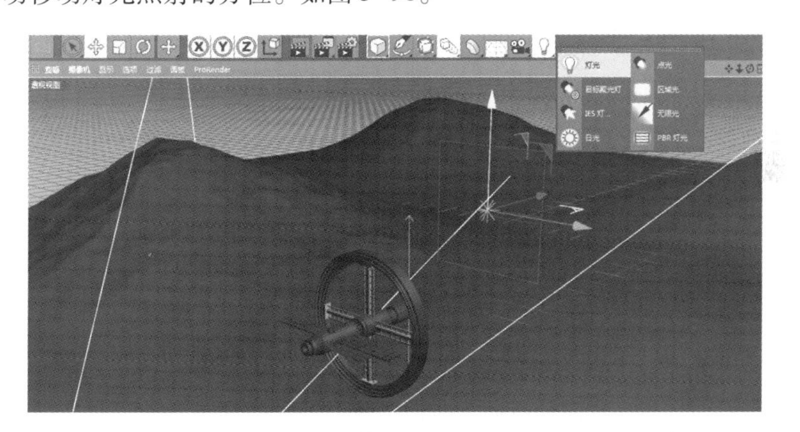

图 5-98

在对象管理器中选择灯光，进入属性管理器中，在“灯光对象［Light］”→“常规”选项中，将“强度”更改为“50%”，“类型”更改为“泛光灯”，“投影”更改为“区域”。如图 5-99。

鼠标单击“渲染活动视图”按钮，渲染场景效果如图 5-100所示。

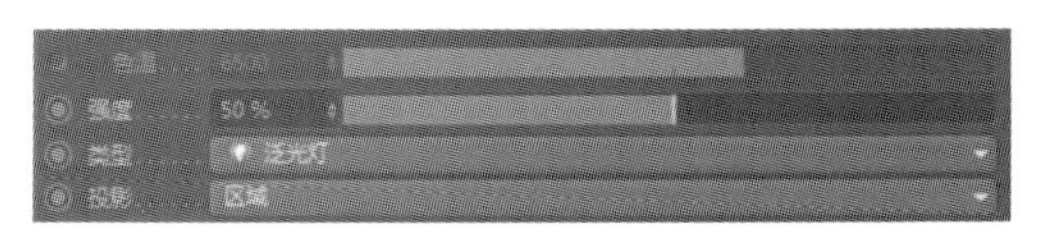

图 5-99

图 5-100

Step 04 观察到整个场景有些昏暗。这里介绍一种间接提亮场景并且让模型材质拥有反射效果的方法，即“HDR”贴图技法，也称“高动态环境贴图”。

这种贴图在上一节已经使用过，它可以很轻松地模拟自然光源，并使光反射融入周边环境当中，获得提亮整个场景的效果。

使用过程为：左键单击资源管理器面板，选择“Presets”→“HDRI”命令。如图 5-101。

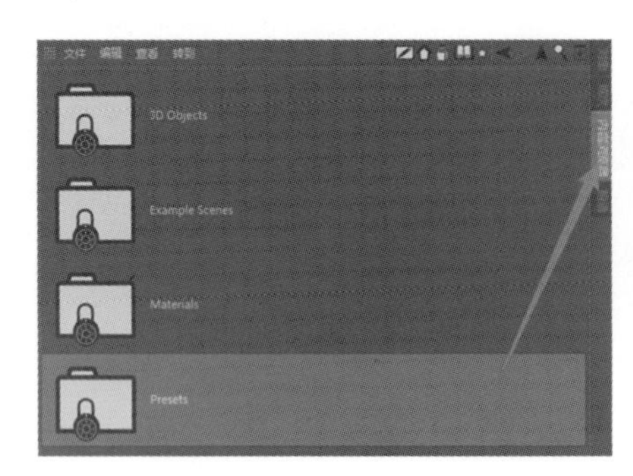

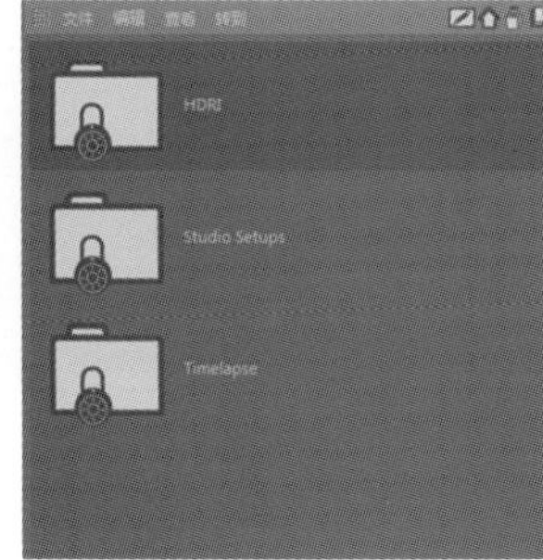

图 5-101

进入软件自带的“HDRI”文件系统里，找到其中的“Sunset Inlet01. c4d”场景，鼠标双击将其载入视图窗口中。如图 5-102。

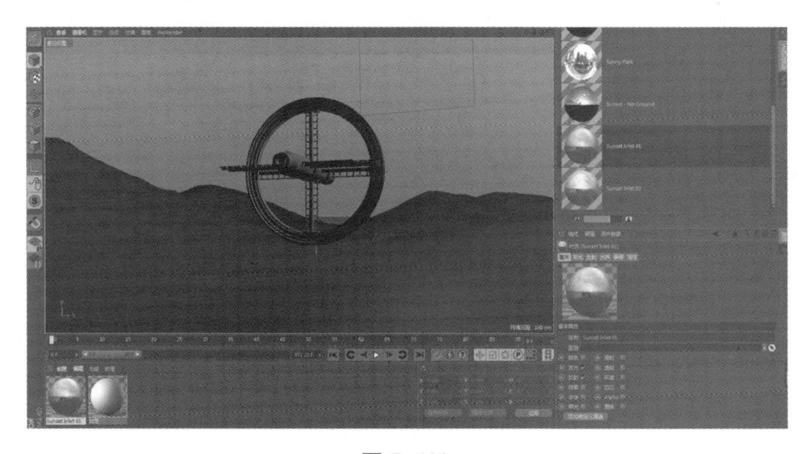

图 5-102

删除原有的场景，长按“地面”按钮，弹出“地面”对话框，选择“天空”工具，创建一个天空环境模拟的背景。如图 5-103。

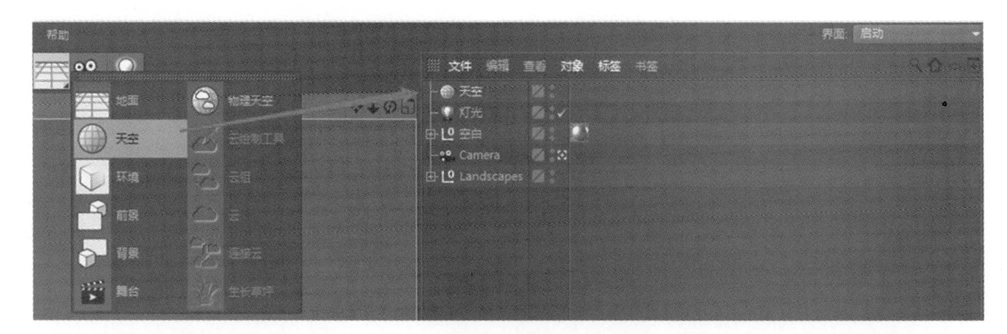

图 5-103

左键单击并选中材质管理器面板的“HDR”材质球，拖给“天空”的标签。如图 5-104。

鼠标单击“渲染活动视图”按钮，渲染后观察到整个场景增亮了许多。如图 5-105。

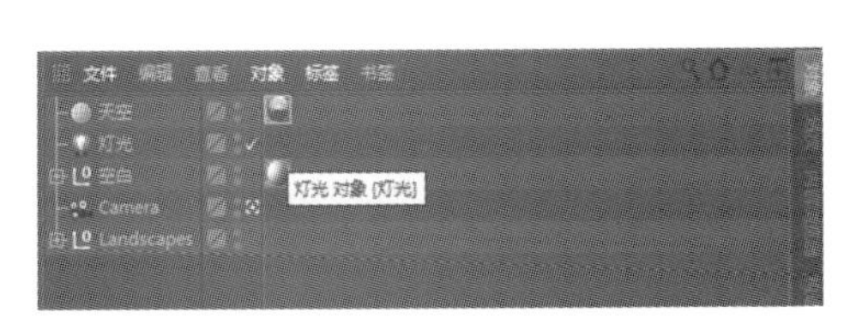

图 5-104

图 5-105

Step 05 更改地面的材质效果。在场景模拟文件当中分别选择“Granite01”与“Gravel”材质球，载入视图窗口中。如图 5-106。

再次渲染场景，观察地面的材质效果。如图 5-107。

图 5-106

图 5-107

Step 06 飞船的反射效果可以再加强。鼠标双击材质球，打开材质编辑器，勾选并鼠标单击“反射”选项，添加“GGX”材质，设置“粗糙度”数值为“28%”，“发射强度”数值为“100%”，“高光强度”数值为“8%”。如图 5-108。

最终渲染效果如图 5-109所示。

图 5-108

图 5-109

本节重要工具命令（表 5-9）：

表 5-9

命令名称	体现步骤	命令作用	重要程度
Visualize	1	可视化命令，存放模型环境的文件夹	中
Presets	4	预设命令，存放环境资源的文件夹	高
天空	4	模拟周边环境反射	高
Scene simulation	5	场景模拟文件，存放材质的文件	高

5.4 综合实战案例

本节运用灯光渲染的综合知识介绍数字静帧艺术作品《星际之战》的制作流程。

5.4.1 《星际之战》灯光

Step 01 在本地电脑中打开《星际之战》的场景模型。首先在场景中布下灯光，在场景顶部设置主光源，照亮整个场景。单独对主要场景进行灯光照明，对其中两艘飞船设置区域灯和聚光灯，并给区域灯设置阴影。如图 5-110。

Step 02 单击“渲染设置”面板，在面板中单击“效果”按钮，添加“全局光照”命令。选择“常规”→“预设”命令，在下拉选项中更改为“室外-HDR 图像”。如图 5-111。

图 5-110

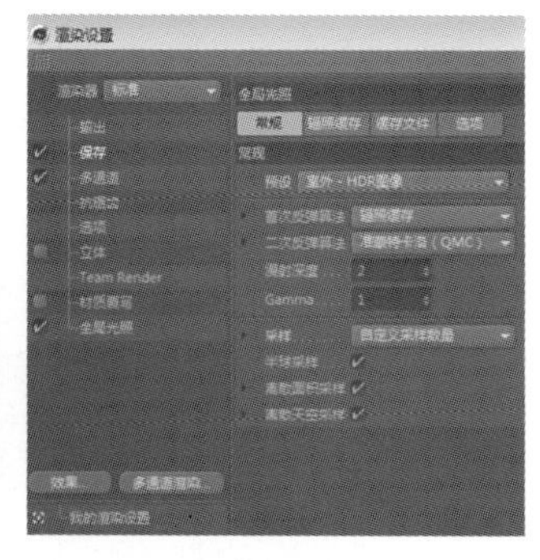

图 5-111

Step 03 鼠标单击“渲染活动视图”按钮，观察场景渲染效果。如图 5-112。

图 5-112

5.4.2 《星际之战》材质

Step 01 对模型进行材质制作。先来看飞船船身，新建一个材质球，打开材质编辑器，单击并勾选“颜色”选项，在面板中的“纹理”中贴入做好的船身贴图，“混合模式”选项更改为“正片叠底”。如图 5-113。

Step 02 单击并勾选“反射”选项，在面板中添加“GGX”属性，将“粗糙度”更改为“56%”，“反射强度”更改为“37%”，“高光强度”更改为“15%”。如图 5-114。

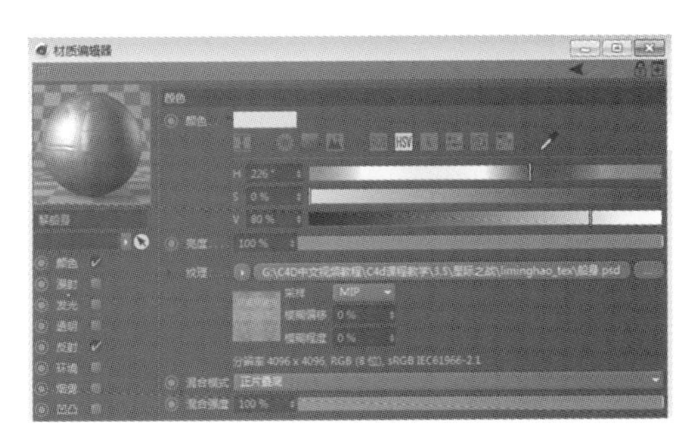

图 5-113

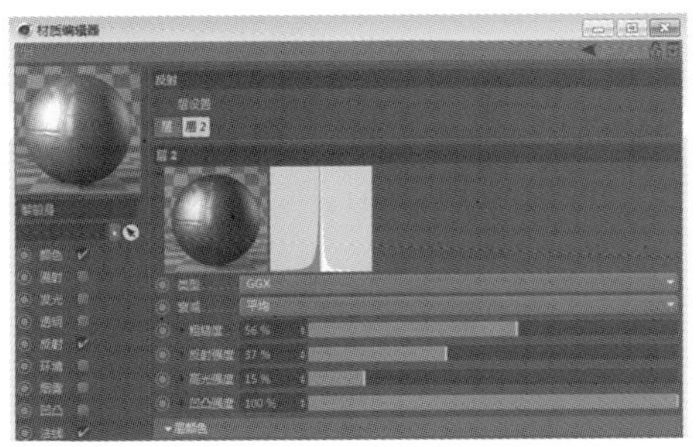

图 5-114

Step 03 单击并勾选“法线”选项，在面板中的“纹理”中贴入相对应的法线贴图，将“算法”更改为“相切”。如图 5-115。

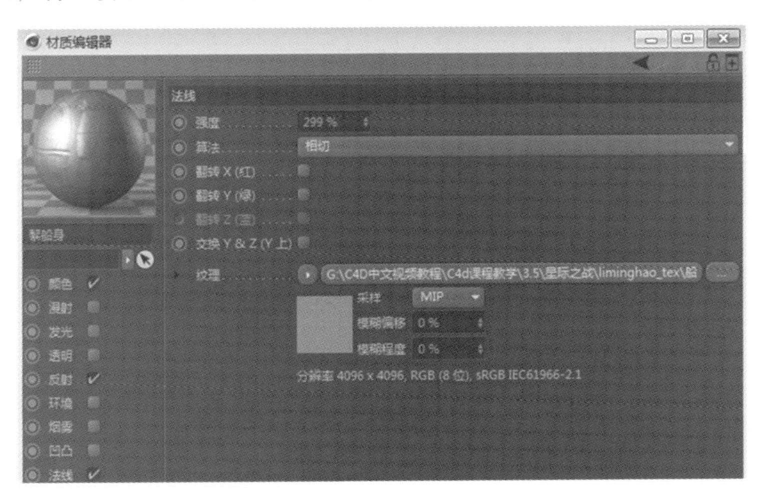

图 5-115

船身的贴图就制作完毕。按照相同的方法分别制作飞船其他部位的贴图。如图 5-116。

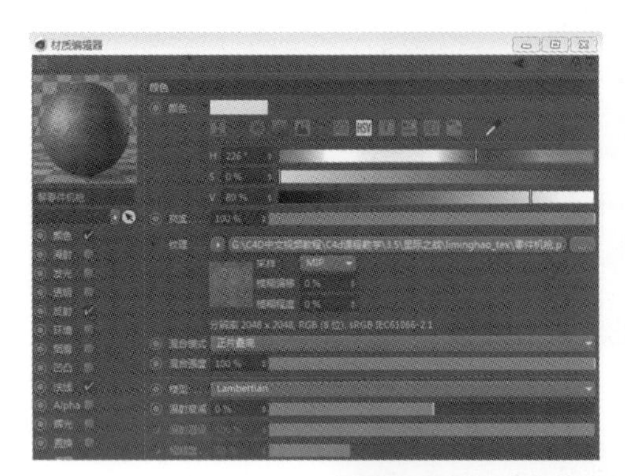

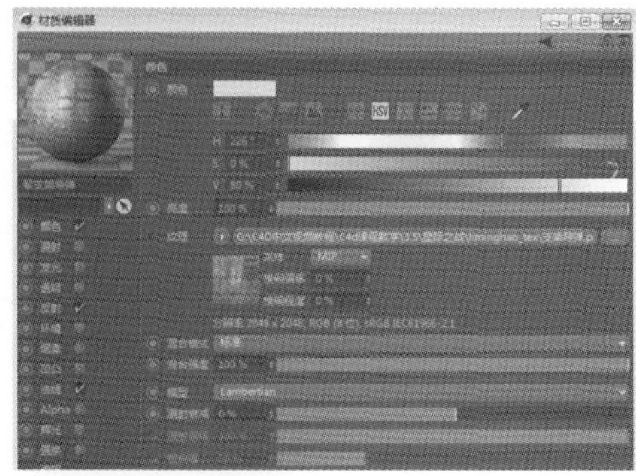

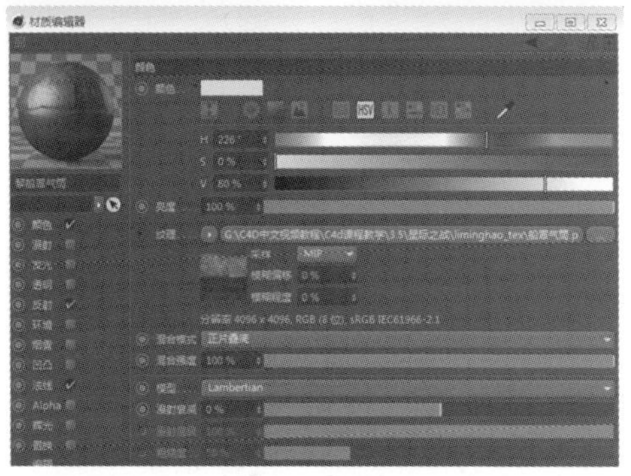

图 5-116　零件机枪（左上）、支架导弹（右上）、船罩气筒（下）

Step 04 新建材质球制作飞船玻璃部分的贴图。取消勾选“颜色”选项，单击“纹理”后面的三角形符号，选择“菲涅耳（Fresnel）”模式。单击着色器的颜色框，在面板中选择“渐变”模式，进入着色器面板，更改为如图 5-117 所示的颜色。

图 5-117

继续单击并勾选“透明”选项，将“亮度”更改为“93%”，“折射率预设”更改为“有机玻璃”。如图 5-118。

Step 05 单击并勾选“反射”选项，在面板中添加“GGX”属性，将“粗糙度”更改为“40%”，“反射强度”更改为“55%”，“高光强度”更改为

"42%"，"凹凸强度"更改为"38%"。如图 5-119。

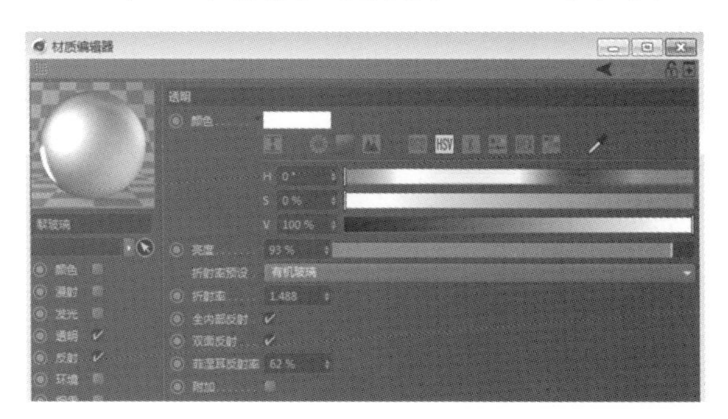

图 5-118

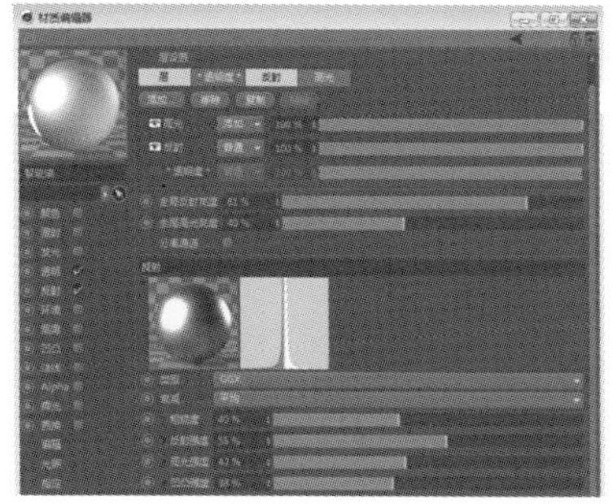

图 5-119

Step 06 制作另一艘飞船的材质。新建一个材质球，打开属性编辑器，单击并勾选"颜色"选项，在面板中将"纹理"载入做好的船身贴图。单击并勾选"反射"选项，在面板中添加"GGX"，将"粗糙度"更改为"48%"，"反射强度"更改为"29%"，"高光强度"更改为"20%"。单击并勾选"法线"选项，在面板中将"纹理"载入做好的法线贴图，将"算法"更改为"相切"。如图 5-120。

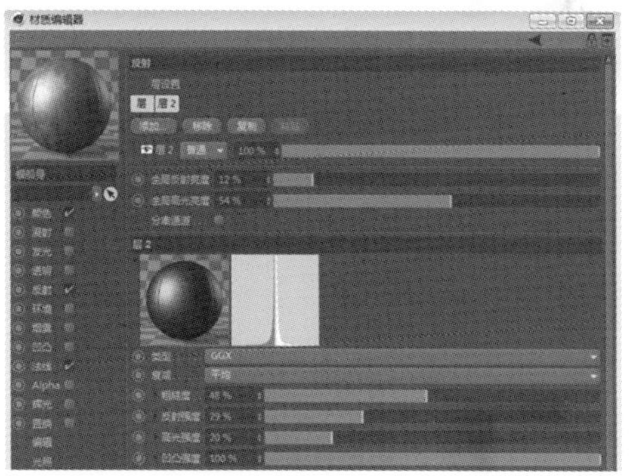

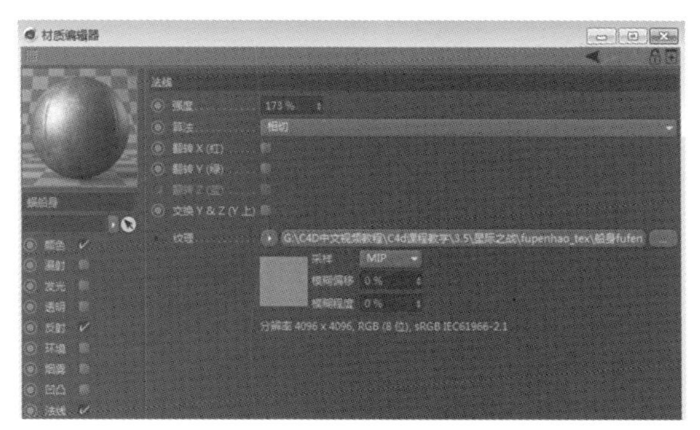

图 5-120

按照相同的方法制作飞船其他部位的材质。如图 5-121。

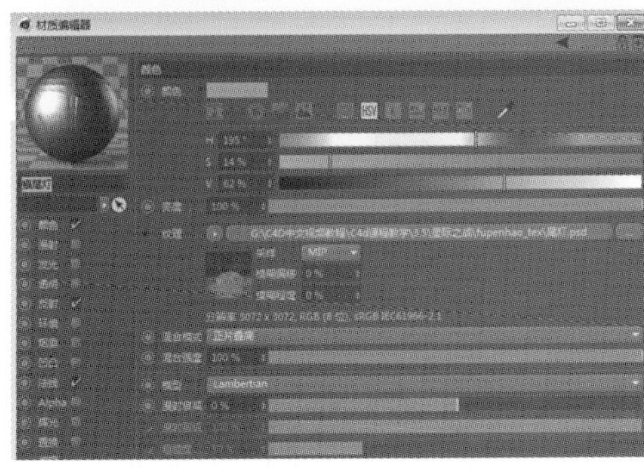

图 5-121　船翼（左上）、机舱（右上）、螺丝（左下）、尾灯（右下）

飞船的材质制作完毕后，渲染整个场景，最终效果如图 5-122所示。

Step 07 制作 HDR 贴图。新建材质球，打开材质编辑器，鼠标单击并勾选“发光”选项，将面板中的“纹理”载入本地电脑中的 HDR 文件。取消勾选“颜色”选项，在材质管理器中左键选中按住材质球拖入“天空”工具的标签中。如图 5-123。

图 5-122

图 5-123

5.4.3 《星际之战》分层渲染

完成最终的渲染后，接下来就是输出合成效果。要得到较好的真实质感效果，就要运用 Cinema 4D 的分层渲染工具。分层渲染是在 3D 软件中对所有物理层分层次地单独渲染输出，最后在后期软件里进行统一合成。

分层渲染的步骤为：

Step 01 打开“渲染设置”面板，勾选“多通道”选项。右键单击该选项，在弹出的浮动面板中分别选择“环境吸收”命令（物体与物体接触处的阴影）、“漫射”命令（粗糙表面反射光的效果）、“反射”命令（光线反射效果）、“高光”命令（光线反射在物体上的最亮点）、“投影”命令（光线对物体投射的阴影）、“深度”命令（摄像机景深效果）。

要注意的是，必须在“多通道渲染”面板下添加“环境吸收”和“景深”选项，配合“多通道”里的分层选项才会渲染出“环境吸收”和“景深”的效果。如图 5-124。

Step 02 单击“多通道”选项，左键单击“分离灯光”，在下拉选项中选择“3 通道：漫射，高光，投影”。这样做的目的是将每一层的漫射、高光和投影的灯光分离出来，后期合成时单独进行处理。如图 5-125。

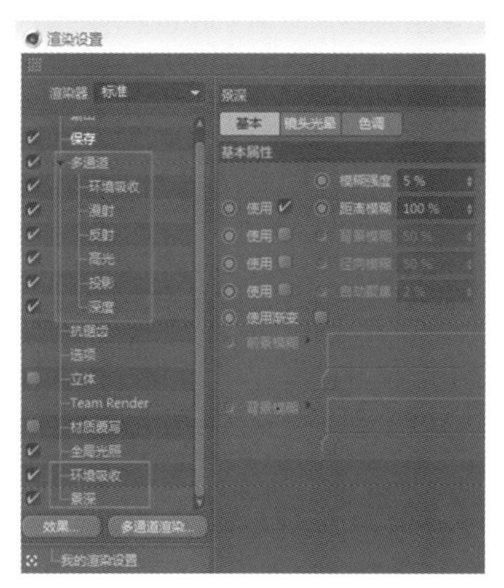

图 5-124

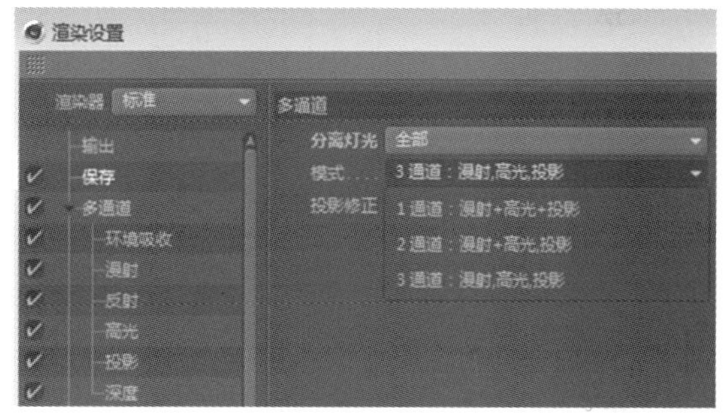

图 5-125

Step 03 将要渲染的场景划分为前景层和背景层。有了清晰的层次划分，整理好思路，有利于后续的合成工作。先在对象管理器中隐藏模型，进行场景的简化，如图 5-126所示线框处。

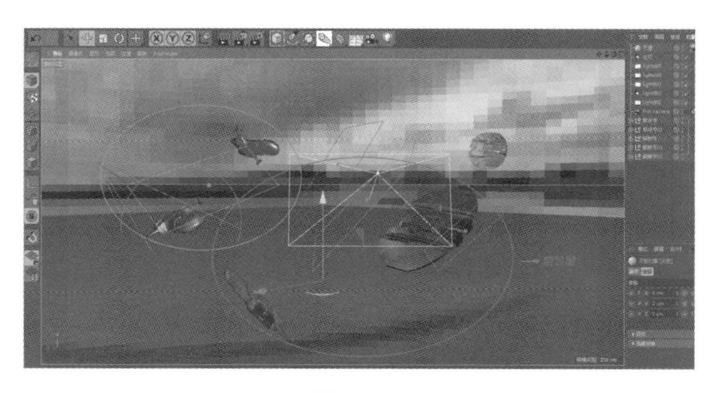

图 5-126

Step 04 单击“渲染到图片查看器”工具，在右边面板中选择“层”→“图像”命令，在面板下可以观察分层渲染的信息。如图 5-127。

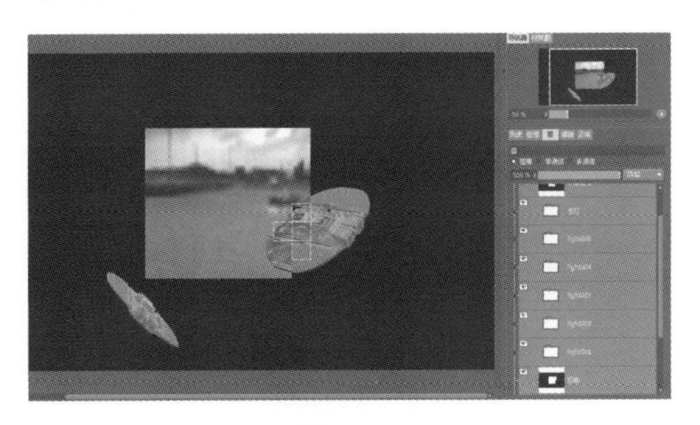

图 5-127

Step 05 等渲染完毕，打开本地电脑整理后台渲染输出的各类文件，分别放置在“前景层”“中景层”和“灯源分层”等文件夹中。如图 5-128。

图 5-128

PS 合成各层的影视效果如图 5-129所示。

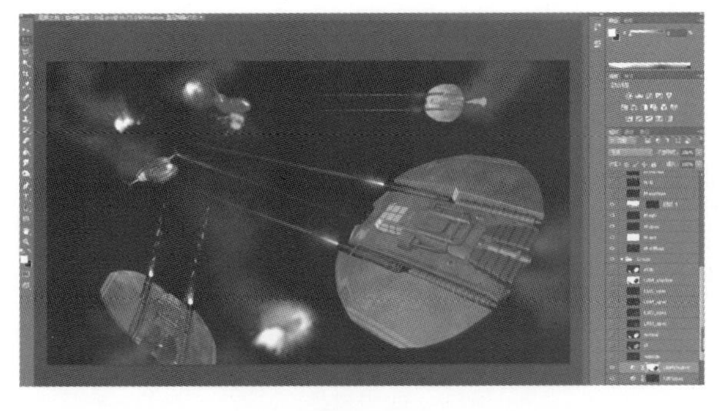

图 5-129

本节重要工具命令（表 5-10）：

表 5-10

命令名称	体现步骤	命令作用	重要程度
法线→算法	3	改变法线贴图方式	高
多通道	1	将渲染对象的多层图像信息分开单独渲染	高
分离灯光	2	将渲染对象的多层灯光信息分开单独渲染	高

本章小结

本章主要讲解了 Cinema 4D 的灯光技术、环境渲染技术。灯光部分包括 6 种灯光的属性和打法。环境渲染部分讲解了地面、背景和天空等的一些贴图方法。同时也介绍了渲染器的一些参数和命令。本章与其他章节有一定的关联性，望学习者夯实基础，反复练习。

本章需重点掌握的内容：

（1）灯光、点光、目标聚光灯与区域光。

（2）摄像机的参数与贴图方式。

（3）预设库灯光系统与环境系统。

（4）分层渲染的意义和设置。

课后习题

作业名称：兰蔻小黑瓶。

用到工具：灯光工具、材质编辑器、Octane 插件渲染器。

学习目标：熟悉各个面板中的功能。

步骤分析：

（1）模型的制作。

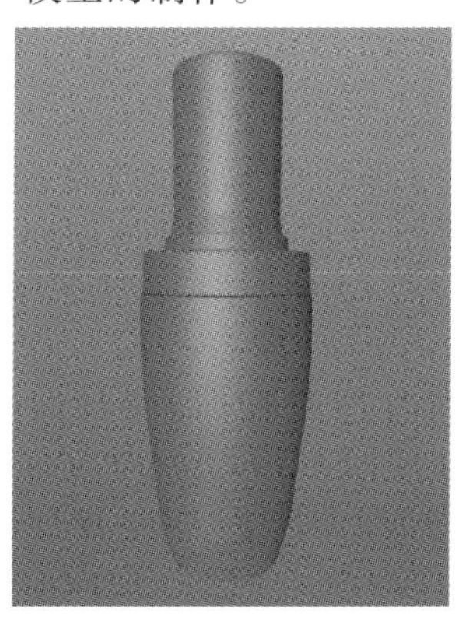

（2）主光源和辅助光源的设置，并用区域体积光照亮局部。

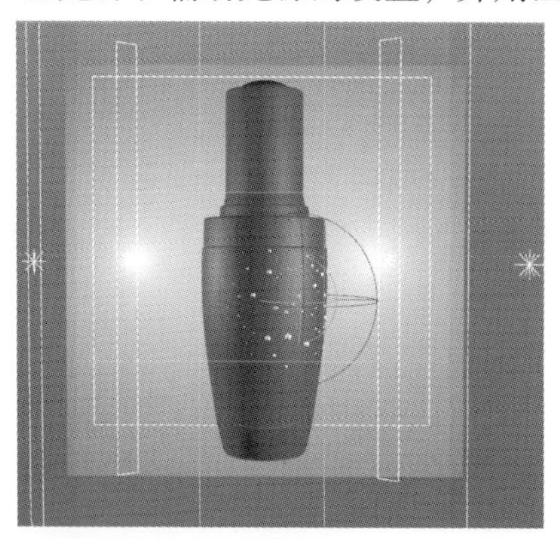

（3）调整透明材质与贴图。

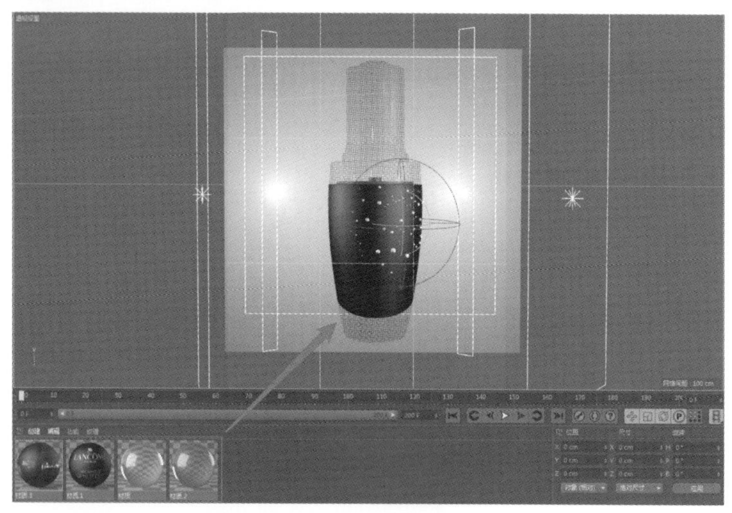

（4）开启 Octane（可网上下载）进行渲染。

最终要求效果：

第 6 章　Cinema 4D 动画

【本章内容】

本章对 Cinema 4D R20 软件的动画制作中的关键帧技术进行阐述，通过对关键帧技术、路径动画制作、摄影表与函数曲线的讲解，便于学习者使用这些综合工具来完成模型动画的制作。

【课堂学习目标】

了解关键帧动画与技术；
掌握路径动画的命令与工具；
熟悉摄影表与函数曲线的使用方法。

6.1　动画时间线简述

6.1.1　时间轴与关键帧

课堂案例：火车奔跑

在 Cinema 4D 中打开火车模型来制作一段火车奔跑的动画，要制作模型动画，需要先在对象管理器中理清对象的子父关系，这样利用最高父级对象即可带动整个模型产生位移。

Step 01 在对象编辑区域右键单击选择“成组对象”命令，使火车的躯干部分各自成组，分别命名为“空白”“空白. 1”等。再将这些组给予车头成组的“空白. 2”对象。那么，“空白. 2”对象就是最高父级组。如图 6-1。

在制作之前首先介绍一下关键帧的定义。关键帧是计算机动画的术语，指角色或者物体运动变化中关键动作所处的那一帧，相当于二维动画中的一格。它是最小单位的单幅影像画面。在动画的世界里，24 帧通常代表 1 秒，在动画软件的时间轴上，帧表现为一格或一个标记。如图 6-2。

Step 02 Cinema 4D 的时间线也是以帧为单位，在时间线区域将时间滑块移动到 0F（F 是 frames 的缩写，frames 意为帧）的位置。如图 6-3。

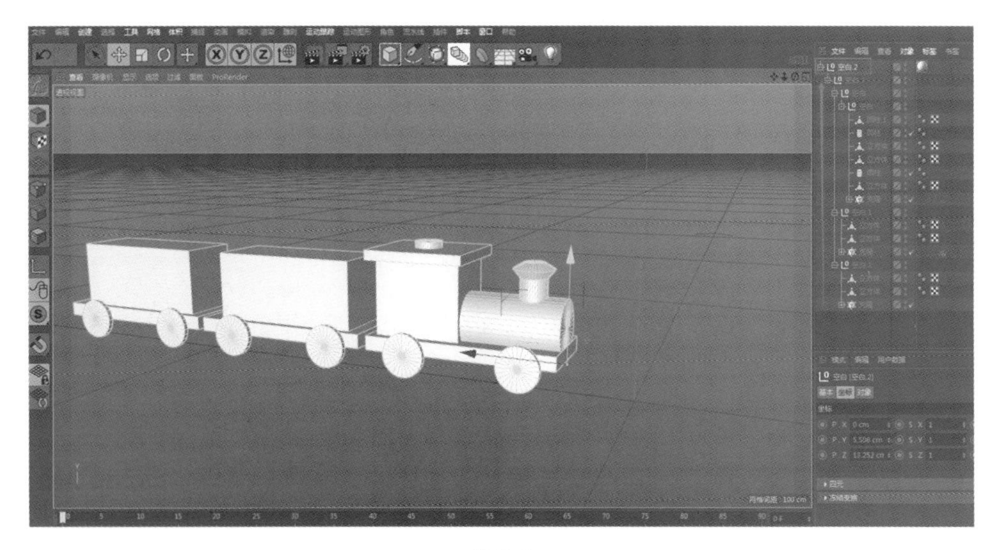

图 6-1

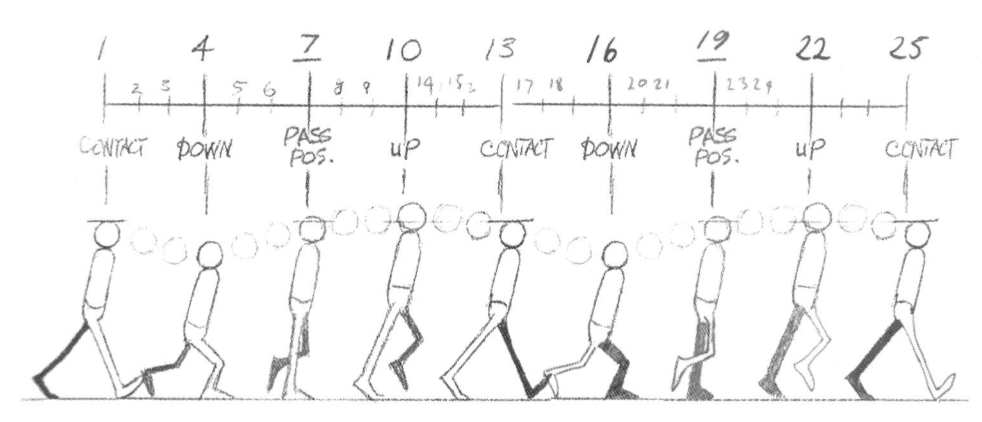

图 6-2

图 6-3

在第 0 帧的位置，火车停止位移处，按住“Ctrl”键，左键单击“空白. 2”属性管理器中“坐标”下面的“P. Z”前部小圆点◎，使其生成红色状态时，便设置了首个动画关键帧。如图 6-4。

Step 03 沿着 Z 轴左键单击移动火车的“空白. 2”至前面某位置。时间滑块拖至第 40 帧，再次按住“Ctrl”键，左键单击“空白. 2”属性管理器中“坐标”下面的“P. Z”前部小圆点◎，设置末尾关键帧。火车在这个位移区间产生了关键帧动画。如图 6-5。

Step 04 继续沿着 X 轴移动火车的“空白. 2”，时间滑块拖至第 80 帧。按住“Ctrl”键，左键单击“空白. 2”属性管理器中“坐标”下面的“P. X”前部小圆点◎。如图 6-6。

要注意的是，由于关键帧的连续性特点，“P. Z”方向的关键帧也要同时设置。如图 6-6。

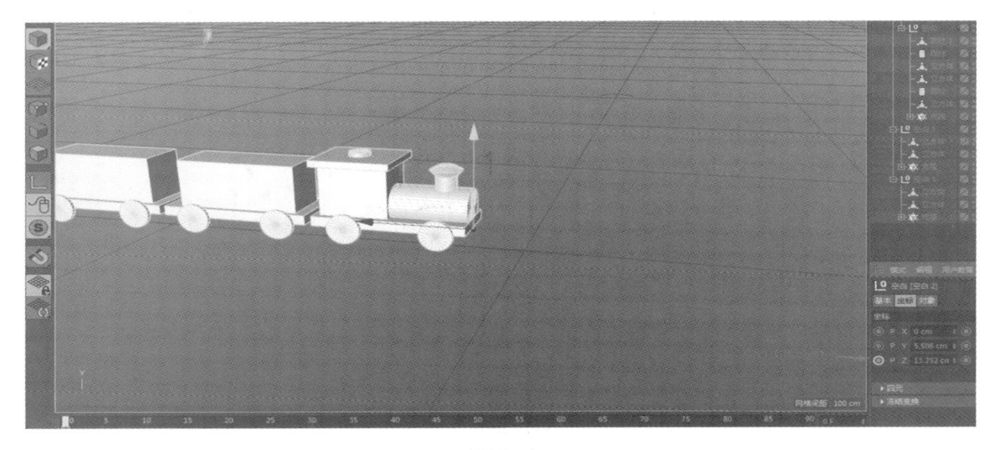

图 6-4

图 6-5

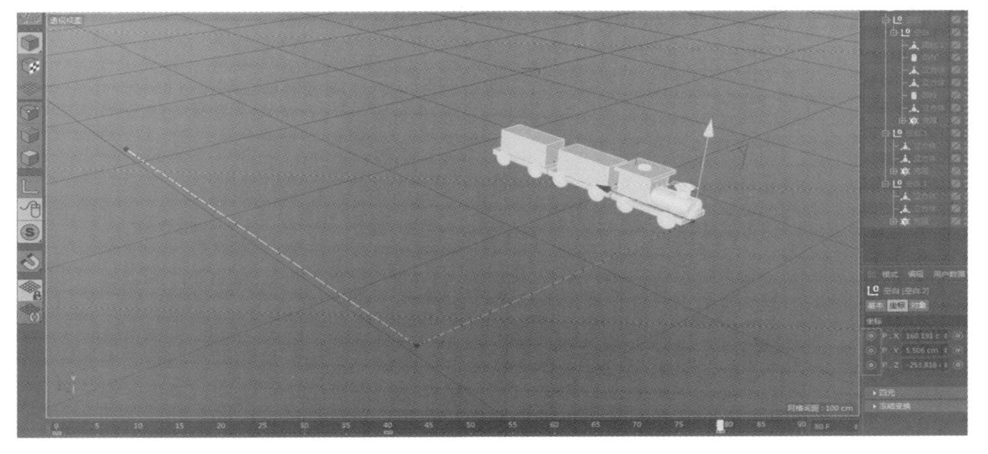

图 6-6

播放时间线，发现火车在第 40 帧~第 80 帧之间位移的方向出现了问题，因此要调整第 40 帧~第 80 帧的旋转方向。时间滑块回到第 40 帧，按住“Ctrl”键，左键单击“空白. 2”属性管理器中“坐标”下面“P. H”前部小圆点，设置“R. H”首部关键帧。如图 6-7。

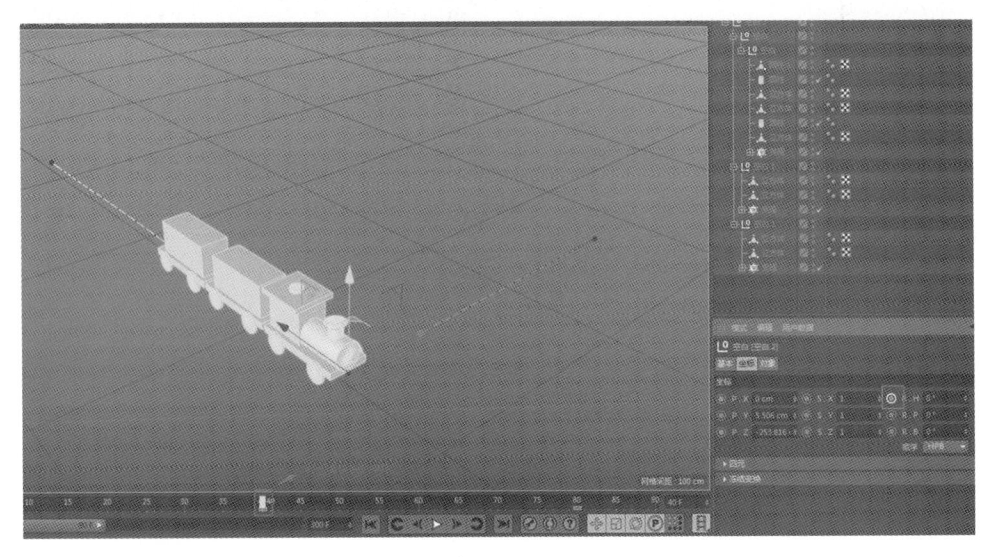

图 6-7

Step 05 时间滑块拖至第 80 帧时，将“R. H”值更改为“90°”。利用同样的方法设置“R. H”方向末尾关键帧。如图 6-8。

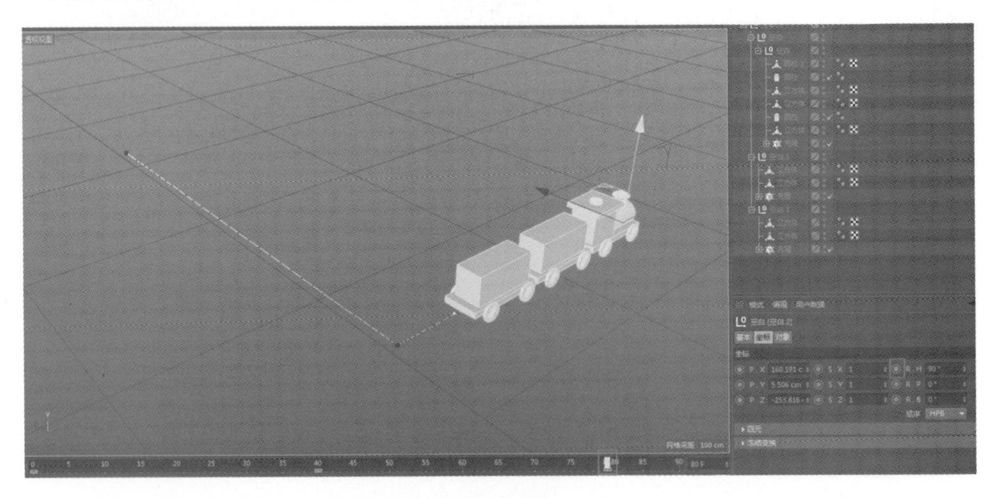

图 6-8

Step 06 火车在中间帧的位置（要注意的是，中间帧即首部关键帧与末尾关键帧之间任意帧的区域）旋转太突兀，需要插入中间帧矫正方位。将时间滑块拖至第 55 帧位置，更改“R. H”值为“70°”。利用同样的方法设置“R. H”关键帧。如图 6-9。

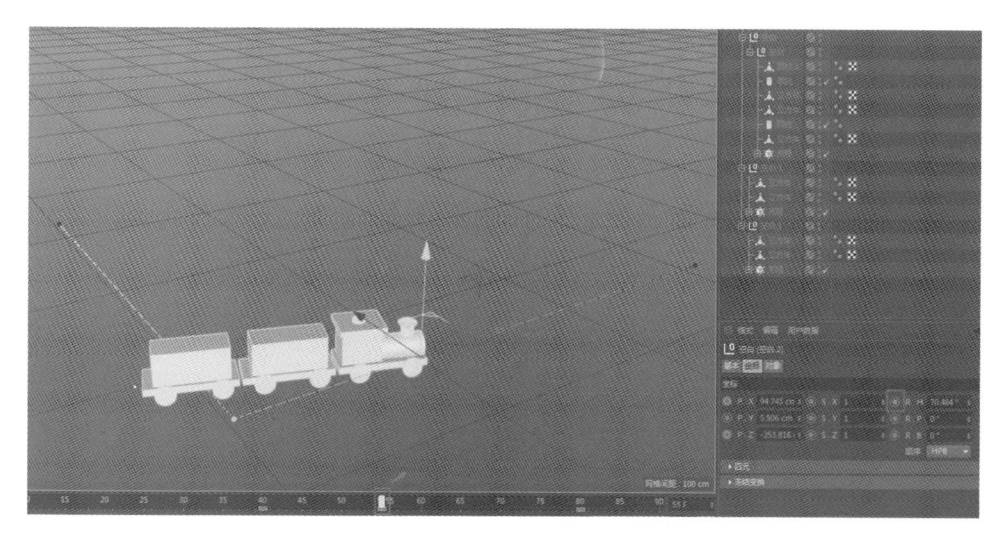

图 6-9

还可以在时间线上设置“复制”和“粘贴”命令，让模型在两帧之间的区域时间内产生位移后静止。步骤：在第 40 帧的位置右键单击，在弹出的浮动面板中选择“复制”命令。如图 6-10。

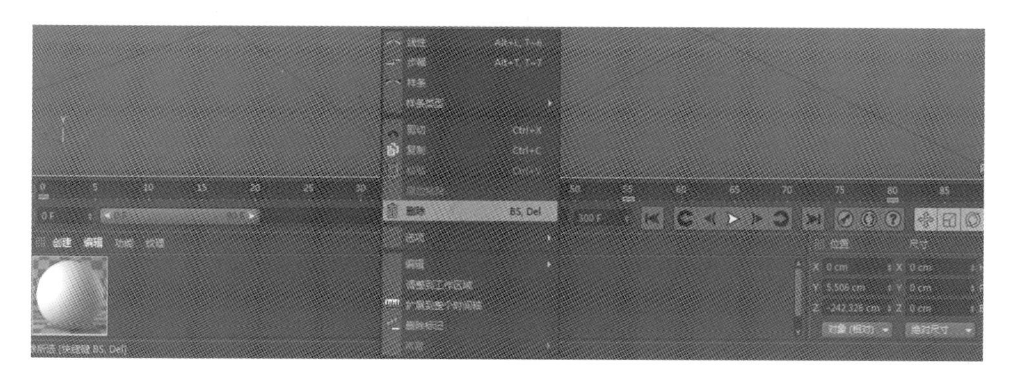

图 6-10

提示 还可选择“删除”命令删掉关键帧，视图窗口中的动画轨迹就删除掉了。如图 6-11。

图 6-11

Step 07 在第 48 帧的位置右键单击，在弹出的浮动面板中选择“粘贴”命令。如图 6-12。

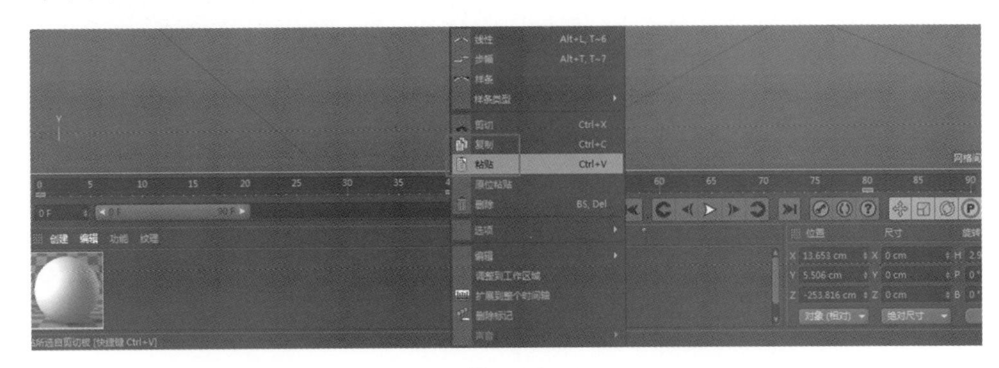

图 6-12

完成这些操作后，模型在第 40 帧~第 48 帧的区域内产生位移后静止。如图 6-13。

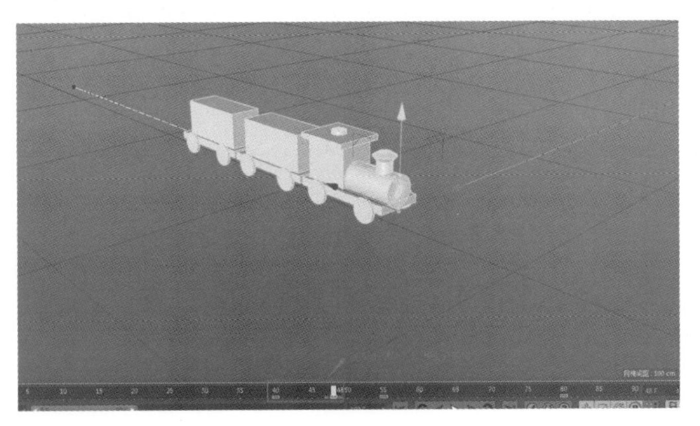

图 6-13

以上便是关键帧技术的使用方法。

本节重要工具命令（表 6-1）：

表 6-1

命令名称	体现步骤	命令作用	重要程度
空白对象	1	自身成组的对象	高

6.1.2 路径动画

课堂案例：火车绕圈

本节通过火车环绕奔跑的案例来介绍模型生成路径动画的方法。

Step 01 长按“画笔”按钮，弹出“曲线”面板，选择“画笔”工具，画好螺旋线样条，选择火车的“空白. 2”对象。如图 6-14。

Step 02 在对象管理器中的“空白. 2”命令上右键单击，在弹出的浮动面板中选择“Cinema 4D 标签”→“对齐曲线”命令。如图 6-15。

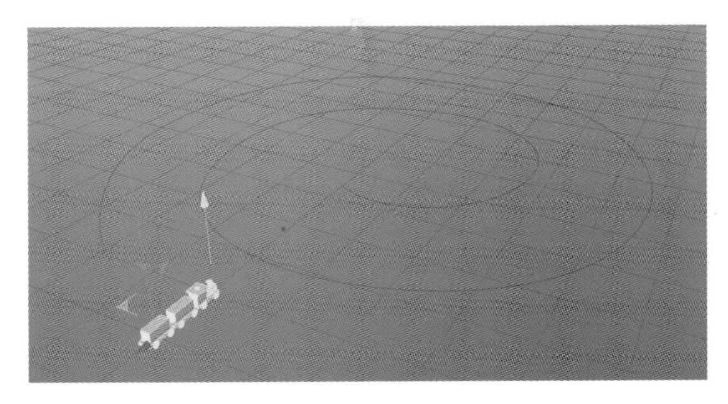

图 6-14

图 6-15

左键单击选中“样条”命令，拖动至“对齐曲线”属性管理器中“标签”→“曲线路径”命令后的空白框中。勾选“切线”命令。如图 6-16。

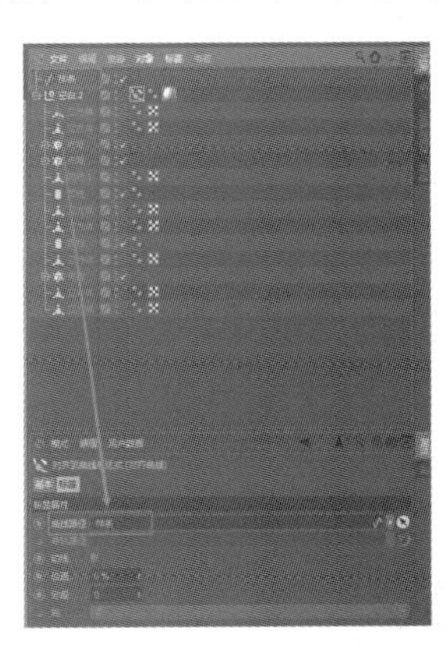

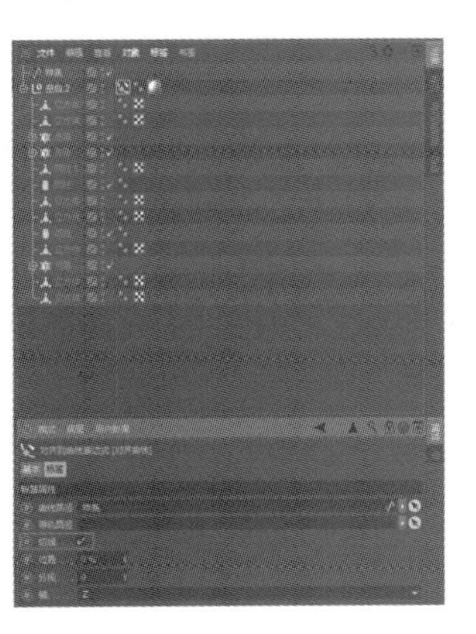

图 6-16

Step 03 按住“Ctrl”键，左键单击“对齐到曲线表达式（对齐曲线）”→“标签”面板中的“位置”命令前面小圆点◎，在第 0 帧设置“对齐曲线”的首部关键帧。如图 6-17。

用同样的方法在第 90 帧设置“对齐曲线”中的位置作为末尾关键帧。如图 6-18。

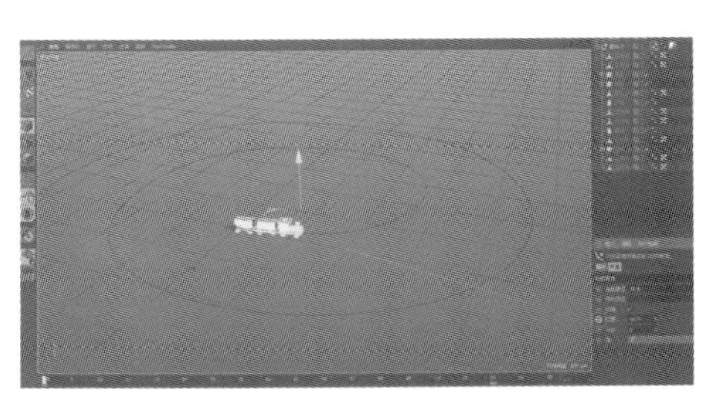

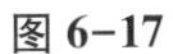

图 6-17

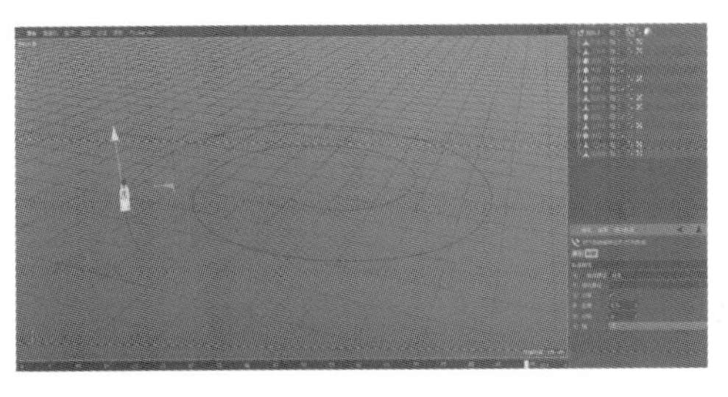

图 6-18

Step 04 在对象管理器中的显示/隐藏标签中隐藏螺旋样条，播放时间线，火车沿螺旋线路径产生关键帧动画。如图 6-19。

图 6-19

本节重要工具命令（表 6-2）：

表 6-2

命令名称	体现步骤	命令作用	重要程度
对齐曲线	2	使对象生成关键帧动画	高
标签	3	调整对象以何种方式生成路径动画	高

6.1.3　摄影表与函数曲线

本节仍以火车动画的案例来分别讲解在摄影表和函数曲线里调节动画的方法。时间线窗口中重要的命令参数如图 6-20。

图 6-20

摄影表：与函数曲线共同组成线性运动轨迹，属于非线性的轨迹表。

函数曲线模式：曲线的运动轨迹模式。

运动剪辑：曲线运动的控制。

框显所有：选择所有的曲线节点。

转到当前帧：跳到当前鼠标选中的节点。

创建标记在当前帧：在当前帧添加节点记号。

创建标记在视图边界：在视图边界添加节点记号。

删除全部标记：删除所有节点记号。

线性：与非线性相反的符号。

步幅：摄影表中的跨度值。

样条：摄影表中的样条值。

课堂案例 1：摄影表的使用

Step 01 选择“菜单栏”→“窗口”→“时间线（摄影表）”命令，打开“函数表”工具。可以观察到在不同帧的位置设置有小方块。左键单击“位置”面板使其呈黄色状态，框选移动某一帧位置的小方块就可以改变对象动画的位移。如图 6-21。

图 6-21

打开制作好的火车关键帧动画（第 6.1.2 节案例）。选择“时间线（摄影表）”，左键单击“位置”面板，使其呈黄色高亮显示。单击第 40 帧的小方块使其呈黄色高亮显示，将小方块拖动至第 25 帧处；再单击第 80 帧的小方块使其呈黄色高亮显示，拖动至第 65 帧处。如图 6-22。

图 6-22

回到 Cinema 4D 软件的界面，时间线上的位移帧数与摄影表的帧数是相一致的。如图 6-23。

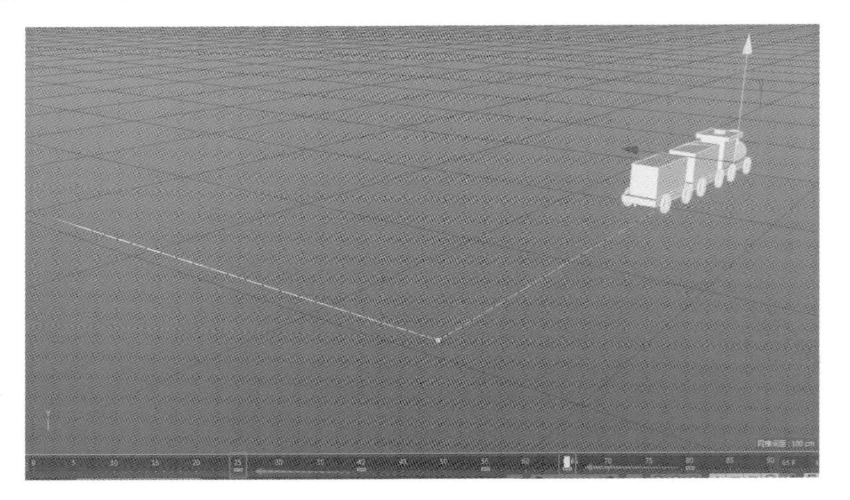

图 6-23

Step 02 再次回到“摄影表”面板里，左键单击“旋转”面板使其呈黄色高亮显示，单击第 25 帧的小方块使其呈黄色高亮显示，将其拖动至第 30 帧处。

再单击第 55 帧的小方块使其呈黄色高亮显示，拖动至第 70 帧处。如图 6-24。

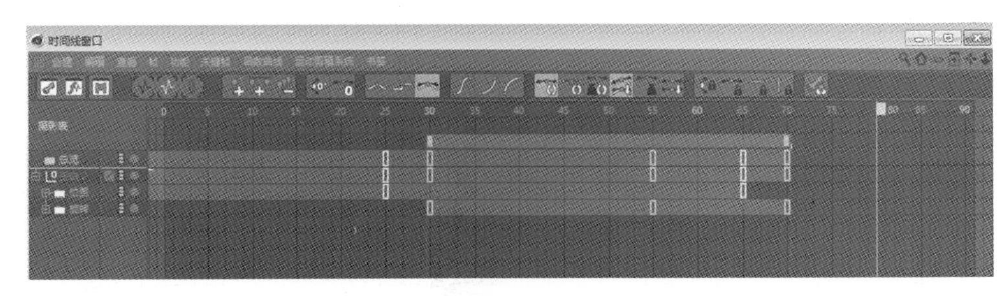

图 6-24

回到 Cinema 4D 软件的界面，时间线上的位移帧数与摄影表的帧数是相一致的。如图 6-25。

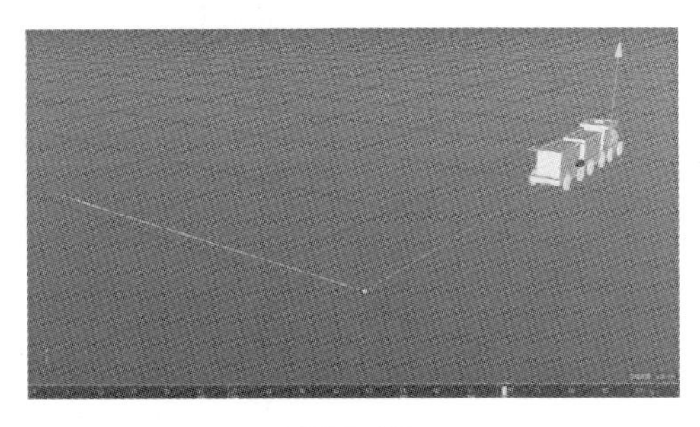

图 6-25

课堂案例 2：时间线的使用

再来学习“时间线（函数曲线）”工具。

Step 01 在菜单栏中选择“窗口”→“时间线（摄影表）”命令，打开“时间线（函数曲线）”工具。面板中可以看见“位置. X”“位置. Z”和“旋转. H”设置了关键帧。左键单击“位置. X”面板使其呈黄色高亮显示，调整首末两端轴向的手柄，设置为“平缓”模式。如图 6-26。

Step 02 左键单击“位置. Z”面板使其呈黄色高亮显示，在曲线上单击某处，设置为中间帧。中间帧位置是可以任意改变 X 轴和 Y 轴上的位移。如图 6-27。

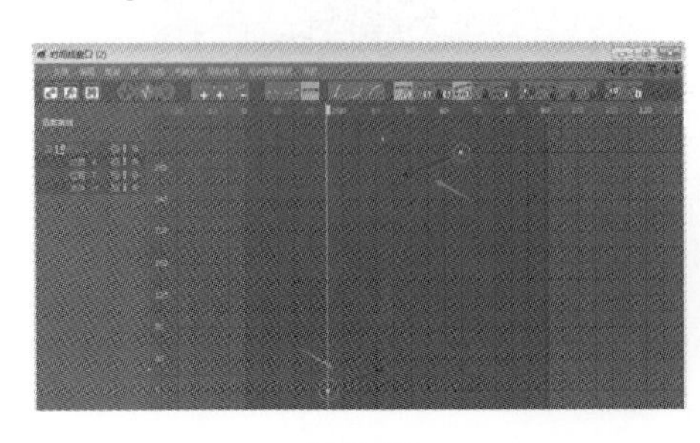

图 6-26

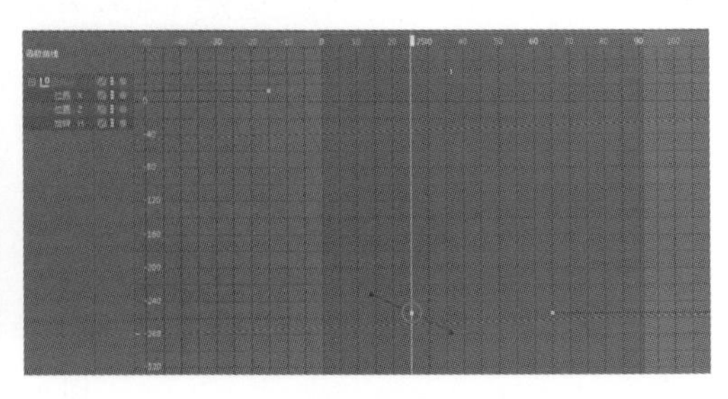

图 6-27

Step 03 左键单击“旋转. H”面板使其呈黄色高亮显示，用同样方法调整中间帧。如图 6-28。

在视图窗口中的关键帧动画就跟随“函数曲线”的变化而产生相一致的改变。如图 6-29。

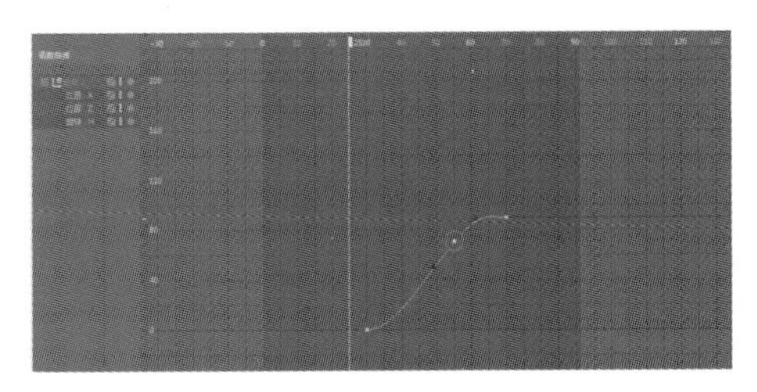

图 6-28

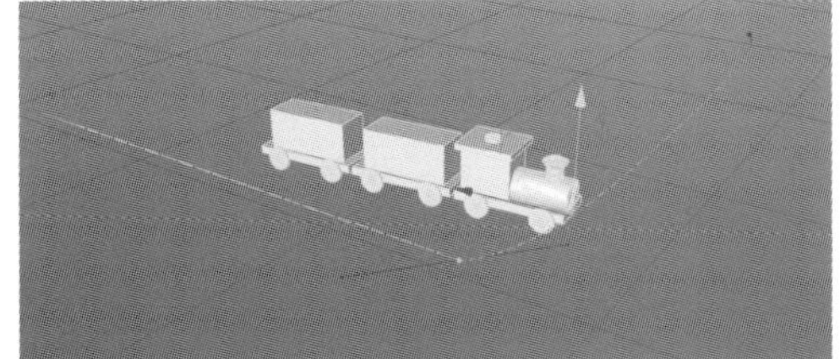

图 6-29

6.2 综合实战案例

在第 1.3.5 节已经介绍了 Cinema 4D 软件在电商海报和广告制作中的作用。本节运用灯光、材质、动画和特效属性来介绍电商广告片头的制作方法。

6.2.1 电商广告片头灯光

Step 01 打开制作好的模型场景，整理好对象管理器中各个模型的组别。如图 6-30。

图 6-30

Step 02 创建区域光。调整灯光手柄，让灯光的照射范围覆盖整个场景。开启灯光的投影，并移动至字体广告牌模型的左上方。如图 6-31。

Step 03 创建区域光。缩小灯光照射范围，让灯光照射字体广告牌侧面。如图 6-32。

Step 04 创建点光源，移动至字体广告牌的背面。如图 6-33。

Step 05 再创建区域光，放置在字体广告牌的底部，照亮暗部的地方。如图 6-34。

图 6-31

图 6-32

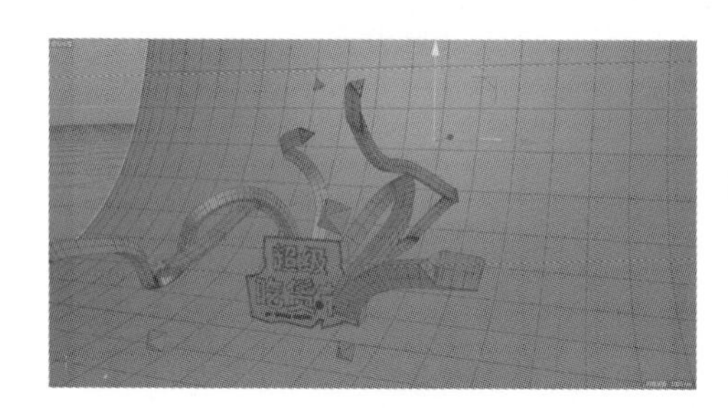

图 6-33

图 6-34

渲染视图窗口。场景的灯光渲染效果设置完毕。如图 6-35。

图 6-35

6.2.2 电商广告片头材质

给场景添加材质贴图。

Step 01 新建一个材质球，鼠标双击材质球，打开材质编辑器。鼠标单击并勾选“颜色”选项，在展开的下拉选项中将“纹理”更改为“渐变”。在“渐变”的颜色框中添加渐变的颜色。如图 6-36。

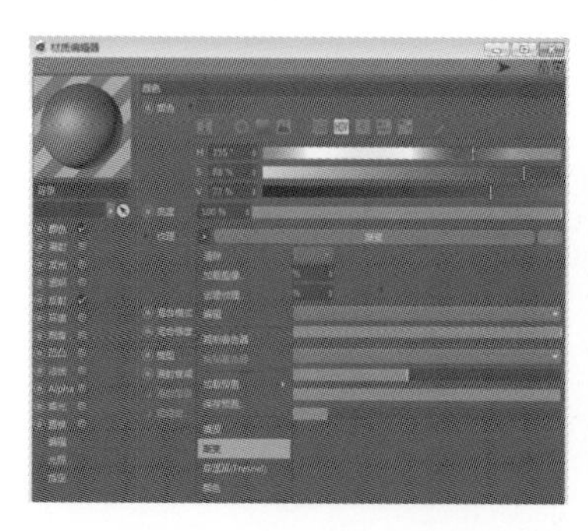

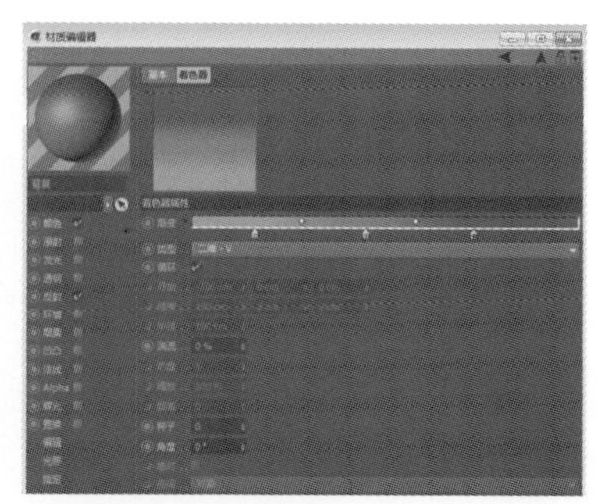

图 6-36

鼠标左键选中材质球拖给场景中的地面模型。如图 6-37。

图 6-37

Step 02 分别创建其他的材质球，更改“颜色”的“HSV”值。如图 6-38。

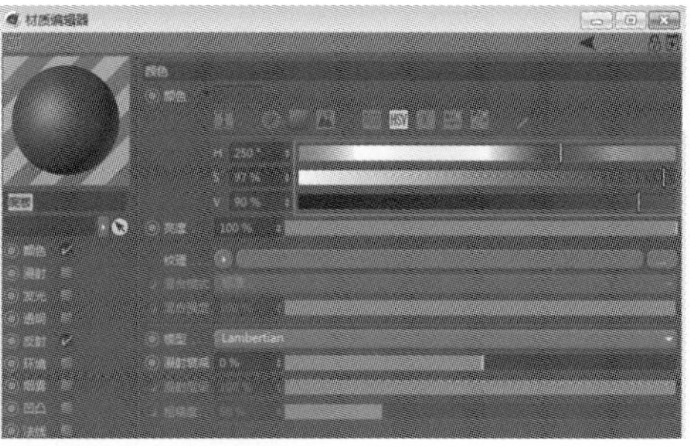
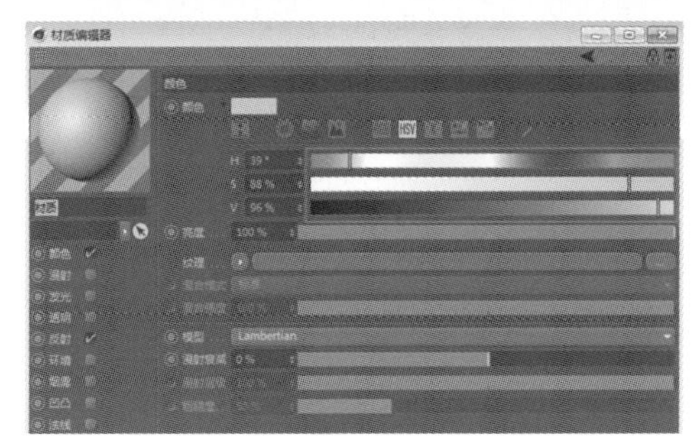

图 6-38

将材质球分别拖给广告牌的其他部位，在摄像机镜头中渲染效果。如图 6-39。

图 6-39

Step 03 在广告牌的边框中添加反射效果，来增强质感效果。打开边框的材质编辑器，鼠标单击并勾选“反射”选项，在面板中单击“添加”按钮，在下拉选项中添加“GGX”。如图 6-40。

在摄像机镜头中渲染视窗，边框显示出反射效果。如图 6-41。

图 6-40

图 6-41

Step 04 场景中的飘带也需要添加反射效果。打开其材质编辑器，在“反射”选项中更改“层颜色”为蓝色，添加“GGX”效果，并将“粗糙度”更改为“17%”。如图 6-42。

在摄像机镜头中渲染视窗，飘带显示出反射效果。如图 6-43。

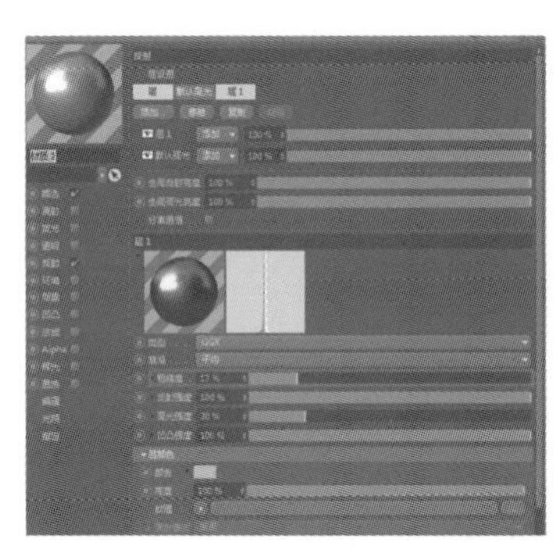

图 6-42

图 6-43

整个场景的渲染效果如图 6-44所示。

图 6-44

6.2.3 电商广告片头动画

Step 01 长按“扭曲”按钮，弹出“变形器”面板，选择“斜切”工具。在视图窗口移动“斜切”工具框住字体广告牌上的“超级”字样。如图6-45。

在对象管理器中左键单击拖动“斜切”工具至“超级”工具的子集之中。选中“斜切”工具，在属性管理器中选择“斜切对象［斜切］”→“对象”选项，在面板中将“强度”更改为“34%”。如图6-46。

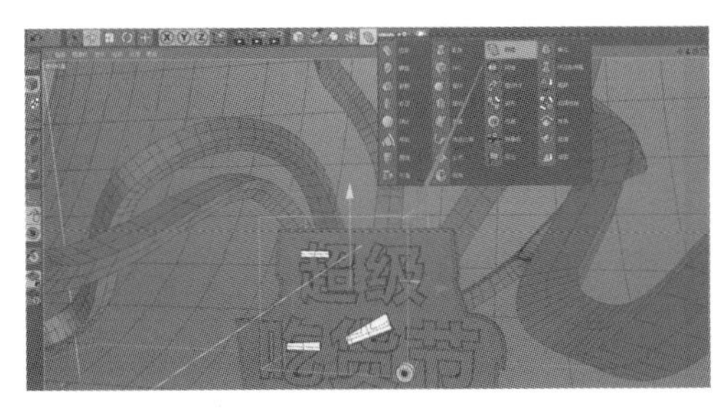

图 6-45

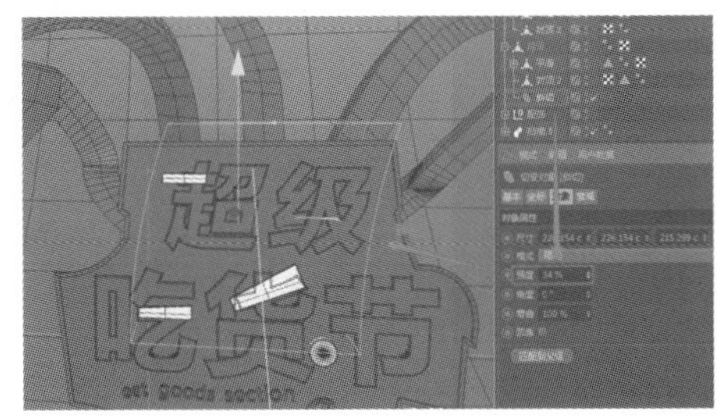

图 6-46

Step 02 添加“锥化”工具，在视图窗口移动“锥化”工具框住“吃货节”字样。选中“锥化”工具，在属性管理器中选择“锥化对象［锥化］”→“对象”选项，在面板中将“强度”更改为“59%”。如图6-47。

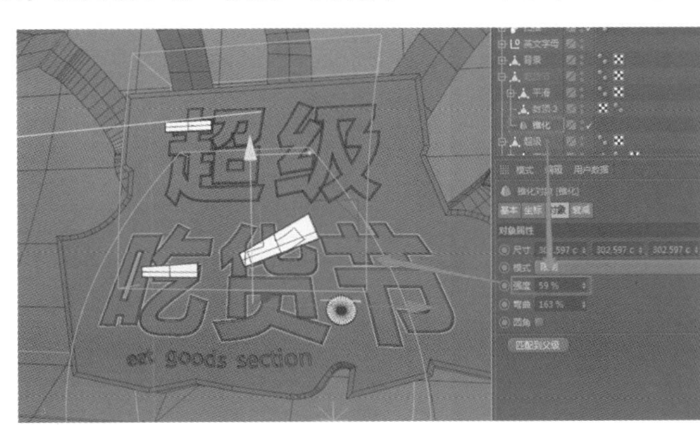

图 6-47

Step 03 制作广告牌下落的关键帧动画。增加字体广告牌的位移。在时间线中将时间滑块拖到第0帧，按住“Ctrl”键，左键单击字体对象属性管理器中“坐标”下面的“P. X”“P. Y”“P. Z”前部小圆点，设置在半空的字体广告牌首部关键帧。播放时间线在字体广告牌落下后，时间滑块拖到第50帧，设置“P. X”“P. Y”“P. Z”的末尾关键帧。如图6-48。

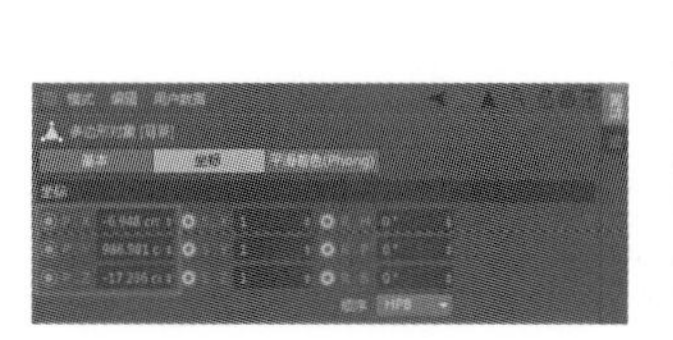
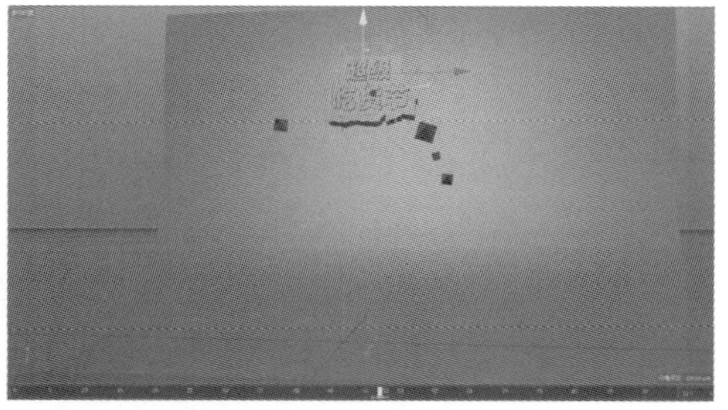

图 6-48

下落动画制作完毕后，在第 50 帧~第 70 帧之间连续设置广告牌落下后由于重力产生的弹跳动画。如图 6-49。

Step 04 添加广告牌的挤压变形动画增加广告的趣味性。当广告牌落下快接近地面第 40 帧的位置时，开始设置字样的挤压变形动画。首先在第 60 帧设置“斜切”的强度为首部关键帧。然后在第 72 帧增加“斜切”的强度并设置末尾关键帧。中间加入变化的关键帧。如图 6-50。

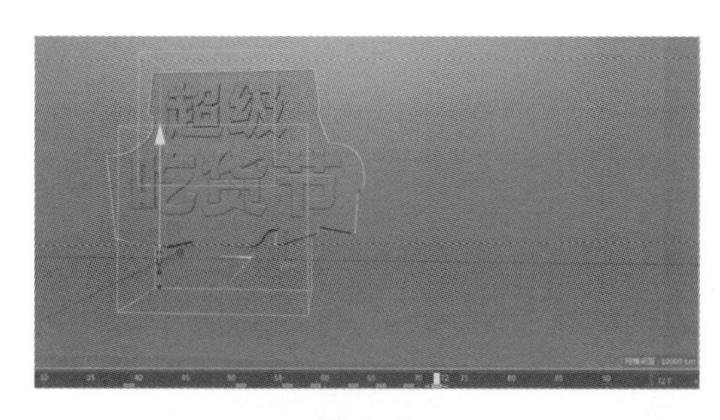

图 6-49

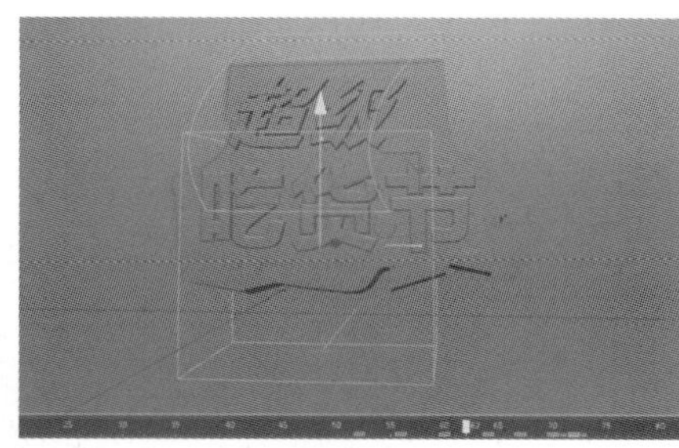

图 6-50

在第 52 帧设置“锥化”的强度为首部关键帧。然后在第 70 帧增加“锥化”的强度并设置末尾关键帧。中间加入变化的关键帧。如图 6-51。

Step 05 创建摄像机，移动至如图 6-52所示位置。

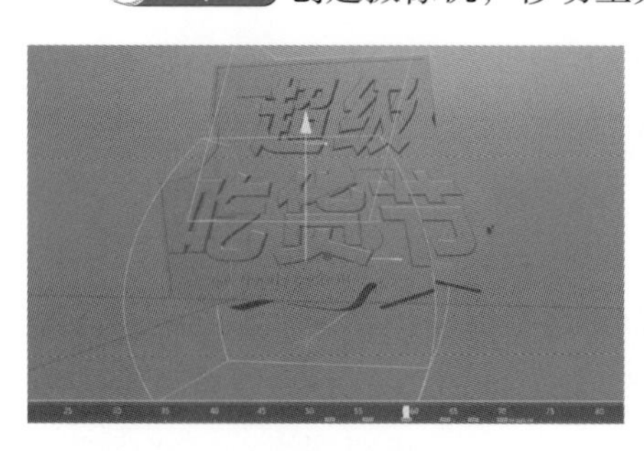

图 6-51

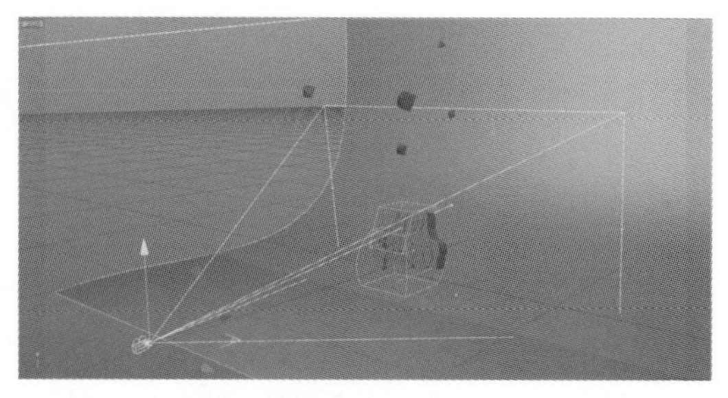

图 6-52

切换进入摄像机的视角。播放时间线，广告牌落下的动画效果制作完成。如图 6-53。

图 6-53

6.2.4 电商广告片头特效

动画制作完成后制作特效。

Step 01 创建一个球体模型，长按"实例"按钮，弹出"造型器"面板，选择"克隆"工具，在对象管理器中左键单击拖动"球体"工具至"克隆"工具的子集之下。生成如图 6-54所示模型。

左键单击将场景的"平面"模型拖至"克隆对象［克隆］"→"对象"选项下面板的"对象"空白框中。如图 6-55。

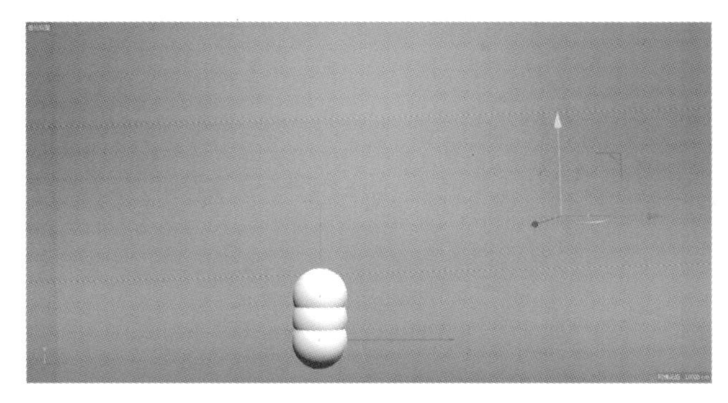

图 6-54

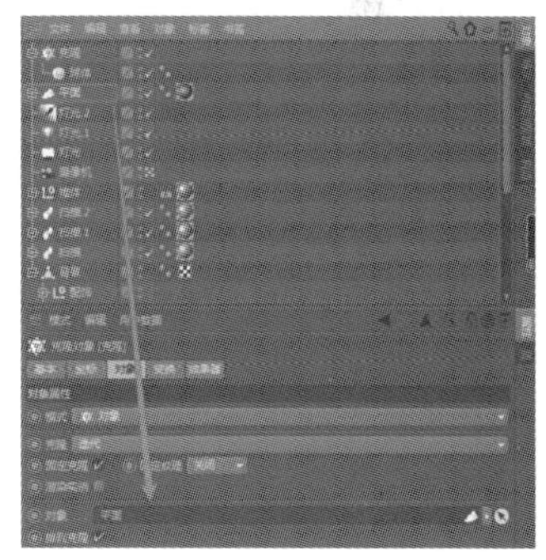

图 6-55

Step 02 选择"克隆"命令，在属性管理器中选择"克隆对象［克隆］"→"对象"选项，在下拉选项中更改"分布"为"表面"。如图 6-56。

播放时间线，气球从平面表面飞出并四处乱窜，而且与平面有穿插。如图 6-57。

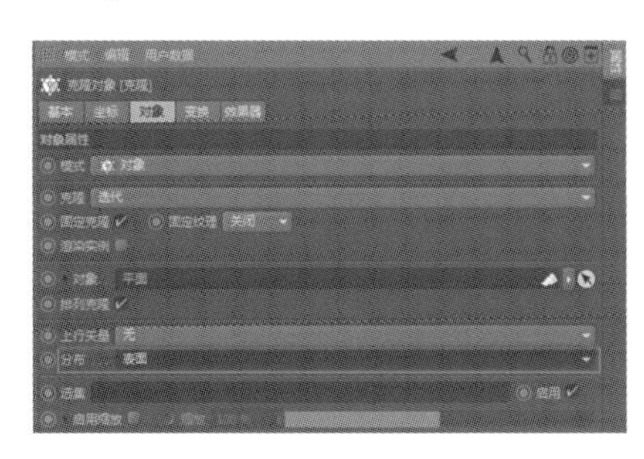

图 6-56

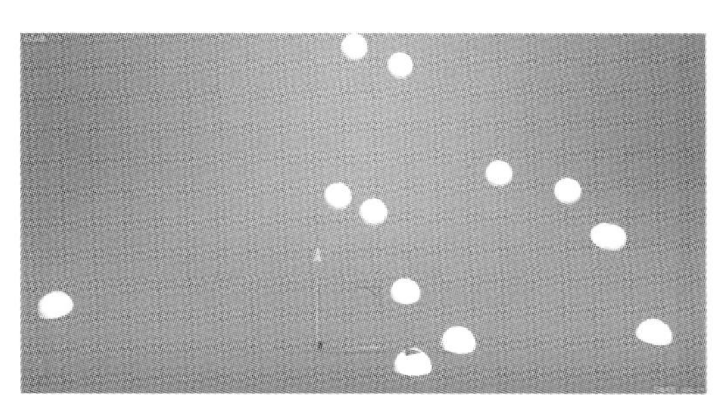

图 6-57

下面来解决这个问题。

Step 03 在对象管理器中右键单击选择“球体”模型，弹出浮动面板，在下拉选项中选择“模拟标签”→“刚体”命令。如图 6-58。

在对象管理器中选择“平面”模型右键单击，弹出浮动面板，在下拉选项中选择“模拟标签”→“碰撞体”命令。如图 6-59。

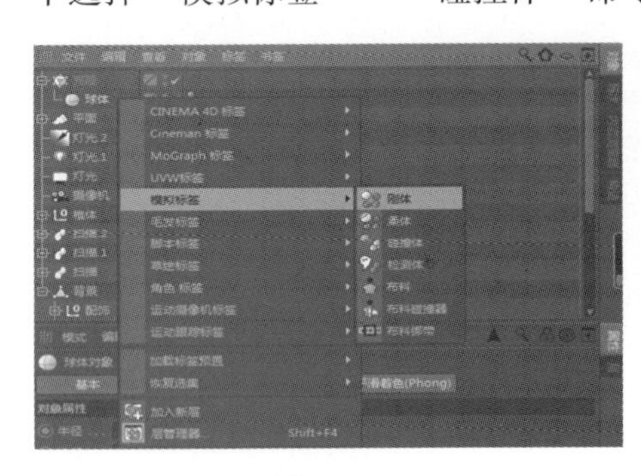

图 6-58

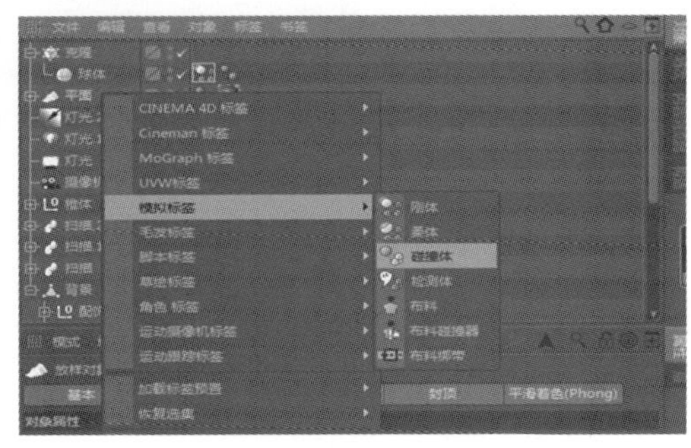

图 6-59

播放时间线，气球这时从平面表面飞快地弹射出去。如图 6-60。

Step 04 选择“平面”模型“着色标签”中的“碰撞体”命令，在属性管理器中选择“力学体标签［力学体］”→“碰撞”选项，在下拉选项中将“继承标签”更改为“应用标签到子级”，“外形”更改为“静态网格”。如图 6-61。

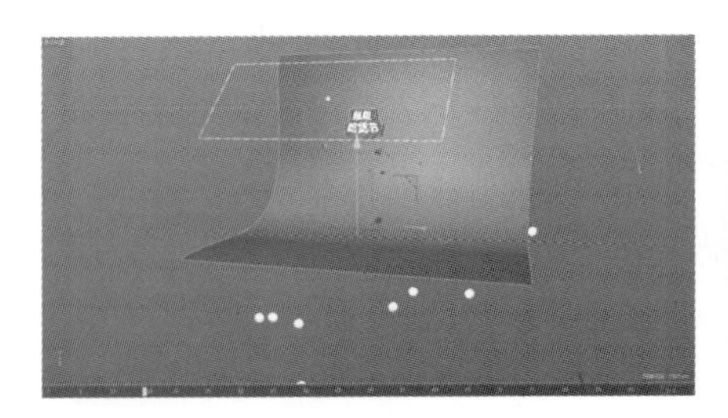

图 6-60

图 6-61

Step 05 选择“克隆”工具，在属性管理器中选择“克隆对象［克隆］”→“对象”选项，在面板中将“种子”更改为“99960”，数量更改为“60”。如图 6-62。

播放时间线，气球这时从平面表面正常飘起来。如图 6-63。

图 6-62

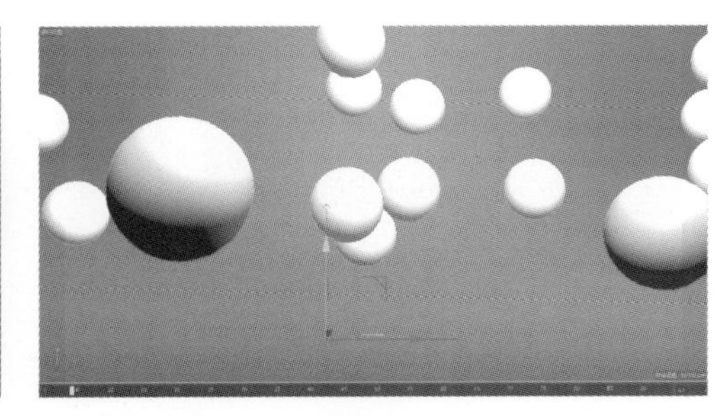

图 6-63

Step 06 给气球添加色彩。新建一个材质球，打开材质编辑器。鼠标单击并勾选“颜色”选项，选择“纹理”→“MoGraph”→“多重着色器”命令。单击着色器颜色框，进入着色器面板，在面板中单击“添加”→“色彩”命令，可以连续添加五种颜色。如图 6-64。

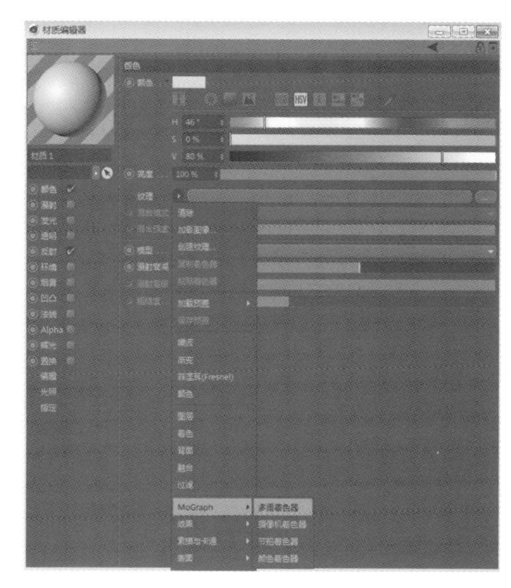

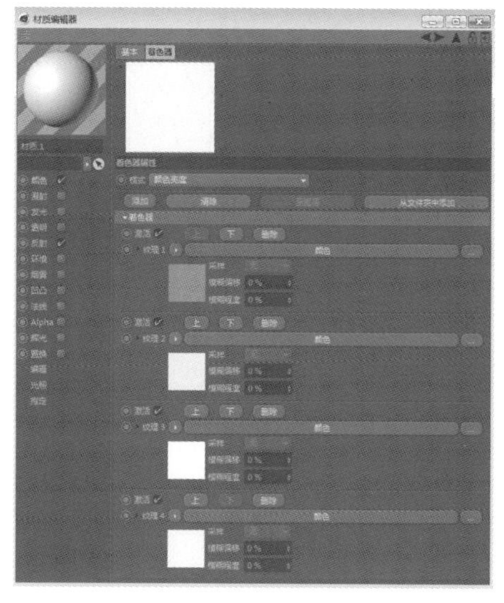

图 6-64

Step 07 左键选中有多重着色的材质球拖给对象管理器中的“克隆”命令。在菜单栏中选择“运动图形”→“效果器”→“随机”命令。在属性管理器中选择“随机分布［随机］”→“参数”选项，将下拉选项中的“颜色模式”更改为“开启”，“混合模式”更改为“分隔线”。如图 6-65。

图 6-65

播放时间线，飘起的气球呈现五颜六色的状态。对动画进行渲染输出。如图6-66。

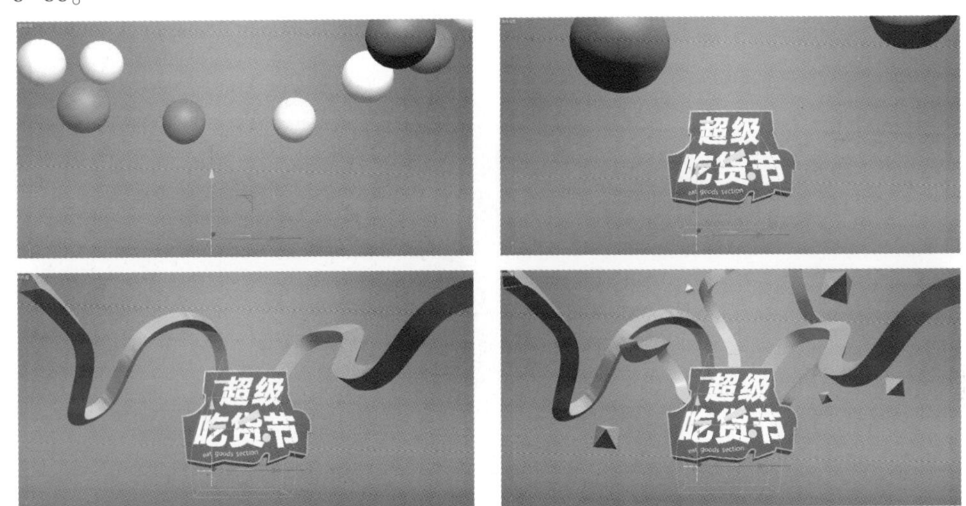

图 6-66

6.2.5 电商广告片头渲染合成

Step 01 启动 Premiere 软件。在项目面板中打开渲染输出的视频。拖动视频序列至时间线面板中。如图 6-67。

图 6-67

Step 02 新建一个字幕面板。添加字体样式，更改“字体大小”为“80”，更改“行距”为“0”，更改“字距”为“-19”。打开“描边”面板，勾选“外侧边”，“类型”更改为“凸出”，“填充类型”更改为“实色”，“颜色”更改为“紫色”。如图 6-68。

图 6-68

在字幕面板中将字体缩小排列在广告牌的上方。如图 6-69。

图 6-69

Step 03 回到 Premiere 软件界面，给视频添加一个“线性擦除”特效。如图 6-70。

左键单击“视频效果”面板中“过渡完成”前的小码表，给字幕添加从“100%”到“0%”显示的擦除渐变。如图 6-71。

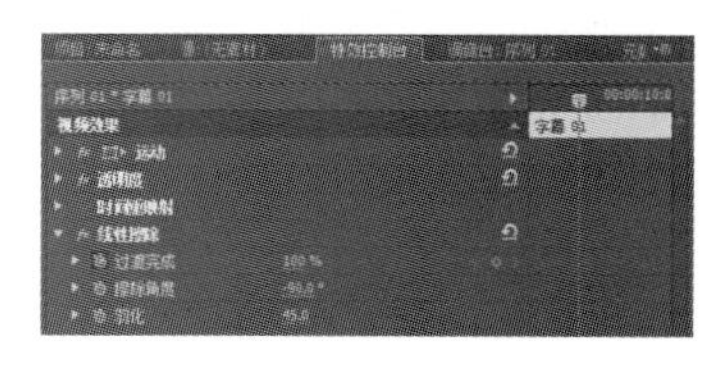

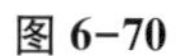

图 6-70

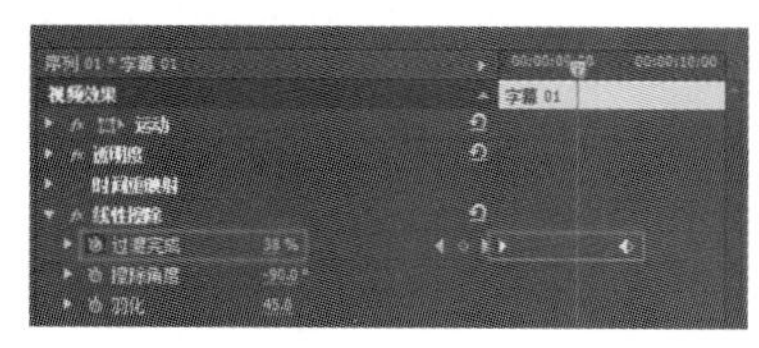

图 6-71

在时间线中播放视频，飘起的气球被白色平面挡住了。如图 6-72。

图 6-72

Step 04 添加“颜色键”的视频特效。鼠标单击“吸管”工具。如图 6-73。

用“吸管”工具单击屏幕中的白色背景，抠除白色背景。如图 6-74。

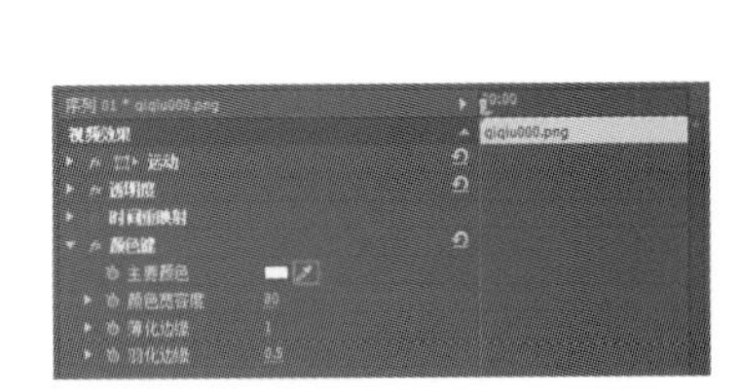

图 6-73

图 6-74

Step 05 单击时间线播放视频，整个广告动画制作完毕。如图 6-75。

图 6-75

提示 本节主要内容是指出后期制作的思路和简单的制作方法，学习者可根据自己的情况选择合适的后期软件进行制作。如 After Effects、Digital Fusion、Nuke 等。

本节重要工具命令（表 6-3）：

表 6-3

命令名称	体现步骤	命令作用	重要程度
克隆对象	1	使对象产生诸多形态	高
刚体	3	运动物体受力后状态不变	高
碰撞体	3	使物体和物体产生互相作用力	高
继承标签	4	使对象产生动力学特性	高
多重着色器	6	随机产生多种材质变化	高

本章小结

本章主要介绍 Cinema 4D 的基础动画技术。需要读者重点掌握关键帧技术与路径动画的相关知识。动画内容本身较为复杂，希望学习者在学习的过程中反复练习，勤于思考。

本章需重点掌握的内容：

（1）动画关键帧与路径动画。

（2）摄影表与函数曲线的使用方法。

（3）特效动画的制作。

课后习题

作业名称：竹简翻开动画。

用到工具：关键帧、路径动画。

学习目标：熟悉各个面板中的功能。

步骤分析：

（1）立方体制作竹简模型。

（2）在对象管理器中梳理层级关系。

（3）设置竹简折叠的关键帧。

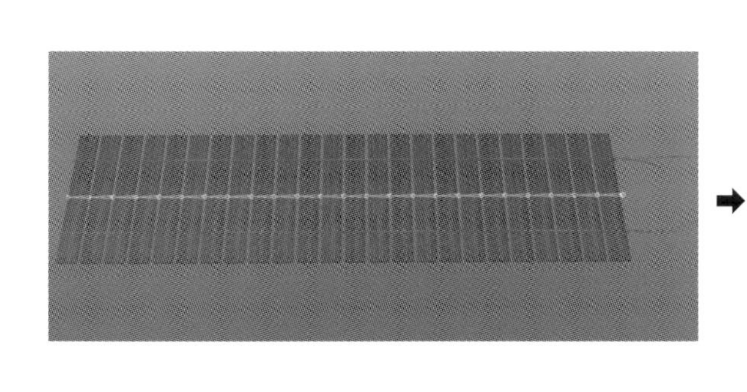

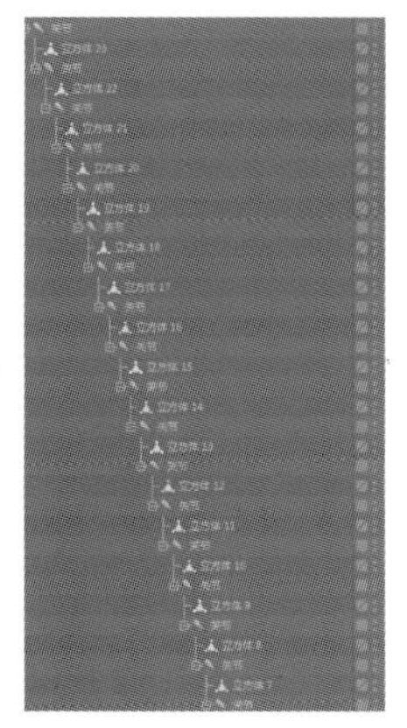

最终要求效果：

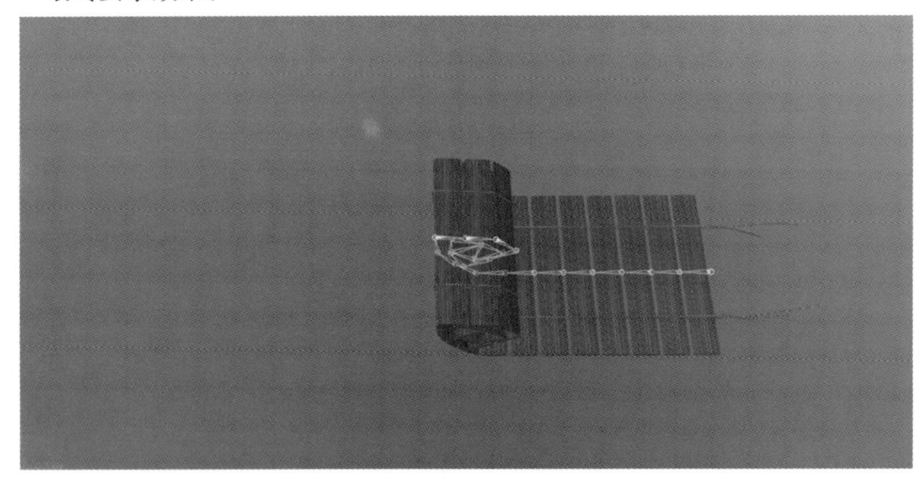

第 7 章　Cinema 4D 特效动力学

【本章内容】

本章主要介绍 Cinema 4D 的动力学技术，其中包括刚体、柔体、流体和毛发等部分。通过该技术可以快速地制作出物体与物体之间真实的物理作用效果。特效是辅助动画效果必不可少的一项条件。特效动力学遵循物理定律，可以让场景自动生成最终的动态效果。

【课堂学习目标】

了解特效动力学的定义与分类；
熟悉刚体碰撞、柔体碰撞和流体插件的运用；
掌握特效面板中的各项模拟工具的使用，以及毛发制作的技能。

Cinema 4D 特效动力学技术可以快速制作出物体与物体之间真实的物理作用效果，它是后期必不可少的一项技术。动力学用于定义物理属性和外力作用，是物理属性的真实模拟。当对象遵循物理定律相互作用时，可以让场景自动生成最终的动画关键帧。Cinema 4D 软件区别于其他二维动画软件的不同地方就是它的特效动力学部分功能非常强大。如图 7-1。

图 7-1

7.1　柔体与刚体

在前面章节已经介绍过该部分功能可以模拟风、雨、火、电等情景的视觉效果。本章就来介绍和制作具体的案例。首先来看动力学部分的柔体与刚体效果。

7.1.1　柔体效果

课堂案例：泥土入桶

本节讲解制作柔体碰撞的特效。

Step 01 在 Cinema 4D 中打开制作的场景模型：一个油桶和一个球体。用移动键将球体移至油桶的正上方。可以在三视图中操作。如图 7-2。

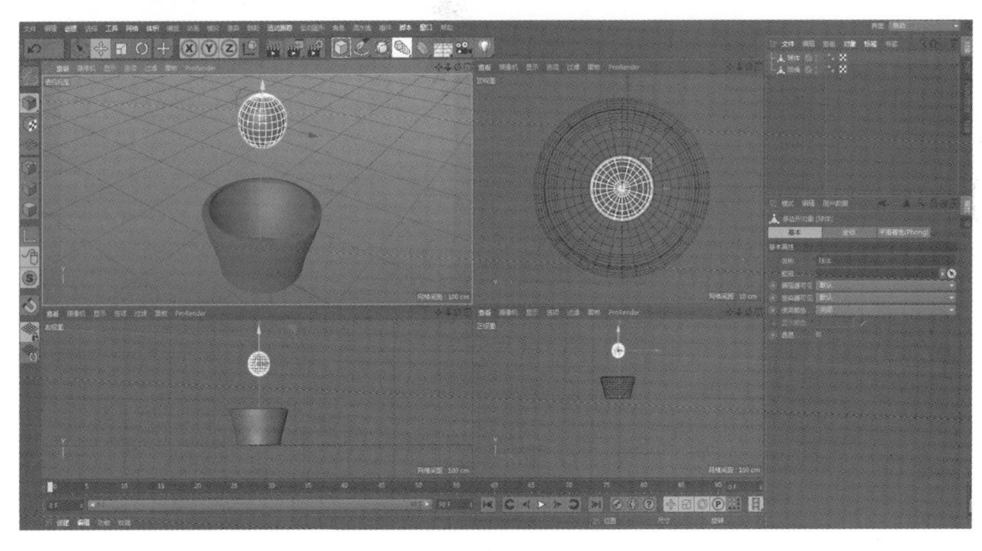

图 7-2

给小球添加动力学柔体效果。在对象管理器中的球体上右键单击，在弹出的浮动面板中选择“模拟标签”→“柔体”命令。如图 7-3。

Step 02 在油桶上右键单击，在弹出的浮动面板中选择“模拟标签”→“碰撞体”命令。如图 7-4。

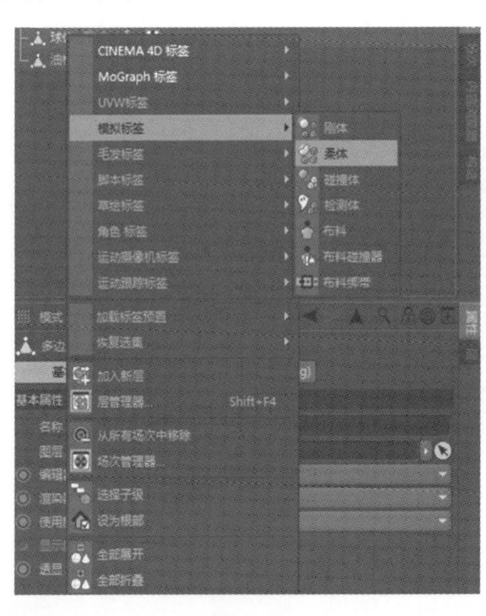

图 7-3

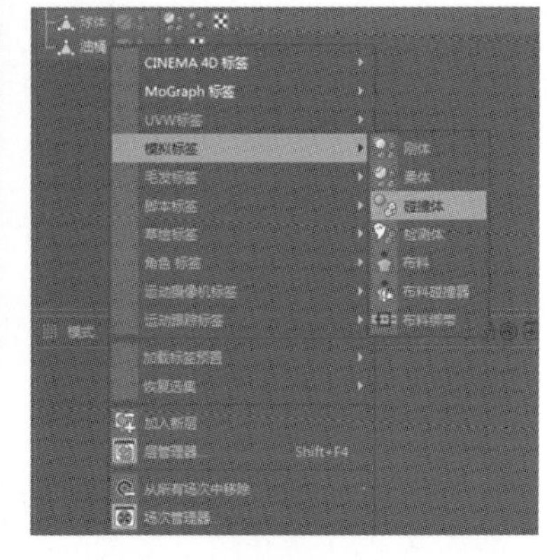

图 7-4

播放时间线，球体与油桶转化为碰撞物与碰撞体。但观察到球体落在油桶的外部便停止了。如图 7-5。

Step 03 现在来改变这种状况。在前面介绍过刚体中“碰撞体”方式，在对象标签区域选择油桶的“碰撞体”命令。在属性管理器中选择“力学体标签［力学体］”→“碰撞”选项。在“碰撞”面板下将“继承标签”更改为“应用标签到子级”模式，将“外形”更改为“静态网格”模式。如图 7-6。

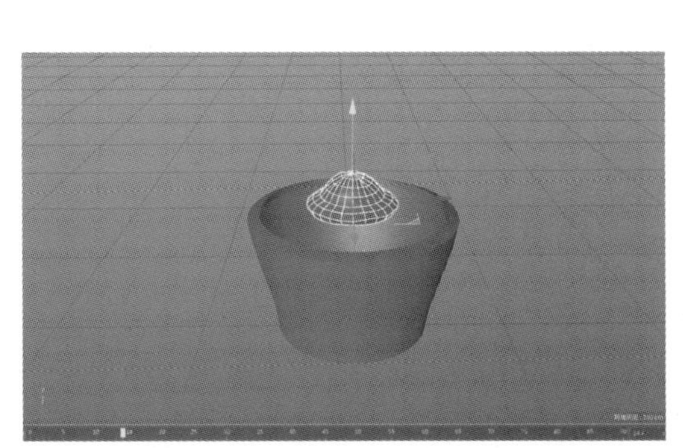

图 7-5

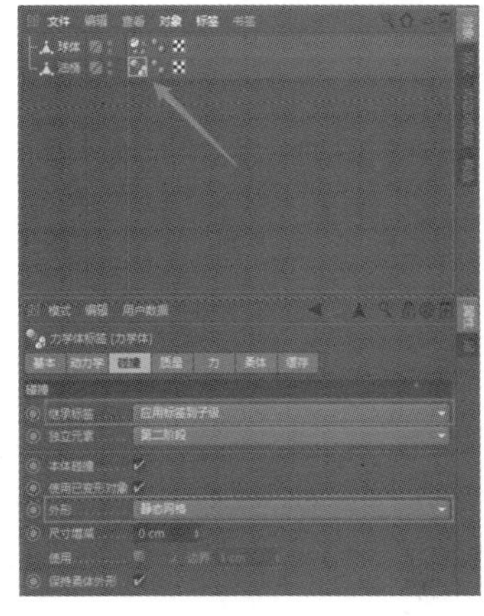

图 7-6

调整完毕后再次播放时间线，这时候球体落入桶内正确的位置。如图 7-7。但是球体还未模拟出泥土的外形。

Step 04 选择“球体”的“柔体”工具，选择“力学体标签［力学体］”→“碰撞”选项，在面板下将“碰撞噪波”更改为“1%”，其他数值修改如图 7-8所示。

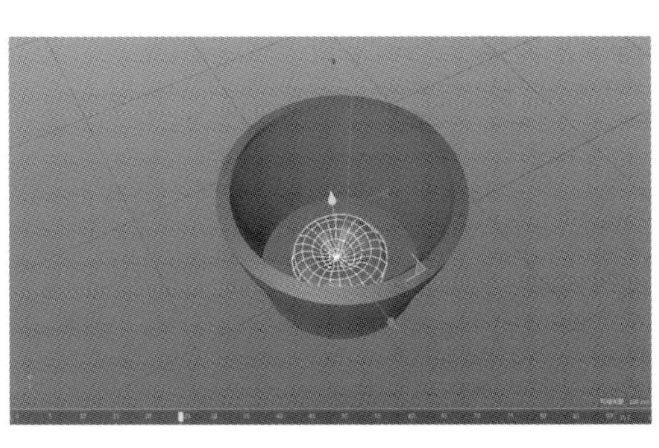

图 7-7

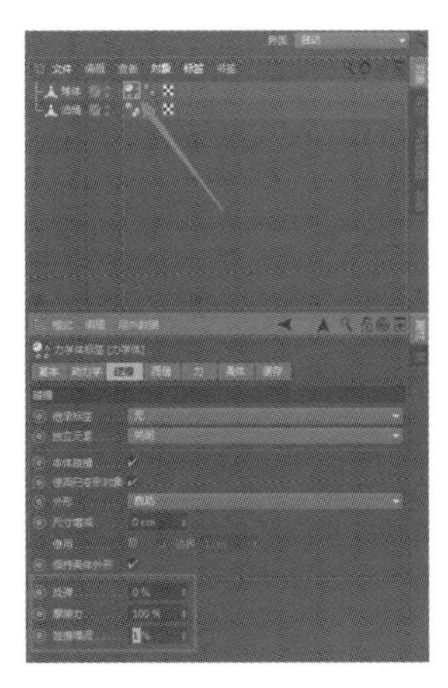

图 7-8

在对象标签区域选择球体的“柔体”选项，在属性管理器中将“弹簧”下的“阻尼”更改为“300%”。如图 7-9。

播放时间线，球体落入桶内撞击时呈现柔软的状态。如图 7-10。

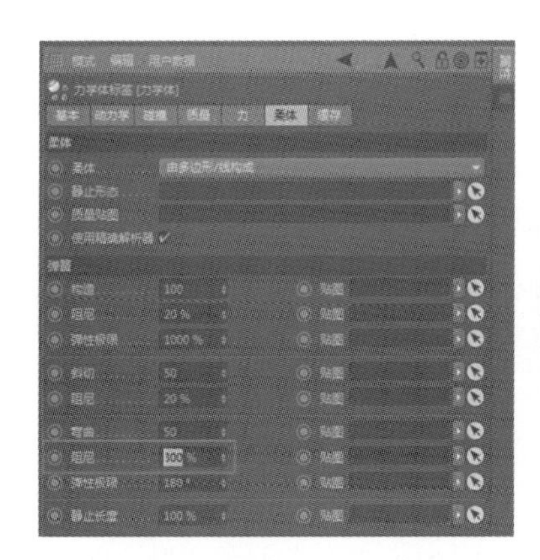

图 7-9

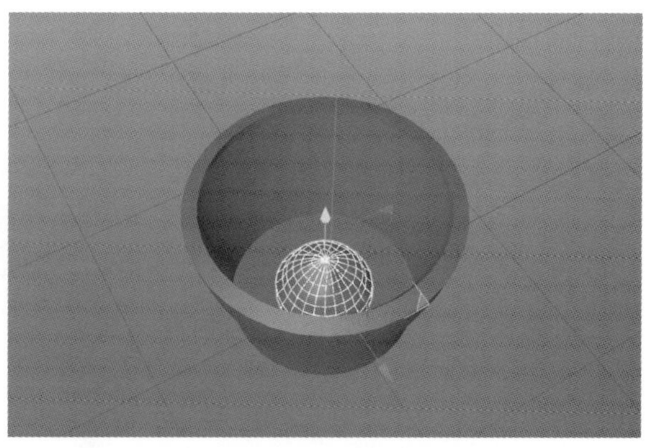

图 7-10

但是泥土外形撞击后软化得还不够。

Step 05 继续将“保持外形”下的“阻尼”更改为“300%”。如图 7-11。播放时间线，球体下落撞击桶内呈现柔软的状态。如图 7-12。

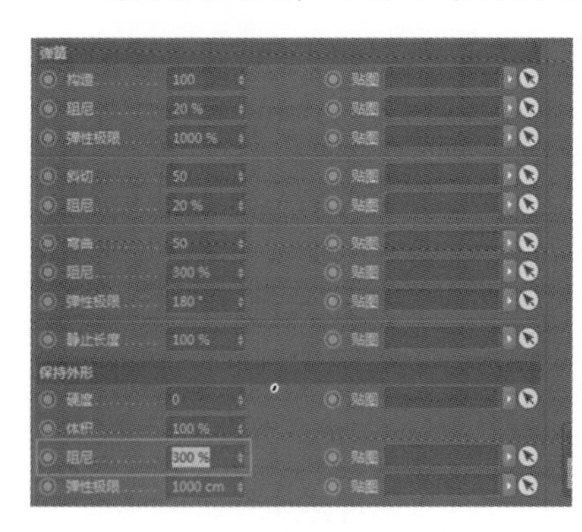

图 7-11

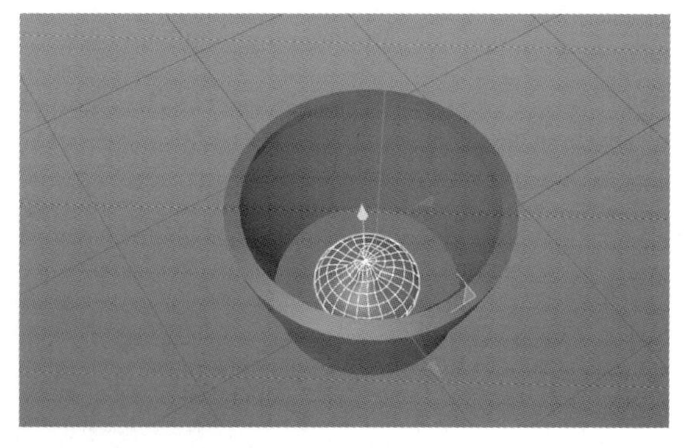

图 7-12

Step 06 将“保持外形”下的“阻尼”更改为“500%”，让泥土撞击后显得更松软。如图 7-13。

Step 07 仍然选择“力学体标签［力学体］”→“碰撞”选项，在“碰撞”面板下将“继承标签”更改为“应用标签到子级”，将“外形”更改为“动态网格”。如图 7-14。

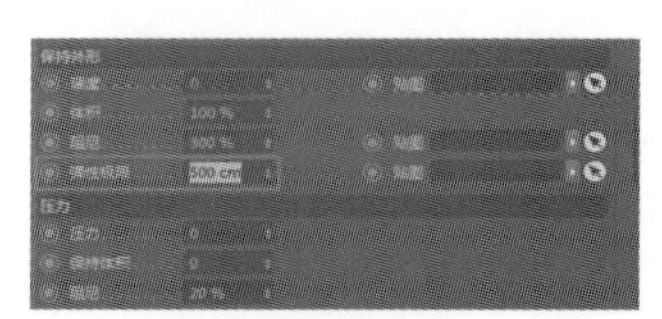

图 7-13

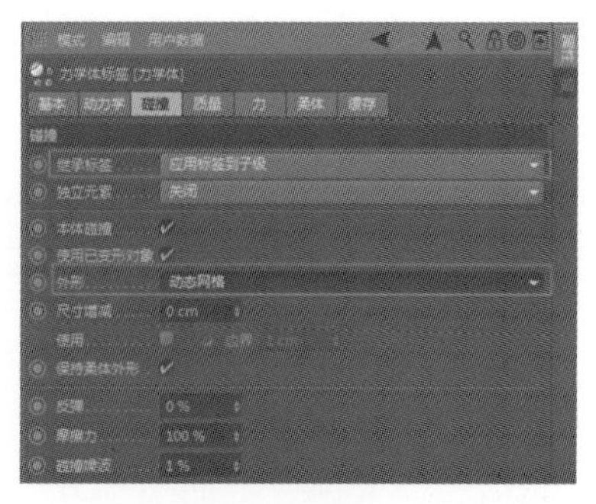

图 7-14

Step 08 按下“Ctrl+D”键，打开软件自身的工程项目属性。在工程面板下选择“动力学”→“常规”选项，在面板中将“重力”更改为“2000 cm”。如图 7-15。

播放时间线，泥土下落的松软和膨化状态模拟完毕。如图 7-16。

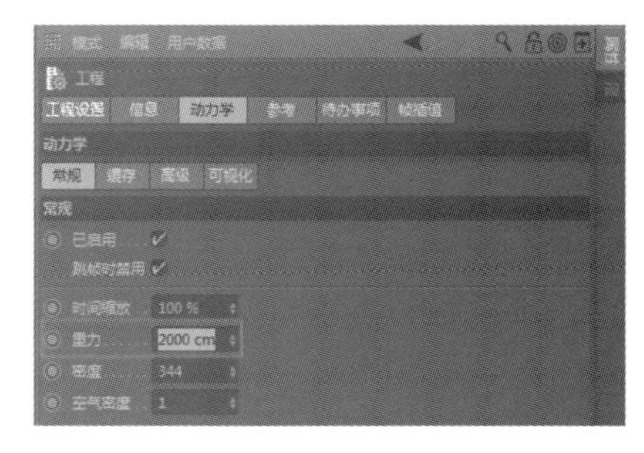

图 7-15

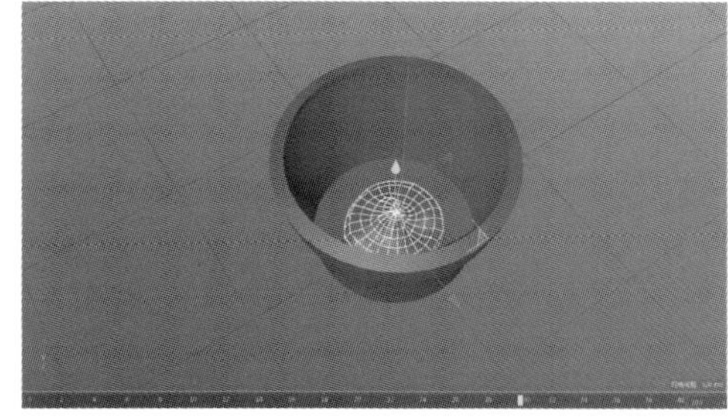

图 7-16

给“球体”添加“细分曲面”工具。左键单击拖动球体至“细分曲面”的子集之下。如图 7-17。

泥土入桶的特效就制作完毕了。如图 7-18。

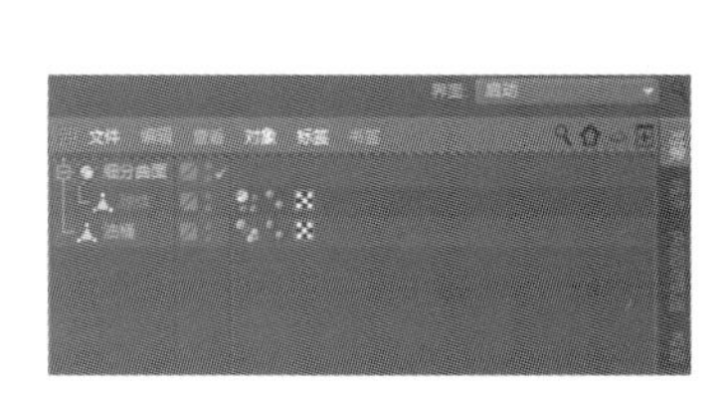

图 7-17

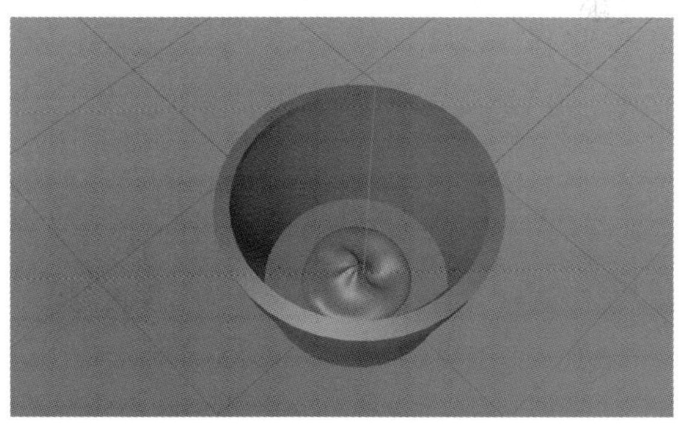

图 7-18

本节重要工具命令（表 7-1）：

表 7-1

命令名称	体现步骤	命令作用	重要程度
柔体	1	模拟表面柔软的动力学效果	高
碰撞体	2	模拟与动力学对象碰撞	高
继承标签	3	更改对象碰撞状态	高
阻尼	4	软化对象	中

7.1.2 刚体效果

课堂案例：小球落地

本节讲解制作刚体碰撞的特效。

Step 01 打开制作好的场景：一个管道和两个圆柱。用移动键将管道移至圆柱的左上方。如图 7-19。

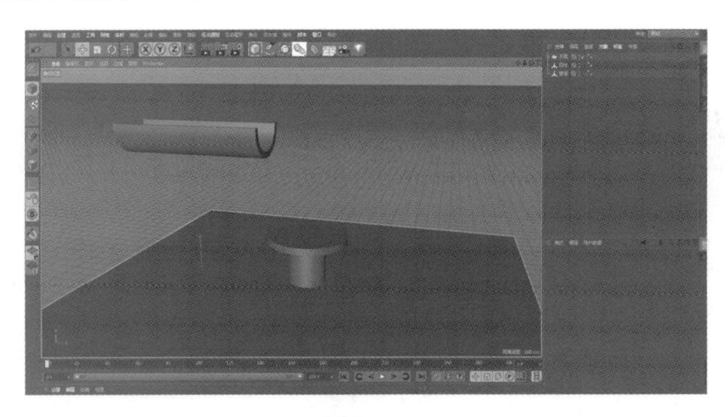

图 7-19

在软件的菜单栏中选择“模拟”→“粒子”→“发射器”命令。将创建的发射器移动至“管道”的左端上方。同时将“发射器”属性管理器中的“水平尺寸”和“垂直尺寸”更改为“211 cm”和“80 cm”。如图 7-20。

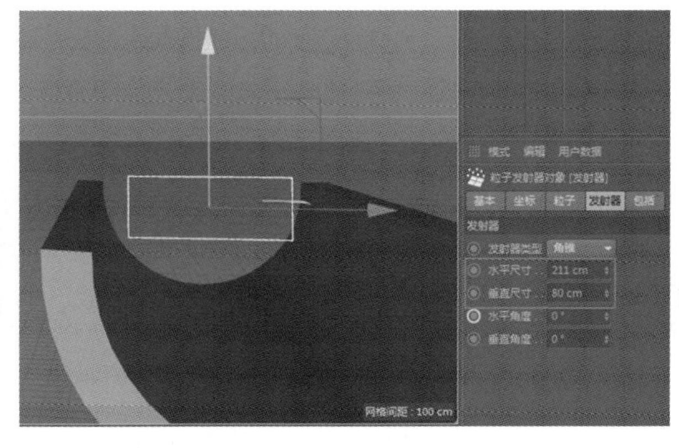

图 7-20

播放时间线，呈现发射器开始发射粒子效果。如图 7-21。

Step 02 在“坐标”面板中输入“旋转 H”的数值为“-90°”。如图 7-22。

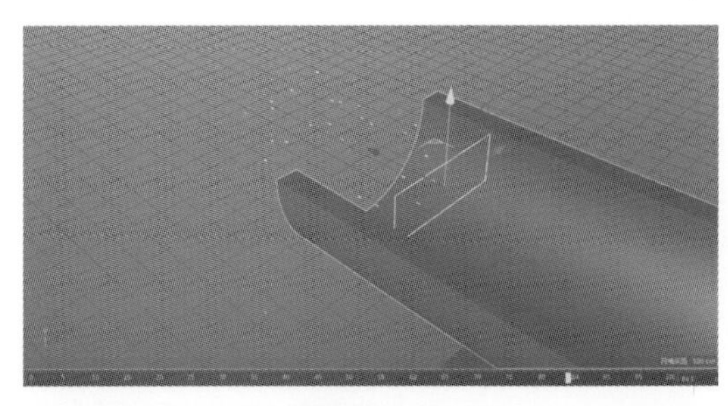

图 7-21

图 7-22

发射器的粒子方向调整正确后。创建一个“球体”模型，在对象管理器中左键单击拖动“球体”至“发射器”工具的子集之下。如图 7-23。

Step 03 选择“发射器”，在属性管理器中选择“粒子发射器对象［发射器］”→“粒子”选项，在面板中勾选“显示对象”。如图 7-24。

图 7-23

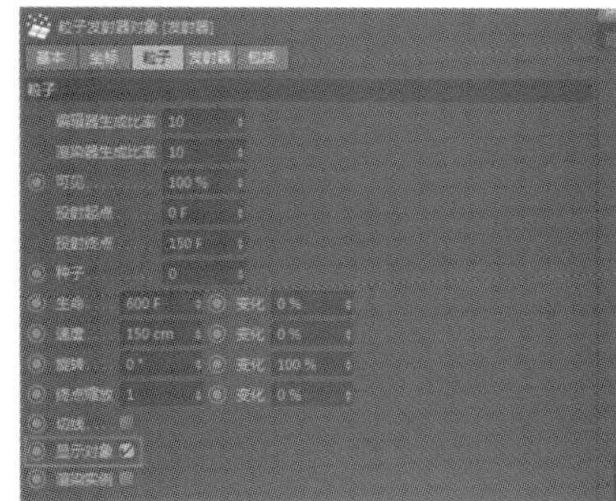

图 7-24

这样，发射的粒子显示为球体模式。如图 7-25。

在“粒子发射器对象［发射器］”→“粒子”选项下，将“编辑器生成比率”更改为“1”。如图 7-26。

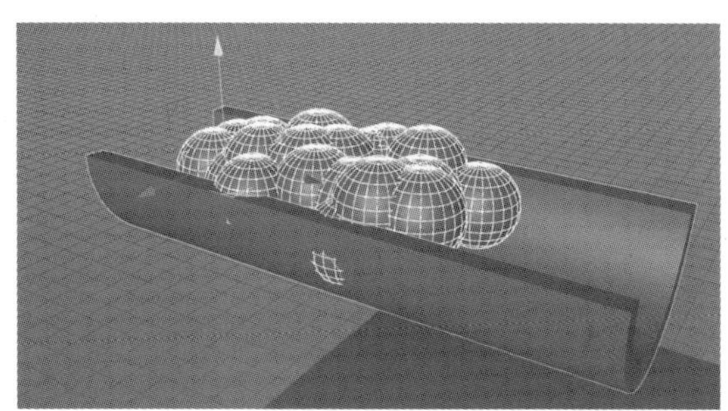

图 7-25

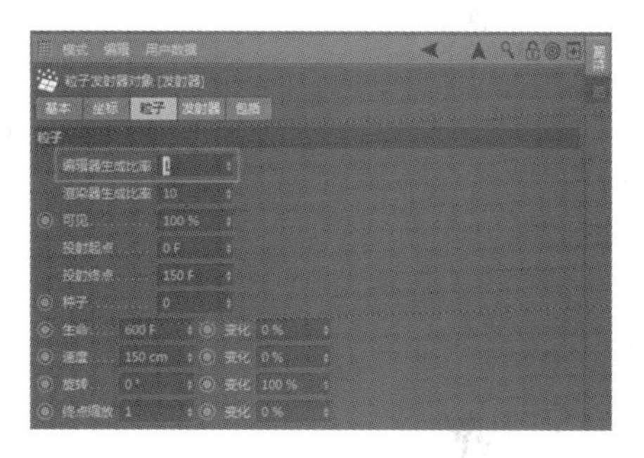

图 7-26

拉长时间线上的帧数范围，将时间帧末端更改为“200F”。播放时间线，发射的粒子密度调整合适了。如图 7-27。

Step 04 选择球体对象，在属性管理器中将球体的半径更改为“50 cm”。如图 7-28。

图 7-27

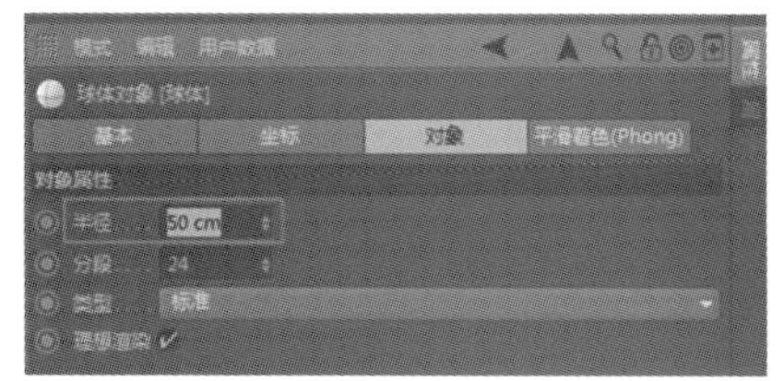

图 7-28

将“粒子发射器对象［发射器］”→“粒子”选项下的“速度”更改为“300 cm”。如图 7-29。

播放时间线，粒子发射的速率调整准确了。如图 7-30。

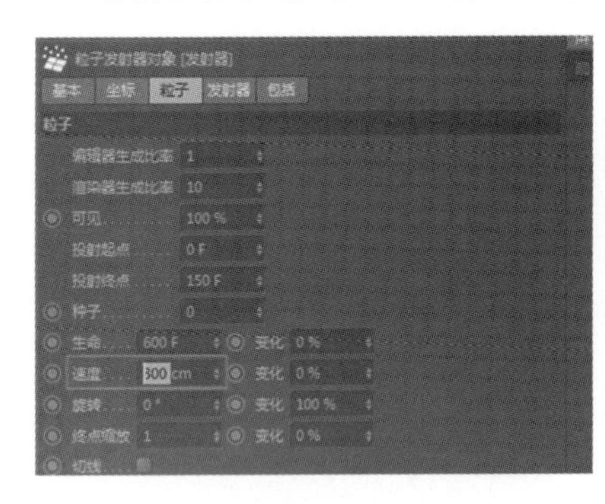

图 7-29

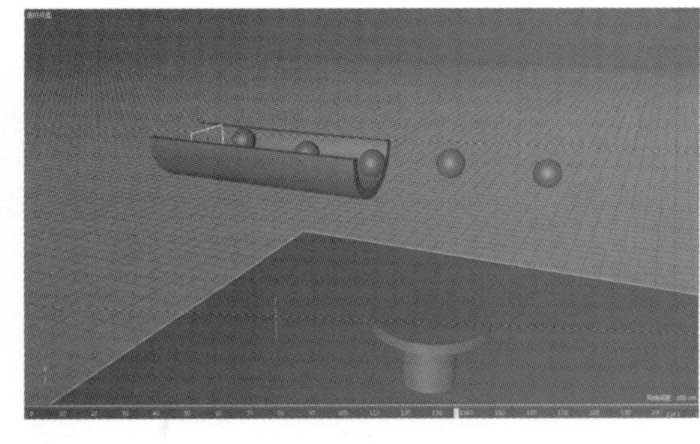

图 7-30

观察到粒子并未往下坠落。下面就通过更改它的重力值来改变它的方向。

Step 05 在对象管理器中右键单击“球体”命令，在弹出的浮动面板中选择“模拟标签”→“刚体”命令。添加“刚体”标签。如图 7-31。

但球体穿过管道往下坠落。如图 7-32。

图 7-31

图 7-32

Step 06 在管道上右键单击，在弹出的浮动面板中选择“模拟标签”→“碰撞体”命令，添加“碰撞体”标签。如图 7-33。

播放时间线，观察到粒子触碰到管道立即被弹开了。如图 7-34。

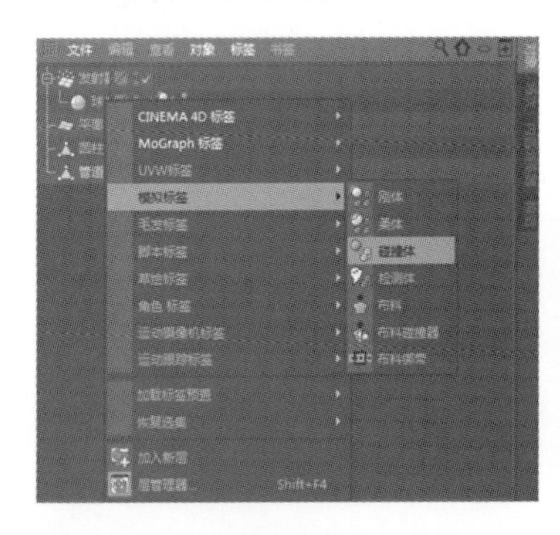

图 7-33

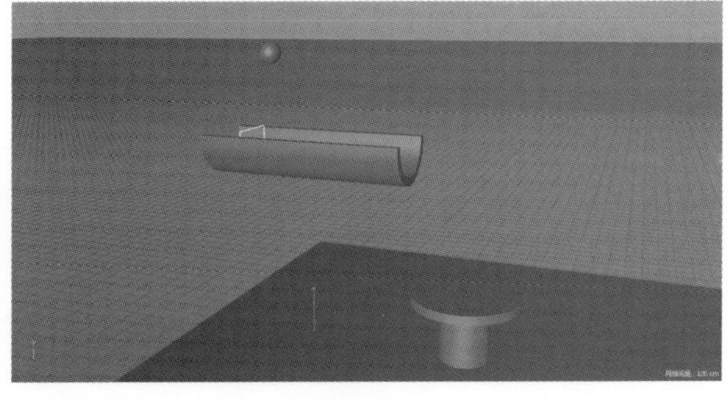

图 7-34

Step 07 在对象管理器中选择管道的“碰撞体”命令，在属性管理器中选择“力学体标签［力学体］”→“碰撞”选项，在面板中将外形更改为“静态网格”。如图 7-35。

播放时间线，小球沿着管道正常滚动并产生下落运动。如图 7-36。

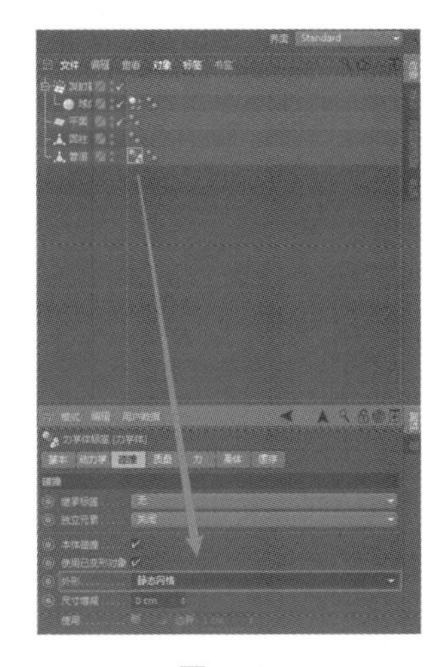

图 7-35

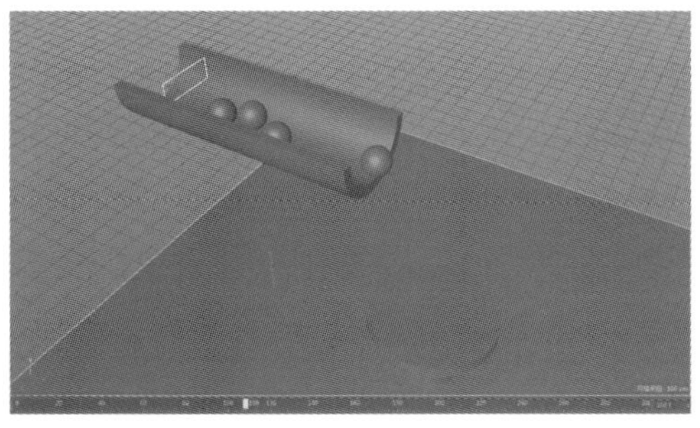

图 7-36

给圆柱制作碰撞效果。

Step 08 右键单击“圆柱”命令，在弹出的浮动面板中选择“模拟标签”→“刚体”选项。接着创建一个“平面”模型，右键单击选择“平面”模型，在弹出的浮动面板中选择“模拟标签”→“碰撞体”选项。如图 7-37。

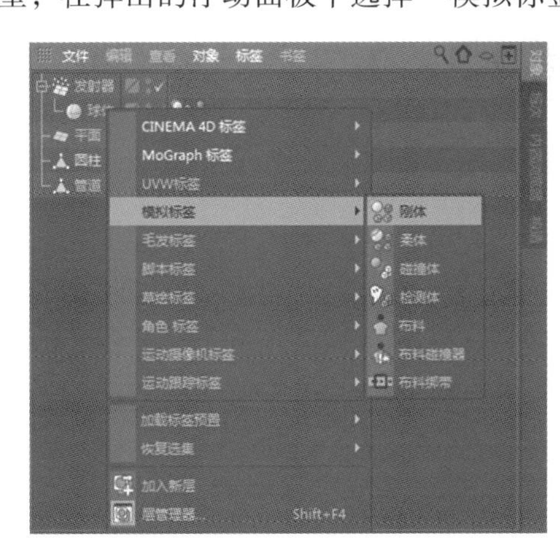

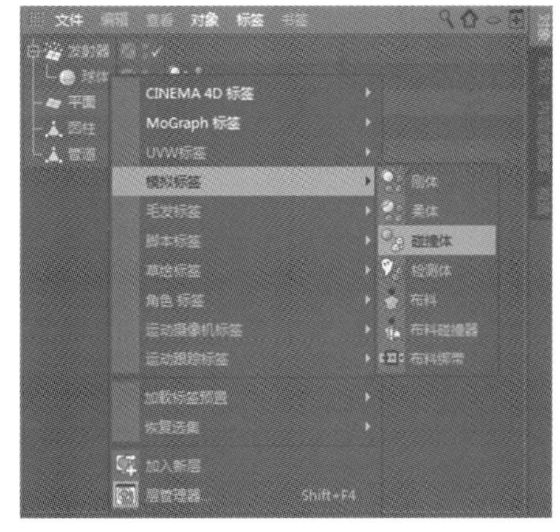

图 7-37

播放时间线，发现圆柱左右滑动。这是刚体和碰撞体产生了四面受力的缘故。如图 7-38。

Step 09 在软件菜单栏中选择“模拟”→“动力学”→“弹簧”命令，给圆柱添加一个“弹簧”。如图 7-39。

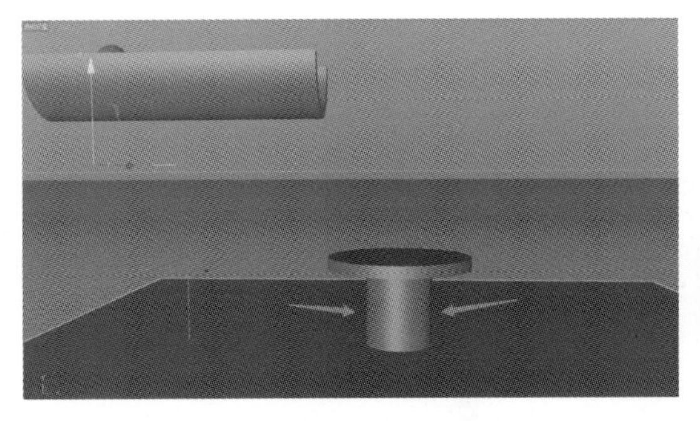

图 7-38

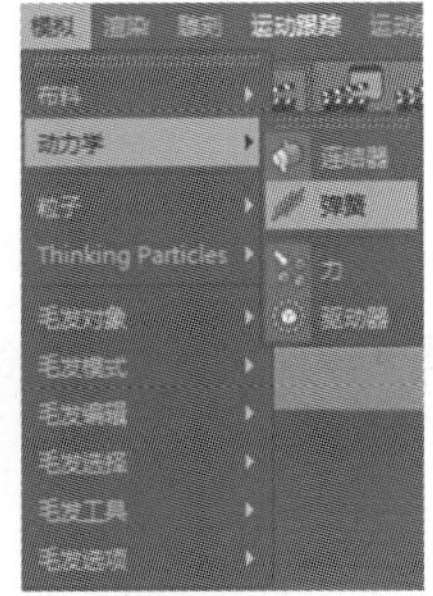

图 7-39

这样“弹簧”就添加进入圆柱之中了。在对象管理器中选择“弹簧”命令，在属性管理器的“弹簧”属性面板中，单击按住“圆柱”拖入“弹簧”→“对象”→“对象 A”的空白栏之中。继续单击按住“平面”拖入“弹簧”→“对象”→“对象 B”的空白栏之中。如图 7-40。

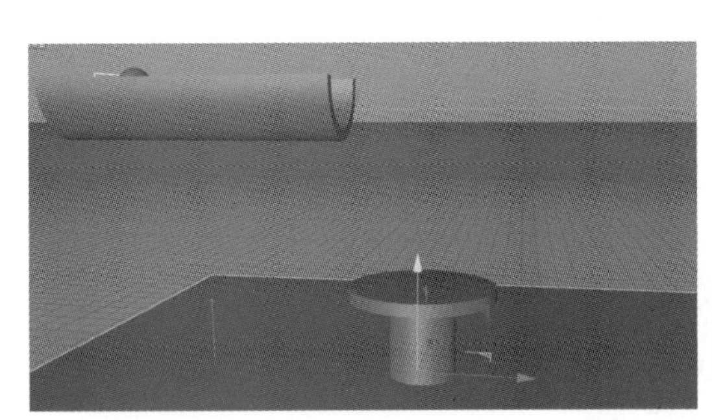

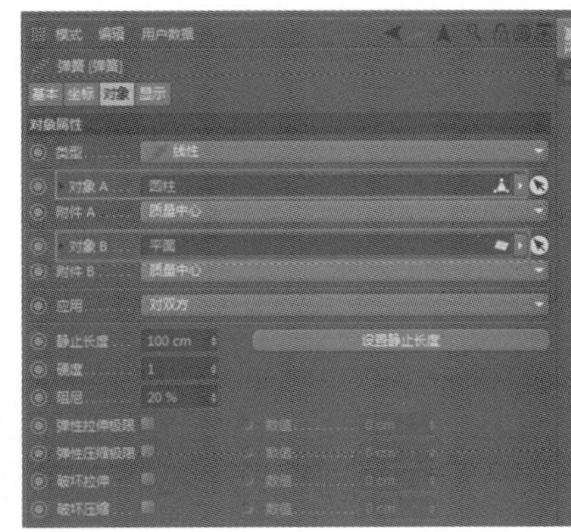

图 7-40

再次播放时间线，发现圆柱还是左右轻微滑动。

Step 10 选择“圆柱”的“刚体”标签，在属性管理器中选择“力学体标签［力学体］”→“碰撞”选项，在面板中将“继承标签”更改为“复合碰撞外形”，将“独立元素”更改为“全部”。如图 7-41。

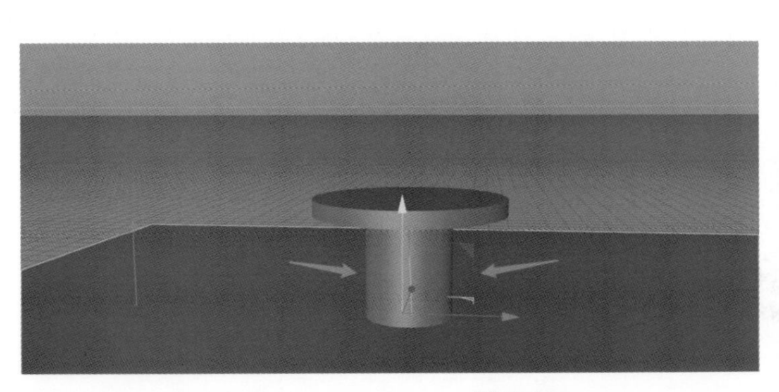

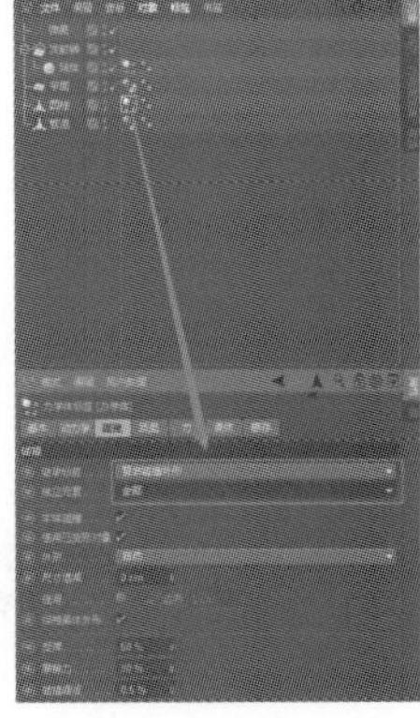

图 7-41

在属性管理器中选择“弹簧［弹簧］”→“显示”选项，勾选“总是可见”，将“绘制尺寸”更改为“120 cm”。如图 7-42。

播放时间线，球体碰撞到圆柱，圆柱不再滑动。如图 7-43。

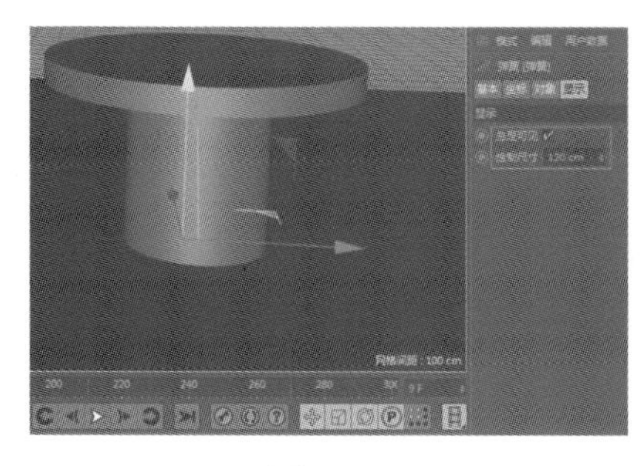

图 7-42

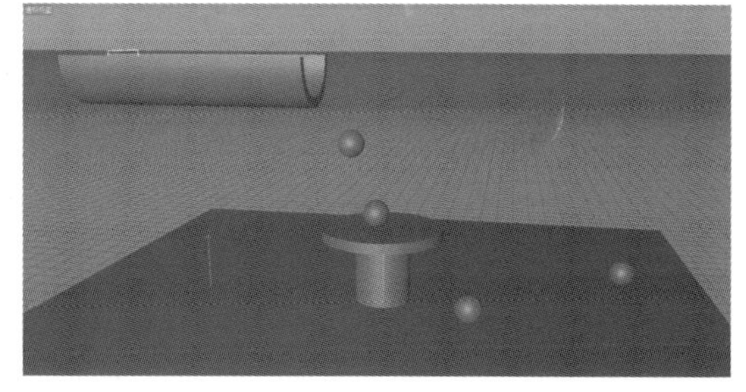

图 7-43

继续给圆柱添加弹跳效果。

Step 11 在菜单栏中选择“模拟”→“动力学”→“连结器”命令。在坐标面板中将“连结器”的“旋转 P”更改为“-90°”。如图 7-44。

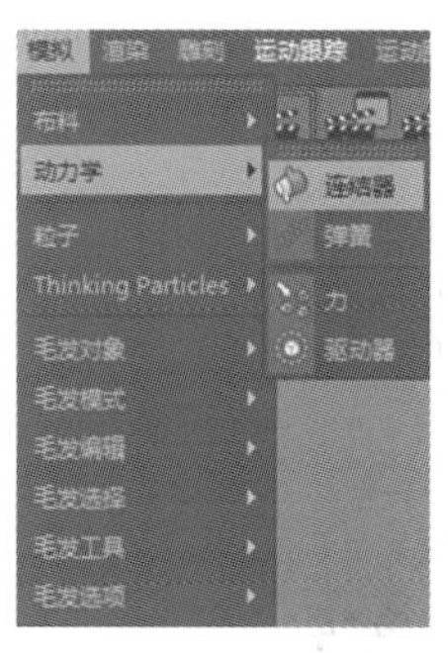

图 7-44

将软件界面切换到三视图，移动“连结器”到“圆柱”的中心部分。如图 7-45。

提示　连结器是拉扯物体平衡的工具，其方向必须与物体的方向保持平行和一致。

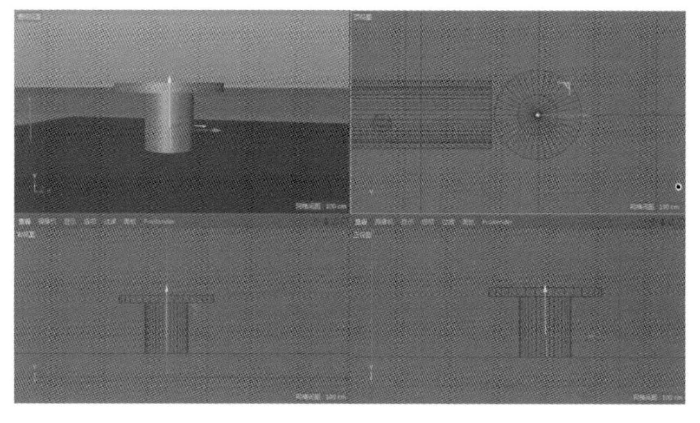

图 7-45

将“弹簧”的“绘制尺寸”更改为“220 cm”，显示出弹簧方便观察。如图7-46。

播放时间线，圆柱上下的弹跳范围太大。如图7-47。

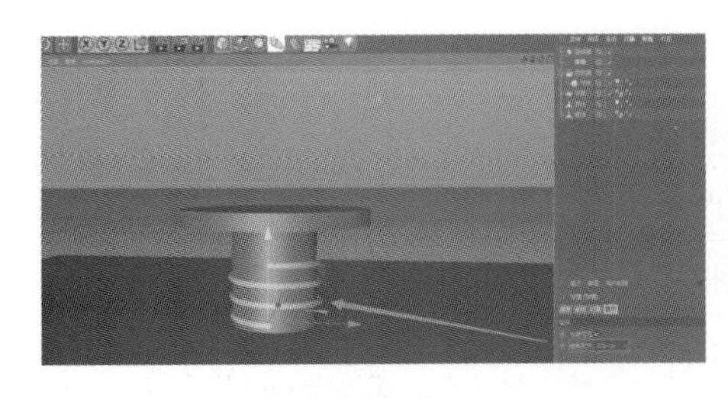

图 7-46

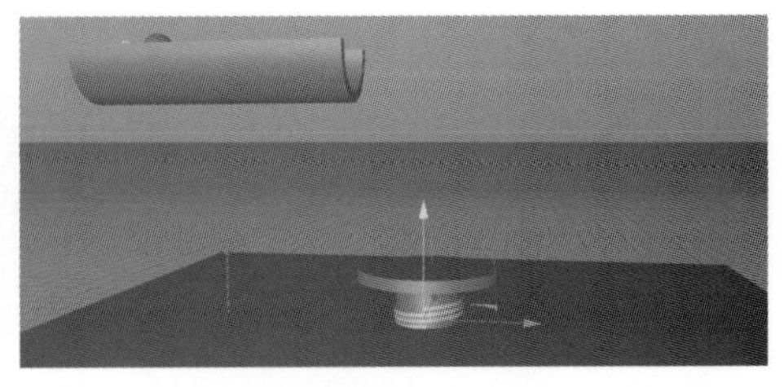

图 7-47

Step 12 创建“连结”工具。在属性管理器中选择“连结［连结器］”→“对象”选项，在面板中将“类型”更改为“滑动条”；左键选中“圆柱”拖入“对象A”中，将“附件A”更改为“质量中心”；左键选中“平面”拖入“对象B”中，将“附件B”更改为“质量中心”。如图7-48。

选择“弹簧［弹簧］”→“对象”选项，在面板中将“静止长度”更改为“180 cm”。如图7-49。

图 7-48

图 7-49

播放时间线，小球落下与圆柱产生弹跳。最终的动画特效制作完毕。如图7-50。

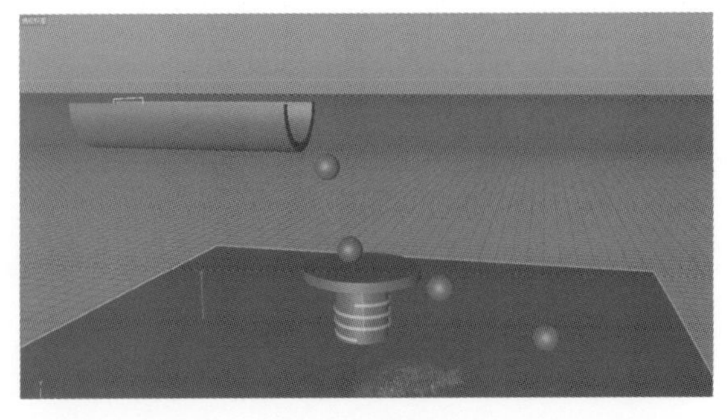

图 7-50

本节重要工具命令（表 7-2）：

表 7-2

命令名称	体现步骤	命令作用	重要程度
粒子发射对象	1	发射粒子	高
刚体	5	模拟表面坚硬的动力学效果	高
静态网格	7	更改粒子碰撞后的外形	高
弹簧	9	模拟弹簧的动力学效果	高
连结器对象	11	控制动力学对象的运动方式和距离	高

7.2 布料模拟

再来介绍动力学部分的布料模拟。

7.2.1 布料与重力场 

课堂案例：桌布制作

本节讲解利用重力场制作布料的方法。

Step 01 打开制作好的场景。将平面移至“圆柱. 1”的正上方。选择平面，在属性管理器下将对象的“宽度分段”更改为“40”，“高度分段”更改为“40”。如图 7-51。

在对象管理器中右键单击“平面”命令，弹出浮动面板，在面板中选择“模拟标签”→“布料”命令。如图 7-52。

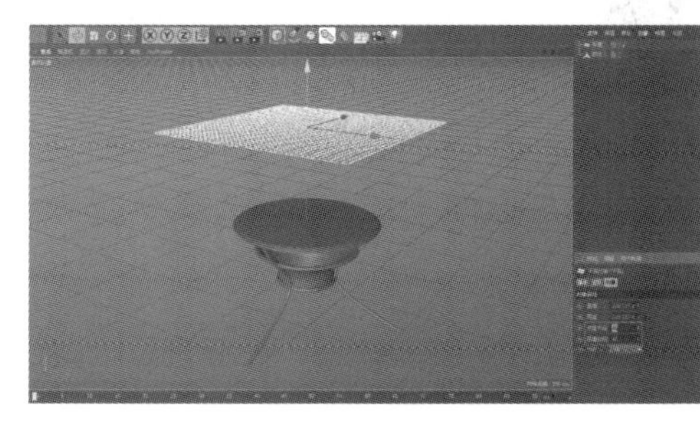

图 7-51

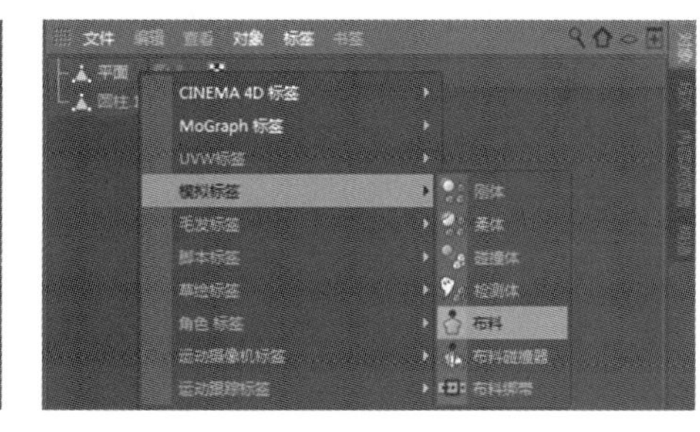

图 7-52

将平面转化为布料，播放时间线，布料产生下坠效果。如图 7-53。

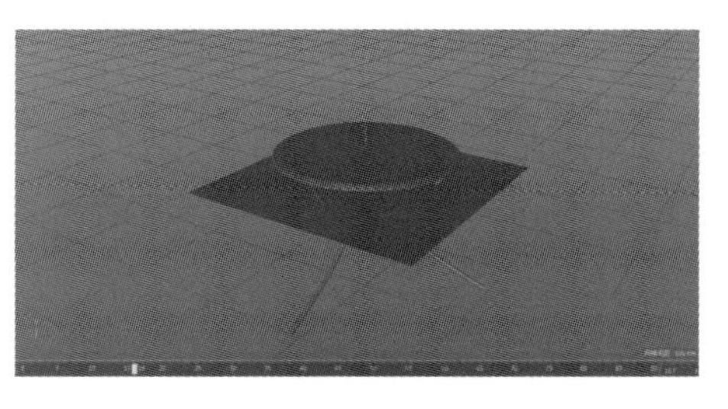

图 7-53

但布料未与“圆柱. 1”发生碰撞。这里要添加一个碰撞体。

Step 02 在“圆柱. 1”上右键单击，弹出浮动面板，选择“模拟标签”→“布料碰撞器”命令。如图 7-54。

播放时间线，布料开始运算并与“圆柱. 1”产生碰撞。如图 7-55。

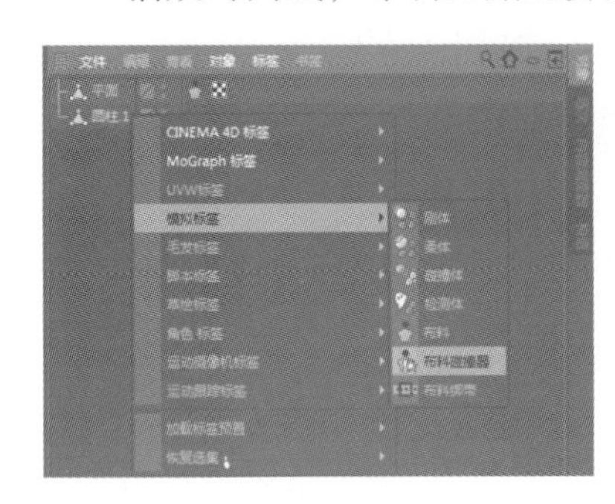

图 7-54

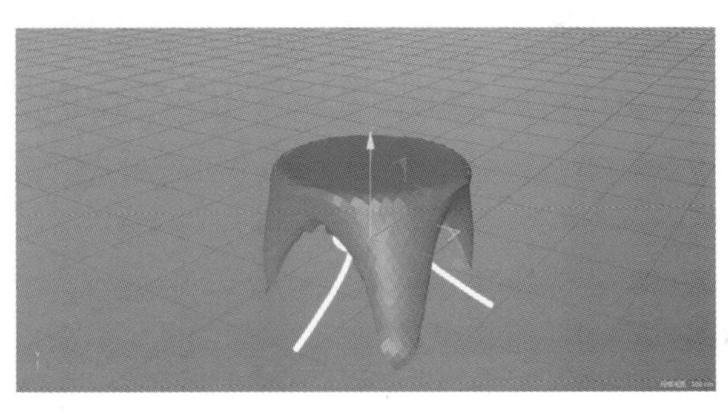

图 7-55

但在运算过程中，布料之间有穿插现象。如图 7-56。

Step 03 要解决这种穿插的情况，可以选择布料，在属性管理器下选择“布料标签［布料］”→“标签”选项，在面板中将“迭代”更改为“5”。如图 7-57。

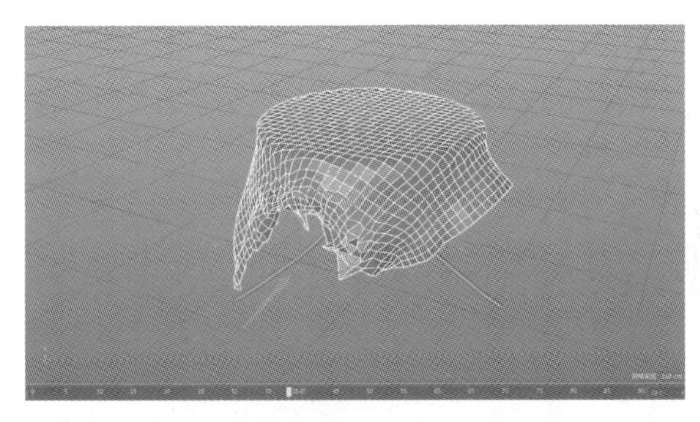

图 7-56

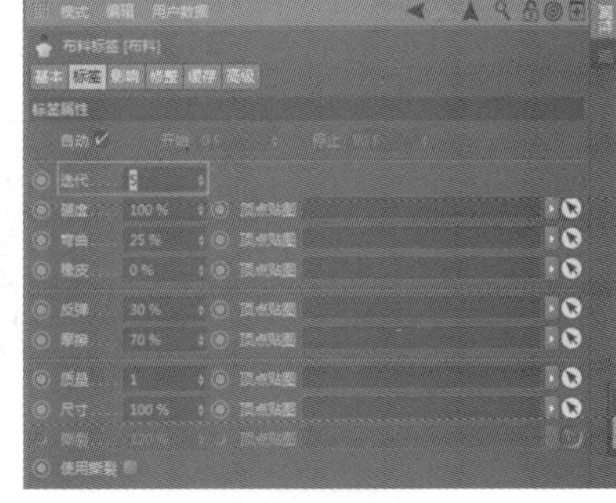

图 7-57

再次观察，布料的穿插问题就解决了。如图 7-58。

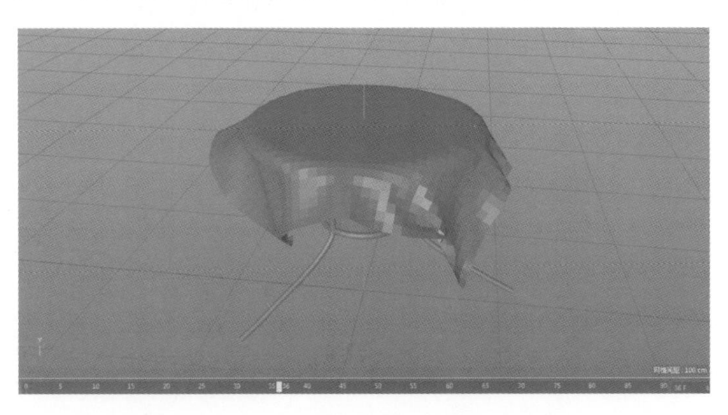

图 7-58

但是布料的质感还是有些生硬，缺乏一些柔和的弹性。

Step 04 再次选择布料，在属性管理器下选择“布料标签［布料］”→“标签”选项，在面板中将“硬度”更改为“50%”，将“弯曲”更改为“50%”，将“反弹”更改为“20%”。如图 7-59。

再次播放时间线，穿插现象仍然会在局部出现。如图 7-60。

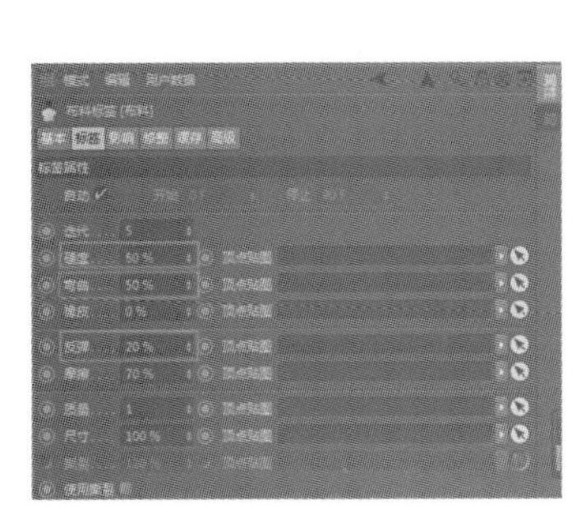

图 7-59

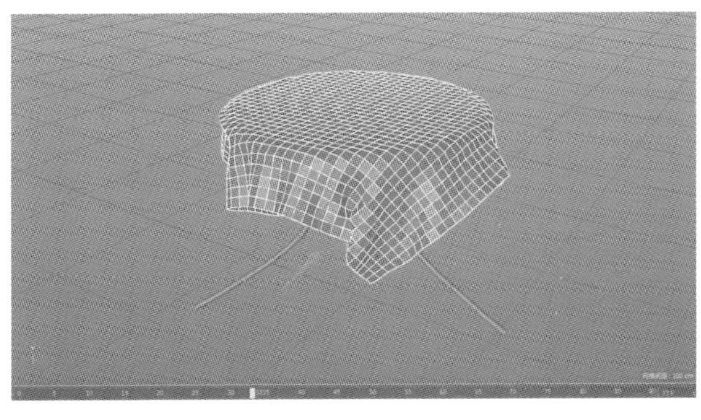

图 7-60

Step 05 添加一个力的效果解决这个问题。在菜单栏中选择“模拟”→“粒子”→“重力”命令。将重力添加进对象标签。如图 7-61。

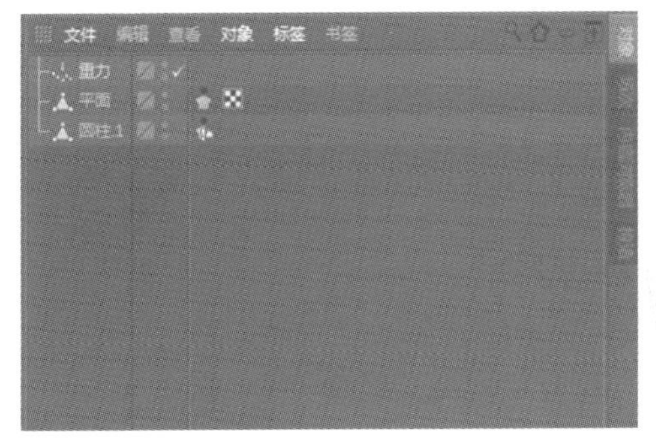

图 7-61

播放时间线，落下的布料受重力影响，质感就模拟出来了。如图 7-62。

给布料添加“细分曲面”命令。鼠标按住移动时间滑块，布料特效模拟完毕。如图 7-63。

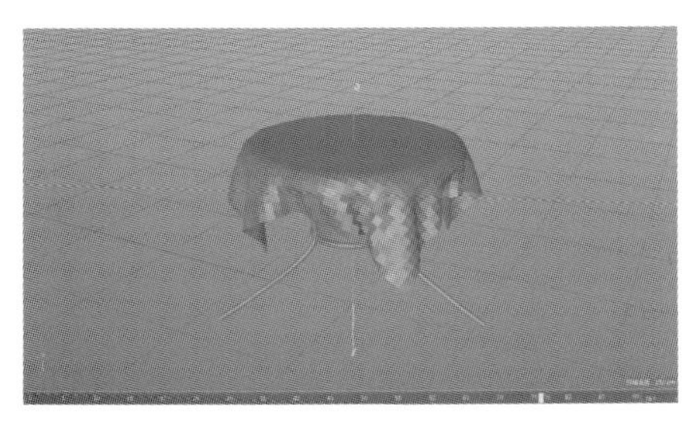

图 7-62

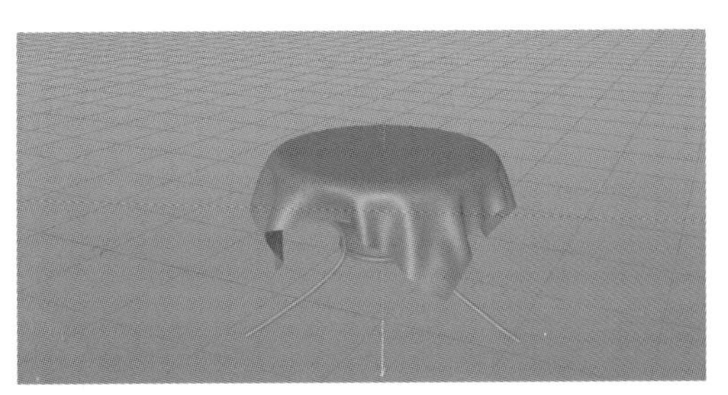

图 7-63

本节重要工具命令（表 7-3）：

表 7-3

命令名称	体现步骤	命令作用	重要程度
布料碰撞器	1	模拟与布料对象碰撞	高
迭代	3	解决布料自身间碰撞的穿插问题	高

重要知识点：布料运算制作完毕后的“计算缓存”步骤。

在属性管理器下选择“布料标签［布料］”→“缓存”选项，在面板中单击“计算缓存”按钮。该命令可以将布料运算的过程进行电脑后台缓存，每一帧的特效都转化为固定状态。如图 7-64。

这样，布料运算就转化为一帧帧的动画关键帧，在软件内保存下来。这时可以拖动每一帧来观看布料变形的过程，也节约了缓存的资源空间。

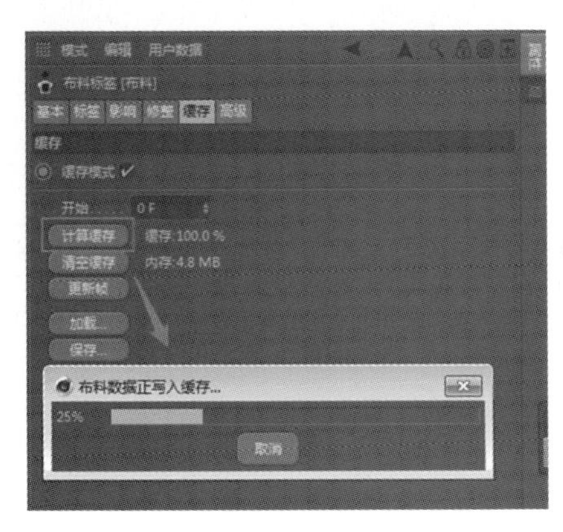

图 7-64

7.2.2 布料与风场

课堂案例：旗帜制作

本节讲解利用风场制作布料的方法。

Step 01 创建一个“平面”模型，“宽度分段”数与“高度分段”数适当提高。如图 7-65。

在对象管理器中右键单击“平面”命令，在弹出的浮动面板中选择“模拟标签”→“布料”命令。如图 7-66。

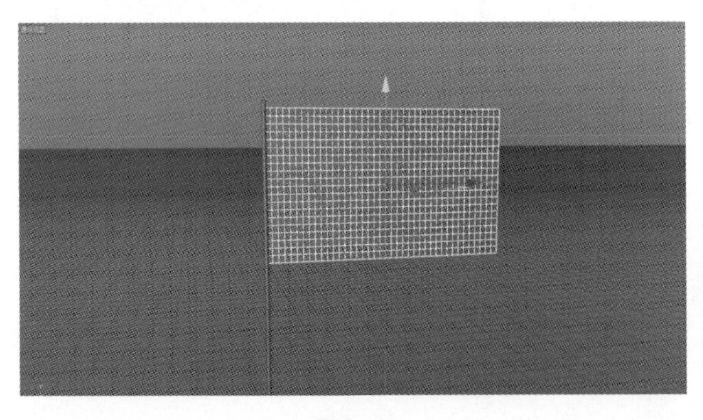

图 7-65

图 7-66

平面转化为布料。

Step 02 在“层级切换”面板中选择点，在靠近旗杆的一面选择该处所有的点。如图 7-67。

选择“布料”标签，在属性管理器中选择“布料标签［布料］”→“修整”选项，在面板中单击“固定点”后面的“设置”按钮。如图 7-68。

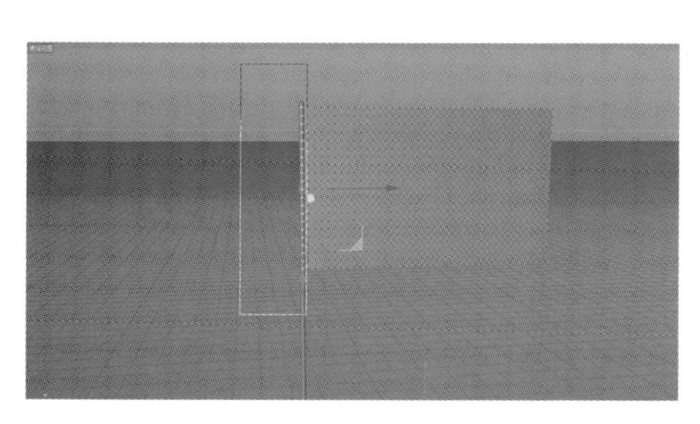

图 7-67

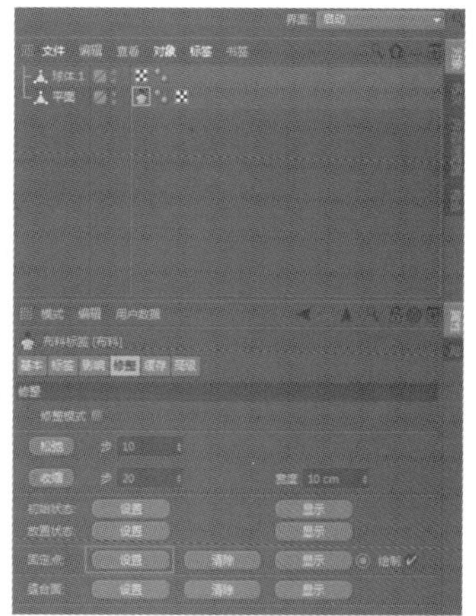

图 7-68

播放时间线，旗帜开始飘动起来。如图 7-69。

Step 03 在属性管理器中选择“布料标签［布料］”→“影响”选项，在面板中将“重力”更改为“-4”，将“风力方向. Y”更改为“0.4 cm”，“风力方向. Z”更改为“1 cm”，“风力强度”更改为“3”。如图 7-70。

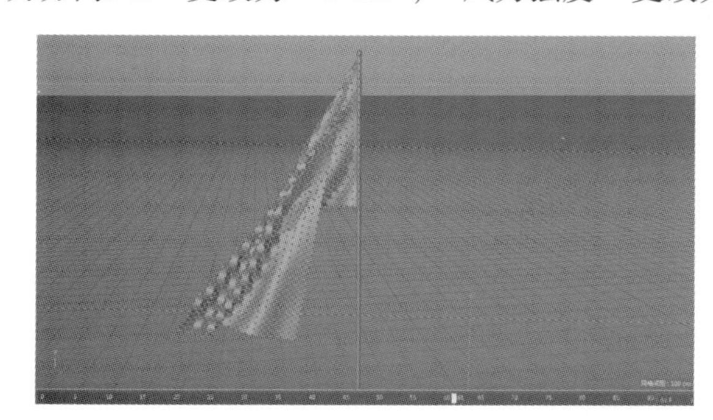

图 7-69

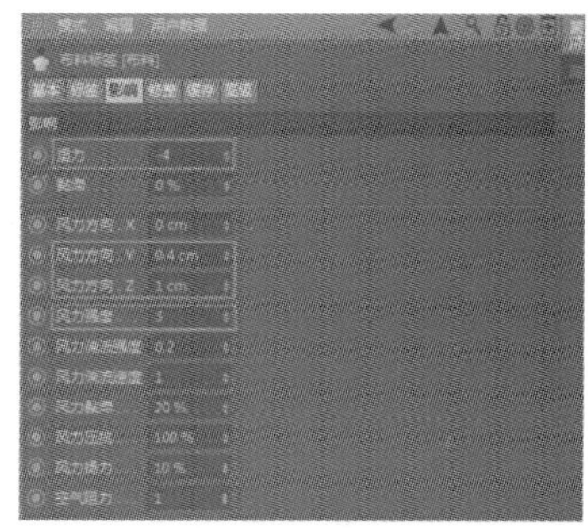

图 7-70

这样，旗帜将沿着 Y 轴和 Z 轴的中间方向被风吹动起来。如图 7-71。

图 7-71

旗帜飘动的时候出现穿插现象。

Step 04 选择“布料标签［布料］”→“标签”选项，在面板中将“迭代”更改为“3”。选择“多边形对象［平面］”→“布料”选项，在面板中将“橡皮”更改为“30%”。如图 7–72。

图 7–72

旗帜飘动起来的效果明显好很多。如图 7–73。

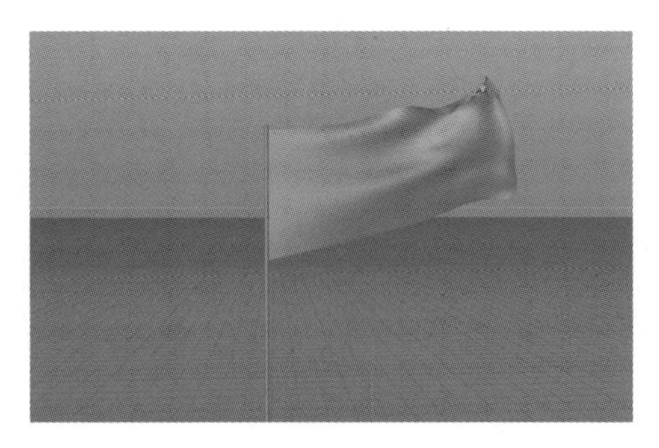

图 7–73

Step 05 给旗帜飘动添加一个湍流层叠的效果，让它显得更生动。选择菜单栏中的“模拟”→“粒子”→“湍流”命令。在属性管理下选择“湍流对象［湍流］”→“对象”选项，在面板中更改“强度”为“50 cm”，更改“缩放”为“150%”。如图 7–74。

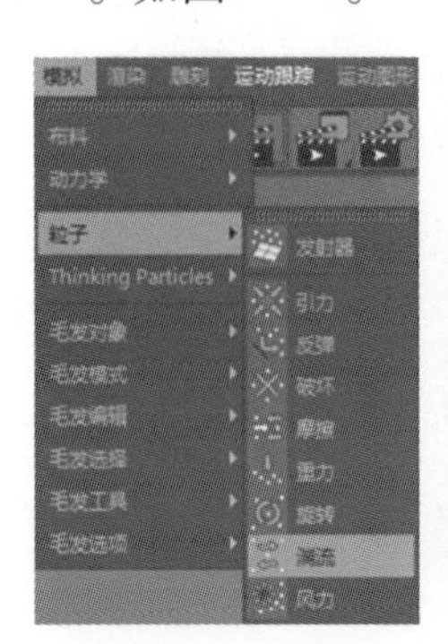
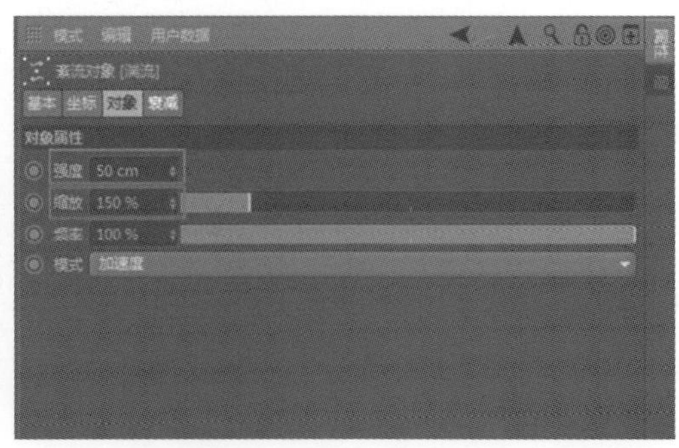

图 7–74

播放时间线，旗帜飘动起来的效果更加细腻真实。如图 7-75。

Step 06 选择“布料标签［布料］”→“高级”选项，在面板中勾选“本体碰撞”命令。如图 7-76。

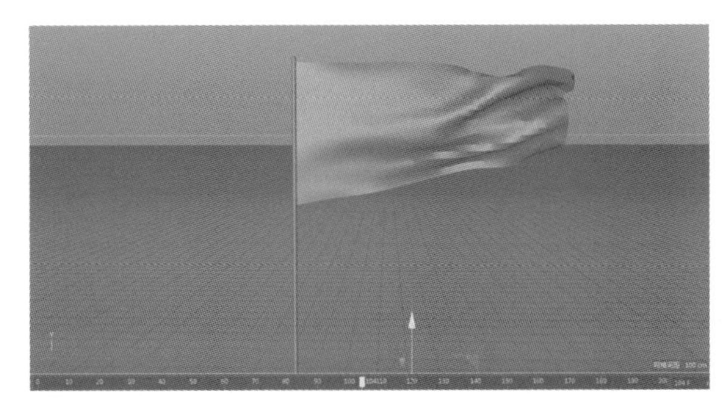

图 7-75

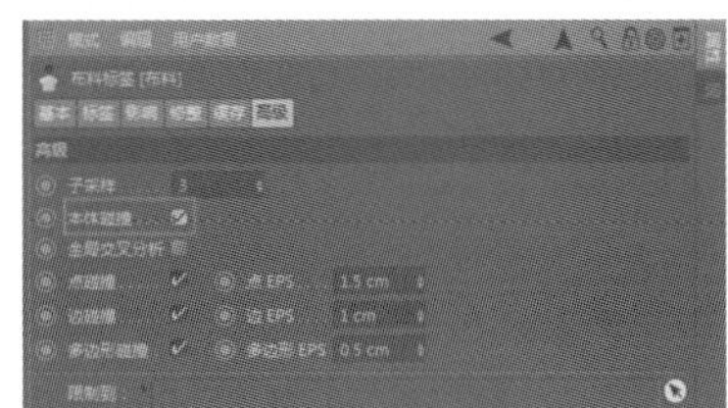

图 7-76

旗帜飘动呈现不定向、不规则的摆动。如图 7-77。

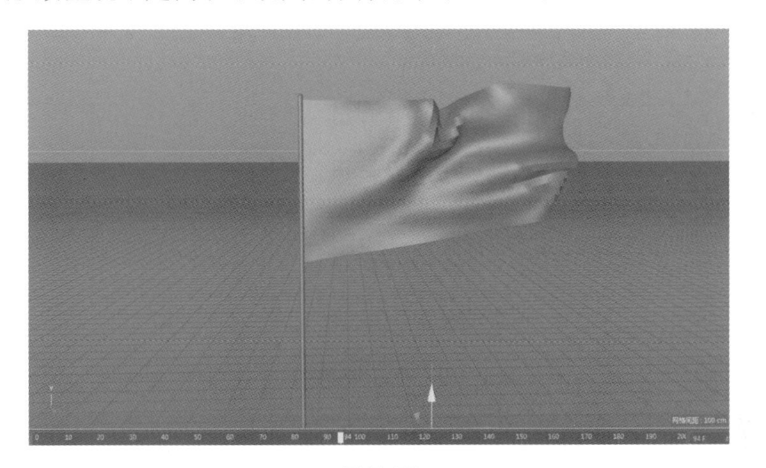

图 7-77

Step 07 给布料添加一个厚度。选择菜单栏中的“模拟”→“布料”→“布料曲面”命令。在属性管理器下选择“布料曲面［布料曲面］”→“对象”选项，在面板中将“厚度”更改为“0. 8 cm”。如图 7-78。

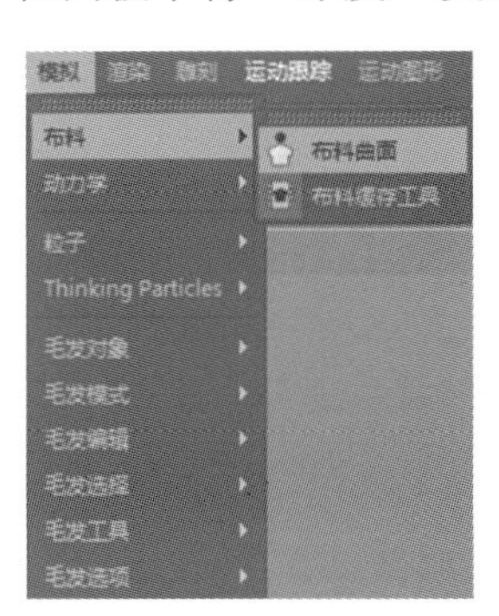

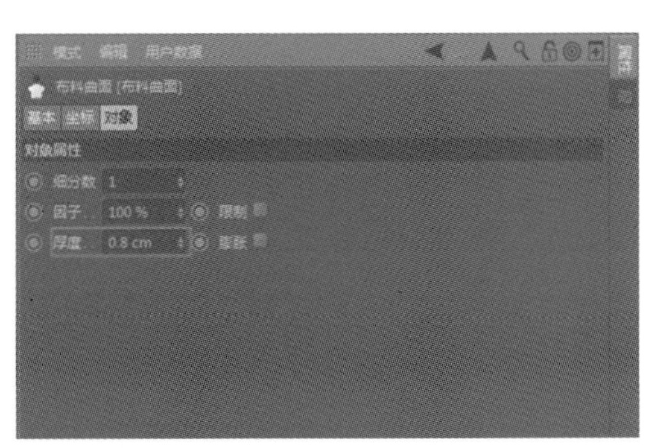

图 7-78

最后将布料的运算进行缓存处理。如图 7-79。

旗帜的飘动特效就制作完毕了。如图 7-80。

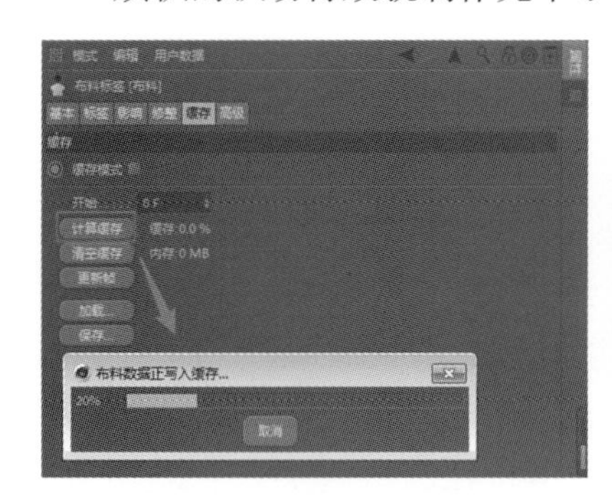

图 7-79

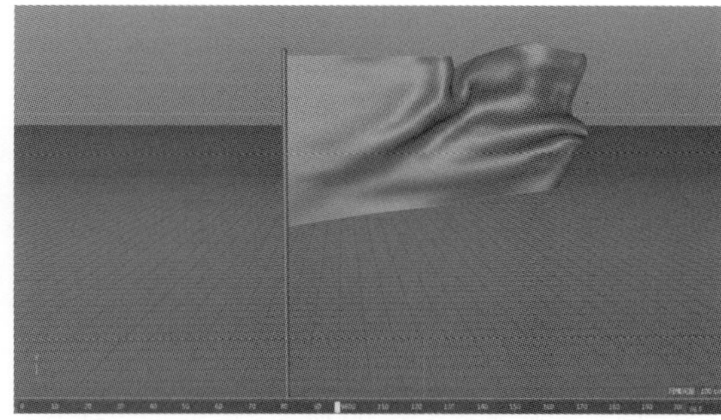

图 7-80

本节重要工具命令（表 7-4）：

表 7-4

命令名称	体现步骤	命令作用	重要程度
固定点	2	将布料束缚在固定对象上	高
影响	3	控制布料吹动状态	高
湍流	5	让布料产生湍流层叠的动力学效果	中
本体碰撞	6	让布料产生不定向作用	高
布料曲面	7	更改布料厚度	中

技巧库：怎样利用布料模拟来制作衣服？

可以先给 Cinema 4D 制作的角色添加动画（比如走路的效果），然后制作好衣服模型，直接给衣服模型添加布料模拟标签，给角色添加布料碰撞器标签。最后让角色在运动中进行布料碰撞的运算。学习者可以自己动手制作一件衣服。如图 7-81。

图 7-81

7.3 流体模拟

7.3.1 RealFlow 发射器介绍

由于 Cinema 4D 本身的流体模拟工具效果并不出众，本节主要介绍其他软件的应用。RealFlow 是一款强大的流体动力学模拟软件，它可以计算真实世界中运动的物体，如液体、气体、弹性柔体等，并可以与 MAYA、3DS MAX 和 Cinema 4D 等软件中的网格生成器、刚体动力学等场景进行互导。但它并非插件，而是具有自己工作系统平台的独立软件。如图 7-82。其广泛的用途深受许多视觉艺术家和影视特效工作者的青睐。

图 7-82

下面开始讲解 RealFlow 的使用方法。安装好软件之后，在 Cinema 4D 软件的“界面”区域将它切换为“Standard”面板。在菜单栏出现“RealFlow”面板。如图 7-83。

在菜单栏中选择“RealFlow”→“Emitters”→“圆形”命令，创建一个圆形粒子发射器。播放时间线，粒子从圆形发射器中发射出来。如图 7-84。

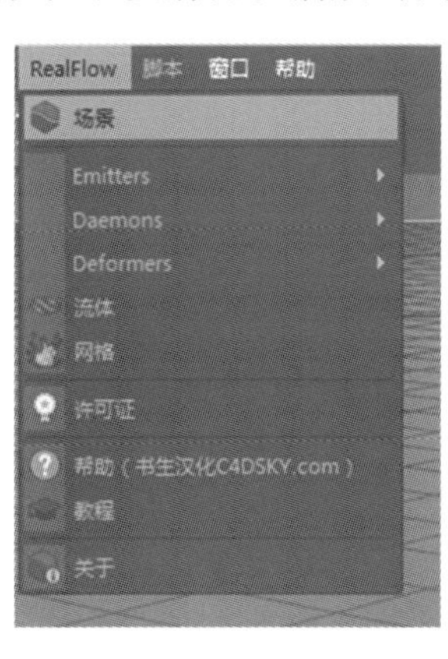

图 7-83

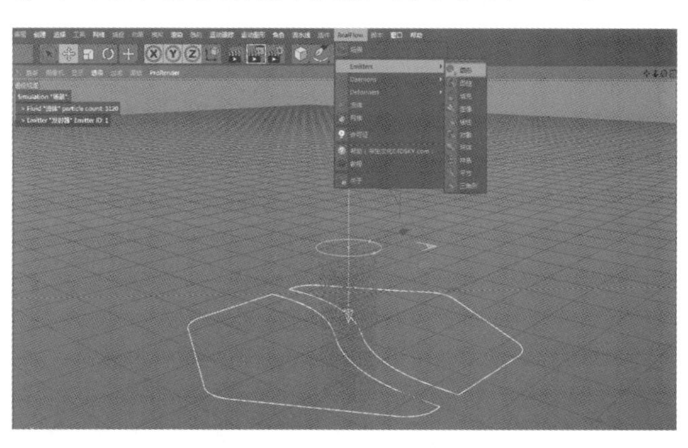

图 7-84

依次创建圆柱发射器、填充发射器、图像发射器、线性发射器、对象发射器、球体发射器、样条发射器和平方发射器等，播放粒子发射的效果。如图 7-85。

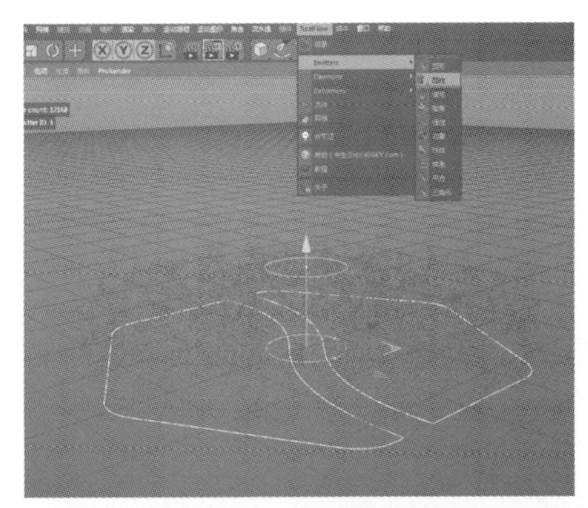

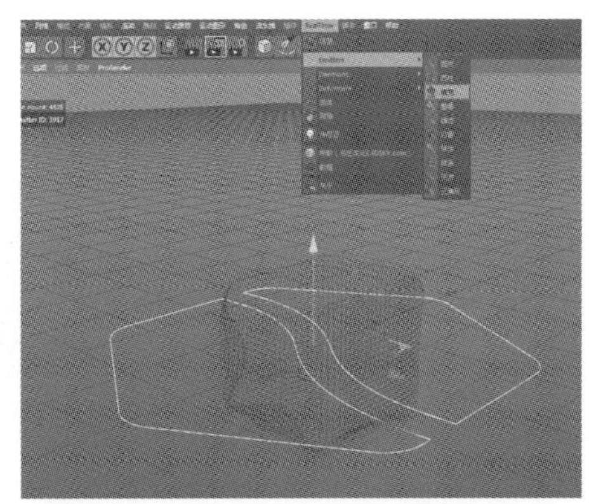

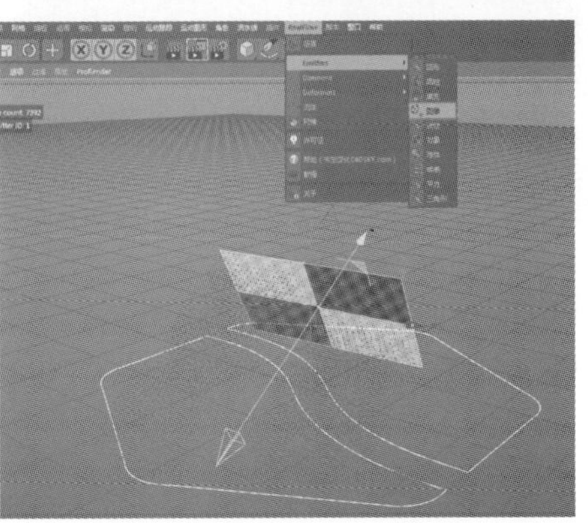

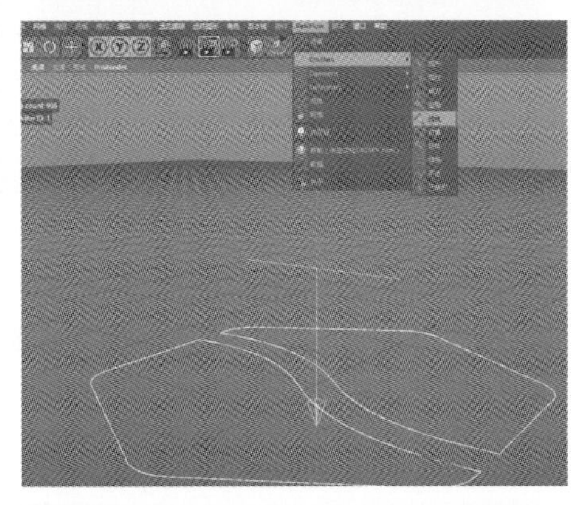

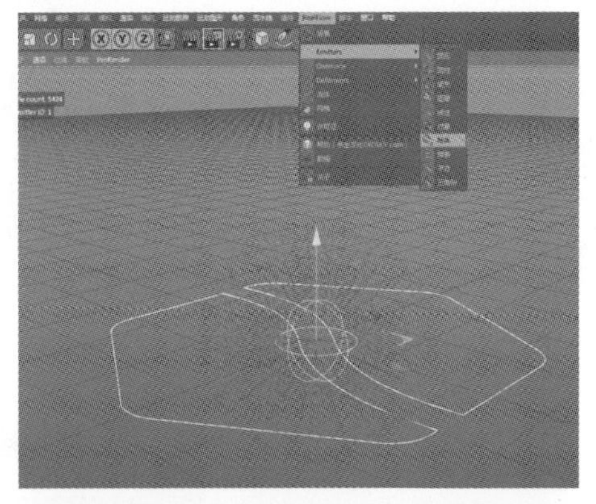

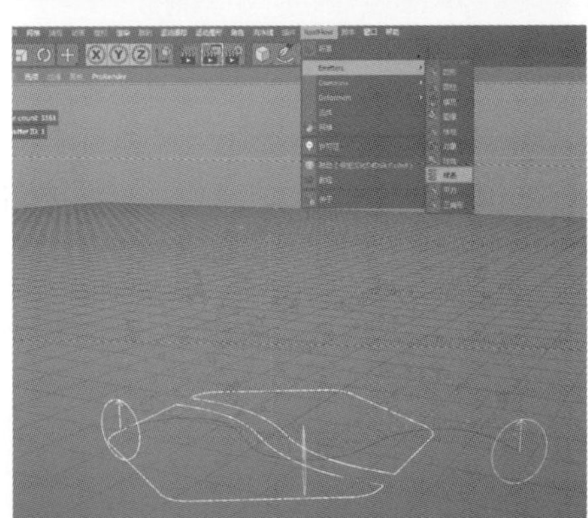

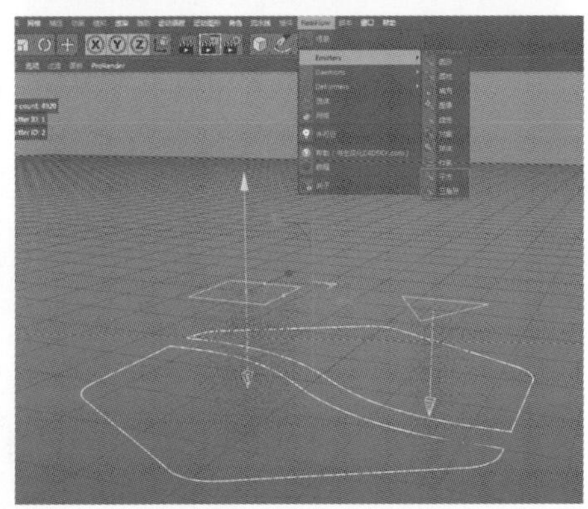

图 7-85

课堂案例：流体倾泻

我们用一个案例来说明 RealFlow 中制作流体落下的步骤。

Step 01 如上述，创建一个圆形粒子发射器。左键单击拖动“发射器”命令至“场景”命令的子集之下。如图 7-86。

播放时间线，发射器向下发射出粒子。如图 7-87。

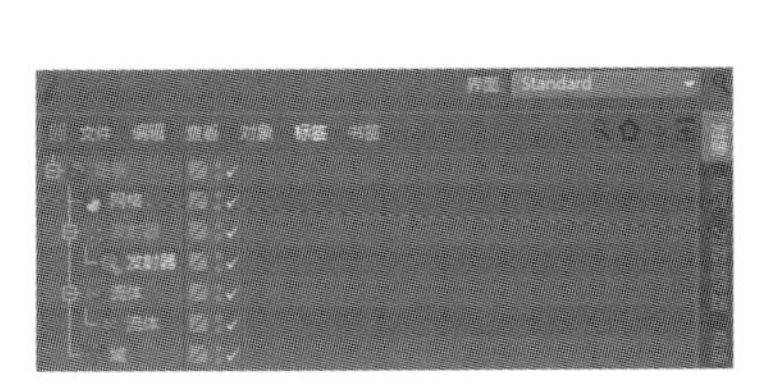

图 7-86

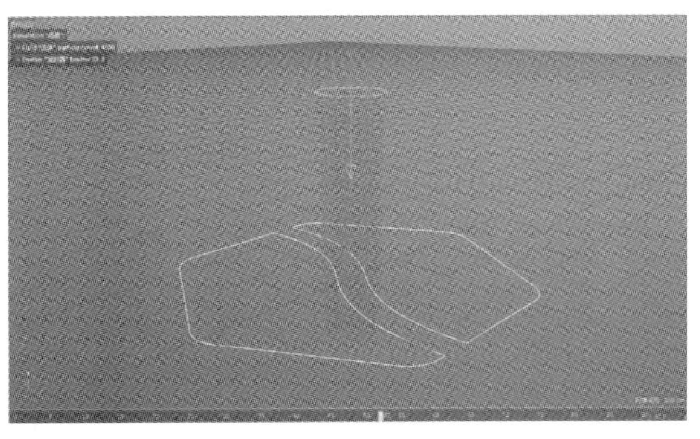

图 7-87

Step 02 选中发射器曲线，利用旋转工具旋转发射器的“X”轴，调整方位。如图 7-88。

利用缩放轴压缩曲线为椭圆形状态。如图 7-89。

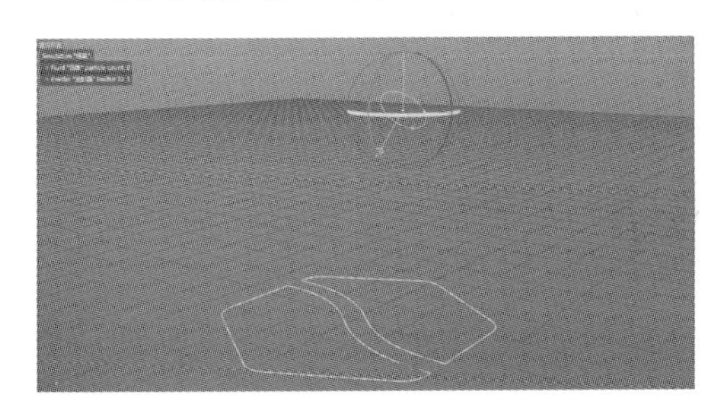

图 7-88

图 7-89

再次播放时间线，从发射器发射的粒子随之改变了状态。如图 7-90。

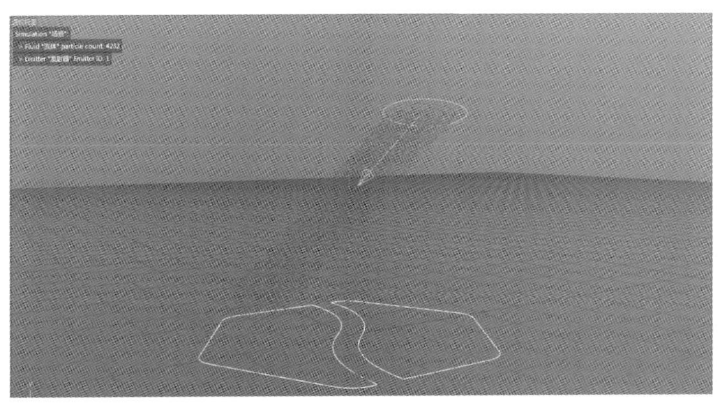

图 7-90

Step 03 给粒子添加一个重力场。在菜单栏中选择“RealFlow”→“Daemons”→“重力”命令，在对象管理器中左键单击拖动“域场”至“场景”的子集之下。如图 7-91。

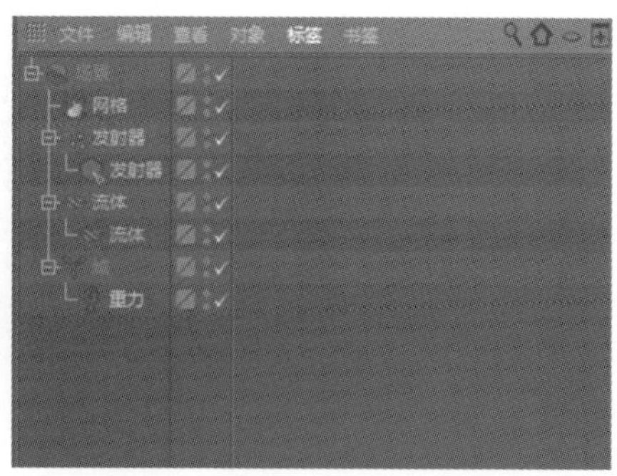

图 7-91

播放时间线，粒子发射后受重力场的影响开始呈弧线下坠。如图 7-92。

图 7-92

Step 04 选择“RealFlow”→“网格”命令，左键单击拖动“网格”命令至“场景”命令的子集之下。如图 7-93。

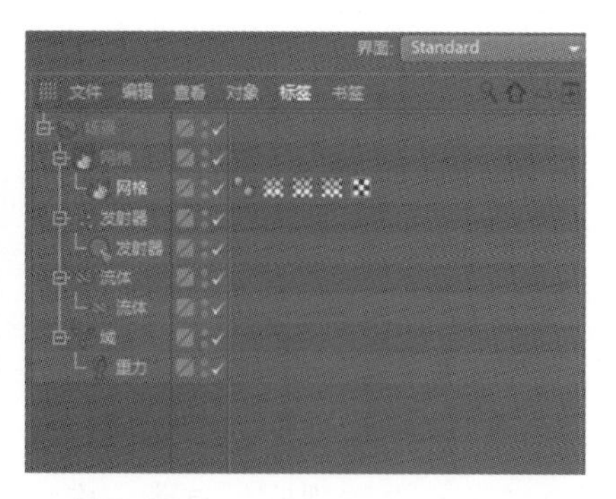

图 7-93

播放时间线，粒子转化为网格形态，发射器发射出流体。如图 7-94。

图 7-94

Step 05 现在来调整网格，改变流体的质感和状态。在属性管理器中选择“网格［网格］”→“网格”选项，在面板中将“半径”更改为“16 cm”，“平滑”更改为“1”。如图 7-95。

最后播放时间线，RealFlow 中发射的流体基本状态制作完毕。如图 7-96。

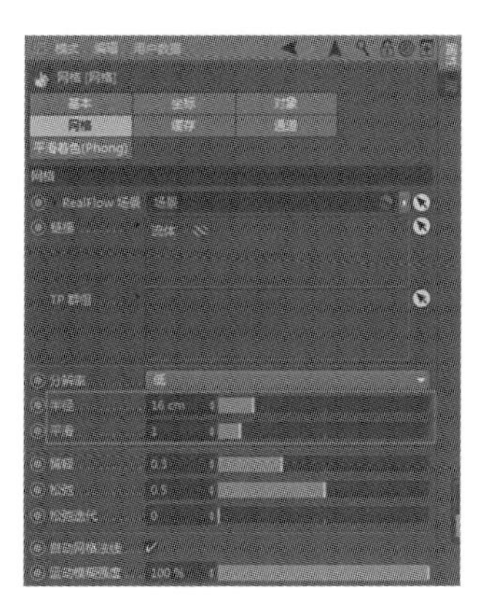

图 7-95

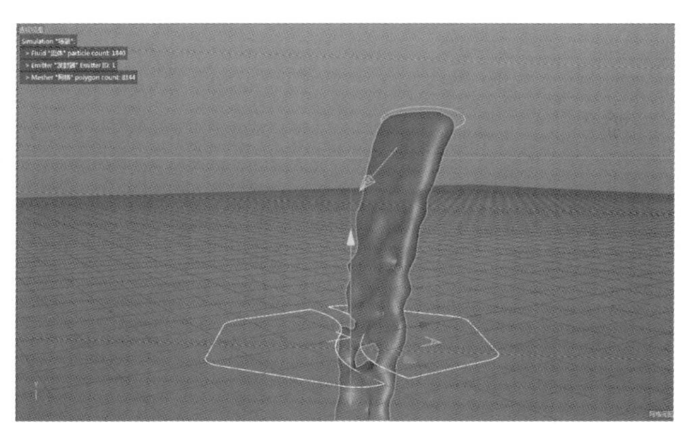

图 7-96

本节重要工具命令（表 7-5）：

表 7-5

命令名称	体现步骤	命令作用	重要程度
粒子发射器	1	模拟粒子的生成和效果	高
重力	3	为粒子添加重力	高
网格	4	使粒子转化为流体	高

重要知识点：流体的黏稠度与质感的体现。

不同的液体该怎么去体现呢？首先，应该调整“网格”中的半径、平滑和稀释等属性。其次，根据调整的材质状态来调整发射器的大小，并根据速度更改重力大小。最后，给液体添加透明材质。注意：在制作过程中，要不断调整参数，以达到最后的要求。

7.3.2　RealFlow 制作详解 

课堂案例：瓶中流水

本节讲解利用 RealFlow 来制作影视广告中水流的特效。

Step 01 打开一个玻璃曲形瓶的场景。在软件的菜单栏下选择"RealFlow"→"Emitters"→"圆形"命令，创建一个圆形发射器。如图 7-97。

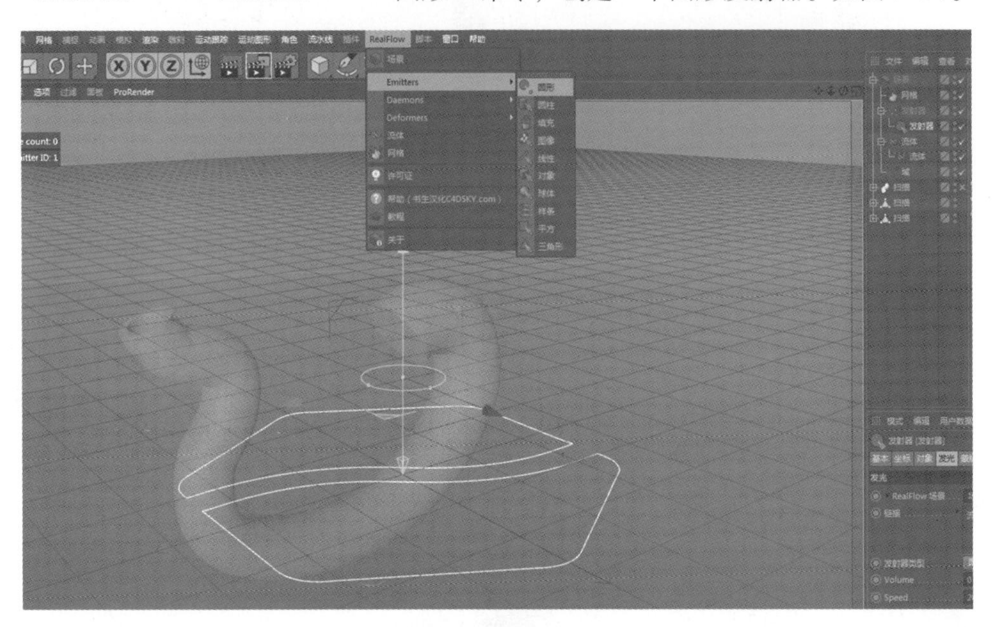

图 7-97

缩放发射器的大小，将它移至瓶口的位置。如图 7-98。

播放时间线，发射器发射粒子穿透瓶子。如图 7-99。

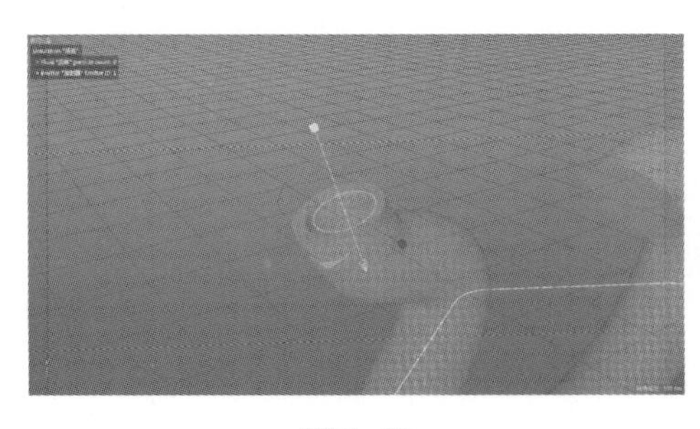

图 7-98

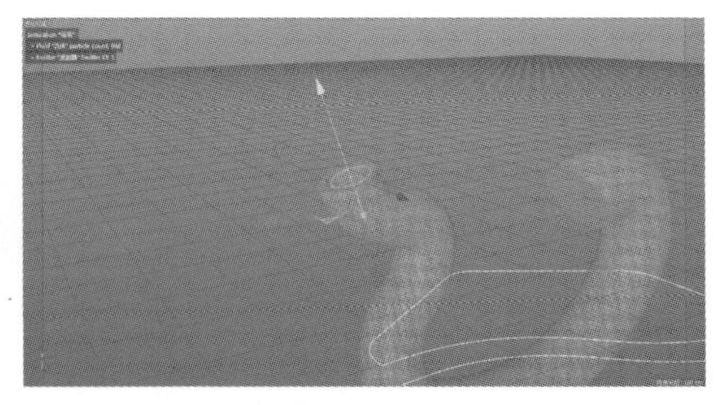

图 7-99

Step 02 在对象管理器中右键单击"扫描"命令，弹出浮动面板，在面板中选择"RealFlow 标签"→"碰撞体"命令。如图 7-100。

再次播放时间线，发射器发射粒子，粒子跟随瓶子路径进入瓶内。如图 7-101。

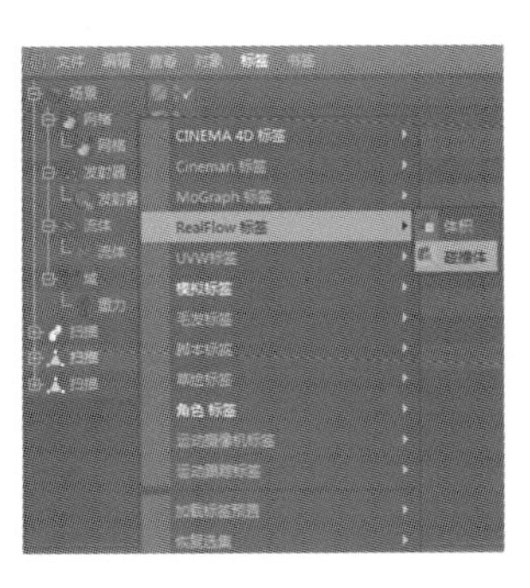

图 7-100

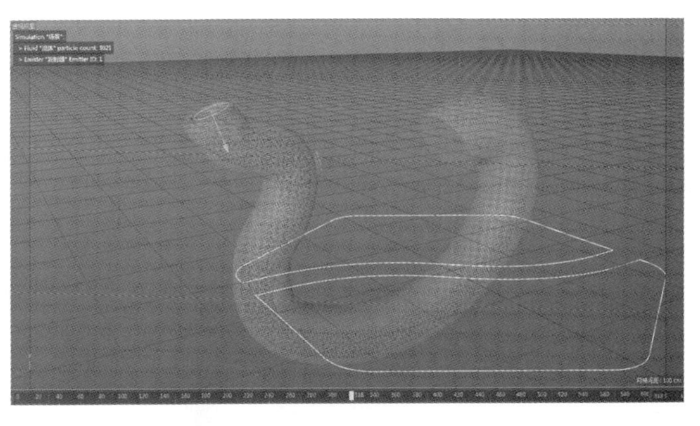

图 7-101

Step 03 在菜单栏中选择“RealFlow”→“网格”命令，将“粒子”转化为“网格”。如图 7-102。

播放时间线，“粒子”转化为“流体”填充进入瓶身。流体的速度稍微有些滞缓。如图 7-103。

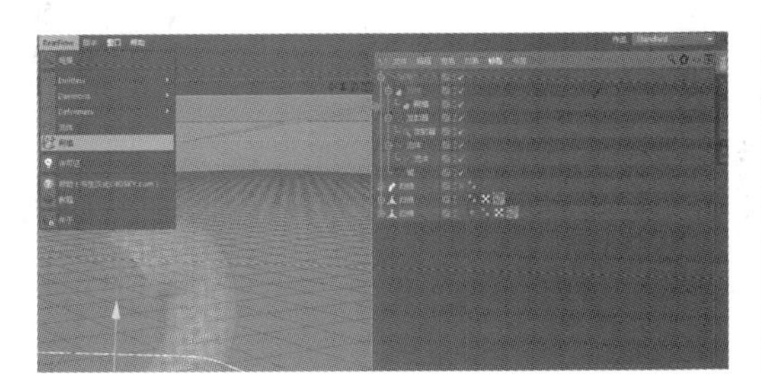

图 7-102

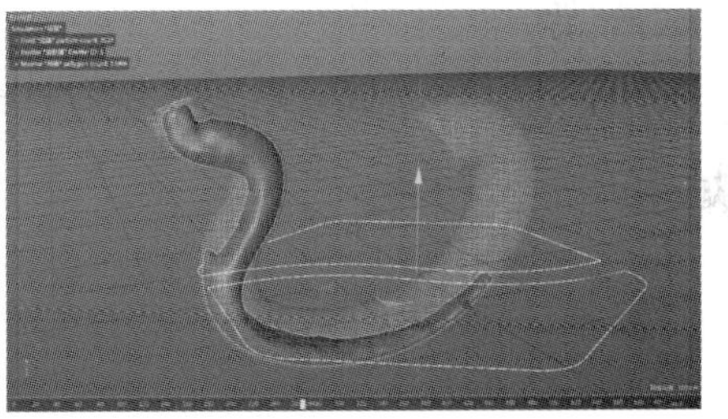

图 7-103

Step 04 选择“发射器［发射器］”→“发光”选项，在面板下将“Speed”更改为“265 cm”，加快流体流动的速度。如图 7-104。

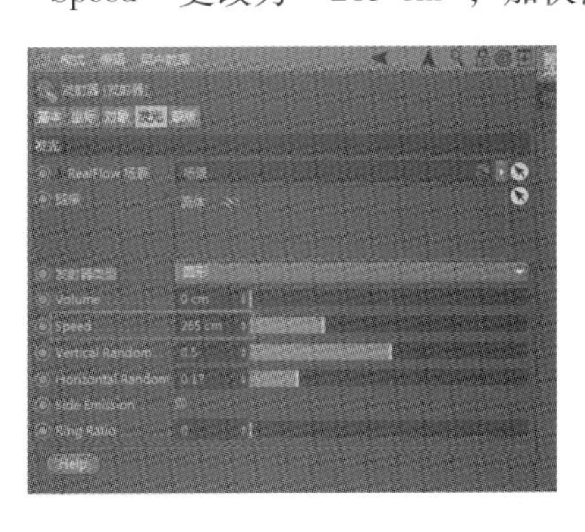

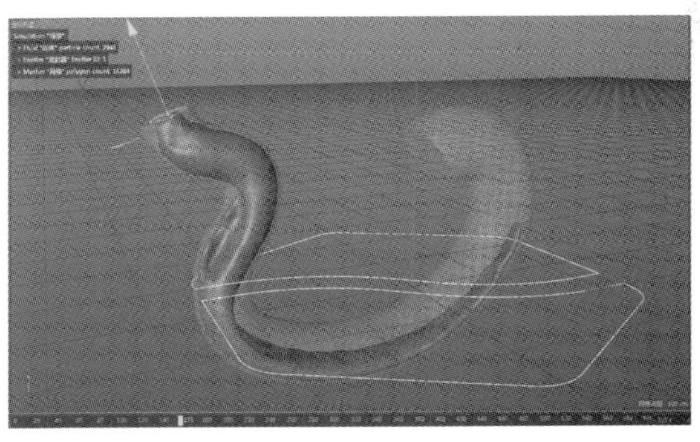

图 7-104

在属性管理器中选择“网格［网格］”→“网格”选项，在面板中将“半径”更改为“6 cm”，“平滑”更改为“1”，“稀释”更改为“0.5”。流体的流速和粗细程度如图 7-105所示。

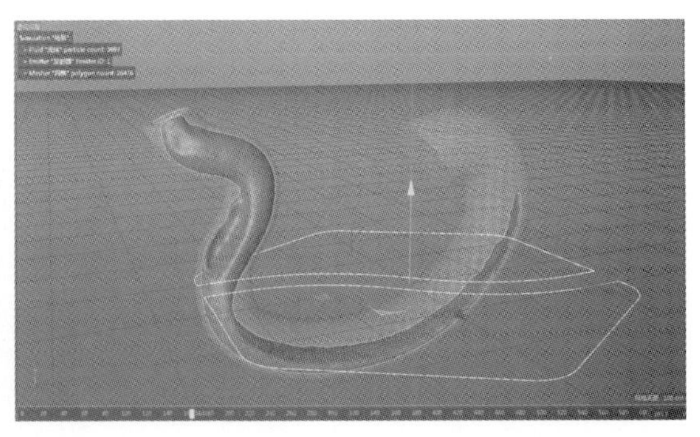

图 7-105

Step 05 在菜单栏中选择“RealFlow”→“Daemons”→“重力”命令，给场景添加一个重力场。在属性管理器中将“重力”的“强度”更改为“1500 cm”。如图 7-106。

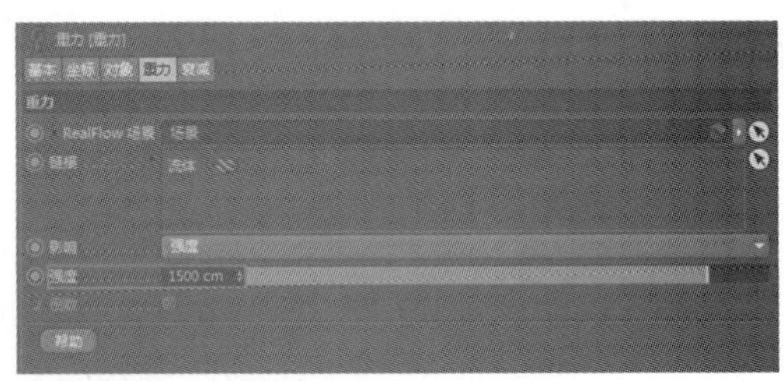

图 7-106

瓶中水流状态加速并变纤细。如图 7-107。

在属性管理器中选择“网格［网格］”→“网格”选项，在面板中将“半径”更改为“15 cm”。如图 7-108。

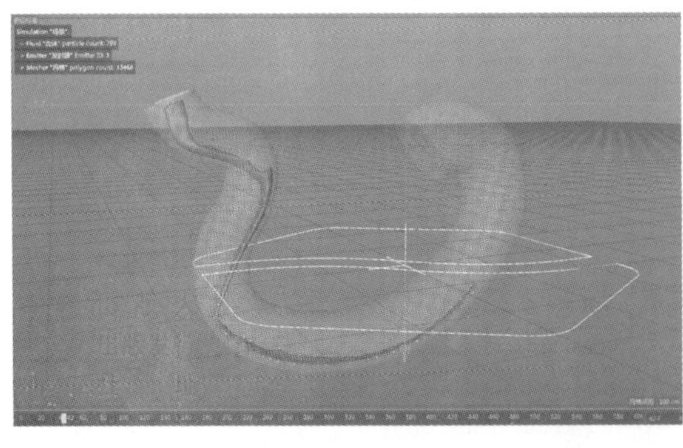

图 7-107

图 7-108

瓶中的流水达到饱满的状态。如图 7-109。

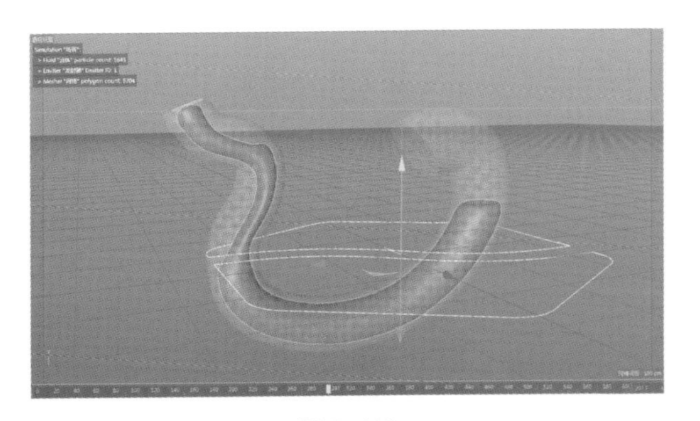

图 7-109

Step 06 在材质管理器中双击空白处创建一个材质球，左键选中材质球拖给场景中的流体。如图 7-110。

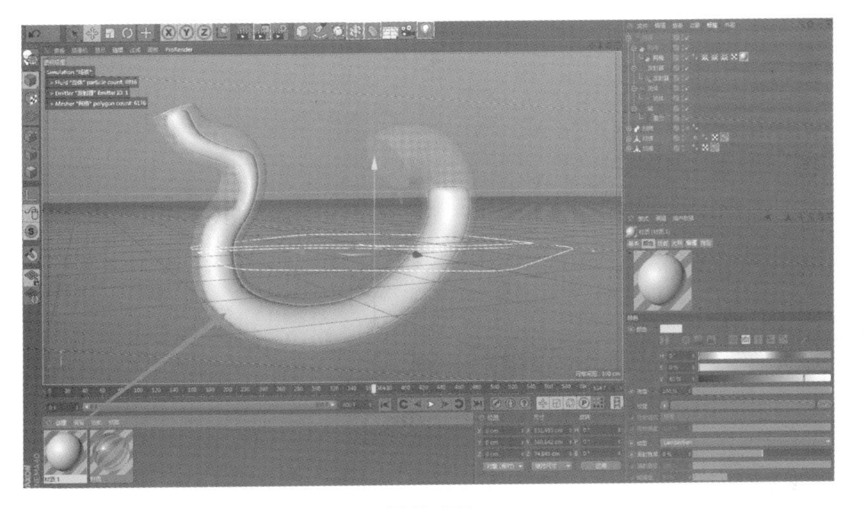

图 7-110

双击材质球打开材质编辑器，左键单击并勾选“透明”选项，在面板中将“折射率预设”更改为“水”。单击并勾选“反射”选项，在面板中添加“GGX”命令，将“反射强度”更改为“20%”。如图 7-111。

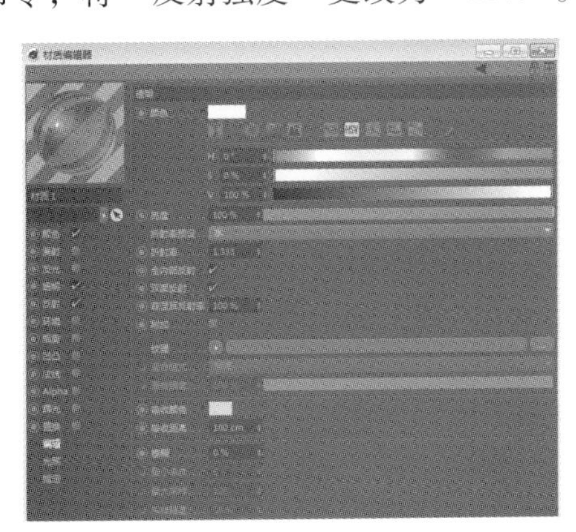

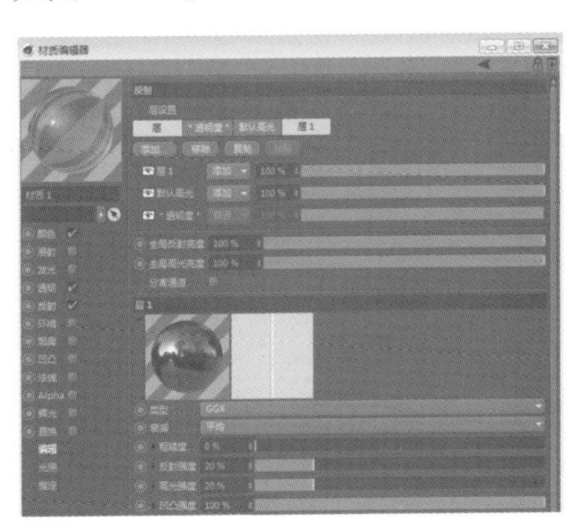

图 7-111

瓶子的透明玻璃材质就制作出来了。如图 7-112。

单击“渲染活动视图”工具，渲染流体效果，观察到玻璃的高光和反射不明显。如图 7-113。

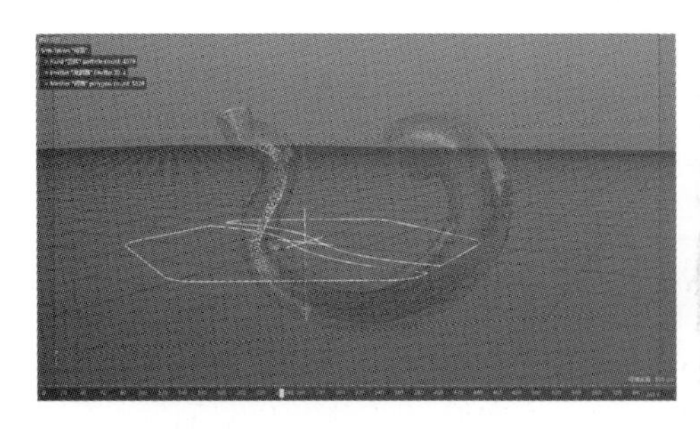

图 7-112

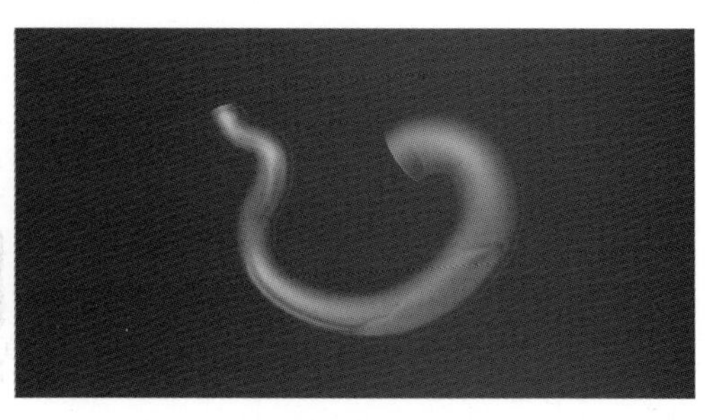

图 7-113

Step 07 选择瓶子的材质球，打开材质编辑器，左键单击并勾选“反射”选项，在面板中将“高光强度”更改为“46%”。如图 7-114。

Step 08 添加一个“天空”模拟标签，贴上“HDR”贴图。再添加一个“合成”标签。选择“合成”标签，在属性管理器中选择“合成标签［合成］”→“标签”选项。在面板中取消勾选“摄像机可见”。如图 7-115。

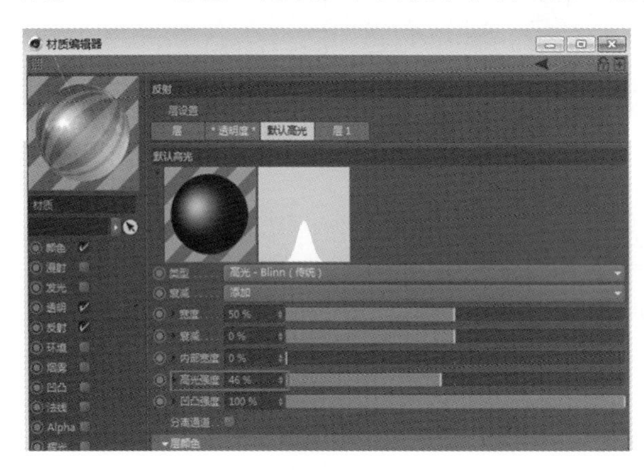

图 7-114

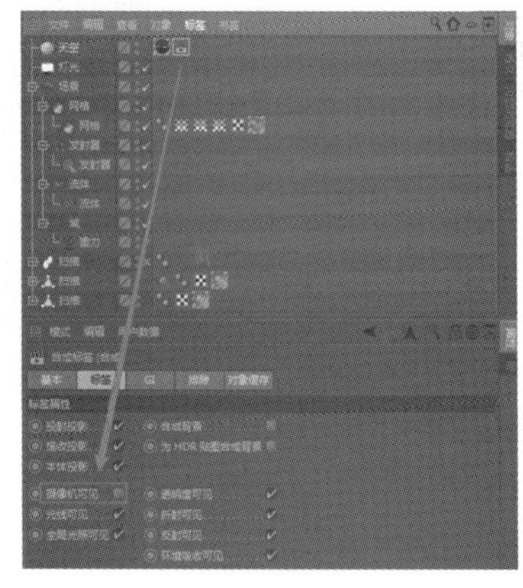

图 7-115

渲染视图，瓶中水流效果如图 7-116所示。

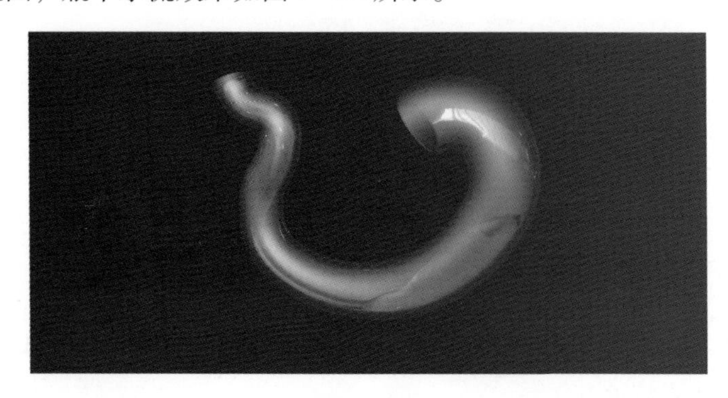

图 7-116

本节重要工具命令（表 7-6）：

表 7-6

命令名称	体现步骤	命令作用	重要程度
发光	4	体现流体光泽度和质感	高

7.4 毛发系统设置 

毛发系统是可以模拟头发、刷子、草、树等效果的模块（图 7-117），它主要分为毛发对象、毛发工具和毛发材质三个部分。下面通过案例来介绍毛发的制作过程。

图 7-117

7.4.1 毛发基本参数

课堂案例：小狗毛

以小狗角色的毛为例。首先，添加毛发对象。

Step 01 打开小狗模型的场景。如图 7-118。

选择小狗模型，在菜单栏中选择“模拟”→“毛发对象”→“添加毛发”命令。如图 7-119。

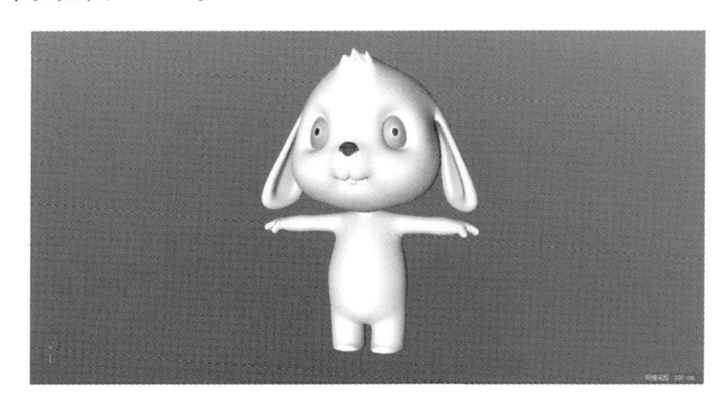

图 7-118

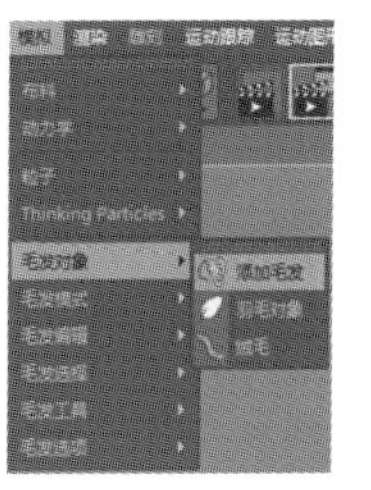

图 7-119

视图窗口中小狗模型添加了很长的毛。如图 7-120。

Step 02 选择“毛发”，在属性管理器中选择“毛发对象［毛发］”→“引导线”选项，在面板中将“长度”更改为“3 cm”。如图 7-121。

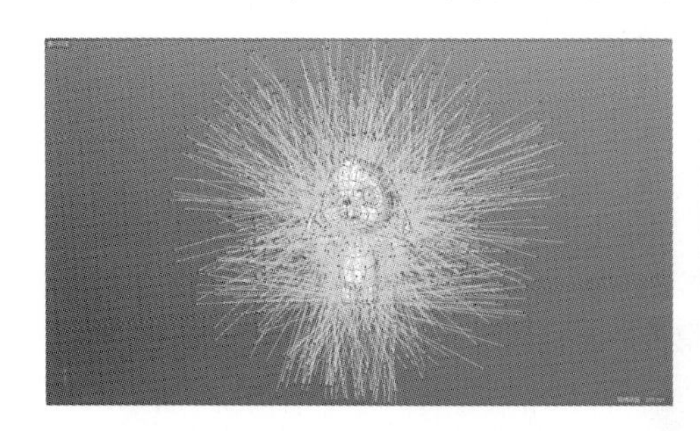

图 7-120

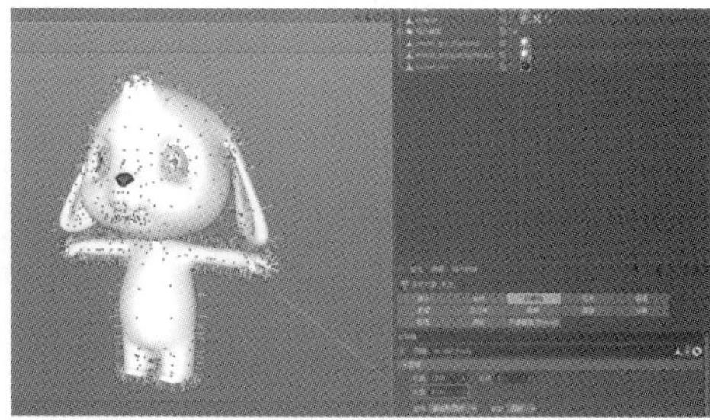

图 7-121

选择“毛发”的属性选项，在面板中将“数量”更改为“80000”，将“分段”更改为“12”。如图 7-122。

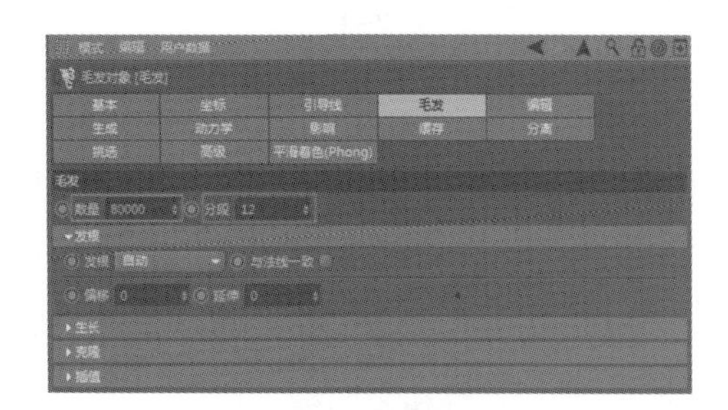

图 7-122

再来设置毛发材质。

Step 03 选择小狗的“毛发材质”，打开材质编辑器，左键单击并勾选“颜色”选项，在面板中调整颜色。如图 7-123。

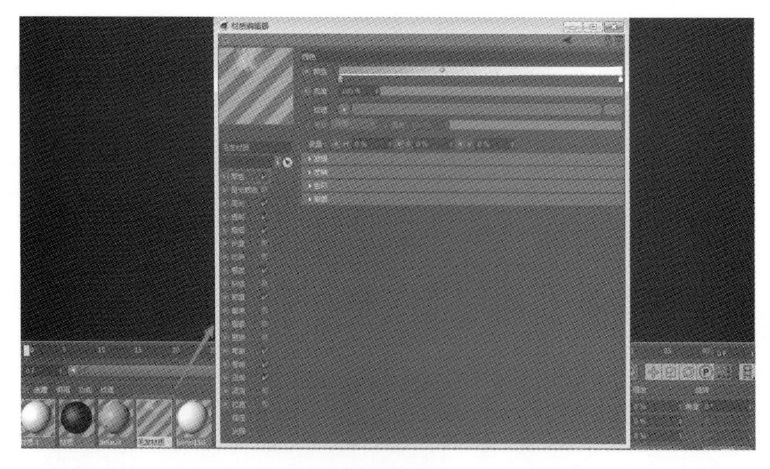

图 7-123

Step 04 左键依次单击并勾选“粗细”选项、“卷发”选项、“卷曲”选项和“扭曲”选项，调整它们的曲线值。如图 7-124。

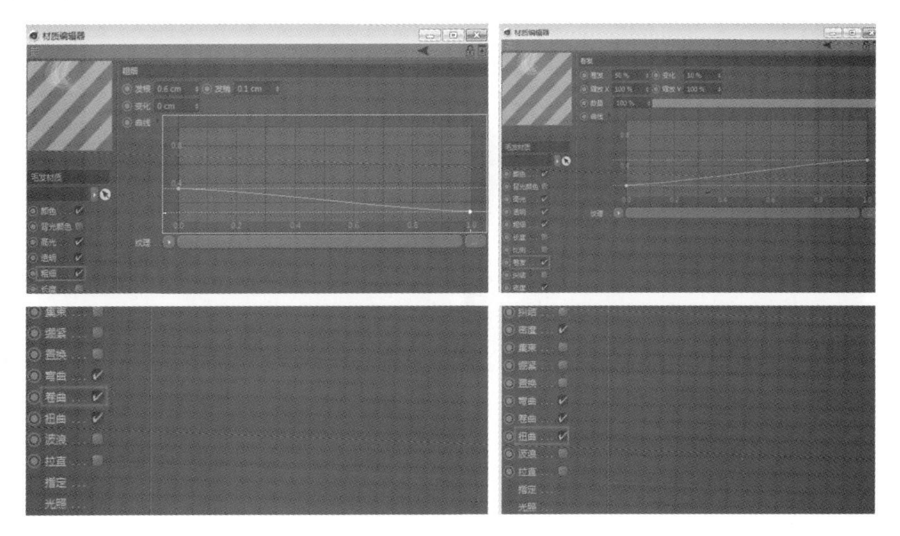

图 7-124

调整好毛发状态后，渲染小狗模型。如图 7-125。

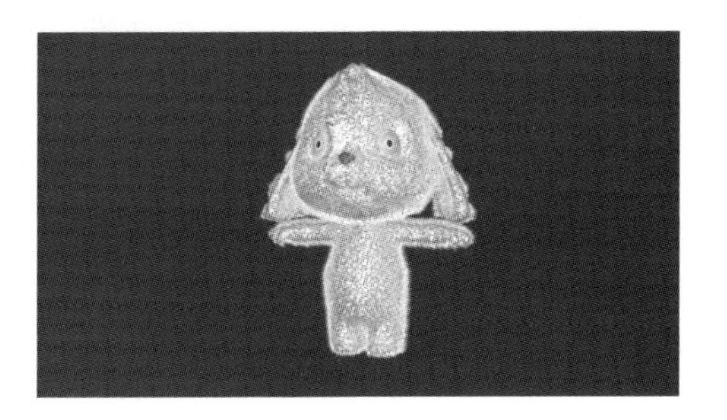

图 7-125

最后运用毛发工具精修毛发。

Step 05 毛发需要修剪平整，在菜单栏中选择“模拟”→“毛发工具”命令，单击双横线提取“毛发工具”浮动面板。利用“修剪”工具剪短眼睛周边的毛。如图 7-126。

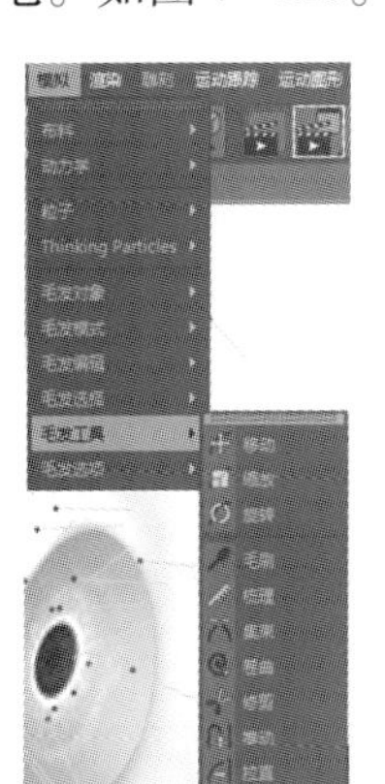

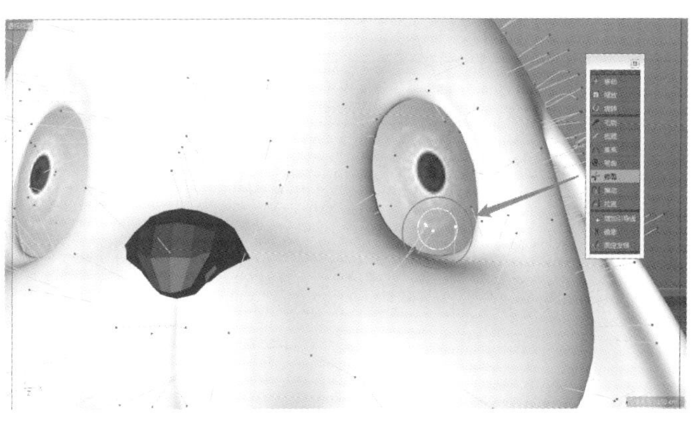

图 7-126

接着利用“卷曲”工具改变一下毛的方向。如图 7-127。

Step 06 仍然利用“毛刷”工具将嘴部和眼部的毛弯曲一下。如图 7-128。

图 7-127

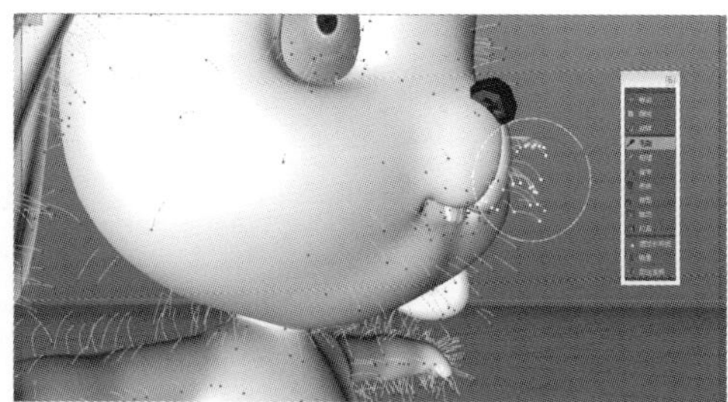

图 7-128

将做好小狗毛的效果在视图窗口中进行展示。如图 7-129。

Step 07 调整完毕后，渲染小狗毛的效果。如图 7-130。

图 7-129

图 7-130

本节重要工具命令（表 7-7）：

表 7-7

命令名称	体现步骤	命令作用	重要程度
引导线	2	设置毛发样条	高
毛发材质	3	设置毛发的材质效果	高
修剪	5	设置毛发长短	高
卷曲	5	设置毛发形成弯曲效果	高

本章小结

本章主要讲解了 Cinema 4D 的动力学，包括刚体和柔体的特征，在毛发的制作和流体的调节中介绍了新工具的使用。需要学习者重点了解和掌握流体插件的使用方法。本章动力学为全书中较难的部分，望学习者勤加练习，继续加油。

本章需重点掌握的内容：

（1）柔体、刚体和碰撞体。

（2）布料与碰撞体。

（3）圆形发射器、圆柱发射器、填充发射器、图像发射器、线性发射器、对象发射器、球体发射器、样条发射器和平方发射器等。

（4）毛发对象。

课后习题

作业名称：水中水母。

用到工具：动力学特效模块。

学习目标：熟悉动力学面板中的各个工具命令。

步骤分析：

（1）给模型添加柔体命令。

（2）在大纲中整理层次等级。

（3）添加材质球。

（4）渲染效果。

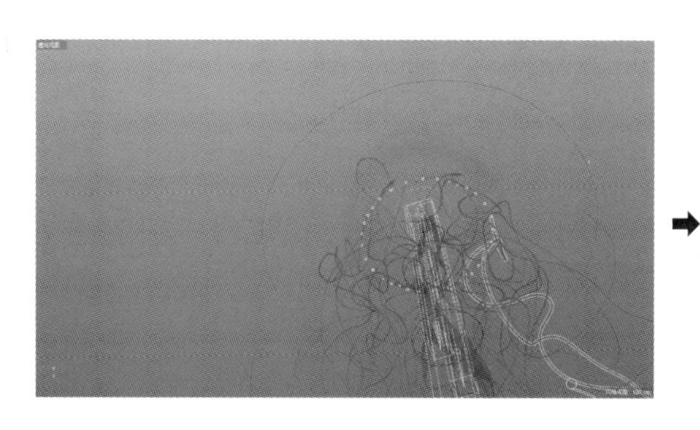

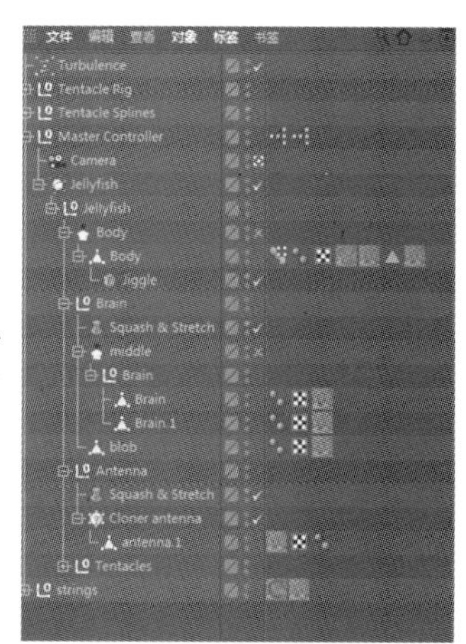

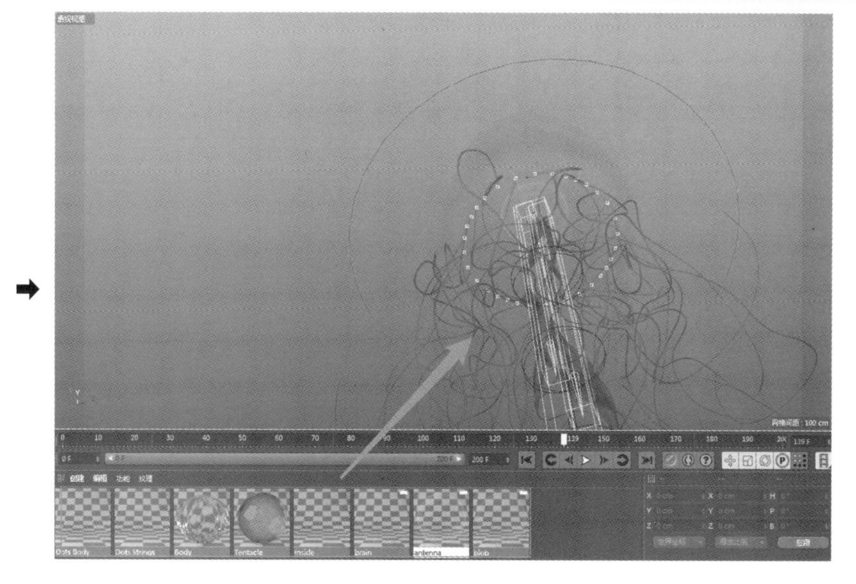

最终要求效果：

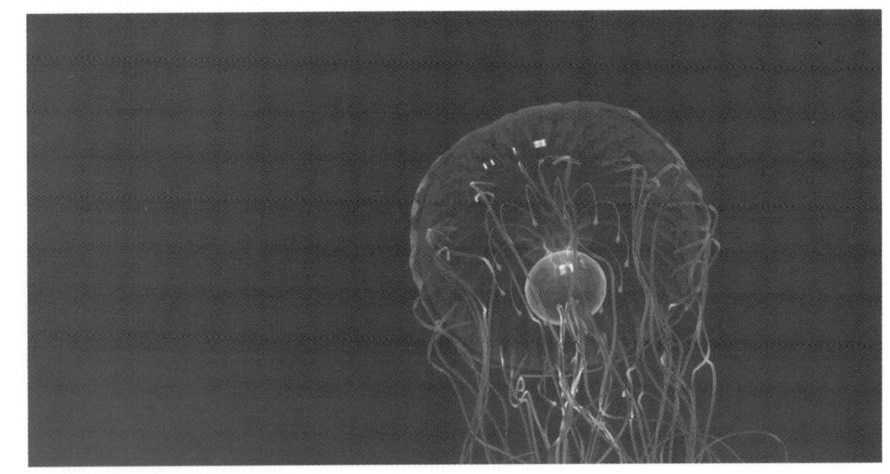

第 8 章　Cinema 4D 综合案例

【本章内容】

本章将通过两个综合案例，全面梳理学习过的 Cinema 4D 制作流程。本章为一个综合实践章，学习者在学习前应对之前所有章节进行温习并融会贯通。

【课堂学习目标】

掌握数字创意图像设计的制作方法；
掌握影视和动画类广告的制作方法；
熟练运用材质贴图和渲染的综合知识来制作静物写实场景。

8.1　课堂案例：清晨早餐

Step 01 打开在第 3 章制作完毕的甜甜圈和场景模型。将模型摆好位置，调整视图。如图 8-1。

创建一个面光源，作为自然光主光源，调整至场景的上方。如图 8-2。

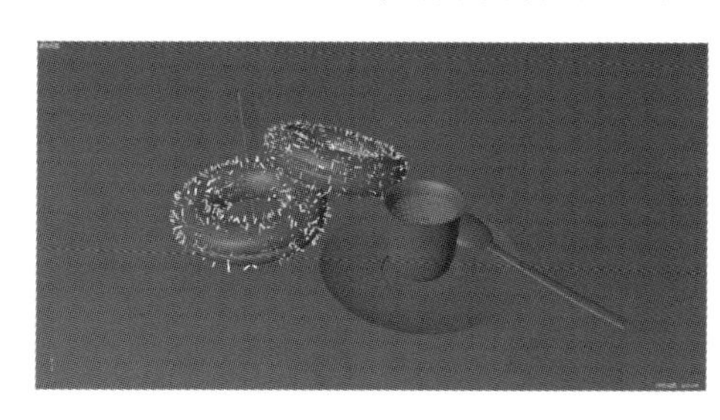

图 8-1

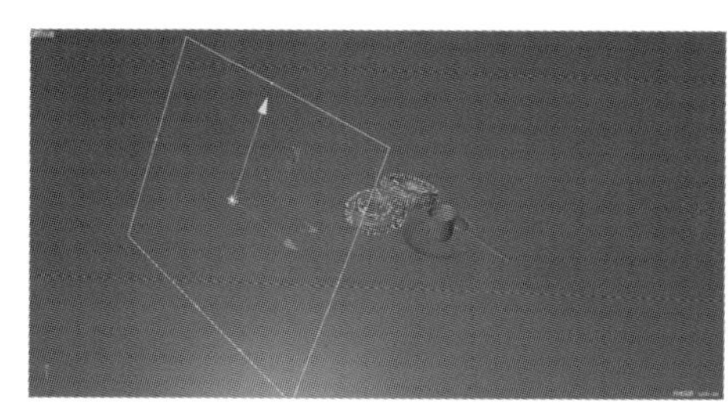

图 8-2

选择灯光，打开灯光的属性管理器，在面板中选择“灯光对象［灯光］”→“常规”选项，在面板中将“HSV”值设置为暖色调。将“投影”更改为“光线跟踪（强烈）”。如图 8-3。

Step 02 创建一个点光源，作为辅助光源。在三视图中调整灯光的方位。如图 8-4。

Step 03 创建一个点光源，作为背光源。在三视图中调整灯光的方位。如图 8-5。

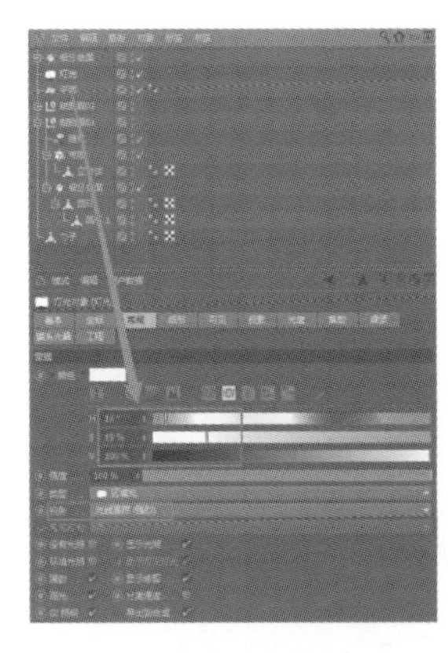

图 8-3

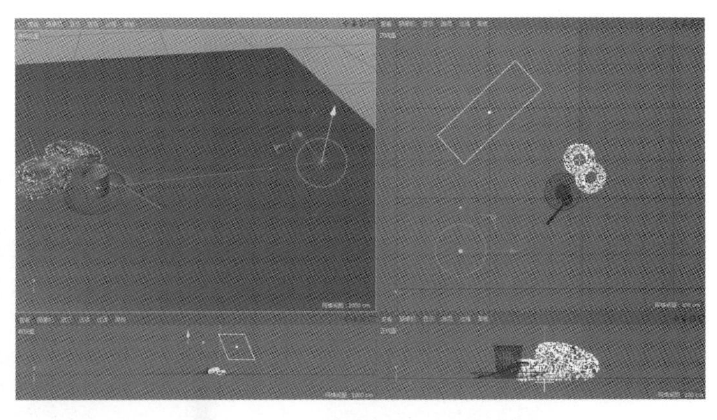

图 8-4

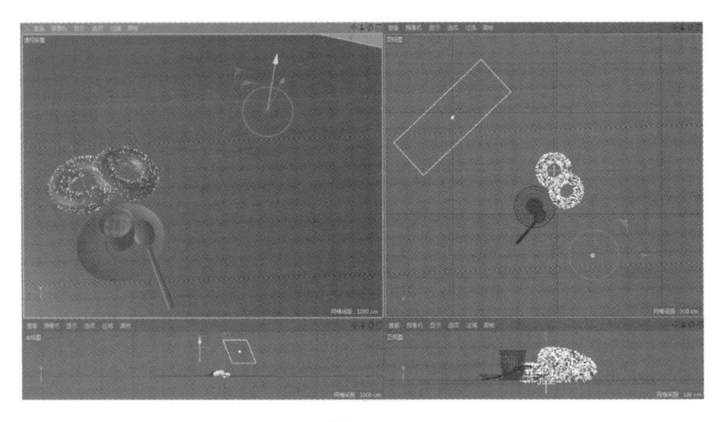

图 8-5

Step 04 再创建一台摄像机，摄像机机位设置为广角。在摄像机的属性管理器中选择“摄像机对象［摄像机］”→“对象”选项，在面板中将“焦距”更改为“36”（经典36毫米），“传感器尺寸（胶片规格）”也随之改为“36”（35毫米照片）。如图8-6。

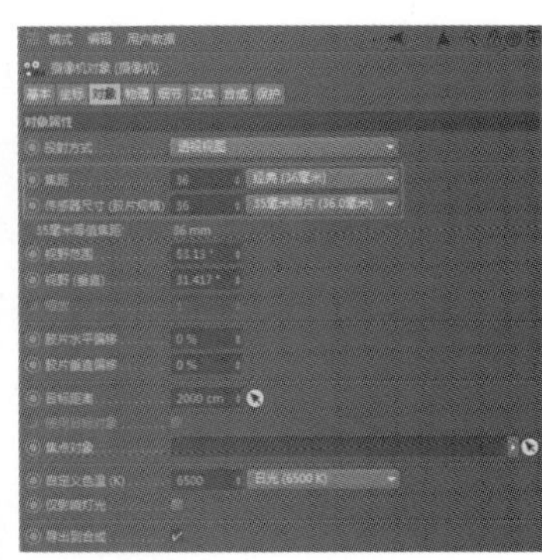

图 8-6

在对象管理器中为摄像机添加一个“保护”标签命令。如图8-7。

下面设置渲染器参数。

Step 05 打开“渲染设置”面板，单击“效果”按钮，选择添加“全局光照”命令。在全局光照面板中设置即将渲染的规格。如图 8-8。

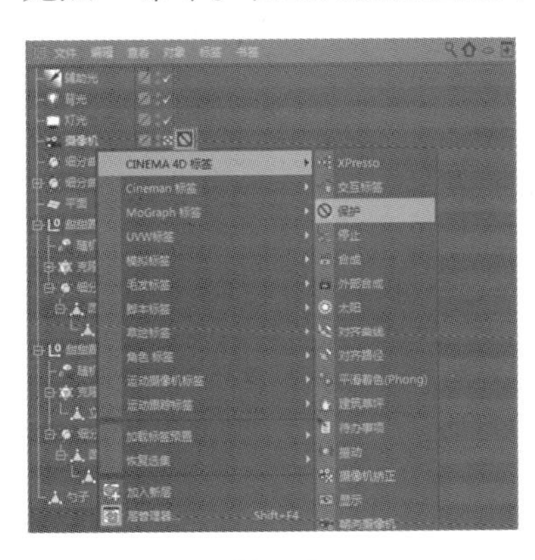

图 8-7

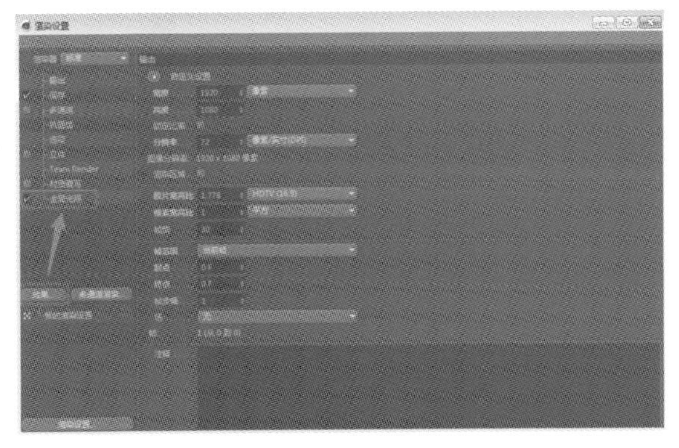

图 8-8

单击“渲染到活动视图”命令，渲染灯光效果。如图 8-9。

图 8-9

Step 06 给杯子与圆盘模型添加材质纹理。新建一个材质球，打开材质编辑器。左键单击并勾选“反射”选项，在面板中添加“Beckmann”材质效果，设置“粗糙度”为“16%”，“反射强度”为“15%”，“高光强度”为“34%”。再新建一个材质球，以同样的方式添加“Beckmann”材质效果，设置“粗糙度”为“29%”，“反射强度”为“23%”，“高光强度”为“30%”。完毕后分别将两个材质球拖给杯子与圆盘模型。如图 8-10。

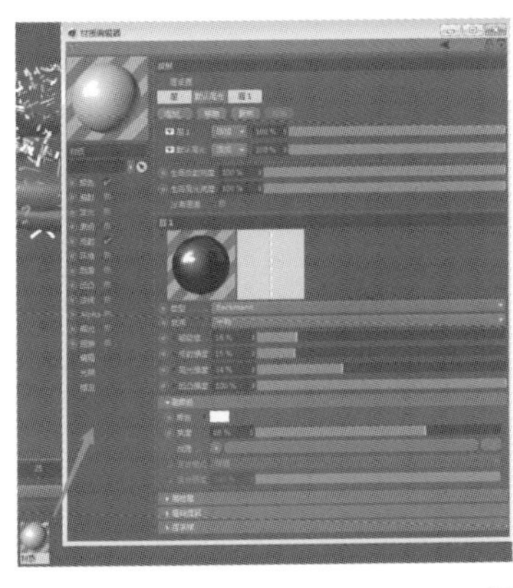

图 8-10

在“渲染”浮动面板下单击“区域渲染”命令，按住拖动鼠标渲染杯子和圆盘部位。如图 8-11。

图 8-11

陶瓷的质感制作完毕，继续制作牛奶材质纹理。

Step 07 新建材质球，在材质编辑器中鼠标单击并勾选“反射”选项，将“吸收颜色”更改为“白色”，将“吸收距离”更改为“0%”，将“模糊”更改为“100%”。如图 8-12。

单击“区域渲染”命令，按住拖动鼠标渲染牛奶部位。如图 8-13。

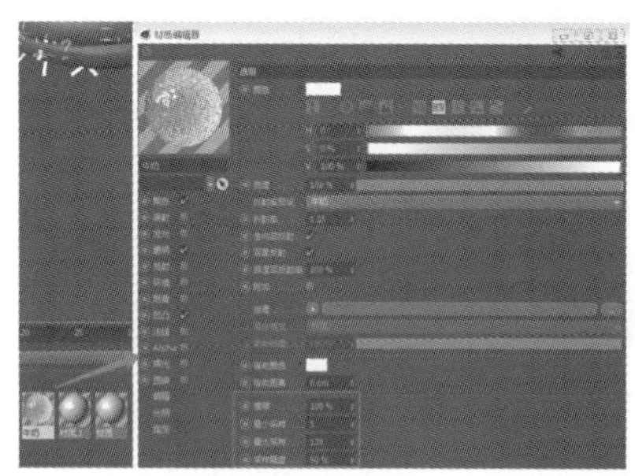

图 8-12

图 8-13

Step 08 甜甜圈的材质纹理不用太多讲解，这里需要添加它的凹凸纹理。在甜甜圈的材质编辑器中鼠标单击并勾选“凹凸”选项，将“强度”更改为“5%”，设置“纹理”为“噪点”模式，单击“噪点”的着色器颜色框。进入“着色器”面板，将“全局缩放”更改为“102%”，“低端修剪”更改为“20%”。如图 8-14。

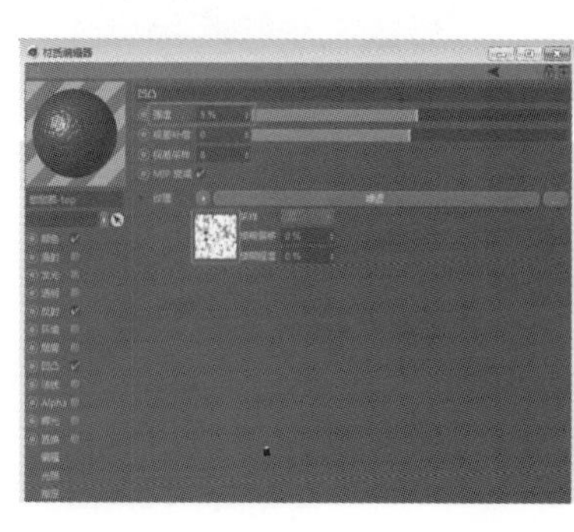

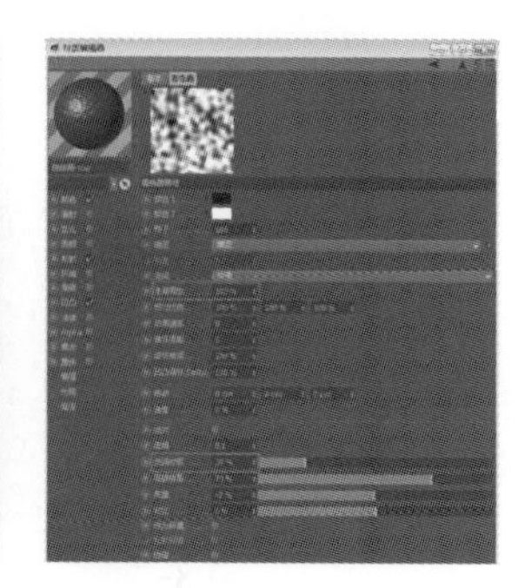

图 8-14

设置两个颜色的材质球，分别给予如图 8-15 所示的“圆环”和“圆环. 1”标签。

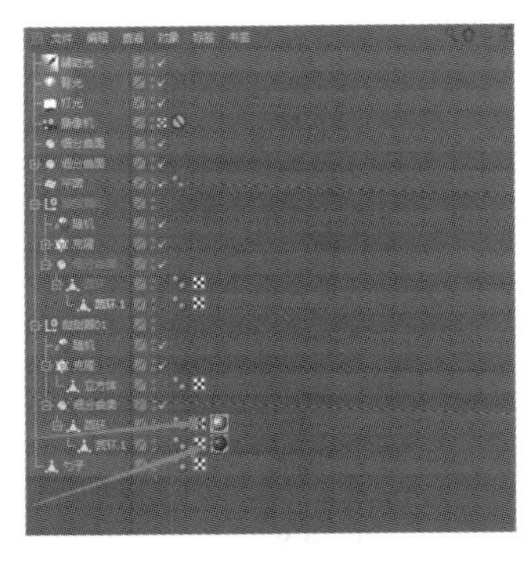

图 8-15

制作甜甜圈上的糖针纹理。

Step 09 在材质编辑器中鼠标单击并勾选“颜色”选项，在纹理中添加“多重着色器”命令。进入“着色器”面板，单击“添加”按钮，添加多重颜色。如图 8-16。

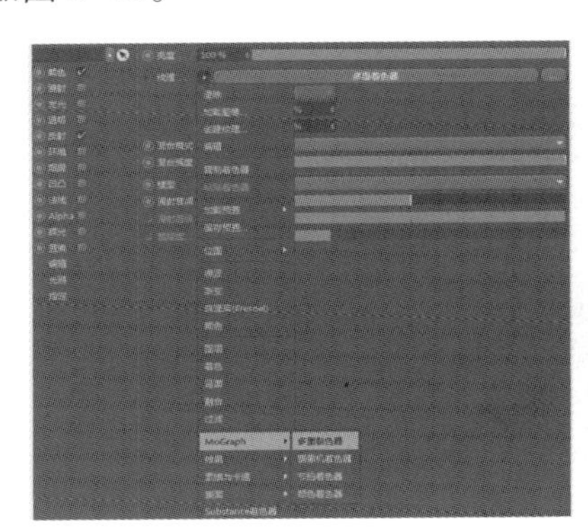

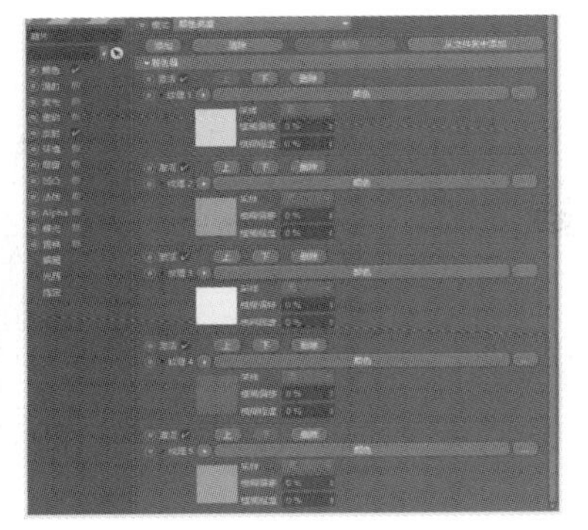

图 8-16

回到材质管理器中，将材质球拖给“克隆”标签。如图 8-17。

Step 10 选择“随机”的属性管理器，选择“随机分布［随机］”→“参数”选项，在面板中将“颜色模式”设置为“开启”模式，将“混合模式”更改为“分隔线”。如图 8-18。

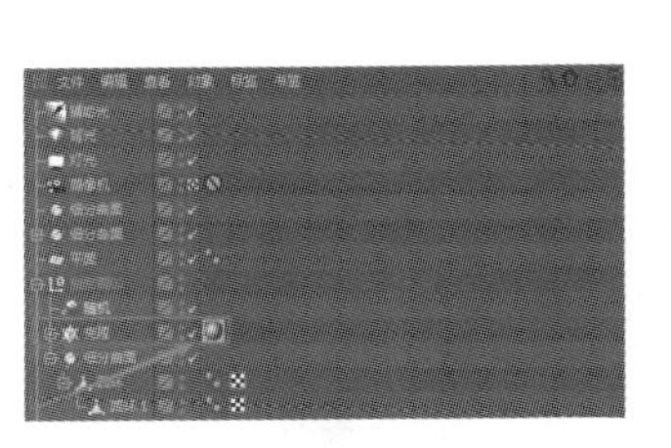

图 8-17

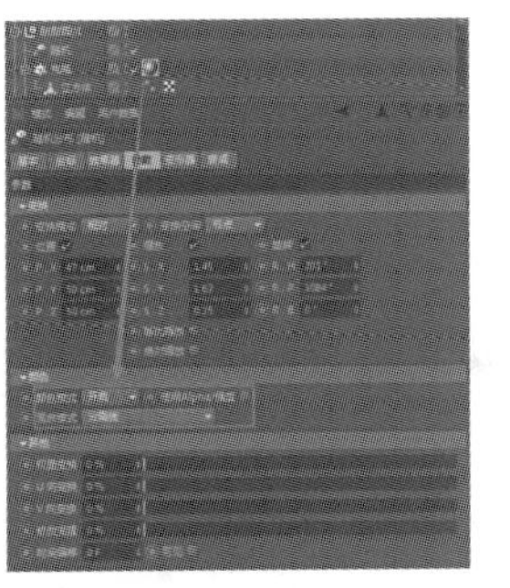

图 8-18

Step 11 制作勺子的材质纹理。新建金属材质球，打开属性编辑器，添加“GGX”材质，打开“层菲涅耳”面板，将“菲涅耳”更改为“导体”，将“预置”设置为“银”。如图 8-19。

图 8-19

渲染一下活动视图，观察效果。如图 8-20。

图 8-20

Step 12 新建材质球，在材质编辑器中鼠标单击并勾选“发光”选项，在面板下的“纹理”中添加 HDR 贴图。回到材质管理器中，将材质球拖给“天空”标签。如图 8-21。

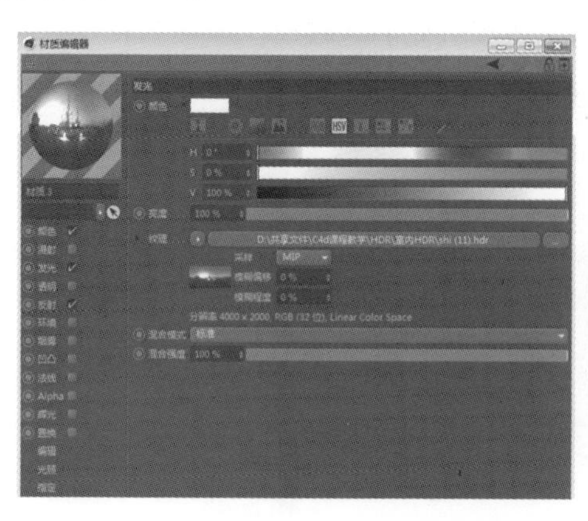

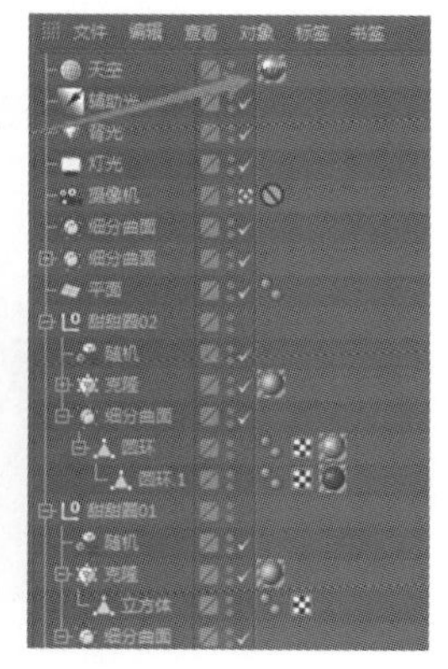

图 8-21

再渲染到图片查看器中，场景的最终渲染效果如图 8-22 所示。

图 8-22

8.2 课堂案例：奥利奥广告

本节运用模型、动画、特效与材质知识来制作电视广告。

模型制作：

Step 01 创建一个圆柱模型，段数设置如图 8-23 所示。

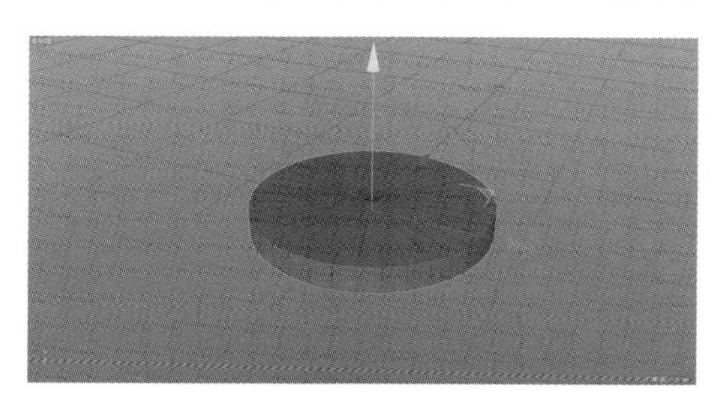

图 8-23

选择工具切换到点模式，在视窗空白处单击右键，在弹出的浮动面板中选择“优化”命令。切换回线模式，在转折处插入线段。如图 8-24。

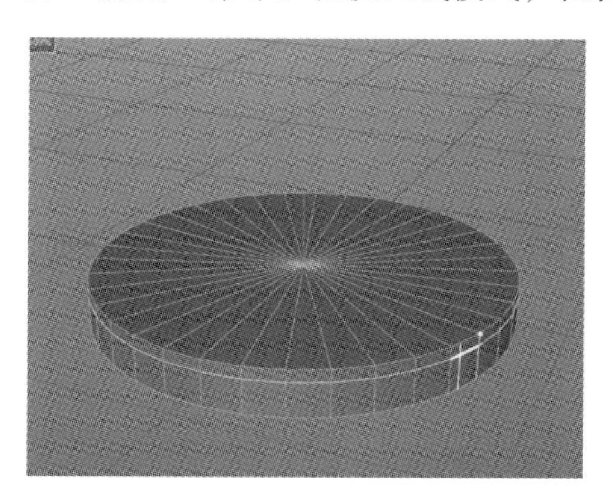

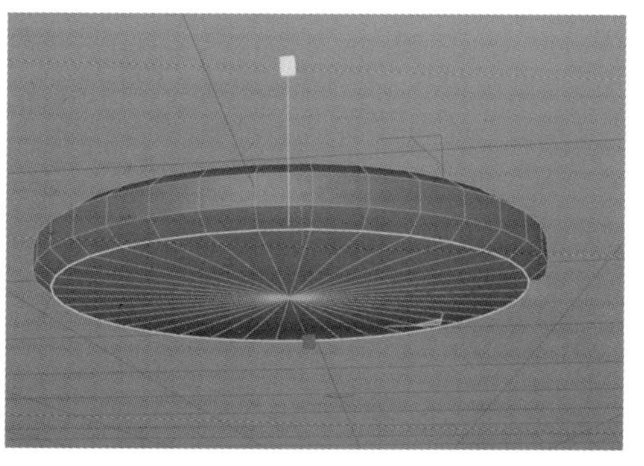

图 8-24

添加“细分曲面”命令，将圆柱模型细化。如图 8-25。

Step 02 在对象管理器中左键单击“细分曲面”命令，在弹出的浮动面板中选择“当前状态转对象”命令，将细化的圆柱转换为单独的模型。如图 8-26。

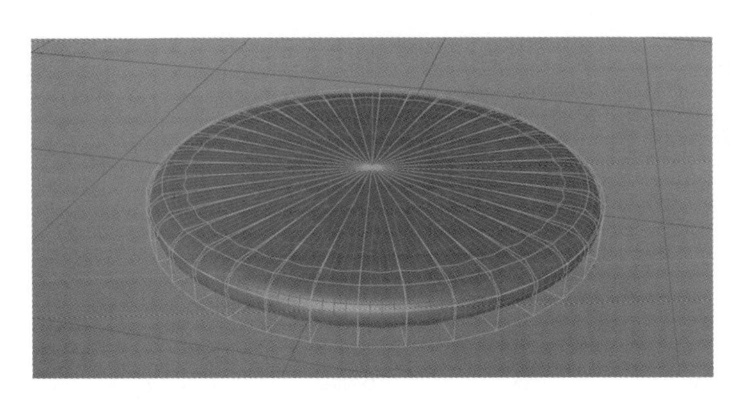

图 8-25

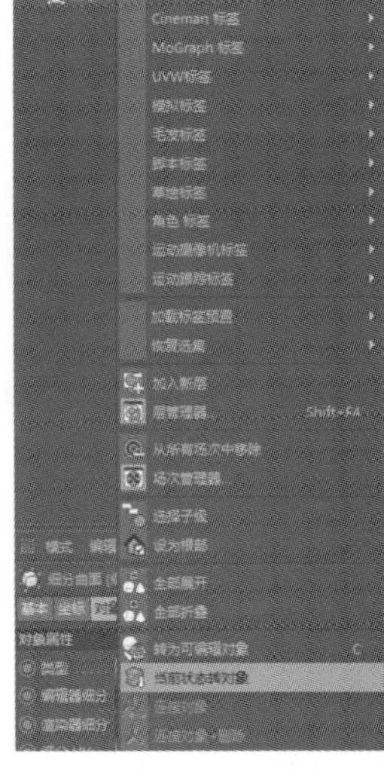

图 8-26

Step 03 再创建一个圆柱模型，调整至与第一个圆柱模型一样的大小。在属性管理器中选择“圆柱对象［圆柱］”→“对象”选项，在面板中将“旋转分段”更改为“64”。如图 8-27。

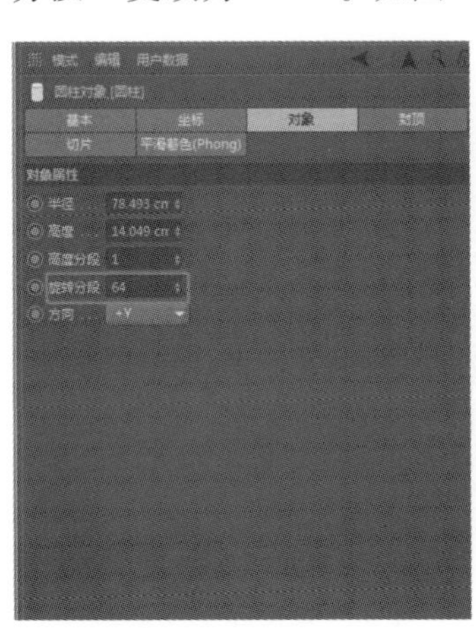

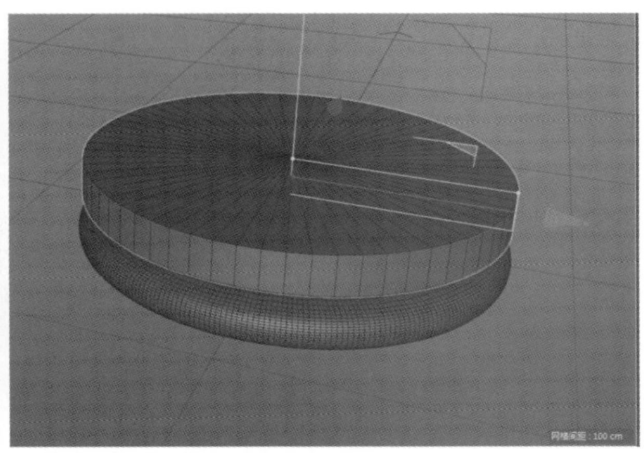

图 8-27

将第一个圆柱模型复制出来一个，三个模型叠放。如图 8-28。

动画制作：

Step 01 将两旁的圆柱模型按如图 8-29 所示的状态展开，在第 0 帧的位置设置初始关键帧。

图 8-28

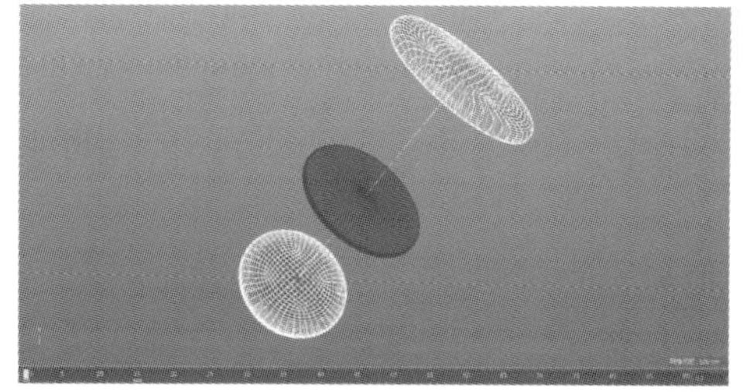

图 8-29

Step 02 沿 Z 轴将两个模型叠在一起。在第 15 帧的位置设置末尾关键帧。如图 8-30。

Step 03 制作出饼干的碎屑，添加“分裂对象”命令。如图 8-31。

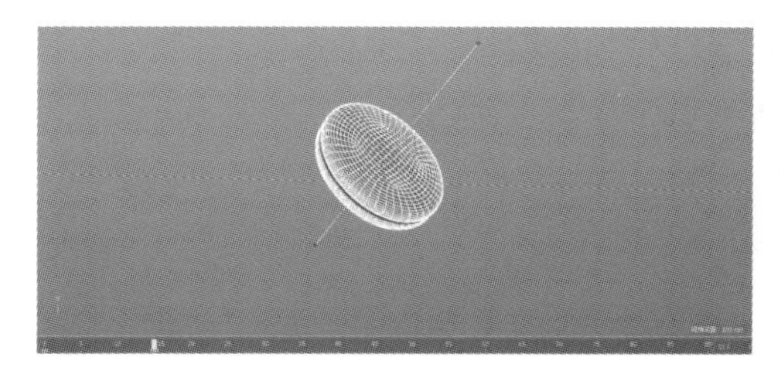

图 8-30

图 8-31

添加“随机”命令。在属性管理器中选择“随机分布［随机］→“参数”选项，调整其“位置”“缩放”及“旋转”值。这样，奥利奥饼干的碎屑制作完毕。如图 8-32。

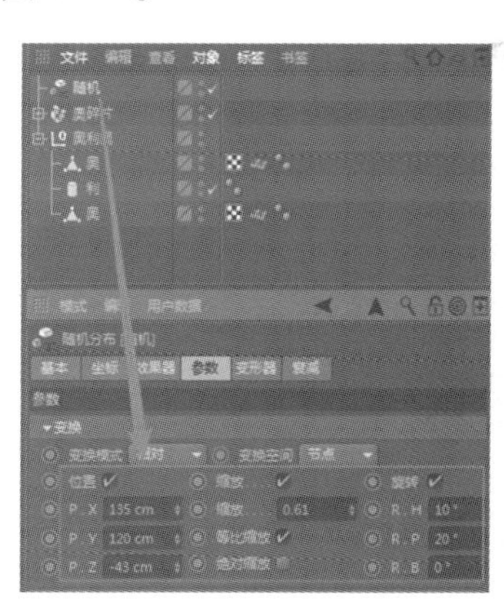

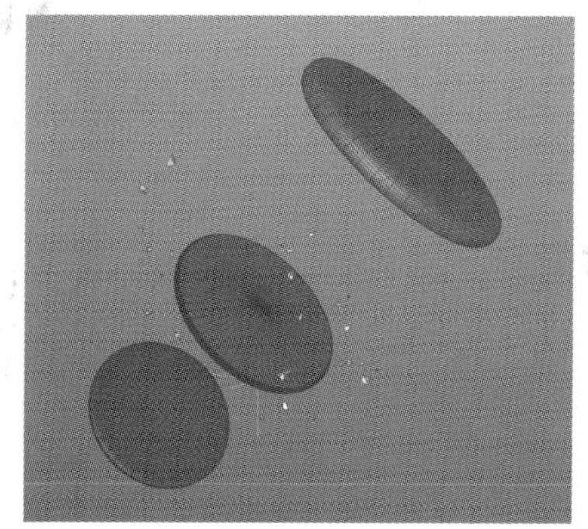

图 8-32

Step 04 再次添加一个“随机”命令。将“参数”面板下的“位置”适当修改，碎屑表现更加真实。如图 8-33。

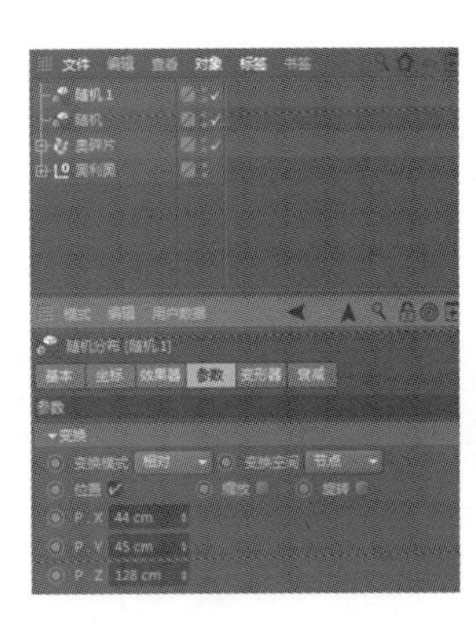

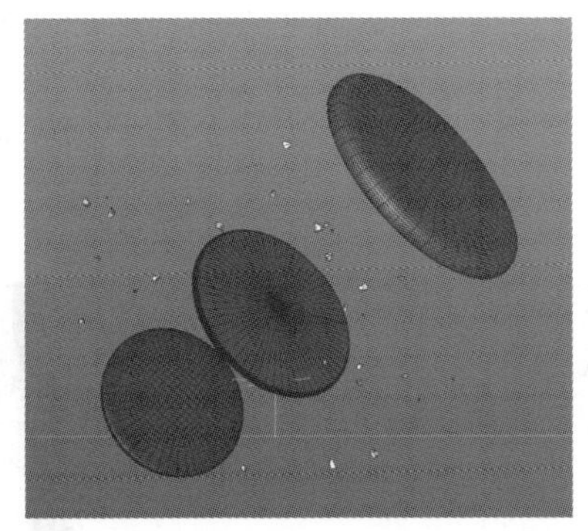

图 8-33

Step 05 创建一个平面。尽量放大，竖直放置在饼干模型的后面。如图 8-34。

Step 06 创建一台摄像机。调整摄像机拍摄模型的方位。如图 8-35。

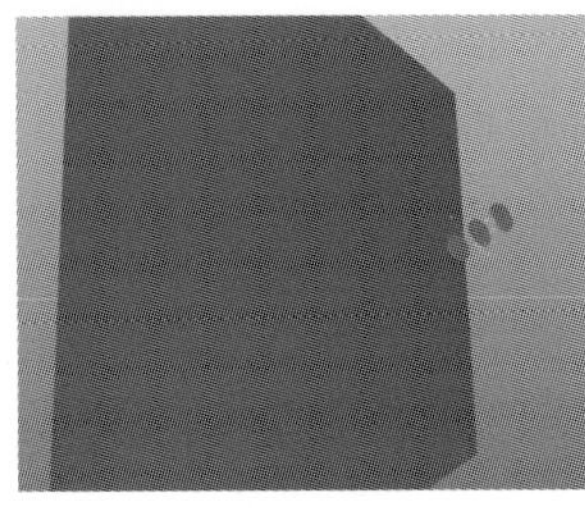

图 8-34

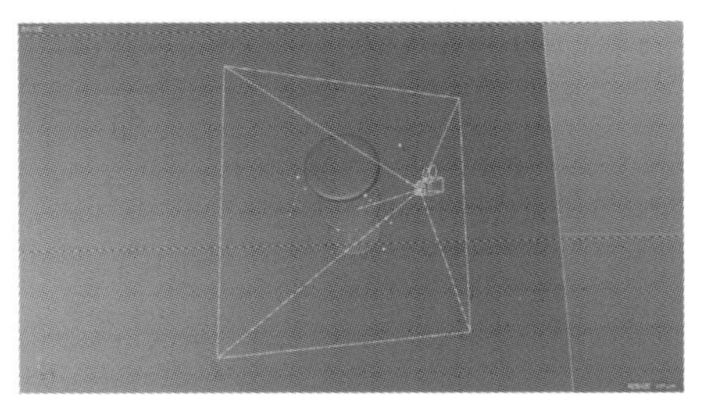

图 8-35

设置摄像机的控制范围。在视图窗口的上方菜单选择“选项”→“配置视图”命令。在属性管理器中选择“视窗［透视视图］”→“查看”选项，在面板中修改“安全框”的设置范围。如图 8-36。

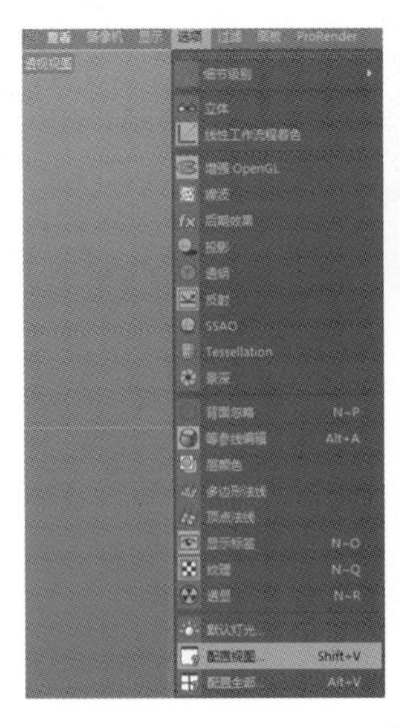

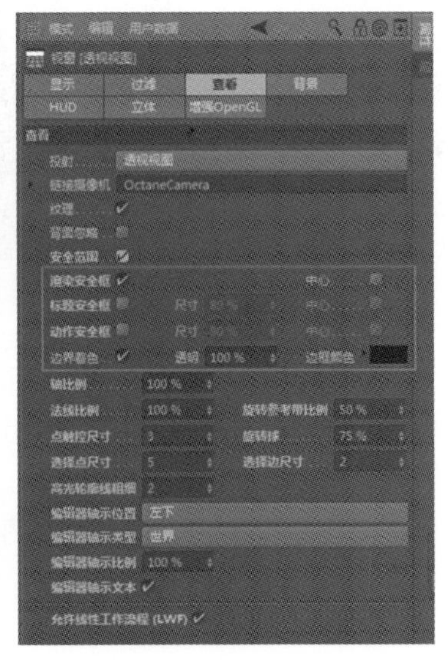

图 8-36

进入摄像机视图，观察镜头情况。如图 8-37。

接着来制作流体特效：

Step 01 在菜单栏中选择“RealFlow”→“Emitters”→“圆形”命令。如图 8-38。

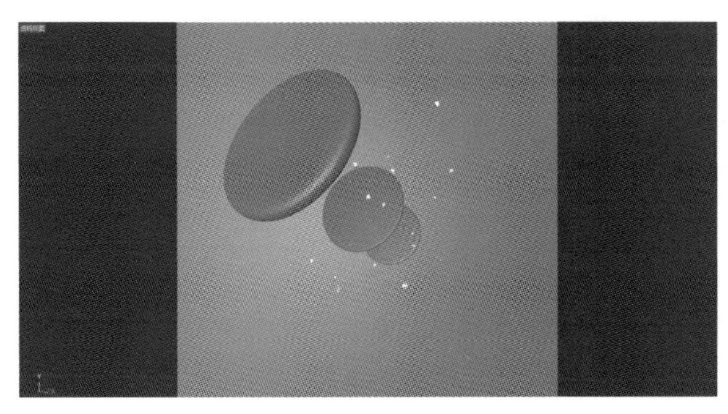

图 8-37

图 8-38

将圆形发射器移至场景的上方，并适当缩放其大小。如图 8-39。

在对象管理器中选择“发射器”命令，选择“发射器［发射器］”→“发光”选项，在面板中将“Volume”更改为“40 cm”，“Speed”更改为“1000 cm”，“Vertical Random”更改为“0. 38”。如图 8-40。

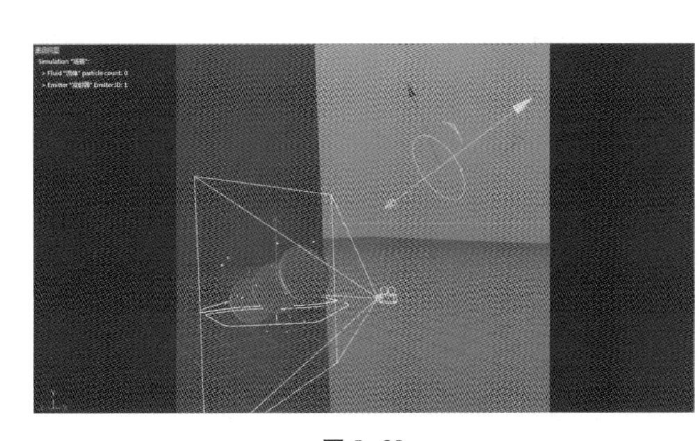

图 8-39

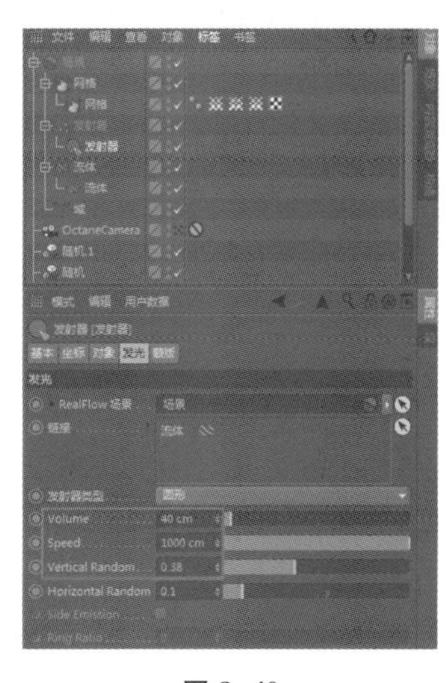

图 8-40

Step 02 给“RealFlow”添加“网格”命令，选择“RF 碰撞［碰撞体］”→“属性”选项，设置“相互作用”面板下的数值。如图 8-41。

在对象管理器中右键单击“奥利奥”标签，在弹出的浮动面板中选择“RealFlow标签”→“碰撞体”命令。如图 8-42。

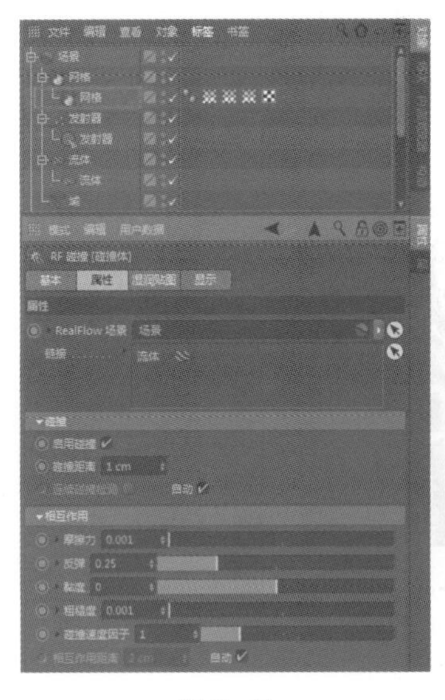

图 8-41

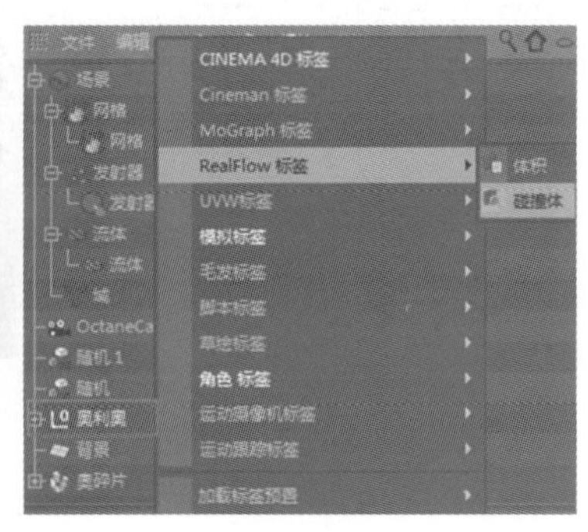

图 8-42

播放时间帧，发射器发射的粒子碰撞模型产生流体效果。如图 8-43。

Step 03 流体较细长，可以通过缩放发射器改变外观。如图 8-44。

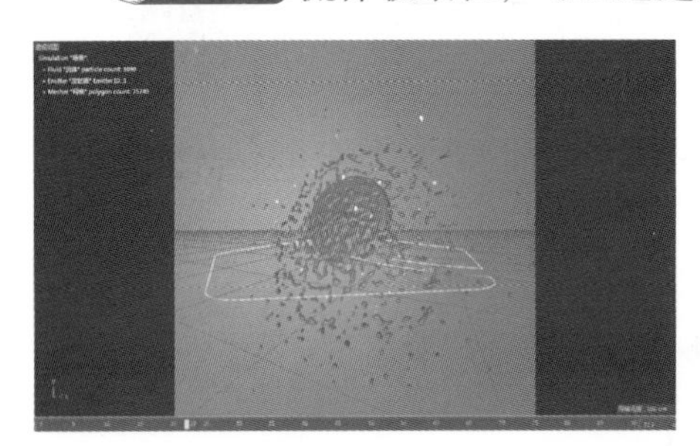

图 8-43

图 8-44

Step 04 给场景添加三个场域，分别为水冠场、表面张力场和重力场。如图 8-45。

调整“水冠场”的轴长，更改流体四溅散开的外观。如图 8-46。

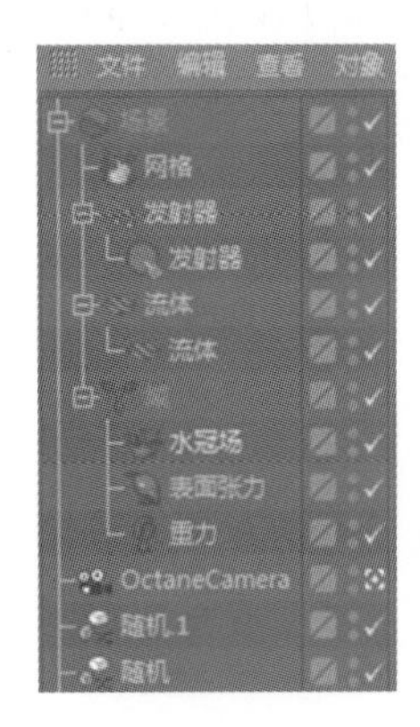

图 8-45

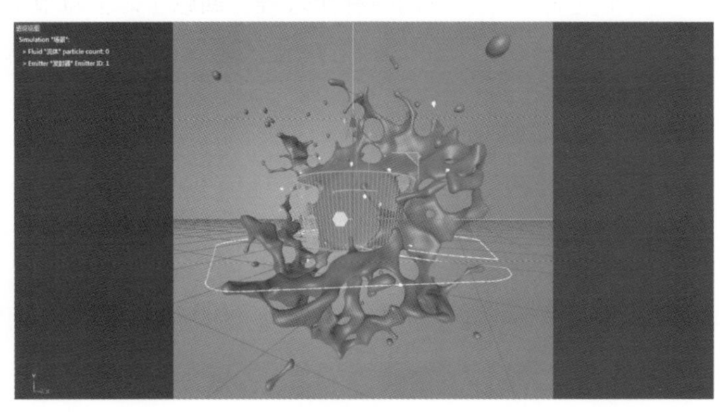

图 8-46

Step 05 给予流体白色透明效果，对饼干添加材质贴图。如图 8-47。

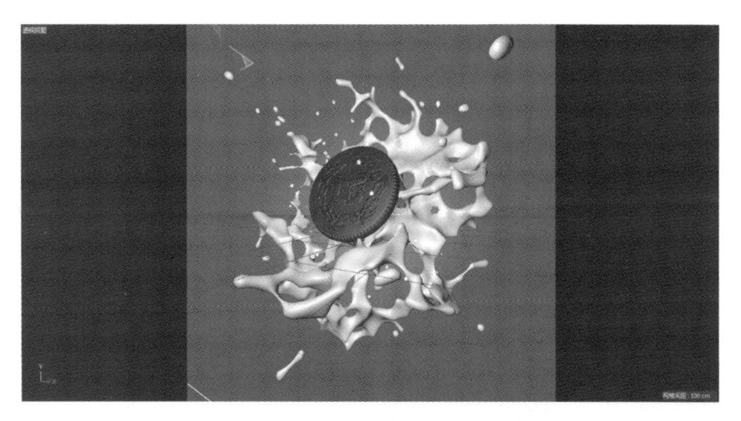

图 8-47

最终的制作效果和渲染效果如图 8-48 所示。

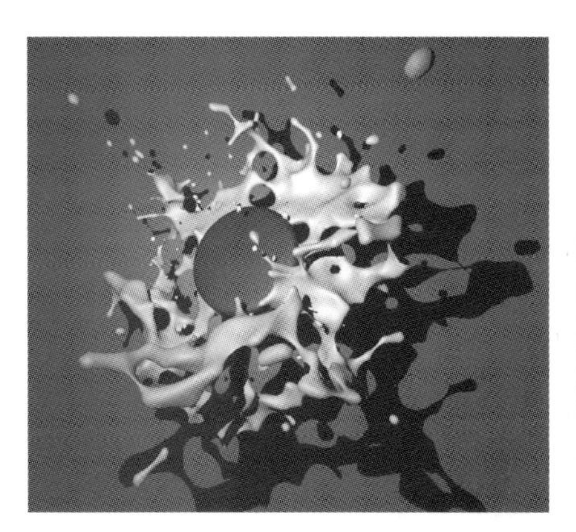

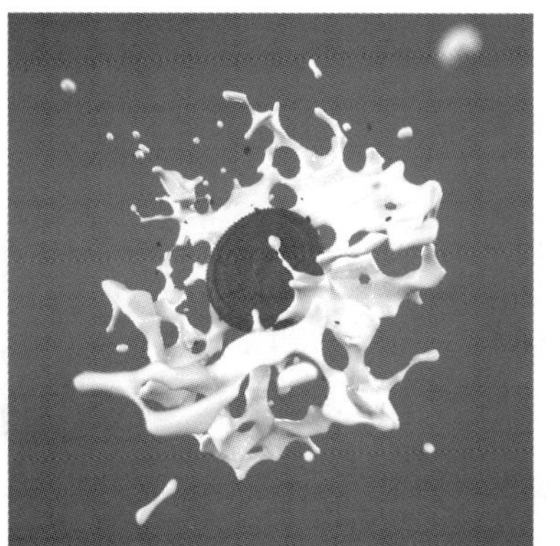

图 8-48

本章小结

本章通过两个综合案例的制作过程，回顾了之前章节的重要知识点，同时也理清了完整项目的制作步骤。希望学习者通过这些案例，最终掌握 Cinema 4D 制作的思路和方法。

本章需重点掌握的内容：

（1）模型的细分曲面变形。

（2）分裂对象制作碎屑。

（3）摄像机的配置视图设置。

（4）水冠场、表面张力场和重力场的搭配使用。

课后习题

作业名称：可乐动画。

用到工具：多边形建模工具、Unfold 3D 工具、材质编辑器、动力学粒子模块、动画关键帧、PS 软件。

学习目标：熟悉 Cinema 4D 流程制作数字动态广告。

步骤分析：

（1）制作模型，添加水滴粒子效果。

（2）在 Unfold 3D 中拆分 UV。

（3）制作材质贴图。

（4）渲染并增加粒子效果。

（5）增加关键帧动画，后期合成调色，输出。

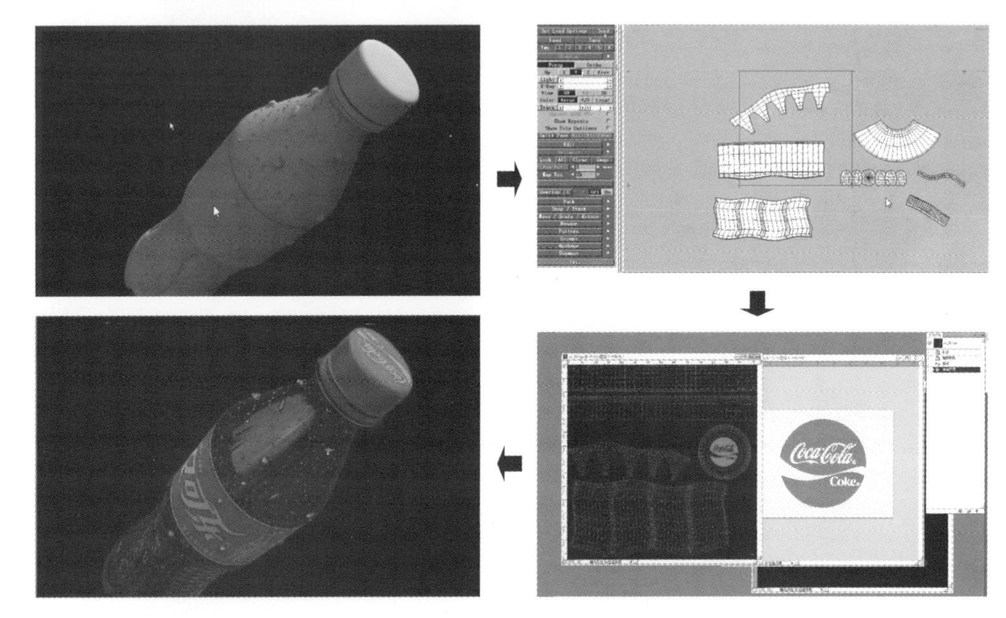

最终要求效果：